U0304248

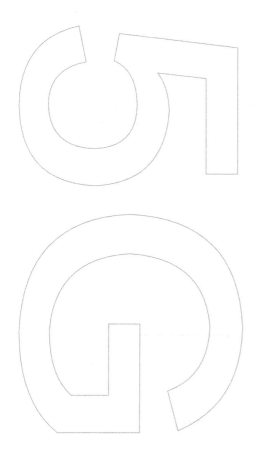

5G
无线系统设计与国际标准

刘晓峰　孙韶辉　杜忠达
沈祖康　徐晓东　宋兴华　著

5G
Wireless
System Design and
International Standard

人民邮电出版社
北　京

图书在版编目（CIP）数据

5G无线系统设计与国际标准 / 刘晓峰等著. -- 北京：
人民邮电出版社，2019.2（2023.1重印）
ISBN 978-7-115-50644-3

Ⅰ. ①5… Ⅱ. ①刘… Ⅲ. ①移动通信－通信系统－
国际标准 Ⅳ. ①TN929.5-65

中国版本图书馆CIP数据核字(2019)第004373号

内 容 提 要

  本书主要介绍了 5G 系统设计中涉及的关键技术及相应的国际标准化内容，其中空口技术部分主要涉及初始接入设计、控制信道设计、大规模天线设计、信道编码、NR 与 LTE 共存几个主要部分。高层设计及接入网架构方面将涵盖 NSA/SA、CU/DU 分离、双连接等内容。本书不仅对这些关键技术进行了介绍，还对这些技术的标准化过程及标准化方案进行了详细分析。

  本书适合从事移动通信研究的本科生及研究生、从事移动通信工作的工程师及希望了解 5G 相关情况的专业人士阅读。

◆ 著　　　刘晓峰　孙韶辉　杜忠达
　　　　　沈祖康　徐晓东　宋兴华
责任编辑　李　强
责任印制　彭志环

◆ 人民邮电出版社出版发行　　北京市丰台区成寿寺路 11 号
邮编　100164　　电子邮件　315@ptpress.com.cn
网址　http://www.ptpress.com.cn
北京捷迅佳彩印刷有限公司印刷

◆ 开本：800×1000　1/16
印张：29.25　　　　　　　　　2019 年 2 月第 1 版
字数：461 千字　　　　　　　2023 年 1 月北京第 9 次印刷

定价：159.00 元
读者服务热线：**(010)81055493**　印装质量热线：**(010)81055316**
反盗版热线：**(010)81055315**

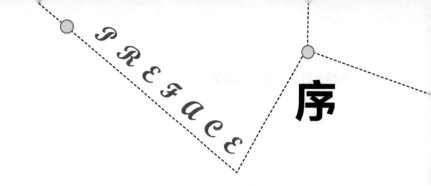

序

王志勤

面向 2020 年及未来十年的发展，第五代移动通信（5G）将从移动互联步入移动物联的新时代。人们期望 5G 技术能够像互联网一样成为通用技术，以其极强的渗透性、带动性，与各行各业深度融合，为社会经济发展的关键基础设施提供支撑。5G 与大数据、人工智能等 ICT 新技术融合发展，将推动生产组织方式、资源配置效率、管理服务模式发生深刻变革，创造数字经济的新价值体系。

移动通信可提供国际漫游服务，产业巨大，全球统一标准一直是产业界的梦想。2016 年，国际标准化组织 3GPP 启动了 5G 标准制定工作，经历一年多的紧张忙碌，凝聚了全球数千名专家智慧结晶的全球统一的 5G 第一版国际标准终于按期完成。

为了提升移动互联网用户体验，拓展移动物联网多样化的需求，5G 要明显提高系统性能，包括吉比特级的高速率、毫秒级的低时延、百万级的连接能力，还需要提供灵活的系统设计以满足物联网多样化的需求。这对 5G 技术的创新提出了很高的要求。在 5G 无线技术方面，我们常常用"三驾马车"来形象地比喻 5G 无线技术创新：一是灵活的系统设计，以及灵活的帧结构、波形设计，可适应多样化需求，满足低时延等性能的要求；二是大规模天线，增加天线数量及新型设计，进一步提升频谱效率，满足中频段及高频段的需求；三是无线新技术，如新型信道编码等，为大带宽、高速率业务提供支撑。可见，5G 不像以往各代移动通信是以新的多址接入技术作为特征，5G 是以多种关键技术来共同定义的。

5G 国际标准是产品研发的基础。本书是以 5G 第一版国际标准作为依据，重点介绍了 5G 无线技术标准系统设计与关键技术，是 5G 技术标准方面难得的教科书，有利于 5G 产品开发、网络建设与应用等方面的技术人员准确、深入地理解 5G 技术。

本书的作者大多来自于 5G 国际标准化工作的一线，亲历了 5G 标准激烈争论与达成统一的过程，对技术标准有更加深刻的理解。他们是在移动通信领域耕耘多年的工程师，对于产品设备研发有丰富的实践经验，书中提供了大量很有价值的技术方案与系统设计。同时，他们也是 IMT-2020（5G）推进组的成员，在 5G 标准的推进中结下了深厚的友情，也形成了一支很成熟的创作团队。相信他们的作品会给你带来很多收获和启发，也期待着有更多力量投入 5G 的建设和发展中，让我们共同创造出 5G 美好的明天。

前言 | FOREWORD

随着 4G 的广泛应用，无线互联网的时代已经开启。以智能手机为代表的无线互联网应用给我们的生活带来了深刻变化。在 4G 的基础上，不仅传统移动宽带数据业务快速增长，越来越多的新应用及新技术也不断涌现。这也对无线网络的发展提出了更加多样化的需求。这些需求不仅包括更高系统吞吐量，还包括对更低的传输时延、更高的可靠性和系统更多的连接用户数的追求。

5G 系统就是为应对这些新的需求而提出的。5G 系统的设计与 4G 系统最大的差别在于，5G 系统在支持快速增长的移动宽带数据业务的同时，还需要考虑支持超低时延、高可靠性业务和广覆盖下的大连接业务。5G 系统不仅需要实现人和人的互联，还需要实现人与物、物与物的互联，即万物互联。为完成这一任务，5G 不仅需要使用传统的低频频谱，如 3GHz 以下的频谱，还需要支持高频频谱的使用，以获得更大的系统带宽，来满足不同的业务需求。这些需求给 5G 的系统设计带来极大挑战。

为迎接 5G 带来的诸多挑战，全球主要移动通信公司在 3GPP 开展了 5G NR（新空口）的标准化工作。相对于 4G 系统，5G NR 的系统设计更加灵活，支持更多的基本参数配置，具有上下行对称的波形设计和自包含且灵活的帧结构配置。同时，5G NR 中还引入了一系列新的技术。其中比较有代表性的是将 Polar 码（极化码）用于控制信道的编码方案，数据信道也采用了 LDPC 作为数据信道编码方案。本书第 4 章对 NR 采用的新编码方案进行了详细介绍。

本书的架构从系统设计的角度出发，紧扣 5G NR 的整个标准化进程，对关键的物理层关键技术和关键信道标准化过程及实现进行了比较详细的阐述。在物理层信道设计方面，本书在第 6 章对控制信道设计进行了单独介绍，而对其他信道设计的介绍则分布于各章节中。在组网方面，考虑到 5G NR 与 4G LTE 的联合部署，本书在第 8 章对不同的网络部署方式及关键技术进行了详细介绍。

5G NR 与 4G LTE 有着非常紧密的关系，这一点在 5G 的整个标准化过程中体现得非常充分。首先，5G NR 需要考虑和 4G LTE 进行联合部署，在很多物理层的设计上需要兼顾不同系统的特点进行联合设计；其次，很多 NR 的设计采用了 LTE 的设计作为基础。这样做一方面可以节省标准化时间，另一方面也为 4G 和 5G 芯片共用部分模块提供了可能。本书在写作过程中也充分考虑到 5G NR 与 4G LTE 的关系，尽量在讲述 5G NR 设计时与 LTE 设计进行对比，以便读者对相关设计有更好的理解。

本书的撰写依托 IMT-2020 推进组的相关工作，集合了多名在国际标准化工作一线的专家的辛勤工作。刘晓峰负责全书组织架构和统稿，并承担前 3 章部分内容的撰写工作。孙韶辉、王可、高秋彬、全海洋、黄秋萍、苏昕、宋月霞、汪颖、李辉负责第 5 章和第 2 章部分内容的撰写工作。杜忠达、郝鹏负责第 8 章和第 3 章部分内容的撰写工作。沈祖康、王俊、李榕、张公正、黄凌晨负责第 4 章的撰写工作。宋兴华、薛丽霞、张旭、孙昊、陈铮、戴晶、冯淑兰、彭金磷、肖洁华、官磊、马蕊香、徐修强负责第 6 章的撰写工作。肖伟民、刘嘉陵、郭志恒、谢信乾、费永祥、毕文平负责第 7 章的撰写工作。徐晓东负责第 3 章帧结构部分的撰写工作。魏贵明、徐晓燕、魏克军、朱颖负责第 1 章、第 2 章部分内容的撰写工作及全书修订工作。在这里还要感谢杜滢、徐菲、万蕾、童文、朱佩英、王欣晖、刘光毅、胡南、黄河、刘星、张峻峰、梁亚超等技术专家的支持。

受标准化时间的影响，很多技术特性并没有在第一版 5G 的 NR 国际标准中完成标准化。在 5G 后续的持续标准化工作中，还将引入更多的新技术特性并对现有技术进行优化。同时，为实现万物互联的愿景，5G 在未来的标准化工作中也将向车联网、工业互联网等垂直行业进行扩展。本书的撰写和 5G 标准化工作同步开展，截至本书成书之日，一些技术方案还在不断演进，如有机会，还将继续进一步补充和修正本书内容。对于本书存在的不当之处，敬请读者和专家批评指正。

目录
CONTENTS

第5章　5G NR大规模天线设计

第6章　5G NR控制信道设计

第7章 5G NR功率控制及上下行解耦

第8章 5G高层设计及接入网架构

第1章

Chapter 1

5G 标准制定概述

随着移动通信技术的不断快速发展，尤其是 4G 技术广泛应用以后，我们的生活也发生了深刻的改变。移动网络与智能终端的普及使得我们的生活方式围绕各种新型应用进行了重构。但是人们对更高性能移动通信的追求从未停止。为了迎合未来社会发展的需求，尤其是爆炸性的移动数据流量增长、海量的设备连接及不断涌现的各类新业务和应用场景，第五代移动通信（5G）系统应运而生。

5G 将渗透到未来社会的各个领域，以用户为中心构建全方位的信息生态系统。5G 将使信息突破时空限制，提供极佳的交互体验，为用户带来身临其境的信息盛宴。5G 将拉近万物的距离，通过无缝融合的方式，便捷地实现人与万物的智能互联。5G 将为用户提供光纤般的接入速率，"零"时延的使用体验，千亿设备的连接能力，超高流量密度、超高连接数密度和超高移动性等多场景的一致服务以及业务及用户感知的智能优化，同时将为网络带来超百倍的能效提升，比特成本降低不及原来的百分之一，最终实现"信息随心至，万物触手及"的总体愿景。

移动互联网和物联网是未来移动通信发展的两大主要驱动力，将为 5G 提供广阔的前景。移动互联网颠覆了传统移动通信业务模式，为用户提供前所未有的使用体验，深刻影响着人们工作生活的方方面面。面向 2020 年及未来，移动互联网将推动人类社会信息交互方式的进一步升级，为用户提供增强现实、虚拟现实、超高清（3D）视频、移动云等更加身临其境的极致业务体验。移动互联网的进一步发展将带来未来移动流量的超千倍增长，推动移动通信技术和产业的新一轮变革。

物联网扩展了移动通信的服务范围，从人与人通信延伸到物与物、人与物的智能互联，使移动通信技术渗透至更加广阔的行业和领域。面向 2020 年及未来，移动医疗、车联网、智能家居、工业控制、环境监测等将会推动物联网应用爆发式增长，数以千亿的设备将接入网络，实现真正的"万物互联"，并缔造出规模空前的新兴产业，为移动通信带来无限生机。同时，海量的设备连接和多样化的物联网业务也会给移动通信带来新的技术挑战。

1.1 ITU 5G 需求的制定

国际电信联盟（ITU）是联合国的 15 个专门机构之一，但在法律上不是联合国附属机构，它的决议和活动不需联合国批准，但每年要向联合国提交工作报告。

ITU 主管信息通信技术事务，由无线电通信（ITU-R）、电信标准化（ITU-T）和电信发展（ITU-D）三大核心部门组成。每个部门下设多个研究组，5G 的相关标准化工作主要是在 ITU-R WP5D 工作组下进行。

从 2012 年开始 ITU 组织全球业界开展 5G 标准化前期研究工作，持续推动全球 5G 共识形成。2015 年 6 月，ITU 正式确定 IMT-2020 为 5G 系统的官方命名，并明确了 5G 业务趋势、应用场景和流量趋势，提出 5G 系统的 8 大关键能力指标，以及未来移动通信技术发展趋势。

ITU 确认将"IMT-2020"作为唯一的 5G 候选名称。从 3G 开始，ITU 以 IMT（国际移动电信）为前缀为每一代移动通信定义一个官方名称，3G 官方名称为 IMT-2000，4G 官方名称为 IMT-Advanced。考虑到第五代移动通信技术将在 2020 年左右实现商用，以及 ITU 对移动通信的命名惯例，我国主推采用"IMT-2020"为 5G 官方名称，受到绝大多数国家支持。

ITU 明确了 IMT-2020 的业务趋势、应用场景和流量趋势。在业务方面，5G 将在大幅提升"以人为中心"的移动互联网业务体验的同时，全面支持"以物为中心"的物联网业务，实现人与人、人与物和物与物的智能互联。在应用场景方面，5G 将支持增强移动宽带（eMBB）、海量机器类通信（mMTC）和超高可靠低时延通信（URLLC）三大类应用场景，如图 1.1 所示，在 5G 系统设计时需要充分考虑不同场景和业务的差异化需求。在流量方面，视频流量增长，用户设备增长和新型应用普及将成为未来移动通信流量增长的主要驱动力，2020 年至 2030 年全球移动通信流量将增长几十倍至一百倍，并体现两大趋势：一是大城市及热点区域流量快速增长；二是上下行业务不对称性进一步深化，尤其体现在不同区域和每日各时间段。

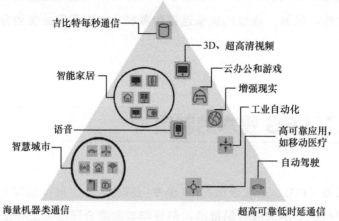

图 1.1　ITU《IMT 愿景》建议书定义的 5G 三大应用场景

　　ITU 在 2015 年提出 IMT-2020 系统的 8 大关键能力指标。如图 1.2 所示，除了传统的峰值速率、移动性、时延和频谱效率之外，ITU 还提出了用户体验速率、连接数密度、流量密度和能效四个新增关键能力指标，以适应多样化的 5G 场景及业务需求。其中，5G 用户体验速率可达 100Mbit/s 至 1Gbit/s，能够支持移动虚拟现实等极致业务体验；5G 峰值速率可达 10～20Gbit/s，流量密度可达 10Mbit/(s·m²)，能够支持未来千倍以上移动业务流量增长；5G 连接数密度可达 100 万个/平方千米，能够有效支持海量的物联网设备；5G 传输时延可达毫秒量级，可满足车联网和工业控制的严苛要求；5G 能够支持 500km/h 的移动速度，能够在高铁环境下实现良好的用户体验。此外，为了保证对频谱和能源的有效利用，5G 的频谱效率将比 4G 提高 3～5 倍，能效将比 4G 提升 100 倍。

　　ITU 全面总结了未来移动通信技术的发展趋势。ITU 在《IMT 未来技术趋势》研究报告中，总结了近期及 2020 年以后的移动通信技术总体发展趋势，并指出未来移动通信系统将优化空口接入技术、覆盖更多业务、增强用户体验、提升网络能效、支持新型终端技术和网络优化技术，从而全面提升系统性能。其中，大规模天线、新型多址、超密集组网、新型双工、灵活频谱使用、低时延高可靠、先进接收机等被认为是未来无线技术发展趋势；软件定义网络（SDN）、网络功能虚拟化（NFV）、集中式无线接入网（C-RAN）、以用户为中心网络、多网协同等被认为是无线网络技术的未来发展方向。

　　ITU 明确 6GHz 以上频谱资源可用于 IMT-2020 系统。ITU 以 6GHz 至 100GHz 为主要研究范围，分析了 10GHz、28GHz、60GHz、73GHz 等几个代表频段的传播特性，以及 6GHz 以上高频段无线信号在室内和热点区域的覆盖性能。研究表明，利用高频段易于实现大规模天线阵列的特点，通过波束赋型技术，在室内和热点区域可有效弥补高频段无线信号的传播损耗。同时，ITU 还论证了 6GHz 以上频段与 6GHz 以下频段混合组网，以及 6GHz 以上频段用于接入和回程灵活部署的可行性。研究结果表明，在重点研究的 IMT 部署场景中，6GHz 至 100GHz 频谱资源可用于 IMT-2020 系统部署。

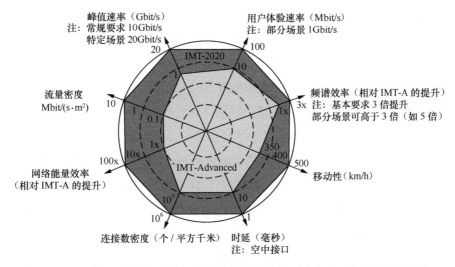

图 1.2　ITU《IMT 愿景》建议书提出的 IMT-2020（5G）与 IMT-A 关键能力对比

1.2　中国参与 5G 需求的研究制定

　　5G 作为新一代移动通信技术发展的主要方向，将成为推动国民经济和社会发展、促进产业转型升级的重要动力。2014 年 5 月，我国 IMT-2020（5G）推进组面向全球发布《5G 愿景与需求》白皮书，详述了我国在 5G 业务趋势、应用场景和关键能力等方面的核心观点。5G 关键性能指标应主要包括用户体验速率、连接数密度、端到端时延、流量密度、移动性和用户峰值速率。在 5G 典型场景中，考虑增强现实、虚拟现实、超高清视频、云存储、车联网、智能家居、OTT 消息等 5G 典型业务，并结合各场景未来可能的用户分布、各类业务占比及对速率、时延等的要求，可以得到各个应用场景下的 5G 性能需求。

- 用户体验速率：0.1～1Gbit/s。
- 连接数密度：100万个连接/平方千米。
- 端到端时延：毫秒级。
- 流量密度：数十太比特每秒/平方千米。
- 移动性：500km/h以上。
- 峰值速率：数十吉比特每秒。

其中，用户体验速率、连接数密度和时延为5G最基本的三个性能指标。

为了实现可持续发展，5G还需要大幅提高网络部署和运营的效率，特别是在频谱效率、能源效率和成本效率方面需要比4G有显著提升。从未来最具挑战场景的流量需求出发，结合5G可用的频谱资源和可能的部署方式，经测算得到5G系统的频谱效率相对4G大约需要提高5～15倍。从我国移动数据流量的增长趋势出发，综合考虑国家节能减排规划和运营商预期投资额增长情况，预计5G系统的能源效率和成本效率也有百倍以上的提升。

综合来看，性能需求和效率需求共同定义了5G的关键能力，中国提出了"5G之花"来表征5G关键能力，如图1.3所示。红花绿叶，相辅相成，花瓣代表了5G的六大性能指标，体现了5G满足未来多样化业务与场景需求的能力，其中花瓣顶点代表了相应指标的最大值；绿叶代表了三个效率指标，是实现5G可持续发展的基本保障。

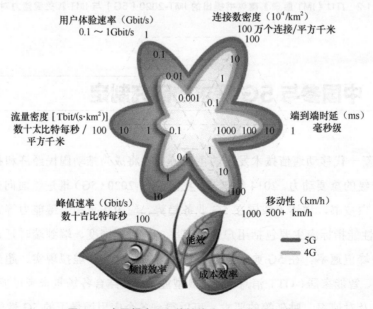

图1.3 中国提出5G关键能力——"5G之花"

随后，我国逐步将各项研究成果提交至 ITU。在 5G 关键能力及取值方面，除成本效率外，我国主推的 5G 关键能力均被 ITU 采纳，且取值与我国的建议基本一致。在应用场景方面，我国提出的连续广域覆盖、热点高容量、多连接大功耗和低时延高可靠等四大 5G 场景也与 ITU 结论基本相符，而且可操作性更强。

1.3 5G 标准的制定过程

1.3.1 ITU 关于 IMT-2020（5G）标准的制定过程

ITU 在开发移动通信无线接口标准方面有着悠久的历史，包括制定 IMT-2000 和 IMT-Advanced 在内的国际移动通信（IMT）标准框架，贯穿了整个 3G 和 4G 行业发展。ITU 早在 2012 年初就开始组织全球业界开展 5G 标准化前期研究，持续推动全球 5G 共识形成，确定了全球 5G 的发展目标并制定了 5G 的标准工作计划时间表。按照此工作计划，5G 研究分可为三大阶段，具体情况如图 1.4 所示。

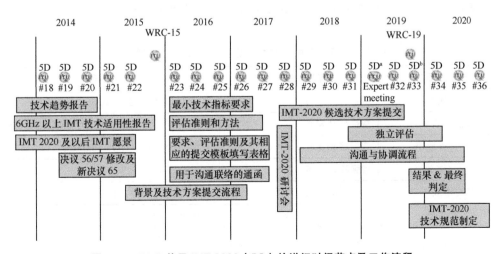

图 1.4 ITU-R 关于 IMT-2020（5G）的详细时间节点及工作流程

1. 阶段一（里程碑 2015 年底）：确定 5G 技术的宏伟蓝图

ITU 确定 IMT-2020 系统命名，完成《IMT-2020 愿景》《IMT 未来技术趋势》《面向 2020 年及以后的 IMT 流量》和《IMT 系统部署于 6GHz 以上频段的可行性研究》等多个研究项目。《IMT-2020 愿景》的颁布，明确列出了 5G 的宏观需求，梳理出增强性移动宽带、海量机器间通信、超高可靠和超低时延这三大 5G 应用场景。

2. 阶段二（里程碑 2017 年 6 月）：确定 5G 技术方案的最小技术指标要求及其对应的评估方法，为后续候选技术方案的评判服务

ITU 鼓励成员国和相关国际组织提交 5G 的候选技术方案。ITU 收到候选技术方案以后，将组织公开的技术评估。2017 年 6 月，ITU 完成了一系列支持 IMT-2020 候选技术提交以及技术评估工作的关键文件，拉开了评估工作的序幕，并为后续候选技术方案提交和独立技术评估奠定了基础。

● 《ITU-R M.2410 报告：IMT-2020 最小性能要求》定义了达到 IMT-2020 无线接口技术门槛需要的 14 项性能指标，包括每项指标的详细定义、适用场景、最小指标值等。14 项性能指标是对早先《IMT-2020 愿景》定义的 8 大关键能力指标的扩充，符合要求的 5G 候选技术方案必须满足全部 14 项指标要求，具体的指标如表 1.1 所示。

表 1.1　ITU-R M.2410 中定义的 5G 需要满足的 14 项最小指标值

技术指标	应用场景	最低要求
峰值速率	增强移动宽带	下行 20Gbit/s，上行 10Gbit/s
峰值谱效率	增强移动宽带	下行 30bit/（s·Hz），上行 15bit/（s·Hz）
用户体验速率	增强移动宽带（密集城区）	下行 100Mbit/s，上行 50Mbit/s
5%用户谱效率	增强移动宽带	相对 IMT-A 提升 3 倍
平均谱效率	增强移动宽带	相对 IMT-A 提升 3 倍
区域流量	增强移动宽带（室内热点）	10Mbit/（s·m²）
用户面时延	增强移动宽带、超高可靠低时延通信	● eMBB：4ms ● URLLC：1ms

续表

技术指标	应用场景	最低要求
控制面时延	增强移动宽带、超高可靠低时延通信	20ms
连接密度	海量机器类通信	每平方千米百万设备
能效	增强移动宽带	支持高休眠比例和休眠时间
可靠性	超高可靠低时延通信	小区边缘层 2 的 32 字节包在用户面时延 1ms 下可靠性达到 10^{-5}
移动性	增强移动宽带	谱效相对 IMT-A 提升 1.5 倍，最高支持 500km/h（高铁）时谱效达 0.45bit/（s·Hz）
移动中断时间	增强移动宽带、超高可靠低时延通信	0ms
带宽	所有场景	100MHz（高频段应支持最高 1GHz）
支持的业务类型		增强移动宽带、超高可靠低时延通信、海量机器类通信
支持的频段		《ITU 无线电规则》目前支持的频段；24.25GHz 以上频段

● 《ITU-R M.2411 报告：IMT-2020 候选技术要求、评估准则及提交模板》主要包含业务需求指标、频谱需求指标和技术性能需求指标等填写内容。提交者需要根据 ITU 的要求对候选技术方案进行详细披露，体现候选技术方案特点及优势。

● 《ITU-R M.2412 报告：IMT-2020 评估方法》主要定义多个基于不同技术参数假设、基站和用户分布、业务及信道模型的评估场景，提出对应的评估方法，并通过对每个场景定义不同的技术指标要求来验证候选技术对差异化需求的支持能力。

● 《IMT-2020 候选技术方案提交流程》规定了全部候选技术提交及第三方评估的过程，以及后续在 ITU 关于 5G 标准化的主要流程。

3. 阶段三（里程碑 2020 年底）：征集 5G 候选技术方案并评估确定 5G 技术标准

按照 ITU 的工作计划，2017 年 10 月（WP5D#28）至 2019 年 7 月（WP5D#32）共计 20 个月的时间窗口内 ITU 将开展候选技术方案的征集工作，各个国家和国际组织都可以提交 5G 技术方案。在提交技术方案过程中，候选技术方案的提交者需要根据

《IMT-2020 的要求、评估准则和提交模板》，详细披露所提候选技术的相关信息，包括技术特性、链路预算、对各种性能要求的满足程度等。表 1.2 给出了 ITU 定义的 14 项技术性能指标的评估方法及对应测试场景。ITU 要求 IMT-2020 候选空口技术方案/技术方案集（RIT/SRIT）的完整提交必须满足全部 5 个测试场景下的测试指标，每个测试场景的仿真评估指标项至少选择 1 套配置参数进行评估。

表 1.2　ITU 定义的 14 项技术性能指标的评估方法及对应测试场景

应用场景	技术指标	评估方法	测试场景
增强移动宽带	峰值速率	计算	室内热点、密集城区、农村
	峰值谱效率	计算	室内热点、密集城区、农村
	用户体验速率	单层：计算	密集城区
		多层：系统级仿真	
	5%用户谱效率	系统级仿真	室内热点
			密集城区
			农村
	平均谱效率	系统级仿真	室内热点
			密集城区
			农村
	区域流量	计算	室内热点
	能效	观察	室内热点、密集城区、农村
	移动性	链路级仿真 + 系统级仿真	室内热点
			密集城区
			农村
增强移动宽带,高可靠低时延	用户面时延	计算	室内热点、密集城区、农村、城区宏蜂窝（高可靠低时延）
	控制面时延	计算	室内热点、密集城区、农村、城区宏蜂窝（高可靠低时延）
	移动中断时间	计算	室内热点、密集城区、农村、城区宏蜂窝（高可靠低时延）
高可靠低时延	可靠性	链路级仿真+系统级仿真	城区宏蜂窝（高可靠低时延）
大规模机器连接	连接密度	选择1：链路级仿真+系统级仿真	城区宏蜂窝（大规模机器连接）
		选择2：系统级仿真	
通用	带宽	观察	全部

截止到 2018 年 7 月，全球共有 11 个独立评估组在 ITU 进行了注册，包括 5GPPP（欧洲）、WTSC（美国）、CEG（加拿大）、ChEG（中国）、WWRF、TCOE（印度）、5GMF（日本）、TTA SPG33（韩国）、TPCG/ITRI（美国）、ETSI（欧洲）、EEG（埃及）。各独立评估组将于 2018 年 10 月（WP5D#31）至 2020 年 2 月（WP5D#34）共计 16 个月的时间内向 ITU 输出独立评估报告，评估征集到的候选技术方案是否满足 ITU 对于 5G 的最小性能要求。

2019 年 12 月至 2020 年 6 月 ITU 将对满足最小性能要求和评估流程的候选技术进行评判，2019 年 12 月至 2020 年年底 ITU 将开展 5G 技术标准建议书的制定。ITU 的 5G 标准最终将在 2020 年底发布。

1.3.2　3GPP 5G 国际标准制定

3GPP（Third Generation Partnership Project，第三代合作伙伴计划）是一个成立于 1998 年 12 月的标准化组织，目前其成员包括来自中、日、韩、欧、美及印度的七个合作伙伴（OP），包括欧洲的 ETSI（European Telecommunications Standards Institute，欧洲电信标准化委员会）、日本的 ARIB（Association of Radio Industries and Business，无线行业企业协会）和 TTC（Telecommunications Technology Committee，电信技术委员会）、中国的 CCSA（China Communications Standards Association，中国通信标准化协会）、韩国的 TTA（Telecommunications Technology Association，电信技术协会）、北美的 ATIS（The Alliance for Telecommunications Industry Solution，世界无线通信解决方案联盟），以及印度的 TSDSI（Telecommunications Standards Development Society，India，印度电信标准发展协会），如图 1.5 所示。目前独立成员超过 550 个，分别来自 40 多个国家。包含网络运营商、终端制造商、芯片制造商、基础制造商以及学术界、研究机构、政府机构。

3GPP 的组织结构中，项目协调组（PCG）是最高管理机构，负责全面协调工作，如负责 3GPP 组织架构、时间计划、工作分配等。技术方面的工作则由技术规范组（TSG，Technology Standards Group）完成。目前，3GPP 包括三个 TSG，分别负责核心网和终端（CT，Core Network and Terminal）、系统和业务方面（SA，Service and System Aspects）、和无线接入网（RAN，Radio Access Network）方面的工作。其中，每一个 TSG 又进一步分为多个不同的工作组（WG，Work Group），每个 WG 分别承担具体的任务，目前有 16 个工作组。如 TSG RAN 分为 RAN WG1（无线物理层）、RAN WG2（无线层 2 和层 3）、RAN WG3（无线网络架构和接口）、RAN WG4（射频性能）、RAN WG5（终端一致性测试）和 RAN WG6（GERAN 无线协议）6 个工作组。

图 1.5　3GPP 合作伙伴（OP）

3GPP 制定的标准规范以 Release 作为版本进行管理，18～21 个月就会完成一个版本的制定，从建立之初的 R99，之后到 R4，目前已经进展到 R16。

3GPP 本质上是一个代表全球移动通信产业的产业联盟，其目标是根据 ITU 的需求，制定更加详细的技术规范和标准，规范产业的行为。在 5G 标准化开始之前，各主要公司均希望推动全球形成统一的 5G 标准，并确定 5G 国际标准化在 3GPP 的具体开展。因此，不同于 3G/4G，3GPP 制定的 5G 新空口（NR，New Radio）标准将成为 5G 的主流国际标准。

3GPP 组织最早提出 5G 是 2015 年 9 月在美国凤凰城召开的 RAN workshop on 5G 会议上，这次会议旨在讨论并初定一个面向 ITU IMT-2020 的 3GPP 5G 标准化时间计划，目标是根据 ITU 时间规划最终向 ITU 提交 3GPP 5G 技术标准。随后，3GPP 规划了 R14 到 R16 三个版本的时间表，其中 R14 主要开展 5G 系统框架和关键技术研究。R15 作为第一个版本的 5G 标准，满足部分 5G 需求。R16 完成第二版本 5G 标准，满足 ITU 所有

IMT-2020 需求，并向 ITU 提交。

　　根据 3GPP 的工作程序，3GPP 总体规范可分为三个阶段。第 1 阶段：业务需求定义。
第 2 阶段：总体技术实现方案。第 3 阶段：实现该业务在各接口定义的具体协议规范。
5G 标准化依然是采用该工作程序，其中三个版本的时间安排计划如表 1.3 所示。

表 1.3　3GPP R14/15/16 各版本完成时间点

	R14	R15	R16
第 1 阶段完成时间	2016.03	2017.06	2018.12
第 2 阶段完成时间	2016.09	2017.12	2019.06
第 3 阶段完成时间	2017.03	2018.06	2019.12
标准冻结	2017.06	2018.09	2020.03

第2章

Chapter 2

5G 系统设计架构
与标准体系

<<<

本章就 5G 系统网络架构、无线接口协议栈、物理层设计和协议规范体系进行介绍。

‖‖‖ 2.1　5G 系统网络架构

3GPP 为了更好地满足 ITU 对 5G 不同的业务场景需求，如支持 eMBB（增强移动宽带）、mMTC（低功耗大连接）、URLLC（低时延高可靠通信）等场景，在进行新系统设计之前进行了进一步需求分析，并提出了更多的关键性能指标。比如下行峰值速率应达到 20Gbit/s，下行频谱效率达到 30bit/(s·Hz)，控制面传输时延应小于 10ms，用户面传输时延对于 URLLC 场景来说应小于 0.5ms，移动中断时间为 0ms 等更高的性能要求[1]。

为了满足不同业务的需求，5G 接入网架构需要支持不同的部署方式。考虑到 LTE 系统的长期存在，很长一段时间内 5G 和 LTE 系统会共同部署，3GPP 也标准化了多种网络架构，以适应不同的网络部署方案，该部分内容将在 8.2 节进行详细介绍。同时，为了适应各种部署场景，5G 支持了两种部署方式：一种为分布式部署，这种方式与 LTE 系统类似，网络由基站组成，基站支持全协议栈的功能；另一种为集中式部署，基站进一步分为集中单元（CU，Centralized Unit）和分布单元（DU，Distributed Unit）两个节点，CU 和 DU 分别支持不同的协议栈和功能，该部分内容在 8.3 节进行了详细介绍。

无论未来架构如何演变，无线接入网与核心网仍然遵循各自发展的原则，空中接口终止在无线接入网。从整体上说，与 3GPP 已有系统类似，5G 系统架构仍然分为两部分，如图 2.1 所示，包括 5G 核心网（5GC）和 5G 接入网（NG-RAN）。

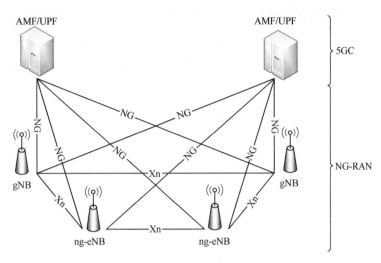

图 2.1　5G 系统架构

5GC 包括 AMF（Access and Mobility Management Function）、UPF(User Plane Function）和 SMF（Session Management Function）三种主要逻辑节点。其中 SMF 和接入网之间没有接口，未在图中表示。和 LTE 系统的核心网相比，5G 核心网的控制平面和用户平面进一步分离。为了满足低时延、高流量的网络要求，5G 核心网对用户平面的控制和转发功能进行了重构，重构后的控制平面分为 AMF 和 SMF 两个逻辑节点。AMF 主要负责移动性管理，SMF 负责会话管理功能。用户平面的 UPF 代替了 LTE 网络的 SGW 和 PGW。重构后的核心网架构，控制平面功能进一步集中化，用户平面功能进一步分布化，运营商可以根据业务需求灵活地配置网络功能，满足差异化的场景对网络的不同需求。

NG-RAN 由 gNB 和 ng-eNB 两种节点共同组成。gNB 是提供到 UE 的 NR 控制平面与用户平面的协议终止点，ng-eNB 是提供到 UE 的 E-UTRA 控制平面与用户平面的协议终止点。gNB 之间、ng-eNB 之间，以及 gNB 和 ng-eNB 通过 Xn 接口进行连接。5G 接入网与核心网之间通过 NG 接口进行连接，gNB/ng-eNB 和 AMF 之间是 NG-C 接口，和 UPF 之间是 NG-U 接口。

NG 接口可以实现 AMF/UPF 和 NG-RAN 节点的多对多连接，即一个 AMF/UPF 可以连接多个 gNB/ng-eNB，一个 gNB/ng-eNB 也可以连接多个 AMF/UPF。对于 UE 来说，在网络侧分配的注册区域内移动，即使发生 gNB/ng-eNB 间的切换，仍然可以驻留在相同的 AMF/UPF 上， UE 不需要发起新的注册更新过程。这有助于减少接口信令交互数量以及 5G 核心网的信令处理负荷。当 AMF/UPF 与 NG-RAN 之间的连接路径较长或进行新资源分配的情况下，可以改变与 UE 连接的 AMF/UPF。这里 AMF 的主要作用是移动性控制，而 UPF 的主要作用是数据包的路由转发。NG-RAN 与 AMF/UPF 之间的灵活连接也为 5G 网络共享提供了基础。不同的运营商核心网可以连接到同一 NG-RAN 网络，从而实现不同运营商间共享接入网设备和无线资源，并能够获得相同的服务水平。

定义 5G 网络架构及相关接口主要遵循了以下一些基本原则。

① 信令与数据传输在逻辑上是独立的。

② NG-RAN 与 5GC 核心网在功能上分离。

③ NG-RAN 与 5GC 的寻址方案以及传输功能的寻址方案不能绑定。

④ RRC 连接的移动性管理完全由 NG-RAN 进行控制。

⑤ NG-RAN 接口上的功能定义应尽量简化，尽可能减少选项。

⑥ 多个逻辑节点可以在同一个物理网元上实现。

⑦ NG-RAN 接口是开放的逻辑接口，应满足不同厂家设备之间的互联互通。

NG-RAN 与 5GC 也进行了若干的功能划分。图 2.2 描述了 gNB、ng-eNB、AMF、UPF、SMF 功能实体以及承担功能划分的关系。

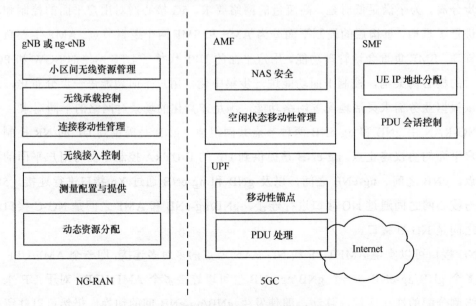

图 2.2　5G 网络架构中各实体功能划分

2.2　无线接口

5G 系统的无线接口继承了 LTE 系统的说法，即将终端和接入网之间的接口仍简称为 Uu 接口，也称为空中接口。无线接口协议主要是用来建立、重配置和释放各种无线承载业务的。5G 新空口技术中，无线接口是终端和 gNB 之间的接口。无线接口是一个完全开放的接口，只要遵守接口的规范，不同制造商生产的设备就能够互相通信。

无线接口协议栈主要分三层、两面，三层包括物理层（L1）、数据链路层（L2）和网络层（L3），两面是指控制平面和用户平面。本节对物理层、数据链路层和网络层基本功能相关内容进行一些讨论。更详细的内容在第 8 章中进行介绍。

2.2.1　物理层

物理层位于无线接口最底层，提供物理介质中比特流传输所需要的所有功能。本节重点介绍传输信道的类型、定义以及传输信道到物理信道的映射关系，有关物理层更详细的设计将在后续章节展开。

物理层为 MAC 层和高层提供信息传输的服务，其中，物理层提供的服务通过传输信道来描述。传输信道描述了物理层为 MAC 层和高层所传输的数据特征。

1．下行传输信道类型

下行传输信道类型分为 3 种，与 LTE 系统相比少了多播信道。未支持多播信道的原因主要在于多播业务相对其他业务优先级较低，未获得足够运营商的支持。虽然多播信道未在 R15 进行支持，但是在 5G 后续版本演进中根据业务需求还有可能引入。各信道的传输特点如下。

（1）广播信道（BCH，Broadcast Channel）
该信道采用固定的预定义传输格式，并且能够在整个小区覆盖区域内广播。

（2）下行共享信道（DL-SCH，Downlink Shared Channel）

该信道使用 HARQ 传输，能够调整传输使用的调制方式、编码速率和发送功率来实现链路自适应，能够在整个小区内发送或使用波束赋形发送，支持动态或半静态的资源分配方式，并且支持终端非连续接收，以达到节电的目的。

（3）寻呼信道（PCH，Paging Channel）

该信道支持终端非连续接收以达到节电的目的（非连续接收周期由网络配置给终端），并且要求能在整个小区覆盖区域内传输，使用映射到可用于动态使用的业务或者其他的控制信道的物理资源上。

2．上行传输信道类型

上行传输信道类型分为两种，各信道的传输特点如下。

（1）上行共享信道（UL-SCH，Uplink Shared Channel）

该信道可以使用波束赋形和自适应调制方式/编码速率/发送功率的调整，支持 HARQ 传输，采用动态或半静态的资源分配方式。

（2）随机接入信道（RACH，Random Access Channel）

该信道承载有限的控制信息，并且具有冲突碰撞的特征。

3．传输信道到物理信道映射

NR 定义的物理信道包括以下内容。

① 物理广播信道（PBCH），承载部分系统消息，与同步信号一起提供终端接入网络的必要信息。PBCH 和同步信号一起也被称为下行同步信道。

② 物理下行链路控制信道（PDCCH），用于下行控制信息发送，主要承载调度相关信息。提供 PDSCH 接收和 PUSCH 发送的必要信息；向 UE 提供帧结构配置；向 PUCCH、PUSCH 和 SRS 发送功率控制消息；指示 UE 被调度 PDSCH 所占用的资源。

③ 物理下行链路共享信道（PDSCH），发送下行数据，也承载寻呼信息及部分系统信息的发送。

④ 物理随机接入信道（PRACH），用于随机接入。

⑤ 物理上行链路控制信道（PUCCH），发送上行控制信息。用于终端发送 HARQ

消息，指示下行数据是否接收成功；发送信道状态信息（CSI）报告辅助下行链路调度；发送上行链路发送数据请求。

⑥ 物理上行链路共享信道（PUSCH），上行数据传输信道，也可以承载部分上行控制信息的发送。

传输信道与物理信道的映射关系如图 2.3 和图 2.4 所示。对于下行，BCH 信息直接映射到 PBCH 上进行发送；PCH 和 DL-SCH 信息映射在 PDSCH 上进行发送。对于上行，RACH 信息映射到 PRACH 信道进行发送；UL-SCH 信息映射到 PUSCH 上进行发送。

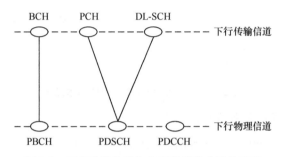

图 2.3　下行传输信道与物理信道的映射关系图

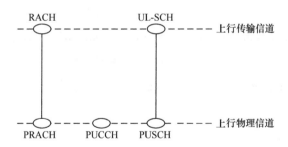

图 2.4　上行传输信道和物理信道的映射关系图

物理层数据传输基本过程如图 2.5 所示。BCH、PCH、DL-SCH 和 UL-SCH 的数据在转换为物理层发送数据之前，都需要加入 CRC 保护，以便支持一次校验和重传，保护数据可靠性。物理层需要发送的数据，除了 PRACH 信道外，都要经过编码和速率匹配、调制、资源映射和天线映射几个步骤，然后进行空口的实际发送。在接收端，与发送端对应，需要进行多天线接收和解调、解码等过程。随机接入信道发送通过发送一系列的 PRACH 前导实现（具体设计见 3.2 节）。

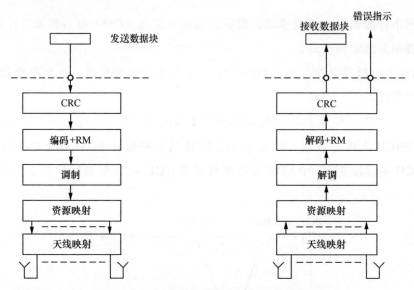

图 2.5　物理层数据发送及接收基本过程

物理层还包括一系列参考信号，如下。

① DM-RS（Demodulation reference signal），解调参考信号。

② PT-RS（Phase-tracking reference signal），相位跟踪参考信号。

③ SRS（Sounding reference signal），上行探测参考信号。

④ CSI-RS（Channel-state information reference signal），信道状态参考信号。

⑤ PSS（Primary synchronization signal），主同步信号。

⑥ SSS（Secondary synchronization signal），辅同步信号。

2.2.2　数据链路层

数据链路层包括媒体接入控制（MAC，Medium Access Control）、无线链路控制（RLC，Radio Link Control）、分组数据汇聚协议（PDCP，Packet Data Convergence Protocol）和服务数据调整协议（SDAP，Service Data Adaptation Protocol）4 个子层。相比于 LTE，NR 额外引入了 SDAP 层。引入 SDAP 层主要是因为 NG 接口基于 QoS 流控制，而空口是基于用户面的数据无线承载（DRB）控制，两者之间需要一个适配层；而在 LTE 中 EPS 承载和 DRB 承载一一对应，不需要进行适配。SDAP 层位于用户面，而其他数据链路层的 3 个子层同时位于控制平面和用户平面。SDAP 层在控制平面负责无线承载信令的传输、加密和完整性保护，在用户平面负责用户业务数据的传输和加密。网络层是指无线资源控制（RRC，Radio Resource Control）层，位于接入网的控制平面，负责完成接入网和终端之间交互的所有信令处理。

图 2.6 和图 2.7 分别给出了下行和上行数据链路层的架构。其中层与层之间的连接点称之为服务接入点（SAP，Service Access Point）。物理层为 MAC 子层提供传输信道级的服务，MAC 子层为 RLC 子层提供逻辑信道级的服务，PDCP 子层为 SDAP 层提供无线承载级的服务，SDAP 层为上层提供 5GC QoS 流级的服务。MAC 子层负责多个逻辑信道到同一传输信道的复用功能。无线承载分为两类：用户面的 DRB 和控制面的信令无线承载（SRB）。上行架构和下行架构的区别主要在于：下行反映网络侧的情况，需要进行多个用户的调度优先级处理；而上行反映终端侧的情况，只进行单个终端的多个逻辑信道的优先级处理。各层详细介绍在 8.2 节给出。

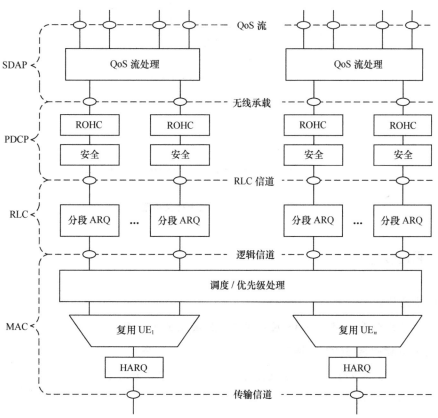

图 2.6　数据链路层下行架构图

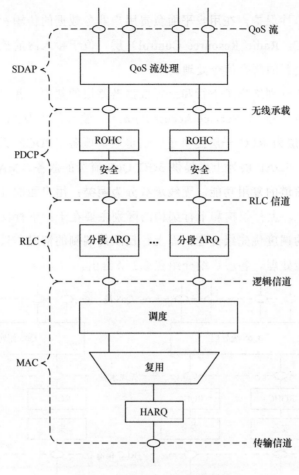

图 2.7 数据链路层上行架构图

2.2.3 RRC 层

RRC 协议模块功能如下。

● 发送系统信息广播（NAS 层相关和 AS 层相关）消息。

● 发送由核心网 5GC 和接入网 NG-RAN 发起的寻呼消息。

● UE 和 NG-RAN 之间的 RRC 连接的建立、维护和释放。

● 安全功能密钥管理。

● 无线承载管理（包括建立、配置、维护和释放信令无线承载和用户无线承载）。

● 移动性管理（包括切换、UE 小区选择和重选、切换时候上下文传输）。

● QoS 管理。

● UE 测量报告和控制。

● 无线链路失败的检测和恢复。

● NAS 消息的传输。

在 5G 系统中，RRC 的协议状态为 3 个：RRC 空闲状态、RRC 非激活状态、RRC 连接状态。其中 RRC 非激活状态为 5G 系统相对于 LTE 新引入的状态。引入 RRC 非激活状态主要考虑为了在该状态下 UE 可以进行节能操作。每个状态下的特征见表 2.1。各种状态的关系在 8.2.1 节第 1 部分中给出。

表 2.1　RRC 状态和特征说明表

状态	特征
RRC 空闲状态	1. PLMN 选择； 2. 系统信息广播； 3. 小区重选的移动性； 4. NAS 配置的用于接收 CN 寻呼的 DRX； 5. 5GC 发起的寻呼； 6. 5GC 管理的寻呼区域
RRC 非激活状态	1. PLMN 选择； 2. 系统信息广播； 3. 小区重选的移动性； 4. NG-RAN 配置的用于接收 RAN 寻呼的 DRX； 5. NG-RAN 发起的寻呼； 6. NG-RAN 管理的基于 RAN 的通知区域（RNA）； 7. 为终端建立 5GC 和 NG-RAN 之间的连接（包括控制面和用户面的连接）； 8. NG-RAN 和 UE 都保存 UE 的接入层的上下文信息； 9. NG-RAN 知道 UE 在哪个 RNA 区域
RRC 连接状态	1. 为终端建立 5GC 和 NG-RAN 之间的连接（包括控制面和用户面的连接）； 2. NG-RAN 和 UE 都保存 UE 的上下文信息； 3. NG-RAN 知道 UE 所属的小区； 4. 可以传输用户数据； 5. 网络控制终端的移动性，包括相关的测量

▊▊▊ 2.3 物理层系统设计架构及关键技术

2.3.1 物理层系统设计架构

如前所述，物理层以传输信道形式为 MAC 层提供服务。负责物理层 HARQ 处理、调制编码、多天线处理、信号到物理时频资源映射及控制传输信道到物理信道映射等一系列功能。

物理层的设计是整个 5G 系统设计中最核心的部分。相对于 4G，ITU 及 3GPP 对 5G 提出了更高而且更全面的关键性能指标要求。其中最具有挑战的峰值速率、频谱效率、用户体验速率、时延等关键指标均需要通过物理层的设计来达成。为迎接这些挑战，5G 的新空口设计在充分借鉴 LTE 设计的基础上，也引入了一些全新的设计。5G 的物理层系统设计呈现如下特点。

1. OFDM 加 MIMO（Multiple-Input Multiple-Output）技术作为物理层设计的基础

OFDM 与 MIMO 技术的结合无论从理论分析上还是在实际系统部署中，已经被充分证明可以有效地利用系统带宽和无线链路空间特性，是提升系统频谱效率及峰值速率最有效的技术。在实际系统中，受终端大小限制，天线数量相对受限，单用户容量也会受到限制。但是从整个系统角度看，通过调度多个用户进行空间复用，依然可以提升整个系统频谱使用效率。在 OFDM 技术上，5G 下行与 LTE 相同，采用正交频分多址（OFDMA）技术；在上行既支持单载频频分多址（SC-FDMA）技术（与 LTE 相同），又支持 OFDMA 技术（与下行相同）。在 MIMO 设计上，5G 设计充分吸收了 LTE 系统设计的经验，采用了接入、控制与数据一体化的设计（详见第 5 章）。

2. 采用更加灵活的基础系统架构设计

时延是 5G 系统设计非常关键的指标。物理层时延的构成分为处理时延和传输时延两部分。在降低处理时延方面,主要需要通过提升接收算法效率和硬件处理能力等方式来实现。对于物理层系统设计,主要考虑是在一定的处理时延基础上,通过灵活的系统架构设计,既保障系统频谱使用效率又尽量降低传输时延。灵活的系统架构设计主要体现在灵活的帧结构设计和灵活的双工设计两个方面。

(1)灵活的帧结构设计

灵活的帧结构设计是灵活的基础系统架构设计的核心。根据各国频谱分配及使用情况,频谱分为对称频谱与非对称频谱两种,相应的 4G 帧结构设计分为 FDD(频分双工)与 TDD(时分双工)两种模式。5G 系统将支持更大的系统带宽,尤其是随着高频的使用,带宽的使用在百兆量级。在这样的带宽量级下,对称频谱分配将越来越困难,非对称频谱的分配将成为 5G 的主流。因此,5G 系统设计的一个核心也在 TDD 的帧结构设计。对于 TDD 帧结构设计主要考虑配置周期和配置灵活性。

首先看配置周期。帧结构配置都是以周期形式出现,不同周期内符号配置呈现重复性。对于 TDD 系统,一个配置周期内包含上行和下行符号,配合 HARQ 技术,实现数据的发送及反馈。长的配置周期往往意味着更长的反馈时间。LTE 系统中,支持 7 种 TDD 帧结构配置,配置周期为 5ms 或 10ms。这样整个 LTE 系统的整体时延也在 10ms 量级。对于新空口设计,空口时延量级在 1ms,那么在帧结构配置周期上,也需要支持更多、更短的周期配置。在 NR 中,支持了 1ms 以内的周期配置。NR 中具体帧结构配置方式可参考 3.1 节。

配置灵活性对于匹配不同业务类型非常关键。5G 面向物联网与互联网等多个场景,服务业务类型相比 4G 也更加多样化。不同的业务从上下行比例及业务变化的周期上呈现不同特点。因此新空口对帧结构配置周期的改变速度及每个周期内上下行符号的比例变化有更高要求,以匹配不同的业务类型,给用户提供更好的体验。同时,为了支持更短的反馈周期,帧结构配置中也需要考虑能够在一个配置周期内完成数据发送及反馈的配置,即自包含的帧结构配置。NR 中不仅可以支持半静态帧结构配置,还支持了完全动态的帧结构配置。

在灵活的帧结构框架下,为了进一步支持更低时延的发送,还需要考虑采用更短传输时延的数据发送。在 LTE 中,数据的调度及发送以 1ms 为基础,这显然不能满足 5G 在毫秒量级的数据传输时延要求。因此,新空口设计需要支持更短的数据发送长度,对应的设计就是要支持基于超短帧或迷你时隙(Mini-slot)的调度与反馈。

（2）灵活的双工设计

在 4G 中，两种双工（FDD 和 TDD）方式的使用各遵循一定的规则。TDD 系统配置通过保护间隔设置等方式避免不同小区上下行间的干扰。FDD 系统在对称频谱上进行上下行的绑定使用。NR 的设计中，为提高频谱使用效率，逐步支持一些更灵活的设计。

首先，支持对称的上下行波形设计，即上下行都支持相同的 OFDM 波形设计。在 LTE 中，在下行采用 OFDMA 技术，在上行采用 SC-FDMA 技术。NR 中上行既支持 SC-FDMA 技术，也支持 OFDMA 技术，基站可以根据网络实际情况进行灵活配置。当上下行都采用 OFDMA 技术时，上下行波形对称，接收机可以把上行和下行信号进行联合处理，采用更好的干扰删除技术，提升系统性能。同时，OFDMA 技术与 MIMO 也可以更好地结合，相对 LTE 系统有效提升了上行频谱效率。

NR 还引入了上下行解耦技术。上下行解耦的核心是打破了 4G 系统中一个下行载波只配置一个上行载波的设计（FDD 系统上下行载波位于对称频谱上，TDD 上下行载波相同），一个下行载波除了配置一个对应的上行载波外，还可配置多个上行载波。额外配置的上行载波也被称为增补上行载波（SUL，Supplementary Uplink）。对于部署在较高频率的 NR 载波，可以配置一些低频的频谱，如现有较低频段 FDD 载波的上行频谱，作为 SUL 载波。这样既可以提高 NR 覆盖范围，又可以提升整个系统使用效率（详见第 7 章）。

3. 一体化的大规模天线设计

大规模天线设计是 5G NR 设计的重要基石。NR 的设计需要支持高达 100GHz 的频谱范围，随着频率的升高，天线系统使用的天线个数也相应增加，但是单天线的覆盖距离受路损的影响快速降低。波束赋形技术，尤其是混合波束赋形技术可以有效提升大规模天线的覆盖距离和传输速率，成为 NR 大规模天线设计的核心。在实际的系统设计中，波束赋形技术不仅应用于数据传输，还需要应用于用户初始接入和控制数据发送，即广播信道、控制信道和数据信道的一体化设计（详见第 5 章）。

4. 采用多项新技术

5G 新空口相对 LTE 系统引入了多项基础性的新技术。新技术中最具有代表性的在信道编码领域，新空口采用了数据信道 LDPC 码、控制信道 Polar 码的组合，替代了 LTE

数据信道 Turbo 码、控制信道 TBCC 码的组合。LDPC 码相对 Turbo 码具有更低的编码复杂度和更低的译码时延，可以更好地支持大数据的传输。而 Polar 码在小数据包的性能优势将有效提升新空口的覆盖性能。

综合来看，新空口与 LTE 虽然都基于 OFDM 系统进行设计，但是新空口具有更灵活的基础系统架构设计，支持一体化的大规模天线设计，并引入多项新技术，在系统部署灵活性、多业务支持、频谱效率、峰值速率和时延等方面相对 4G 系统具有明显的优势。

2.3.2　物理层关键技术

NR 支持的主要物理层关键技术列于表 2.2 中。后面各小结对其中一些技术进行展开介绍。

表 2.2　NR 物理层关键技术描述

关键技术	技术描述
双工方式	支持 FDD 和 TDD 模式
子载波间隔	6GHz 以下：15kHz，30kHz，60kHz； 6GHz 以上：60kHz，120kHz，240kHz
CP	支持常规 CP 和扩展 CP（扩展 CP 只用于 60kHz 子载波间隔）
帧结构	帧长 10ms，一个帧中包含 10 个子帧，5 个子帧组成一个半帧；支持半静态和动态帧结构配置
基本波形	下行：CP-OFDM；上行：CP-OFDM，DFT-S-OFDM
单载波支持带宽	6GHz 以下：最大 100MHz 6GHz 以上：最大 400MHz
多址接入	下行：正交多址接入；上行：正交多址接入，非正交多址（待定）
信道编码	控制信道：Polar 码、RM 码、重复码、Simplex 码；数据信道：LDPC 码
调制方式	下行：QPSK、16QAM、64QAM、256QAM 上行：CP-OFDM 支持 QPSK、16QAM、64QAM 和 256QAM；DFT-S-OFDM 支持 $\pi/2$-BPSK、QPSK、16QAM、64QAM 和 256QAM
资源映射	支持集中式和分布式资源分配方式
多天线技术	广播、控制和数据信道采用一体化多天线设计。下行数据发送支持闭环、开环、准开环、多点传输等传输方案；上行数据发送支持基于码本和非码本的传输方案；下行传输方案选择和反馈方式结合；上行传输方案直接根据高层信令配置

续表

关键技术	技术描述
导频设计	支持 DMRS、CSI-RS、PT-RS、上行 SRS 等设计
物理层测量	包括信道状态测量、信道质量测量、干扰管理测量、移动性测量等
HARQ（混合自动重传请求）	支持 Chase 合并及增量冗余（IR）混合重传
链路自适应	采用根据信道状态变化进行自适应调整的调制编码方案
BWP（工作带宽调整）	支持 UE 初始接入带宽管理和 UE 工作中带宽调整
载波聚合/双连接	最多支持 16 个 NR 载波进行聚合或双连接操作，支持 NR 使用连续或者非连续频谱超过 1GHz
上下行解耦	支持一个 NR 载波中配置多个上行载波

1. 参数集和帧结构

NR 的参数集由子载波间隔和循环前缀（CP，Cyclic Prefix）开销定义。NR 支持多种参数集，多个子载波间隔由一个基本的子载波间隔乘以一个整数 N 来得出，支持从 15kHz 到 240kHz 的子载波间隔（具体标准化过程及配置见 3.1.1 节）。相对于 LTE 只支持 15kHz 的载波间隔，NR 有了更多的选择。NR 子载波间隔和符号长度也有对应关系。以 15kHz 载波间隔为例，此时 NR 和 LTE 采用完全相同的符号长度。当 NR 子载波间隔配置为 30kHz 时，符号长度相比 15kHz 减小一半。采用更大的子载波间隔配置，单位带宽内包含的载波数减少，但是在时间上看，将得到传输时间缩短的补偿。因此更高子载波间隔配置对于对时延要求很高的数据传输具有比较明显的优势。

相对于 LTE，NR 一个重要的任务是要支持更高频率的使用。NR 将支持高达 100GHz 频段的数据传输。在 6GHz 以下频段，NR 称为 FR1 频段，要支持单载波带宽 100MHz 的数据发送。而在 6GHz 以上频段，NR 称为 FR2 频段，要支持单载波带宽 400MHz 的数据发送。考虑到不同的子载波间隔，对应的一个载波上可以调度的最大子载波个数为 3300 或者 6600。NR 沿用了 LTE 资源块（RB，Resource Block）的用法，每个物理资源块（PRB）包含 12 个子载波。

NR 的帧结构设计以时隙（slot）为基础进行，每个 slot 包含 14 个符号。由于 NR 支持多种载波间隔，相比 LTE 中以 1ms 子帧为基础的帧结构，灵活度有所增加。同时，为了支持低时延高可靠业务，NR 支持了基于 Mini-slot 的数据发送。Mini-slot 的长度可以从 1 个符号到 13 个符号。NR 还支持了半静态和动态两种帧结构配置方式，在半静态帧结构配置中也采用了单周期和双周期配置等更加灵活的指示方式（详见 3.1.2 节）。总体上看，NR 的帧结构设计在灵活度上相对 LTE 有了非常大的扩展，可以非常好地匹配各种类型的业务传输及组网需求。

2．基本波形

作为多载波技术的典型代表，OFDM 技术在 4G 中得到了广泛应用，在 5G NR 设计中，OFDM 仍然是基本波形。NR 的设计中上下行都将支持 CP-OFDM，意味着上下行采用相同的波形，当发生上下行间的相互干扰时，为采用更先进的接收机进行干扰删除提供了可能。同时，对于上行发送，仍然保留了对 DFT-S-OFDM 的支持。主要原因还是在于 DFT-S-OFDM 可以利用单载波特性相对 CP-OFDM 有更低的峰均比（PAPR）。

OFDM 技术除峰均比外，也存在另外一些缺点，如较高的带外泄漏、对时频同步偏差比较敏感等。在 3GPP 基本波形讨论过程中，很多公司也提供了基于 OFDM 的改进技术，如 F-OFDM（Filter-OFDM）、FBMC（Filter Bank Multi-Carrier）、UFMC（Universal Filtered Multi-Carrier）、GFDM（Generalized Frequency Division Multiplexing）等。这些技术的共同特征是通过使用滤波或者加窗机制来减小子带或子载波的频谱泄漏，从而放松对时频同步的要求。经过 3GPP 讨论，由于从 RAN1 角度看加滤波器和加窗等操作，其对协议是透明的，是否采用相关技术取决于设备实现，因而不进行标准化。

3．多址接入

NR 的多用户接入，尤其是针对传统的移动宽带增强业务（eMBB）主要基于正交多址技术。在 5G NR 设计初始阶段，也有多个公司提出了基于非正交多址的接入方式。比较有代表性的有 SCMA[2]，MUSA[3]，PDMA[4]等。

在 R14 阶段，3GPP 对非正交多址技术进行了不同场景下的仿真研究。研究结果显示非正交多址技术在系统上行吞吐量、接入用户数方面有比较明显的增益。R14 研究项目中也给出明确结论，在 mMTC 场景下非正交多址技术应该被采用。3GPP R15 的第一版 5G 标准中主要聚焦在对 eMBB 和 URLLC 场景的支持，并未对 mMTC 场景做特别的设计，非正交多址技术没有被纳入 5G 第一版国际标准。但是 3GPP 在 R15 仍然延续了对非正交多址技术的研究工作，继续就非正交多址技术进行不同场景下的进一步评估[5]。根据研究的结果，在后续的 5G 国际标准中，非正交多址技术仍然有可能被纳入。

4．调制编码

信道编码是 5G 设计最基础的部分，3GPP 对各个候选编码技术经过了非常全面而且细致的比对和分析，比较的维度包括性能、灵活性、对 HARQ 的支持、编译码复杂度、译码时延等方面。其中数据信道的候选方案包括 LDPC、Turbo 码和 Polar 码，控制信道的候选方案包括 Polar 码和 TBCC 码。

数据信道最终采用的方案是 LDPC 码（详细设计见 4.2 节）。LDPC 码是麻省理工学院 Robert Gallager 于 1963 年在博士论文中提出的。经过 50 余年的发展，LDPC 码有着非常完备的理论体系，并在多个领域有着广泛的应用。LDPC 码相对 Turbo 码和 Polar 码在大数据包的处理上具有比较明显的优势。尤其在高码率区域，由于 LDPC 译码算法的特点，其性能和译码时延优势更加突出。这些特性使得 LDPC 码非常适合 5G 大数据量低时延的数据传输。

控制信道（包括广播信道）最终采用的方案 Polar 码（详细设计见 4.1 节）。Polar 码相对于 LDPC、Turbo 及 TBCC 码是编码界的"新星"，于 2008 年由土耳其毕尔肯大学 Erdal Arikan 教授首次提出。经过多轮比较和分析，Polar 码凭借在小包传输上的卓越性能被采用为控制信道编码方案。Polar 码被 5G 标准采用，充分展现了 NR 设计对新技术的开放性。

NR 基本沿用了 LTE 支持的调制方案，支持 BPSK、QPSK、16QAM、64QAM 和 256QAM 等方案。各种调制方案的实现公式可直接参考 R15 38.211 中的 5.1 节。

5．BWP

BWP 定义为一个载波内连续的多个资源块（RB, Resource Block）的组合。引入 BWP 的概念主要是为了 UE 可以更好地使用大的载波带宽。对于一个大的载波带宽，比如 100MHz，一个 UE 需要使用的带宽往往非常有限。如果让 UE 实时进行全带宽的检测和维护，终端的能耗将带来极大挑战。BWP 概念的引入就是在整个大的载波内划出部分带宽给 UE 进行接入和数据传输。UE 只需在系统配置的这部分带宽内进行相应的操作，从而达到节能的效果。BWP 的详细功能实现在 8.2.1 节第 6 部分进行了介绍。

6. 前向兼容性

前向兼容性是 NR 提出的一个新的概念，主要是为了 NR 设计既能够保证对未来新业务和新特性的引入，也能保证对相同频谱上的已开展业务的有效支持。3GPP 提出这一新概念的主要考虑在于在 NR 网络部署初期，开展业务以 eMBB 为主，而且 R15 的设计首先考虑的也是对 eMBB 场景的支持。随着 NR 网络的规模部署，网络中将出现更多的新业务类型，后续的标准版本也将对新的业务进行优化。那么在 NR 设计初期，就要考虑给后续网络演进留出空间。在 NR 的设计中，为了保证前向兼容性，主要的做法是在给 UE 的 RRC 信令中预留一部分资源。这些预留的资源在 R15 版本中没有被赋予具体涵义，但是在未来的版本中可能被使用。

2.4 NR 标准体系架构介绍

NR 的规范分为物理层系列规范、高层系列规范、接口系列规范、射频系列规范、终端一致性系列规范和 NR 研究类报告。各个规范的协议号、协议名称和协议内容在表 2.3 至表 2.8 中给出。

表 2.3　物理层系列规范

协议号	协议名称	协议内容
TS 38.201	NR 物理层概述	38.201 协议是物理层综述协议，主要包括物理层在协议结构中的位置和功能，包括物理层各规范 38.202、38.211、38.212、38.213、38.214 和 38.215 的主要内容和相互关系等
TS 38.202	NR 物理层提供服务	38.202 协议主要描述由物理层提供的服务，主要包括 UE 的物理层模型、物理信道和 SRS 的并发传输以及物理层测量等内容
TS 38.211	NR 物理层信道及调制	38.211 协议主要描述物理层信号的产生和调制方法，包括帧结构、物理资源的定义和结构，调制方法、序列产生方法、物理信号的产生方法，上行和下行物理层信道和信号的定义和结构，参考符号的定义和结构等内容
TS 38.212	NR 复用和信道编码	38.212 协议主要是描述传输信道和控制信道数据的处理，主要包括信道编码方案，传输信道和控制信道的处理以及下行控制信息格式等内容

续表

协议号	协议名称	协议内容
TS 38.213	NR 控制的物理层过程	38.213 协议主要是描述用于控制的物理层过程的特性,主要包括同步过程(包括小区搜索和定时同步)、无线链路监测、链路恢复过程、功率控制过程、随机接入过程、UE 侧控制信道的接收和发送过程、组公共信令、带宽部分(BWP)操作等内容
TS 38.214	NR 数据的物理层过程	38.214 协议主要是描述用于数据的物理层过程的特性,主要包括物理下行共享信道相关过程和物理上行共享信道相关过程等内容
TS 38.215	NR 物理层测量	38.215 协议主要是描述物理层测量的特性,主要包括 UE 和 NG-RAN 中的物理层测量等内容

表 2.4　高层系列规范

协议号	协议名称	协议内容
TS 38.300	NR 概述 Stage-2	38.300 协议是 5G NR 无线接口协议框架的总体描述性协议,主要包括无线网络架构、协议架构、各功能实体的功能划分、无线接口协议栈、物理层框架描述、空口高层协议框架描述、相关的标识、移动性以及状态转移、调度机制、节能机制、QoS、安全、UE 能力等。同时也增加了对垂直行业的一些技术支持,如低时延高可靠、IMS 语音、网络切片、公共告警系统以及紧急业务等
TS 38.304	NR 用户设备在空闲模式和 RRC 非激活模式下的过程	38.304 协议主要描述 UE 在空闲模式以及 RRC 非激活模式下的过程,主要包括空闲模式和 RRC 非激活模式下提供的服务、PLMN 选择、小区选择和重选、TA 区以及 RAN 区的登记、广播信息接收和寻呼消息的接收
TS 38.305	NG-RAN 用户设备定位 Stage 2	38.305 协议主要描述 UE 定位功能,主要包括 5G NR 系统的 UE 定位框架、定位相关的信令和接口协议、主要定位流程。涉及的定位方法主要包括增强 Cell ID、OTDOA 方法以及其他非 3GPP 定义的定位方法,如大气压传感器定位、WLAN 定位、蓝牙定位以及 TBS 定位等
TS 38.306	NR 用户设备无线接入能力	38.306 协议主要描述 UE 的无线接入能力,包括 UE 各个能力相关参数的具体定义,无能力指示的可选特性说明,条件比选特性的说明以及 MR-DC 下的能力协调等
TS 38.321	NR MAC 层规范	38.321 协议主要是对 MAC 层的描述,主要包括 MAC 层框架、信道结构与映射、MAC 实体功能、MAC 过程、BWP 的相关操作、MAC PDU 格式和参数定义等
TS 38.322	NR RLC 层规范	38.322 协议主要是对 RLC 层的描述,主要包括 RLC 层框架、RLC 实体功能、RLC 过程、RLC PDU 格式和参数定义等
TS 38.323	NR PDCH 层规范	38.323 协议主要是对 PDCP 层的描述,主要包括 PDCP 层框架、PDCP 结构和实体、PDCP 过程、PDCP PDU 格式和参数定义等
TS 37.324	NR SDAP 层规范	37.324 协议主要是对 SDAP 层的描述,主要包括 SDAP 层的框架、提供的服务、SDAP 的过程、QoS 与无线承载的映射,SDAP PDU 格式和参数定义等
TS 38.331	NR RRC 层规范	38.331 协议主要是对 RRC 层的描述,主要包括 RRC 层框架、RRC 对上下层提供的服务、RRC 过程、系统消息定义、连接控制、承载管理、Inter-RAT 移动性、RRC 测量、RRC 消息及参数定义,网络接口间传输的 RRC 的消息定义等

表 2.5　接口系列规范

协议号	协议名称	协议内容
TS38.401	架构描述	TS38.401 是对 NG 接口的总体描述，包括 NG-RAN 的整体架构、信令和数据传输的逻辑划分、NG-RAN 主要接口的用户面和控制面协议以及接口的功能
TS38.410	NG 接口原则及概述	TS38.410 主要是 NG 接口整体介绍以及 NG 接口系列规范的内容划分
TS38.411	NG 接口层 1 功能	TS38.411 介绍 NG 接口的物理层功能
TS38.412	NG 接口信令承载	TS38.412 介绍 NG 接口信令承载传输层协议以及功能
TS38.413	NG 接口应用协议	TS38.413 介绍 NG 接口的无线网络层协议，是 NG 接口最主要的协议，包括 NG 接口相关的信令过程、NGAP 的功能、NGAP 过程以及 NGAP 消息定义
TS38.414	NG 接口数据传输	TS38.414 介绍 NG 接口的用户面数据传输层协议及功能
TS38.415	PDU Session 用户面协议	TS38.415 介绍 PDU 会话相关用户面协议栈，适用于 NG 接口的用户面
TS38.420	Xn 接口原则及概述	TS38.420 主要是 Xn 接口整体介绍以及 Xn 接口系列规范的内容划分
TS38.421	Xn 接口层 1 功能	TS38.421 介绍 Xn 接口的物理层功能
TS38.422	Xn 接口信令承载	TS38.422 介绍 Xn 接口信令承载传输层协议以及功能
TS38.423	Xn 接口应用协议	TS38.423 介绍 Xn 接口的无线网络层协议，是 Xn 接口最主要的协议，包括 Xn 接口相关的信令过程、XnAP 的功能、XnAP 过程以及 XnAP 消息定义
TS38.424	Xn 接口数据传输	TS38.424 介绍 Xn 接口的用户面数据传输层协议及功能
TS38.425	NR 用户面协议	TS38.425 介绍 Xn，X2 和 F1 接口无线网络层的用户的功能以及用户面相关过程，同时，该规范也包含了用户面帧结构以及信元定义
TS38.455	NR 定位协议 A	TS38.455 定义 NG-RAN 节点和 LMF 节点之间的控制面无线网络层信令过程
TS38.460	E1 接口原则及概述	TS38.460 主要是 E1 接口整体介绍以及 E1 接口系列规范的内容划分
TS38.461	E1 接口层 1 功能	TS38.461 介绍 E1 接口的物理层功能
TS38.462	E1 接口信令承载	TS38.462 介绍 E1 接口信令承载传输层协议以及功能
TS38.463	E1 接口应用协议	TS38.463 介绍 E1 接口的无线网络层协议，是 E1 接口最主要的协议。包括 E1 接口相关的信令过程、E1AP 的功能、E1AP 过程以及 E1AP 消息定义
TS38.470	F1 接口原则及概述	TS38.470 主要是 F1 接口整体介绍以及 F1 接口系列规范的内容划分
TS38.471	F1 接口层 1 功能	TS38.471 介绍 F1 接口的物理层功能
TS38.472	F1 接口信令承载	TS38.472 介绍 F1 接口信令承载传输层协议以及功能
TS38.473	F1 接口应用协议	TS38.473 介绍 F1 接口的无线网络层协议，是 F1 接口最主要的协议。包括 F1 接口相关的信令过程、F1AP 的功能、F1AP 过程以及 F1AP 消息定义
TS38.474	F1 接口数据传输	TS38.474 介绍 F1 接口的用户面数据传输层协议及功能
TS29.413	与非 3GPP 接入的 NGAP	TS29.413 介绍非 3GPP 接入功能（N3IWF）和 AMF 之间的 NGAP

表 2.6　射频系列规范

协议号	协议名称	协议内容
TS 38.101-1	用户设备无线传输和接收 Part 1：Range 1 Standalone	该规范主要定义 FR1 工作频段相关的终端设备收发信机射频要求，FR1 设备的传导射频指标要求。发射机射频要求包括最大输出功率、最大功率回退、配置发射功率要求；最小输出功率、发射关断功率以及发射时间模板要求；发射频率误差、发射信号质量要求；占用带宽、ACLR、频谱模板、杂散辐射要求；发射互调要求。接收机射频要求包括参考灵敏度、最大输入电平、ACS、接收机阻塞、杂散响应、接收机互调等要求
TS 38.101-2	用户设备无线传输和接收 Part 2：Range 2 Standalone	该规范主要定义 FR2 工作频段相关的终端设备收发信机射频要求，FR2 设备的空间辐射指标要求。发射机射频要求包括最低峰值 EIRP、EIRP CDF、最大 TRP、最高峰值 EIRP 要求；最小输出功率、发射关断功率以及发射时间模板要求；发射频率误差、发射信号质量要求；占用带宽、ACLR、频谱模板、杂散辐射要求。接收机射频要求包括参考灵敏度 EIS、最大输入电平、ACS、接收机阻塞等要求
TS 38.101-3	用户设备无线传输和接收 Part 3：Range 1 and Range 2 Interworking operation with other radios	该规范主要定义 FR1 和 FR2 频段间互操作相关的终端射频要求以及与 5G NSA 相关的 EN-DC 终端射频指标要求
TS 38.101-4	用户设备无线传输和接收 Part 3：Range 1 and Range 2 Interworking operation with other radios	该规范主要定义设备的基带解调性能要求，针对物理层定义的各个信道设计，给出规定参数和测试条件下的解调性能要求，用于验证支持某一特性终端的基带算法性能是否满足要求
TS 38.104	基站设备无线传输和接收	该规范主要定义基站设备收发信机射频要求，包含 FR1 和 FR2。其中，FR1 定义了传导和空间辐射两种要求，FR2 仅定义了空间辐射要求。发射机射频要求包括输出功率及精度；输出功率动态与发射时间模板要求；发射频率误差、发射信号质量要求；占用带宽、ACLR、频谱模板、杂散辐射要求。接收机射频要求包括参考灵敏度要求、最大输入电平、ACS、接收机阻塞等要求
TS 38.141-1	基站设备一致性测试 Part 1：传导一致性测试	该规范主要针对 TS 38.104 规范中的基站传导射频要求制定测试方法、测试条件、测试流程以及测试要求等
TS 38.141-2	基站设备一致性测试 Part 2：辐射一致性测试	该规范主要针对 TS 38.104 规范中的基站空间辐射射频要求制定测试方法、测试条件、测试流程以及测试要求等
TS 38.133	RRM 指标要求	该规范主要定义支持无线资源管理的指标要求，包括空闲状态移动性要求、连接状态移动性要求、定时要求、信令特性以及终端测量和性能要求等
TS 38.113	基站设备 EMC	该规范主要定义基站设备及其附件的电磁兼容要求。包括测试条件与环境；发射性能（包括空间辐射、输入输出口的传导发射、电源口辐射等）要求与测试；敏感性（抗干扰包括抗强电磁场、电磁冲击、电源电压扰动等）性能要求与测试
TS 38.124	移动终端和附属设备 EMC 指标要求	该规范主要定义终端设备及其附件的电磁兼容要求。包括测试条件与环境、空间发射性能要求与测试、敏感性（抗干扰包括抗强电磁场、电磁冲击、电源电压扰动等）性能要求与测试

表 2.7　终端一致性系列规范

协议号	协议名称	协议内容
TS 38.508-1	5GS 终端设备一致性测试 Part 1：公共测试环境	TS 38.508-1 定义了 5G 终端一致性测试中公共测试环境参数配置
TS 38.508-2	5GS 终端设备一致性测试 Part 2：ICS	TS 38.508-2 定义了 5G 终端一致性测试中公共测试条件
TS 38.509	5GS 用户设备特殊一致性测试条件	TS 38.509 定义了 5G 终端一致性测试中需要终端支持的特殊测试用功能
TS 38.521-1	NR 用户一致性测试规范，辐射传输和接收 Part 1：Range 1 Standalone	TS 38.521-1 定义了 NR 终端射频一致性测试中 FR1 单模测试内容
TS 38.521-2	NR 用户一致性测试规范，辐射传输和接收 Part 2：Range 2 Standalone	TS 38.521-2 定义了 NR 终端射频一致性测试中 FR2 单模测试内容
TS 38.521-3	NR 用户一致性测试规范，辐射传输和接收 Part 3：NR interworking between NR range1 + NR range2；and between NR and LTE	TS 38.521-3 定义了 NR 终端射频一致性测试中 FR1 和 FR2 多模测试以及 NR 和 LTE 之间多模测试的内容
TS 38.521-4	NR 用户一致性测试规范，辐射传输和接收 Part 4：性能要求	TS 38.521-4 定义了 NR 终端射频一致性测试中发射器和接收器性能测试内容
TS 38.523-1	5GS 用户设备一致性规范 Part 1：规范	TS 38.523-1 定义了 5G 终端协议一致性测试内容
TS 38.523-2	5GS 用户设备一致性规范 Part 2：规范采用测试例	TS 38.523-2 定义了 5G 终端协议一致性测试条件
TS 38.523-3	5GS 用户设备一致性规范 Part 3：规范测试代码集	TS 38.523-3 定义了 5G 终端协议一致性测试 TTCN 测试代码集

表 2.8　NR 技术报告

协议号	协议名称	协议内容
TR 38.801	无线接入架构和接口	该技术报告介绍研究阶段关于接入网架构以及接口的讨论情况以及结论。包括不同的网络部署场景以及演进路线，无线接入网内部分离架构的各种方式以及如何支持 5G 新特性，包括基于流的 QoS 和切片等
TR 38.802	新空口接入物理层技术研究	该技术报告为 NR 研究项目物理层方面的研究报告，主要包括双工方式、前向兼容性、参数集和帧结构、LTE 和 NR 共存以及上下行调制、信道、波形、多址技术、信道编码、多天线技术和物理层过程以及一些相关的评估结果等内容
TR 38.803	射频和共存研究	该技术报告主要收集了 NR 研究阶段工作过程中系统演进相关共存研究成果，基站和终端射频指标可行性研究阶段性成果等
TR 38.804	无线接口协议研究	该技术报告介绍 NR 研究阶段关于无线接口的协议情况，包括每个协议的功能、结构、一些主要过程的概述等

续表

协议号	协议名称	协议内容
TR 38.805	60 GHz 非授权频谱研究	该技术报告主要针对全球不同区域 60 GHz 非授权频段法规要求进行调研
TR 38.806	针对选项 2 进行的 CP 和 UP 分离研究	该技术报告介绍了 CP/UP 分离的应用场景、可行性以及给系统带来的增益，同时，也介绍了如何标准化 CP 和 UP 之间的接口以及该接口对现有基本流程的影响
TR 38.817-01	用户设备 RF 一般性研究	该技术报告主要收集了 5G NR WI 阶段工作过程中终端射频指标制定的技术依据、研究方法和研究成果等
TR 38.817-02	基站 RF 一般性研究	该技术报告主要收集了 5G NR WI 阶段工作过程中基站射频指标制定的技术依据、研究方法和研究成果等
TR 38.900	6GHz 以上信道模型研究	该技术报告为 6～100GHz 信道模型
TR 38.901	0.5～100 GHz 信道模型研究	该技术报告为 0.5～100GHz 信道模型
TR 38.912	NR 接入技术研究	该技术报告是 NR 研究阶段 RAN 全会层面的 NR 技术预研报告，包括物理层传输、层 2 层 3 研究、系统网络架构、基本过程以及射频发送和接收的研究成果
TR 38.913	下一代接入技术应用场景及需求研究	该技术报告是 NR 研究阶段 RAN 全会层面的 NR 场景和需求预研报告，报过主要应用场景、NR 技术关键性能参数（峰值速率、吞吐率、时延、移动性、可靠性、覆盖等）需求、业务需求等研究成果

参考文献

[1] 3GPP Technical Specification 38.913, Study on Scenarios and Requirements for Next Generation Access Technologies.

[2] R1-162153, Overview of non-orthogonal multiple access for 5G, Huawei, HiSilicon.

[3] R1-162226, Discussion on multiple access for new radio interface, ZTE.

[4] R1-163383, Candidate Solution for New Multiple Access, CATT.

[5] RP-170829, New SI: Study on 5G Non-Orthogonal Multiple Access, ZTE.

第3章

Chapter 3

5G NR 基础参数
及接入设计

本章主要介绍 NR 基础参数配置和接入相关设计。其中 3.1 节就 NR 一些基础系统参数和概念，以及基础帧结构的设计及配置方式进行介绍。3.2 节就 UE 接入相关的设计进行分析，包括小区搜索过程、下行同步信号相关设计及随机接入信道设计。

3.1 基础参数及帧结构

3.1.1 基础参数

NR 基本时间单元为 $T_c = 1/(\Delta f_{max} \cdot N_f)$，其中 $\Delta f_{max} = 480 \times 10^3$，$N_f = 4096$。并定义常数 $\kappa = \Delta f_{max} N_f / (\Delta f_{ref} N_{f,ref}) = 64$，其中 $\Delta f_{ref} = 15 \times 10^3$ Hz，$N_{f,ref} = 2048$。NR 中最基本的资源单位为 RE（Resource Element，资源单元），代表频率上一个子载波及时域上一个符号。RB（Resource Block，资源块）为频率上连续 12 个子载波。

NR 支持 5 种子载波间隔配置，具体配置如表 3.1 所示[1]。6GHz 以下频段将主要采用 15kHz、30kHz、60kHz 三种子载波间隔，而 6GHz 以上主要采用 120kHz 及以上的子载波间隔。

表 3.1 NR 支持载波间隔

μ	$\Delta f = 2^\mu \cdot 15$[kHz]	循环前缀
0	15	正常
1	30	正常

续表

μ	$\Delta f=2^{\mu}\cdot15[kHz]$	循环前缀
2	60	正常，扩展
3	120	正常
4	240	正常

可以看到，关于子载波带宽这个参数，其基准子载波带宽与 LTE 一致，但在 NR 设计之初在这个基本参数的设计上，出于不同维度的考量，各公司的建议并不统一。比较有代表性的有以下两种。

① 代表观点 1：充分考虑 LTE 到 NR 的沿袭性，借鉴甚至重用 LTE 的一些设计，尤其在设备实现上可以有更好的兼容性，原有的 CP 开销也相对较低。

要求 NR 继承 LTE 子载波间隔及 OFDM 符号长度参数的定义的基本框架，以 LTE 的 15kHz 和每毫秒 14 个 OFDM 符号为基准参数。

② 代表观点 2：建议新定义一套子载波间隔及 OFDM 符号长度参数，主要是考虑设备实现的便利，载波间隔和特定时间颗粒度内（比如 1ms）的符号数目都是 2 的幂次，要求 1ms 中最少包含 16 个 OFDM 符号。

基于 CP（Cyclic Prefix）的开销问题，会上给出了 17.5kHz 和 17.06kHz 两种基准子载波间隔。如果引入 17.5kHz 作为基准子载波带宽，CP 开销约为 8.6%；如果引入 17.06kHz 作为基准子载波带宽，CP 的开销降到 6.3%。关于其他子载波带宽，各公司也给出了不同观点。

① 代表观点 1：只支持 15kHz 的 2 的幂次倍数的其他子载波带宽。

② 代表观点 2：支持 15kHz 的自然数倍数的其他子载波带宽。

在这部分的讨论中，又涉及部分关于实现复杂度的讨论。比如有些公司坚持沿用最大 2048 的 DFT 阵，在 6GHz 以下频段，要使用 2048 的 DFT 实现 60MHz 和 100MHz 带宽，其他子载波带宽为基准子载波宽度自然数倍数扩展，将 20MHz 的 LTE 子载波宽度相应扩展到 45kHz 和 75kHz。而多数公司认为可以采用并接受更大的 4096 的 DFT 阵，这样按照最大 4096 的 DFT，已经具有足够灵活性去支持各种带宽，比如使用 30kHz 的子载波去支持 60MHz/100MHz 载波。

从表 3.1 中可以看到对于扩展 CP 选项，只有 60kHz 子载波的情况支持，对于其他子载波宽度，只有一种 CP 选项，这实际上是各方面平衡后的一个结论。在 LTE 设计中，当时出于不同覆盖和传播环境的考虑，给出了基于普通 CP 和扩展 CP 的两种设计，因此很自然地，在 NR 中也会涉及是否需要引入扩展 CP 的讨论，当时各公司也给出了不同的考量。

① 代表观点 1：在 LTE 中虽然引入了扩展 CP 的设计，但鲜有应用场景，因此在 NR 中没有再引入的必要。

② 代表观点 2：有些公司认为需要考虑一些业务或部署要求，应该保留这个特性，并对每个子载波宽度都需要引入对应的扩展 CP 选项，需要引入 21.33kHz 的子载波宽度，以支持 15.6μs 的 CP 长度；引入 42.67kHz 的子载波宽度，以支持 7.8μs 的 CP 长度；引入 85.33kHz 的子载波宽度，以支持 3.9μs 的 CP 长度。

众多公司经过评估后认为，扩展 CP 的开销确实相对较大，与其带来的好处相比在大多数场景不成比例，所以最后仅有限支持扩展 CP 这一特性。

3.1.2　帧结构

NR 采用 10ms 的帧长度，一个帧中包含 10 个子帧。5 个子帧组成一个半帧，编号 0～4 的子帧和编号 5～9 的子帧分别处于不同的半帧。

NR 的基本帧结构以时隙（slot）为基本颗粒度。正常 CP 情况下，每个时隙包含 14 个符号，扩展 CP 情况下每个时隙含有 12 个符号。当子载波间隔变化时，时隙的绝对时间长度也随之改变，每子帧内包含的时隙个数也有所差别。表 3.2 和表 3.3 给出不同子载波间隔时，时隙长度以及每帧和每子帧包含时隙个数的关系。可以看出，每帧所包含的时隙是 10 的整数倍，随着子载波间隔加大，每帧/子帧内的时隙数也增加。

表 3.2　正常 CP 长度，不同子载波间隔下，每帧和每子帧包含的时隙数

μ	N_{symb}^{slot}	$N_{slot}^{frame,\mu}$	$N_{slot}^{subframe,\mu}$
0	14	10	1
1	14	20	2
2	14	40	4
3	14	80	8
4	14	160	16

表 3.3　扩展 CP 长度，不同子载波间隔下，每帧和每子帧包含时隙数

μ	N_{symb}^{slot}	$N_{slot}^{frame,\mu}$	$N_{slot}^{subframe,\mu}$
2	12	40	4

每个时隙中的符号被分为三类：下行符号（标记为 D）、上行符号（标记为 U）和灵活符号（标记为 X）。下行数据发送可以在下行符号和灵活符号进行，上行数据发送可以在上行符号和灵活符号进行。灵活符号包含上下行转换点，NR 支持每个时隙包含最多两个转换点。

NR 帧结构配置不再沿用 LTE 阶段采用的固定帧结构方式，而是采用半静态无线资源控制（RRC, Radio Resource Control）配置和动态下行控制信息（DCI, Downlink Control Information）配置结合的方式进行灵活配置。这样设计的核心思想还是兼顾可靠性和灵活性。前者可以支持大规模组网的需要，易于网络规划和协调，并利于终端省电；而后者考虑可以支持更动态的业务需求来提高网络利用率。但是完全动态的配置容易引入上下行的交叉时隙干扰而导致网络性能的不稳定，也不利于终端省电，在实际网络使用中要比较谨慎。

RRC 配置支持小区专用（Cell Specific）的 RRC 配置和 UE 专用（UE specific）的 RRC 配置两种方式。DCI 配置的方式支持由时隙格式指示（SFI, Slot Format Indication）直接指示和 DCI 调度决定两种方式。

1. 半静态帧结构配置

LTE 中上下行资源识别只有半静态配置一种。在标准中预先定义了七种不同的上下行时隙配置，对于每种上下行时隙配置中的特殊子帧，标准也定义了数种固定的特殊子帧配置选项。这些配置需要在终端接入系统之前就被识别出来，从而终端在接入系统之前就已经确定性地获悉在每 5ms/10ms 周期内，哪些资源是下行资源，哪些资源是上行资源，哪些资源是用于下行到上行转换的间隔（GP）。

在 LTE 的帧结构配置中，也遵循一定的规则。在每个重复周期内，首先是一个含有同步信号的系统信息下行子帧（包含固定系统信息的子帧），然后接一个包含下行到上行转换点的特殊子帧，特殊子帧后是上行子帧。当周期内的下行子帧多于上行子帧时，上行子帧后又跟着下行子帧（总是下行—上行—下行的资源配置方式，包括下行到上行

和上行到下行各一个转换点）。这种帧结构设计在 TD-LTE 大规模组网中发挥了巨大作用，但是在实际网络使用中也遇到了一些问题。其中一个比较严重的问题是下行资源到上行资源的转换间隔和组合相对受限，这种限制使得 TDD 系统在面对"远端基站干扰"时，下行可以妥协规避干扰的余地受限（最多将特殊子帧中的下行传输抑制掉）。因此，NR 设计中没有继续沿用 LTE 中基于表格指示的上下行资源配置和特殊时隙配置联合的方式，而是采用新的更加灵活的配置原则。

（1）基于周期的配置方式，每个周期中只有一个下行到上行的转换点

① 保证每个周期中下行资源连续，上行资源连续。

② 独立的下行和独立的上行资源配置指示。

③ 无须额外的 GP 配置指示。

（2）上下行响应时延的灵活性

① 为了支持不同时延响应的要求，需要支持不同的周期配置，而不仅限于 LTE 的 5ms 周期或 10ms 周期。

② 通过双周期下行和上行资源配置方式，提供更灵活的周期组合和上下行资源配置组合。

（3）友好的前向兼容性

需要有足够数量的配置保证小区级的上行和下行资源配置，在此基础上支持 UE 级上行和下行资源配置。小区级和 UE 级的上下行资源指示，最小颗粒度均为符号级。

小区专用的半静态上下行公共配置信息（UL-DL-configuration-common）由下行时隙数（number-of-DL-slots）、下行公共符号数（number-of-DL-symbols-common）、上行时隙数（number-of-UL-slots）、上行公共符号数（number-of-UL-symbols-common）、上下行发送周期（DL-UL-transmission-periodicity），参考子载波间隔（reference-SCS）6 个参数确定。

下行时隙数和下行公共符号数表示下行资源分配。下行时隙数表示配置的周期内开始时连续的全下行时隙数。下行公共符号数表示在数个全下行时隙后连续的全下行符号数，取值{0, 1,···, 13}。

上行时隙数和上行公共符号数表示上行资源分配。上行时隙数表示配置的周期结束前连续的全上行时隙数。上行公共符号数表示在数个全上行时隙后连续全上行符号的个数，取值{0, 1,···, 13}。

上下行配置之间部分为未知区域，可以被 UE 专用的 RRC 或者 DCI 进行配置。上下行发送周期表示上下行配置的周期，取值{0.5ms、0.625ms、1ms、1.25ms、2ms、2.5ms、5ms、10ms}。参考子载波间隔为上下行配置的参考子载波间隔，取值{15、30、60、120}。

为支持连续两个周期的不同上下行配比，NR 中引入了小区专用的半静态上下行公共配置参数集 2（UL-DL-configuration-common-set2）。当需要配置连续两个上下行配比时，小区发送上下行公共配置信息和上下行公共配置信息参数集 2，两个配置串联在一起。

UE 专用的半静态上下行配置信息（UL-DL-configuration-dedicated）由下行符号指示的时隙号（slot-index-of-DL-symbol-indication）、下行专用符号数（number-of-DL-symbols-dedicated）、上行符号指示的时隙号（slot-index-of-UL-symbol-indication）、上行专用符号数（number-of-UL-symbols-dedicated）4 个参数确定。

下行符号指示的时隙号和下行专用符号数确定下行资源分配，下行符号指示的时隙号表示由小区专用配置中确定的上下行周期内的时隙位置，取值为{1，…，（上下行发送周期的时隙数）}。下行专用符号数表示下行符号指示的时隙号里最开始连续的下行符号数，取值包括{0, 1,…, 13, 14}。

上行符号指示的时隙号和上行专用符号数确定上行资源分配。上行符号指示的时隙号表示由小区专用配置中确定的上下行周期内的时隙位置，取值为{1，…，（上下行发送周期的时隙数）}，上行专用符号数表示上行符号指示的时隙号里最后面连续的下行符号数，取值包括{0, 1,…, 13, 14}。

UE 专用的半静态上下行配置信息主要作为测量配置，该配置信息由 UE 专用的 RRC 配置信息发送。被配置的符号可根据配置的具体内容进行相应的上下行发送，包括周期或者半静态为进行 CSI 测量的 CSI-RS、周期的 CSI 报告、周期或者半静态 SRS；每个 BWP 配置的 UE-specific RRC PRACH；类型 1 的免调度上行发送；类型 2 的免调度上行发送。

2. 动态 DCI 上下行配置

动态 DCI 实现的上下行配置可以通过 DCI 格式 2_0 实现，或者直接通过 DCI 0_0/0_1/1_0/1_1 的上下行数据调度直接实现。直接通过 DCI 进行数据指示的方式没有直接改变帧结构，但是 DCI 调度的上行或者下行数据发送隐性地给出了被调度符号的方向性。

DCI 格式 2_0 是专门用作 SFI 指示。SFI 主要根据单时隙可支持的时隙格式，实现周期的帧结构配置。单时隙支持的最大格式数为 256 个，已经标准化的值可直接参照标准 38.213[5]。为减少 DCI 的开销，基站会在单时隙表格中选择部分值，然后把这些值根据不同的 SFI 周期，组成若干个多时隙 SFI 组合。这些组合基站会通过高层 RRC 信令通知给 UE，DCI 每次仅进行多时隙 SFI 的序号指示。

3．不同配置的优先级

NR 中 RRC 高层配置和 DCI 物理层配置均可以实现对帧结构的修改。当不同配置对帧结构进行更改时，一旦发生冲突，就需要确定各种配置相互覆盖的规则。NR 中半静态上下行配置，半静态测量配置，动态 SFI 及 DCI 的相互覆盖规则如下。

● 半静态上下行配置的上行及下行不能被修改，半静态上下行配置的灵活符号可以由半静态测量配置、动态 SFI 及 DCI 配置更改。

● 半静态测量配置中的上行及下行配置可以被动态 SFI 及 DCI 配置更改，一旦更改发生，半静态测量相关的行为将被终止。

● DCI 配置的数据发送不能和 SFI 配置的上行和下行冲突，但是可以对 SFI 配置中的灵活部分进行更改。

4．帧结构决定过程

根据优先级规则，基站进行小区级及 UE 侧的帧结构配置。小区级的半静态配置提供基础的框架性结构，UE 专用半静态配置和 DCI 级别配置在小区及半静态配置基础上进行进一步的灵活配置。当基站希望采用固定的帧结构时，小区半静态配置可以分配尽量多的固定上行与下行符号；而基站希望进行更动态的帧结构分配时，小区半静态配置可以分配更多的灵活符号，通过 SFI 及 DCI 调度等方式实现更多符号的动态使用。

当系统配置了 RRC 参数后，帧结构的确定主要分为两种情况：没有 SFI 配置时帧结构决定和有 SFI 配置时帧结构决定。

（1）没有 SFI 配置时帧结构决定

UE 按照上下行公共配置信息来配置上下行时隙格式。如果上下行公共配置参数集 2 存在，按照上下行公共配置参数集 2 配置两个时隙周期的格式。如果上下行专用配置存在，按照上下行专用配置来配置上下行公共配置信息或上下行公共配置参数集 2 中的灵活符号部分。其中由上下行公共配置、上下行公共配置参数集 2 或上下行专用配置确定为下行的符号，UE 考虑用作接收。而由上下行公共配置、上下行公共配置参数集 2 或上下行专用配置确定为上行的符号，UE 考虑用作发送。被配置为上行的符号，UE 不希望被后续的 DCI 或者高层信令配置进行 PDSCH、PDCCH 和 CSI-RS 的接收；而被配置为下行的符号，UE 不希望被后续的 DCI 或者高层信令配置进行 PUCCH、PUSCH、SRS 或者 PRACH 的发送。

没被上下行公共配置、上下行公共配置参数集 2 或上下行专用配置确定为配置的部分需要考虑如下情况。

● 当 UE 收到 DCI 或者高层配置的 PDSCH 或者 CSI-RS 接收指示时，进行 PDSCH 或者 CSI-RS 的接收。

● 当 UE 收到 DCI 或者高层配置的 PUSCH、PUCCH、PRACH 或者 SRS 发送指示时，进行 PUSCH、PUCCH、PRACH 或者 SRS 发送。

● 如果 UE 收到高层指示进行 PDCCH、PDSCH 或者 CSI-RS 接收，当 DCI 并没有指示在这些符号进行上行 PUSCH、PUCCH、PRACH 或者 SRS 发送时，UE 进行 PDCCH 和 PDSCH 的接收。否则，UE 不进行 PDCCH 和 PDSCH 的接收。

● 如果 UE 收到高层配置的类型 0 的 SRS、PUCCH、PUSCH 或者 PRACH 发送，当 DCI 没有指示在这些符号进行 PDSCH 或 CSI-RS 接收时，UE 进行类型 0 的 SRS、PUCCH、PUSCH 或者 PRACH 发送，否则 UE 不进行类型 0 的 SRS、PUCCH、PUSCH 或者 PRACH 的发送。

还有一些情况，标准也进行了专门规定：对于被配置为接收 SS/PBCH 的符号，不能用于上行 PUSCH、PUCCH、PRACH 或者 SRS 的发送。如果通过 DCI 格式 1_1 给 UE 分配了多时隙的 PDSCH 接收，而里面任何一个时隙中如果有符号被上下行公共配置、上下行公共配置参数集 2 或上下行专用配置等信号配置为上行，那么 DCI 调度的该时隙不用作 PDSCH 接收。如果通过 DCI 格式 0_1 给 UE 分配了多时隙的 PUSCH 发送，而里面任何一个时隙中如果有符号被上下行公共配置、上下行公共配置参数集 2 或上下行专用配置等信号配置为下行，那么 DCI 调度的该时隙不用作 PUSCH 发送。

（2）有 SFI 配置时帧结构决定

由 SFI 分配为上行的符号，不应被用于其他 DCI 格式调度用作 PDSCH 或者 CSI-RS

的接收。由 DCI 格式 2_0 分配为下行的符号，也不应被其他 DCI 格式调度用作 PUSCH、PUCCH、PRACH 或者 SRS 发送。

被高层信令上下行公共配置、上下行公共配置参数集 2 或上下行专用配置等信号配置为上行或者下行的符号，UE 不希望被 SFI 配置为相反方向或者灵活符号。

被高层信令上下行公共配置、上下行公共配置参数集 2 或上下行专用配置等信号配置为灵活符号或者未配置的符号，需要考虑如下情况。

● 只有当 SFI 指示为下行时，如果一个或者多个符号配置为 PDCCH 监测，UE 进行 PDCCH 的接收。

● 对 SFI 指示为灵活的符号，可以由 DCI 调度进行 PDSCH 或者 CSI-RS 的接收，也可以由 DCI 调度进行 PUSCH、PUCCH、PRACH 或者 SRS 的发送。

● SFI 指示为灵活的符号，UE 认为这些符号为保留符号，不进行发送或者接收。

● 高层触发的 type 0 SRS、PUCCH、免调度 PUSCH 或者 PRACH 只在 SFI 配置为上行的符号进行发送。

对于上下行公共配置、上下行公共配置参数集 2 或上下行专用配置等信号配置为灵活符号或者未配置的符号，当 UE 被配置为监测 SFI，但是又没有监测到 SFI 时，需要考虑如下情况。

● UE 继续进行 SFI 的监测，直到下一个 SFI 的监测周期。

● 如果 UE 被配置了高层触发的 type 0 SRS、PUCCH、免调度 PUSCH 或者 PRACH，在下一个 SFI 监测周期之前，上述操作被取消。

● 如果在下一个 SFI 监测周期之前，UE 被高层信令配置了 CSI-RS 或者 SPS PDSCH 的接收，UE 也不进行 CSI-RS 和 SPS PDSCH 接收。

如果 UE 在被高层信令配置进行 type 0 SRS、PUCCH、免调度 PUSCH 或者 PRACH 的符号有一部分被 SFI 指示为下行或者灵活的符号，那么 UE 在承载 SFI 的控制资源集合的最后一个符号开始到 N_2 间的这段时间内的上行发送不会被取消，而在之后的发送将被取消，其中 N_2 是 PUSCH 反馈时间指示能力，在规范 38.214[6] 中给出。

如果高层信令配置了 CSI-RS 或 PDSCH 的接收，UE 只有在检测到 SFI 指示为下行的符号时才进行 CSI-RS 和 PDSCH 的接收。

如果高层信令配置了 type 0 SRS、PUCCH、免调度 PUSCH 或者 PRACH 的发送，UE 检测到 SFI 指示为上行的符号或者在有一部分被 SFI 指示为下行或者灵活的符号时，处于从承载 SFI 的控制资源集合的最后一个符号开始到 N_2 间的这段时间内的符号,进行 type 0 SRS、PUCCH、免调度 PUSCH 或者 PRACH 的发送。

如果 UE 没有检测到 SFI 指示一个时隙中的若干符号为灵活或者上行符号,那么 UE 假设配置给 UE 做 PDCCH 监测的处于控制资源集合内的符号为下行符号。

对于上下行公共配置、上下行公共配置参数集 2 或上下行专用配置等信号配置为灵活符号或者未配置的符号,但是 UE 又没有监测到 SFI 时,需要考虑如下情况。

● UE 收到 DCI 指示或者高层信令配置的 PDSCH 或者 CSI-RS 接收,UE 进行相应的接收操作。

● UE 收到 DCI 指示或者高层信令配置的 PUSCH、PUCCH、PRACH 或者 SRS 发送,UE 进行相应的发送操作。

● 当 UE 由高层信令配置进行 PDCCH、PDSCH 或者 CSI-RS 接收,而 DCI 没有配置 UE 进行 PUSCH、PUCCH、PRACH 或者 SRS 的上行发送时,UE 进行与高层配置相应的 PDCCH、PDSCH 或 CSI-RS 接收,否则,UE 将不进行 PDCCH、PDSCH 或 CSI-RS 接收,而进行 PUSCH、PUCCH、PRACH 或者 SRS 的上行发送。

● 当 UE 由高层信令配置进行 type 0 SRS、PUCCH、免调度 PUSCH 或者 PRACH 发送,而 DCI 没有配置 UE 进行 PDSCH 或者 CSI-RS 接收时,UE 进行与高层配置相应的 type 0 SRS、PUCCH、免调度 PUSCH 或者 PRACH 发送。否则,UE 将不进行 type 0 SRS、PUCCH、免调度 PUSCH 或者 PRACH 发送。

5. 帧结构分析

根据目前的 NR 帧结构配置机制,可以非常容易地实现目前 LTE 的各种帧结构配置。实际网络中帧结构的配置需要考虑业务分布、网络干扰、时延和覆盖等多种情况。

对于 6GHz 以下频段,采用 15kHz、30kHz、60kHz 三种子载波间隔配置。对于 6GHz 以上频段,主要采用 120kHz 和 240kHz 子载波间隔配置。采用更大的子载波间隔,符号长度也会缩短。根据目前标准规定,子载波间隔扩大一倍,符号长度基本缩短一半。在数据传输时延方面,大的载波间隔有更大优势,对于 TDD 配置,这一优势更加突出。子载波间隔和 CP 长度及保护间隔也存在相互的制约关系,子载波间隔越大,相应的这些开销也会增加。

3.2 接入设计

3.2.1 概述

终端开机后通过执行小区搜索及随机接入过程接入到一个 NR 小区中。本章主要介绍小区搜索过程、与小区搜索相关的信道/信号。主要涉及同步广播块集合（Synchronization Signal Block set 或 SSB burst set）、同步广播块（SSB，Synchronization Signal/PBCH Block）、主同步信号（PSS，Primary Synchronization Signal）、辅同步信号（SSS，Secondary Synchronization Signal）、物理广播信道（PBCH，Physical Broadcast Channel）、系统消息传输、随机接入过程及随机接入信道（PRACH）相关的设计。

3.2.2 小区搜索过程

在 NR 中，小区搜索主要基于对下行同步信道及信号的检测来完成。终端通过小区搜索过程获得小区 ID、频率同步（载波频率）、下行时间同步（包括无线帧定时、半帧定时，时隙定时及符号定时）。具体来看，整个小区搜索过程又包括主同步信号搜索、辅同步信号检测及物理广播信道检测三部分。

1. 主同步信号搜索

终端首先搜索主同步信号，完成 OFDM 符号边界同步、粗频率同步及并获得小区标识 2（$N_{\mathrm{ID}}^{(2)}$）。

终端在检测主同步信号的时候，通常没有任何通信系统的先验信息，因此主同步信号的搜索是下行同步过程中复杂度最高的操作。终端要在同步信号频率栅格的各个频点上检测主同步信号。在每个频点上，终端需要盲检测 $N_{\mathrm{ID}}^{(2)}$ [有三个可能的取值，即 $N_{\mathrm{ID}}^{(2)} \in \{0,1,2\}$]，搜索主同步信号的 OFDM 符号边界并进行初始频偏校正。

NR 系统支持 6 种同步信号周期（或称为同步广播块集合周期，见 3.2.3 节第 1 部分），即 5ms、10ms、20ms、40ms、80ms、160ms。在小区搜索过程中，终端假定同步信号的周期为 20ms。这里可以看到，NR 系统同步信号的周期一般大于 LTE 系统 5ms 的同步信号周期。这样做的好处是，当小区内用户数比较少的时候，基站可以处于深度睡眠状态，达到降低基站功耗和节能的效果。但另一方面，较长的同步信号周期可能会增加终端开机后的搜索复杂度及搜索时间。不过，同步信号周期的增加并不一定会影响用户的体验。

① 一方面，目前智能手机开/关机的频率大大降低，开机搜索时间的适当增加并不会严重影响用户的体验，却可以有效地降低基站的功耗，这在 5G 超密集网络中可以取得可观的节能效果。

② 另一方面，NR 系统使用了比 LTE 更稀疏的同步信号频率栅格，在一定程度上抵消了由于更长的同步信号周期所导致的搜索复杂度的增加。

在 NR 系统中，主同步信号的搜索栅格与频带有关，终端根据当前搜索的频带确定使用的搜索栅格。如表 3.4 所示，在频率范围 0～3000MHz，同步栅格为 1200kHz；在频率范围 3000～24250MHz，同步栅格为 1440kHz；在频率范围 24250～100000 MHz，同步栅格为 17.28MHz，远远大于 LTE 系统 100kHz 的同步栅格。

表 3.4　NR 同步信号栅格

频率范围	同步信号频率位置（SSREF）	GSCN
0～3000MHz	$N * 1200\text{kHz} + M * 50\text{ kHz}$ $N=1{:}2499,\ M \in \{1,3,5\}$（注）	$[3N + (M{-}3)/2]$
3000～24250MHz	$2400\text{ MHz} + N * 1.44\text{ MHz}$ $N = 0{:}14756$	$[7499 + N]$
24250～100000 MHz	$24250.08\text{ MHz} + N * 17.28\text{ MHz}$ $N = 0{:}4383$	$[22256+ N]$

注：GSCN（Global Synchronization Channel Number）为全局同步信道号。

2. 检测辅同步信号

在搜索到主同步信号之后，终端进一步检测辅同步信号，获得小区标识 1，即 $N_{\text{ID}}^{(1)} \in \{0, 1, \cdots, 335\}$，并基于小区标识 1 和小区标识 2 计算得到物理小区标识，即

$N_{\text{ID}}^{\text{cell}} = 3 N_{\text{ID}}^{(1)} + N_{\text{ID}}^{(2)}$。

辅同步信号除了携带小区标识 1 以外，还可以作为物理广播信道的解调参考信号，提高物理广播信道的解调性能。此外，由于 NR 系统不支持 LTE 系统的公共参考信号（CRS），因此，NR 系统的辅同步信号的另一个重要作用是用于无线资源管理相关测量及无线链路检测相关测量。

3. 检测物理广播信道

在成功检测主同步及辅同步信号之后，终端开始接收物理广播信道。物理广播信道承载主系统消息（即 MIB，Master Information Block），共 56 个比特，如表 3.5 所示。

表 3.5　PBCH 承载信息列表

参数	比特数	备注
systemFrameNumber	10	系统帧号
subCarrierSpacingCommon	1	传 SIB1 的 PDCCH 及 PDSCH 的子载波间隔
ssb-SubcarrierOffset	4	同步广播块（SSB，Synchronization Signal /PBCH Block）的子载波偏移 k_{SSB}
dmrs-TypeA-Position	1	承载 SIB1 的 PDSCH 的 DMRS 的时域位置（OFDM 符号 2 或 OFDM 符号 3）
pdcch-ConfigSIB1	8	与 SIB1 相关的 PDCCH 的配置
cellBarred	1	小区是否禁止接入标识
intraFreqReselection	1	
Spare	1	预留
Half frame indication	1	半帧指示
Choice	1	指示当前是否为扩展 MIB 消息（用于前向兼容）
SSB 索引	3	当载波大于 6GHz 时，指示 SSB 索引的高 3 位。当载波小于 6GHz 时，有 1bit 用于指示 SSB 子载波偏移，剩余 2bit 预留
CRC	24	
Total including CRC	56	

通过接收 MIB 消息，终端获得系统帧号以及半帧指示，从而完成无线帧定时以及半帧定时。同时，终端通过 MIB 消息中的同步广播块索引（SSB Index）以及当前频带所

使用的同步广播块集合的图样（见 3.2.3 节第 1 部分）确定当前同步信号所在的时隙以及符号，从而完成时隙定时。

成功接收 PBCH 之后，终端即完成了小区搜索及下行同步过程。紧接着终端需要解调系统消息，获得随机接入信道的配置参数，这一部分将在 3.2.3 节第 6 部分进一步介绍。

3.2.3 下行同步信道及信号

NR 的下行同步信道及信号由多种同步广播块集合组成。同步广播块集合里又包含一个或者多个同步广播块，每个同步广播块内包含 PSS、SSS、PBCH 的发送。

1．同步广播块集合

NR 系统的设计目标是支持 0～100GHz 的载波频率[1]，当系统工作在毫米波频段的时候，往往需要使用波束赋形技术提高小区的覆盖。与此同时，由于受到硬件的限制，基站往往不能同时发送多个覆盖整个小区的波束，因此 NR 系统引入波束扫描技术来解决小区覆盖的问题。

所谓波束扫描是指基站在某一个时刻只发送一个或几个波束方向，通过多个时刻发送不同波束覆盖整个小区所需要的所有方向。同步广播块集合就是针对波束扫描而设计的，用于在各个波束方向上发送终端搜索小区所需要的主同步信号、辅同步信号以及物理广播信道（这些信号组成了一个同步广播块）。同步广播块集合（SS burst set）是一定时间周期内的多个同步广播块的集合，在同一周期内每个同步广播块（见 3.2.3 节第 2 部分）对应一个波束方向，且一个同步广播块集合内的各个同步广播块的波束方向覆盖了整个小区。图 3.1 给出了多个时刻在不同波束方向上发送同步广播块的示意图。注意，当 NR 系统工作在低频，不需要使用波束扫描技术的时候，使用同步广播块集合仍然对提高小区覆盖有好处，这是因为终端在接收同步广播块集合内的多个时分复用的同步广播块时，可以累积更多的能量。

在 NR 系统中，一个同步广播块集合被限制在某一个 5ms 的半帧内，且从这个半帧的第一个时隙开始。R15 一共支持 5 种同步广播块集合图样，这些图样与当前系统工作的频带有关[2-3]。

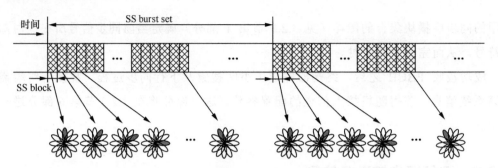

图 3.1　同步广播块集合示意图

（1）同步广播块集合图样 1

图样 1 适用于 15kHz 子载波间隔的同步信号。图 3.2 给出当载波频率小于 3GHz 时图样 1 的结构示意图。当载频小于 3GHz 的时候，一个同步广播块集合包含 4 个同步广播块，占用一个半帧的前 2 个时隙，每个时隙包含 2 个同步广播块。当载波频率大于 3GHz 且小于 6GHz 的时候，一个同步广播块集合包含 8 个同步广播块，占用一个半帧的前 4 个时隙，每个时隙内的同步广播块结构和载波频率在 3GHz 以下相同。

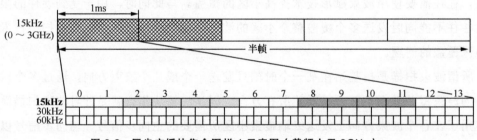

图 3.2　同步广播块集合图样 1 示意图（载频小于 3GHz）

同步广播块集合使用了非连续映射的方式，即同步广播块在时间上并不是连续映射到各个 OFDM 符号上。一个时隙内的前 2 个 OFDM 符号（OFDM 符号 0、1）可以用于传输下行控制信道，后两个符号（OFDM 符号 12、13）可以用于传输上行控制信道（包括上、下行信号的保护时间）。符号 6、7 不映射同步广播块的原因是为了考虑与 30kHz 子载波的共存，即符号 6 对应两个 30kHz 子载波的 OFDM 符号可以用于传输上行控制信道（包括上、下行信号的保护时间）；符号 7 对应两个 30kHz 子载波的 OFDM 符号可以用于传输下行控制信道。由于 NR 系统设计允许同步广播块和数据与控制信道采用不同的子载波间隔，这种设计可以保证，不论数据及其相应的控制信道使用的是 15kHz 子载波还是 30kHz 子载波，都可以最大程度降低同步广播块的传输对数据传输的影响。

（2）同步广播块集合图样 2

图样 2 适用于 30kHz 子载波的同步信号。图 3.3 给出载波频率小于 3GHz 时图样 2 的结构示意图。当载频小于 3GHz 的时候，一个同步广播块集合包含 4 个同步广播块，占用一个半帧的前两个时隙，每个时隙包含 2 个同步广播块。当载波频率大于 3GHz 且小于 6GHz 的时候，一个同步广播块集合包含 8 个同步广播块，占用一个半帧的前 4 个时隙，前两个时隙内的同步广播块结构和载波频率在 3GHz 以下相同，后两个时隙的同步广播块结构和前两个时隙内同步广播块结构相同。

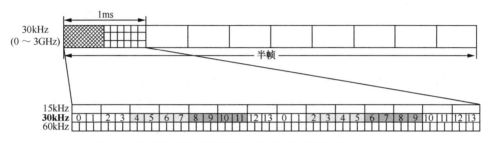

图 3.3　同步广播块集合图样 2 示意图（载频小于 3GHz）

通过图 3.3 可以看到，奇、偶时隙内同步广播块所映射的符号是有区别的（半帧中首个时隙编号为 0，是偶数时隙），主要原因如下。

● 偶数时隙的前 4 个 30kHz 子载波的 OFDM 符号对应两个 15kHz 子载波的 OFDM 符号。在 30kHz 子载波的同步信号与 15kHz 子载波的数据信道或控制信道共存时，这两个 OFDM 符号可以用于传输下行控制信道。

● 奇数时隙的后 4 个 30kHz 子载波的 OFDM 符号对应两个 15kHz 子载波的 OFDM 符号。在 30kHz 子载波的同步信号与 15kHz 子载波的数据信道或控制信道共存时，这两个 OFDM 符号可以用于传输上行控制信道（包括上、下行信号的保护时间）。

● 偶数时隙的后两个 30kHz 子载波的 OFDM 符号可以用于传输 30kHz 子载波的上行控制信道（包括上、下行信号的保护时间）。

● 奇数时隙的前两个 30kHz 子载波的 OFDM 符号可以用于传输 30kHz 子载波的下行控制信道。

（3）同步广播块集合图样 3

图样 3 适用于 30kHz 子载波的同步信号。图 3.4 给出载波频率小于 3GHz 时图样 3 的结构示意图。当载波频率小于 3GHz 的时候，一个同步广播块集合包含 4 个同步广播块，占用一个半帧的前两个时隙，每个时隙包含两个同步广播块。当载频大于 3GHz 且小于 6GHz 的时候，一个同步广播块集合包含 8 个同步广播块，占用一个半帧的前 4 个时隙，每个时隙内的同步广播块结构和载波频率在 3GHz 以下相同。

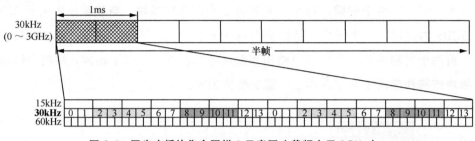

图 3.4　同步广播块集合图样 3 示意图（载频小于 3GHz）

一个时隙内的前两个 OFDM 符号（OFDM 符号 0、1）可以用于传输下行控制信道，后两个符号（OFDM 符号 12、13）可以用于传输上行控制信道（包括上、下行信号的保护时间）。符号 6、7 不映射同步广播块的原因是为了考虑与 60kHz 子载波的共存，即符号 6 对应两个 60kHz 子载波的 OFDM 符号可以用于传输上行控制信道（包括上、下行信号的保护时间）；符号 7 对应两个 60kHz 子载波的 OFDM 符号可以用于传输下行控制信道。这种设计可以保证不论数据及其相应的控制信道使用 30kHz 子载波还是 60kHz 子载波，都可以最大程度降低同步广播块的传输对数据传输的影响。

（4）同步广播块集合图样 4

图样 4 适用于 120kHz 子载波的同步信号，用于载频大于 6GHz 的情况。图 3.5 给出图样 4 的结构示意图，一个同步广播块集合包含 64 个同步广播块，共占用 16 个时隙对（一个时隙对包含 2 个时隙，一个时隙包含 14 个 OFDM 符号），每个时隙对包含 4 个同步广播块。4 个时隙对为一组，每组之间间隔 2 个时隙，这样 4 组同步信号对就可以均匀地分布在一个 5ms 的半帧内。

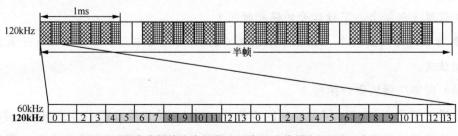

图 3.5　同步广播块集合图样 4 示意图（载频大于 6GHz）

当载波频率大于 6GHz 的时候，数据信道及控制信道可以使用 60kHz 或 120kHz 的子载波。因此，只需要考虑同步广播块与 60kHz 或 120kHz 子载波的控制信道共存即可。一个时隙对内的同步广播块的设计原则与图样 2 相同，这里不再赘述。

（5）同步广播块集合图样 5

图样 5 适用于 240kHz 子载波的同步信号，用于载频大于 6GHz 的情况。图 3.6 给出图样 5 的结构示意图，一个同步广播块集合包含 64 个同步广播块，共占用 8 个时隙对（一个时隙对包含两个时隙，一个时隙包含 14 个 OFDM 符号），每个时隙对包含 8 个同步广播块。4 个时隙对为一组，共有两组时隙对，每组之间同样间隔两个时隙。

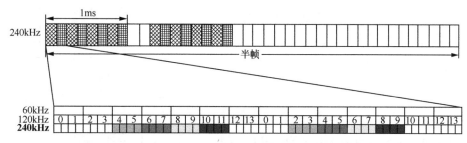

图 3.6 同步广播块集合图样 5 示意图（载频大于 6GHz）

通过图 3.6 可以看到，在一个时隙对内，奇、偶时隙内的同步广播块所映射的 OFDM 符号是有区别的，原因如下。

● 偶数时隙的前 8 个 240kHz 子载波的 OFDM 符号对应两个 60kHz 子载波的 OFDM 符号。在 240kHz 子载波的同步信号与 60kHz 子载波的数据信道或控制信道共存时，这两个 OFDM 符号可以用于传输下行控制信道。

● 奇数时隙的后 8 个 240kHz 子载波的 OFDM 符号对应两个 60kHz 子载波的 OFDM 符号。在 240kHz 子载波的同步信号与 60kHz 子载波的数据信道或控制信道共存时，这两个 OFDM 符号可以用于传输上行控制信道（包括上、下行信号的保护时间）。

● 偶数时隙的后 4 个 240kHz 子载波的 OFDM 符号对应两个 120kHz 子载波的 OFDM 符号。在 240kHz 子载波的同步信号与 120kHz 子载波的数据信道或控制信道共存时，可以用于传输 120kHz 子载波的上行控制信道（包括上、下行信号的保护时间）。

● 奇数时隙的前 4 个 240kHz 子载波的 OFDM 符号对应两个 120kHz 子载波的 OFDM 符号。在 240kHz 子载波的同步信号与 120kHz 子载波的数据信道或控制信道共存时，可以用于传输 120kHz 子载波的下行控制信道。

需要注意的是，上述同步广播块集合中定义的同步广播块数量是系统可以使用的最大值。基站可以根据覆盖一个小区所需要的波束数量确定实际使用的同步广播块的数量，并且可以通过系统消息（SIB1）或 UE 专用的 RRC 信令指示哪些同步广播块被使用了。

2．同步广播块

同步广播块（SSB，Synchronization Signal/PBCH Block）的基本结构如图 3.7 所示。一个同步广播块在时域上占 4 个 OFDM 符号，频域上占 20 个物理资源块（PRB，Physical Resource Block）或 240 个资源元素（RE，Resource Element）。同步广播块内的各个物理信号及物理信道使用相同的子载波间隔。

一个同步广播块包含主同步信号（PSS，Primary Synchronization Signal）、辅同步信号（SSS，Secondary Synchronization Signal）、物理广播信道（PBCH，Physical Broadcast Channel）及其解调参考信号（DMRS，Demodulation Reference Signal）。PSS 和 SSS 分别使用同步广

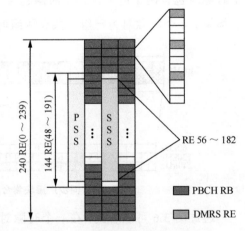

图 3.7　同步广播块的基本结构

播块内的第 1 个和第 3 个 OFDM 符号。在频域上，PSS 和 SSS 占用同步广播块的中间 144 个 RE。PBCH 和其 DMRS 占用同步广播块的第 2、3、4 个 OFDM 符号，其中第 2 和第 4 个 OFDM 符号全部被 PBCH 占用。在 3 个 OFDM 符号上，PBCH 与 SSS 频分复用，占用同步广播块两边各 4 个 RB。需要注意的是，同步广播块内没有被 PSS，SSS，PBCH 及其 DMRS 使用的 RE 也不能用于传输其他信号或信道。

NR 为了降低小区搜索时间，让多个载波可以共享同一个同步信号，在 PBCH 的信息中引入了同步广播块子载波偏移边界偏移量（k_{SSB}，见表 3.5 第三行），即 NR 系统的同步广播块的 RB 边界不一定与载波的 RB 边界对齐，会偏移 k_{SSB} 个子载波。当同步广播块使用 15kHz 或 30kHz 子载波的时候（载波频率小于 6GHz），$k_{SSB} \in \{0, 1, 2, \cdots, 23\}$，需要 5bit；当同步广播块使用 120kHz 或 240kHz 子载波的时候（载波频率大于 6GHz），$k_{SSB} \in \{0, 1, 2, \cdots, 11\}$，需要 4bit。高低频的差异主要来自：当载波频率小于 6GHz 的

时候，同步广播块的子载波间隔可能小于初始接入带宽的子载波间隔（比如同步广播块的子载波为 15kHz，初始接入带宽的子载波为 30kHz），此时需要在两个同步广播块的 RB 范围内指示子载波偏移（{0~23}）。当载波频率高于 6GHz 的时候，同步广播块的子载波间隔永远大于或等于初始接入带宽的子载波间隔，仅需要在 1 个同步广播块的 RB 范围内指示子载波偏移（{0~11}）。综合来看，通过广播块子载波偏移边界偏移量的引入，可以在一定程度上减少初始同步时同步栅格上频点的数量，降低终端开机搜索复杂度。

3．主同步信号

主同步信号使用 3 条长度为 127 的 m 序列，指示 $N_{\mathrm{ID}}^{(2)}$（定义见 3.2.2 节）的三个取值。主同步信号序列的生成公式为

$$d_{\mathrm{PSS}}(n) = 1 - 2x(m)$$
$$m = \left[n + 43 N_{\mathrm{ID}}^{(2)} \right] \bmod 127$$
$$0 \leqslant n < 127$$

其中，$x(i+7) = \left[x(i+4) + x(i) \right] \bmod 2$，$N_{\mathrm{ID}}^{(2)} \in \{0,1,2\}$，且

$$\begin{bmatrix} x(6) & x(5) & x(4) & x(3) & x(2) & x(1) & x(0) \end{bmatrix} = \begin{bmatrix} 1 & 1 & 1 & 0 & 1 & 1 & 0 \end{bmatrix}.$$

主同步信号的检测是小区搜索过程中复杂度最高的检测过程，使用多条主同步信号序列无疑会增加小区搜索的复杂度。但同时，在物理小区 ID 数量一定的条件下，增加主同步信号序列的数量可以降低辅同步信号序列的数量，提高辅同步信号的检测性能。在权衡了复杂度和整体检测性能之后，3GPP 选择使用 3 条主同步信号序列。

在时域上，主同步信号映射在同步广播块的第 1 个 OFDM 符号上。频域上，主同步信号从同步广播块的第 57 个子载波（子载波 0 为第 1 个子载波）开始映射 $d_{\mathrm{PSS}}(0)$，一直映射到第 183 个子载波 [对应 $d_{\mathrm{PSS}}(126)$]，总共占用 127 个子载波。与 LTE 不同，主同步信号映射过程中并不会绕开直流子载波。

与 LTE 使用 ZC（Zadoff Chu）序列系统不同，NR 使用 m 序列。这主要是由于在存在时偏和频偏的情况下，相对于 m 序列而言，ZC 序列的相关函数存在较大的旁瓣（如图 3.8 和图 3.9 所示），影响检测性能。

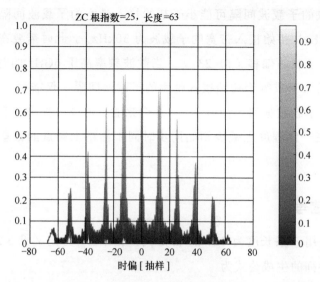

图 3.8　LTE ZC 序列的自相关函数

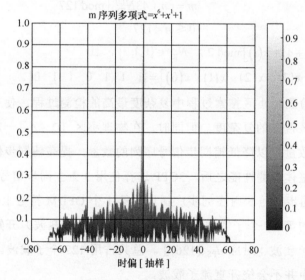

图 3.9　m 序列的自相关函数

4．辅同步信号

辅同步信号使用 336 条长度为 127 的 gold 序列，指示 $N_{\mathrm{ID}}^{(1)} \in \{0,1,\cdots,335\}$（定义

见 3.2.2 节）。序列的生成公式为

$$d_{sss}(n) = \left\{1 - 2x_0\left[(n+m_0)\bmod 127\right]\right\}\left\{1 - 2x_1\left[(n+m_1)\bmod 127\right]\right\}$$

$$m_0 = 15\left\lfloor\frac{N_{ID}^{(1)}}{112}\right\rfloor + 5N_{ID}^{(2)}$$

$$m_1 = N_{ID}^{(1)}\bmod 112$$

$$0 \leqslant n < 127$$

其中，$\begin{array}{l}x_0(i+7) = \left[x_0(i+4) + x_0(i)\right]\bmod 2\\ x_1(i+7) = \left[x_1(i+1) + x_1(i)\right]\bmod 2\end{array}$，且

$$\left[x_0(6) \quad x_0(5) \quad x_0(4) \quad x_0(3) \quad x_0(2) \quad x_0(1) \quad x_0(0)\right] = \left[0 \quad 0 \quad 0 \quad 0 \quad 0 \quad 0 \quad 1\right]$$

$$\left[x_1(6) \quad x_1(5) \quad x_1(4) \quad x_1(3) \quad x_1(2) \quad x_1(1) \quad x_1(0)\right] = \left[0 \quad 0 \quad 0 \quad 0 \quad 0 \quad 0 \quad 1\right]。$$

在时域上，辅同步信号映射在同步广播块的第 3 个 OFDM 符号上。频域上辅同步信号从同步广播块的第 57 个子载波（子载波 0 为第 1 个子载波）开始映射 $d_{sss}(0)$，一直映射到第 183 个子载波 [对应 $d_{sss}(126)$]，总共占用 127 个子载波。与 LTE 不同，辅同步信号映射过程中并不会绕开直流子载波。

SSS 一共有 1008 条序列，其中每一个主同步序列对应 336 条。SSS 的 gold 序列由 2 个生成多项式产生。第一个生成多项式产生 9 条序列，其中 m_0 与 PSS 序列[即 $N_{ID}^{(2)}$]有关，其目的是为了降低小区 ID 检测错误的概率，比如 UE 可以收到来自小区 1 和小区 2 的同步信号。小区 1 和小区 2 的 $N_{ID}^{(1)}$ 分别为 N11 和 N12，$N_{ID}^{(2)}$ 分别为 N21 和 N22。如果 SSS 的序列与 PSS 无关，则 UE 可能通过 PSS 检测出 N11，通过 SSS 检测出 N22，而 N11 和 N22 组合得到的 Cell ID 不是任何一个当前的目的小区，即出现小区 ID 检测错误的问题。另外，相邻 m_0 之间的差值为 5，其目的是为了在有残留频偏的情况下，降低 SSS 序列之间的相关性（如图 3.10 所示）。第二个生成多项式产生 112 条序列。

5. 物理广播信道

物理广播信道的传输时间间隔（TTI，Transmission Time Interval）为 80ms，采用 Polar 编码。物理广播信道在同步广播块内的时、频位置如图 3.7 所示，其承载的信息如表 3.5 所示。

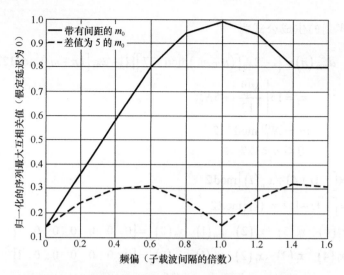

图 3.10　在频偏条件下,两种辅同步序列的互相关性

NR 的 PBCH 采用 2 级加扰机制。对于第一级加扰,在第一个无线帧,系统将对每个 SSB 的扰码序列分别进行初始化。在 80ms 的 PBCH TTI 内,无线帧 0,2,4,6 上的 PBCH 分别使用同一条扰码序列的连续 4 段。无线帧 1,3,5,7 分别与无线帧 0,2,4,6 使用相同的扰码序列。当接收机合并来自无线帧 0,2,4,6(或者无线帧 1,3,5,7)上 PBCH 的信号时,这种加扰方式可以抑制相邻小区的干扰,提高合并的性能。

对于第二级加扰,在一个同步广播块集合内,连续的 4 个(当同步广播块集合包含 4 个 SSB 时)或 8 个(当同步广播块集合包含 8 个或 64 个 SSB 时)SSB 的 PBCH 分别使用同一条扰码序列的连续 4 段或 8 段。当接收机合并连续的 4 个或 8 个 SSB 的 PBCH 信号时,这种加扰方式可以抑制相邻小区的干扰,提高合并的性能。

在每一个 PBCH 的 PRB 内,有三个 RE 用于 PBCH 的 DMRS。不同小区之间可以进行频域偏移(如图 3.11 所示),用于降低不同小区之间的干扰。

物理广播信道的 DMRS 最多可以承载 3bit 的同步广播块索引。当同步广播块集合包含 4 个或 8 个同步广播块的时候,同步广播块索引

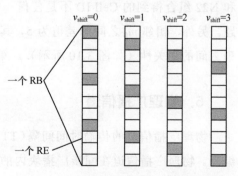

图 3.11　不同小区之间 PBCH DMRS 的频域偏移

完全通过 PBCH 的 DMRS 指示。当同步广播块集合包含 64 个同步广播块的时候，需要 6bit 指示同步广播块索引，其中，低位 3bit 索引通过 PBCH 的 DMRS 指示，高位 3Bit 索引通过 PBCH 指示。

6. 其他系统信息传输

在检测到 PBCH 之后，终端已经完成了下行同步。在进行上行同步之前，终端需要进一步接收 SIB1（System Information Block Type1）消息，获得与上行同步相关的配置信息。SIB1 消息在 PDSCH 中传输，并通过 PDCCH 进行调度，且 PDSCH 的资源分配范围在初始 BWP 的频率范围内。本章重点阐述 SIB1 和调度 SIB1 的 PDCCH 物理资源分配，SIB1 及其他系统消息内容在 8.2.1 节第 2 部分进行介绍。

（1）SIB1 的 PDCCH 时、频域资源分配

SIB1 对应的 PDCCH 映射在 type 0-PDCCH 公共搜索空间（CSS，Common Search Space，见 6.1.1 节）内。频域上，Type 0-PDCCH 公共搜索空间映射在控制资源集合 0 中（CORESET 0，Control Resource SET 0），且控制资源集合 0 的频率范围（频域位置和带宽）与初始 BWP 完全相同。PBCH 中承载的信令"pdcch-ConfigSIB1"的低位 4bit 指示了 type 0-PDCCH CSS 的配置，高位 4bit 指示了 CORESET0 的配置。其中，CORESET0 的配置如下。

● SSB 与 CORESET0 复用的模式类型。

● CORESET0 占用的 PRB 数。

● 用于 CORESET0 的 OFDM 符号数。

● 频域上 SSB 下边界与 CORESET0 下边界的偏差（以 RB 为单位）。

type 0-PDCCH CSS 的配置如下。

● 参数 O 和 M 的取值（仅用于模式 1）。

● 搜索空间第 1 个 OFDM 符号的索引。

● 每个 slot 内搜索空间的数量（仅用于模式 1）。

与 SSB 一样，SIB1 也需要覆盖整个小区。因此，SIB1 的 PDCCH 与 PDSCH 也需要像 PBCH 或"同步广播块"一样进行波束扫描。同步广播块集合中的每一个"同步广播块"对应一个控制资源集合 0，且使用相同的波束方向（存在 QCL 关系，QCL 定义见

5.7 节）。SSB 与 CORESET 0 之间存在 3 种映射关系（模式 1-3），如图 3.12 所示。

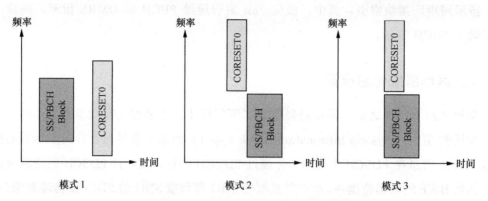

图 3.12　CORESET0 与 SS/PBCH Block 映射关系

模式 1 可用于载频小于 6GHz 和大于 6GHz 的情况（且小于 52.6GHz）。在这种模式中，SSB 与 CORESET0 可以映射在不同的 OFDM 符号上，且 CORESET0 的频率范围需要包含 SSB。CORESET0 配置信令（"pdcch-ConfigSIB1"的高位 4bit）用于配置模式 1 中 CORESET 的频带下边界与 SSB 频带下边界的偏差（以 RB 为单位）。

一个 SSB 的 type 0-PDCCH CSS 在一个包含 2 个连续时隙的监测窗（Monitoring Window）内，监测窗的周期为 20ms。SSB 的索引 i 与其对应的监测窗的第 1 个时隙的映射关系为

$$n_0 = \left(O \cdot 2^{\mu} + \lfloor i \cdot M \rfloor \right) \bmod N_{\text{slot}}^{\text{frame},\mu}$$

其中，n_0 为 type 0-PDCCH CSS 监测窗的第 1 个时隙在一个无线帧内的索引（注：当 $\lfloor \left(O \cdot 2^{\mu} + \lfloor i \cdot M \rfloor \right) / N_{\text{slot}}^{\text{frame},\mu} \rfloor \bmod 2 = 0$ 时，映射在 20ms 的第一个无线帧，否则为映射在 20ms 的第二个无线帧）；参数 M，O 通过 PBCH 信令 pdcch-ConfigSIB1 中的低位 4bit 指示。参数 M 控制了 SSB_i 与 SSB_i+1 的监测窗的重叠程度，包括完全不重叠（$M=2$），重叠 1 个时隙（$M=1$），完全重叠（$M=1/2$，如图 3.13 所示）三种情况。重叠监测窗的设计可以一定程度上降低波束扫描的资源开销。参数 O 用来控制第 1 个 SSB 的监测窗的起始位置，用于避免 type 0-PDCCH CSS 监测窗与 SSB 的冲突。当载频小于 6GHz 的时候，O 可以取 $\{0, 2, 5, 7\}$，当载频大于 6GHz（且小于 52.6GHz）的时候，O 可以取 $\{0, 2.5, 5, 7.5\}$。

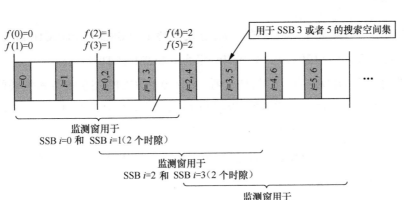

图 3.13　type 0-PDCCH CSS 监测窗[$M=1/2$，$n_0=f(i)$]

　　模式 1 中，由于 CORESET0 的频带范围包含 SSB 的频带范围，CORESET0 的频带下边界总是低于或者等于 SSB 的频带下边界，具体 CORESET0 的频带下边界与 SSB 频带下边界的偏差（以 CORESET0 子载波间隔对应的 RB 为单位）在"pdcch-ConfigSIB1"的高 4 位比特中指示。

　　模式 2 仅用于载频大于 6GHz 的情况，且仅支持两种 SSB 与 PDCCH（或 CORESET0）的子载波组合，即<120kHz，60kHz>和<240kHz，120kHz>。这两种子载波组合下，SSB 与 CORESET0 的复用关系以及 CORESET0 包含的 OFDM 符号数如图 3.14 所示。具体来看，在<120kHz，60kHz>下，type 0-PDCCH CSS 和与其关联的 SSB 位于相同无线帧的相同时隙内，且当 SSB 索引为 $i=4k$，$i=4k+1$，$i=4k+2$，$i=4k+3$ 时，相关联的 type 0-PDCCH CSS 的第一个 OFDM 符号索引分别为 0，1，6，7；在<240kHz，120kHz>下，type 0-PDCCH CSS 和与其关联的 SSB 位于相同无线帧内，当 SSB 索引为 $i=8k$，$i=8k+1$，$i=8k+2$，$i=8k+3$，$i=8k+6$，$i=8k+7$ 时，type 0-PDCCH CSS 和与其关联的 SSB 位于相同时隙，且第一个 OFDM 符号索引分别为 0，1，2，3，0，1，当 SSB 索引为 $i=8k+4$，$i=8k+5$ 时，type 0-PDCCH CSS 位于与其关联的 SSB 的后一个时隙，且第一个 OFDM 符号索引分别为 12，13。上述时隙与 OFDM 符号是 CORESET0 子载波间隔下的时隙与 OFDM 符号。

信号	SCS	corres.T/F res	OFDM 符号																										
SSB	120kHz	20PRBx 40s	0	1	2	3	4	5	6	7	8	9	10	11	12	13	0	1	2	3	4	5	6	7	8	9	10	11	12	13
RMSI	60kHz	48PRBx 10s	0		1		2		3		4		5		6		7		8		9		10		11		12		13	

信号	SCS	corres.T/F res	OFDM 符号																										
SSB	240kHz	20PRBx 40s	0 1 2 3 4 5 6 7 8 9 10 11 12 13	0 1 2 3 4 5 6 7 8 9 10 11 12 13	0 1 2 3 8 9 10 11 12 13	0 1 2 3 4 5 6 7 8 9 7 8 9 10 11 12 13
RMS CORESET	120kHz	48PRBx 10s	0	1	2	3	4	5	6	7	8	9	10	11	12	13	0	1	2	3	4	5	6	7	8	9	10	11	12	13

图 3.14　SSB 与 CORESET0 的复用关系（模式 2）

模式 3 仅用于载频大于 6GHz 的情况，且仅支持 1 种 SSB 与 PDCCH（或 CORESET0）的子载波间隔组合，即<120kHz，120kHz>组合。CORESET0 与 SSB 频分复用，时间上占用 SSB 的前两个 OFDM 符号。具体来看，type 0-PDCCH CSS 和与其关联的 SSB 位于相同无线帧的相同时隙内，且当 SSB 索引为 $i = 4k$，$i = 4k+1$，$i = 4k+2$，$i = 4k+3$ 时，相关联的 type 0-PDCCH CSS 的第一个 OFDM 符号索引分别为 4，8，2，6。

模式 2 与模式 3 中，CORESET0 的频带下边界与 SSB 频带下边界的偏差（以 RB 为单位）由"pdcch-ConfigSIB1"的高位 4 比特指示，其中，偏差值为"负"代表 CORESET0 的频带下边界高于 SSB 频带下边界，偏差值为"正"代表 CORESET0 的频带下边界低于 SSB 频带下边界。

（2）SIB1 PDSCH 的时、频域资源分配

常规的 PDSCH 使用 RRC 配置的时域资源分配表格，由 PDCCH 指示表格中的索引进行时域资源分配。但是由于 UE 在接收 SIB1 PDSCH 的时候，RRC 连接还没有建立，因此需要定义默认的时域资源分配表格。CORESET0 与 SSB 的复用的 3 种模式分别对应三个默认时域资源分配表格。它们在设计的时候，主要考虑如下因素。

● 4bit 指示开销限制每个表格中最多定义 16 种时域资源分配图样。

● 错开 Type0-PDCCH CSS 时域位置。

● 与 LTE-CRS 的共存（仅需要在 6GHz 以下考虑 NR 与 LTE 共存，该频段范围仅支持第一种 CORESET0 与 SSB 复用的模式。因此，只需要在模式 1 对应的 PDSCH 时域资源分配表格中考虑与 LTE CRS 共存的问题）。

模式 1 对应的默认时域资源分配表格如表 3.6 所示。其中，Type A 表示基于时隙的 PDSCH 映射，Type B 表示基于非时隙的 PDSCH 映射，K_0 为下行分配定时（PDCCH 与 PDSCH 间隔，以时隙为单位，0 表示 PDCCH 与 PDSCH 在同一个时隙内），S 表示 PDSCH 的起始 OFDM 符号索引，L 表示 PDSCH 持续的 OFDM 符号数量。

表 3.6　模式 1 默认时域资源分配表格

Row index	dmrs-TypeA-Position	PDSCH 映射类型	K_0	S	L
1	2	Type A	0	2	12
	3	Type A	0	3	11
2	2	Type A	0	2	10
	3	Type A	0	3	9

Row index	dmrs-TypeA-Position	PDSCH 映射类型	K_0	S	L
3	2	Type A	0	2	9
	3	Type A	0	3	8
4	2	Type A	0	2	7
	3	Type A	0	3	6
5	2	Type A	0	2	5
	3	Type A	0	3	4
6	2	Type B	0	9	4
	3	Type B	0	10	4
7	2	Type B	0	4	4
	3	Type B	0	6	4
8	2, 3	Type B	0	5	7
9	2, 3	Type B	0	5	2
10	2, 3	Type B	0	9	2
11	2, 3	Type B	0	12	2
12	2, 3	Type A	0	1	13
13	2, 3	Type A	0	1	6
14	2, 3	Type A	0	2	4
15	2, 3	Type B	0	4	7
16	2, 3	Type B	0	8	4

模式 2 对应的默认时域资源分配表格如表 3.7 所示。

表 3.7　模式 2 下的默认时域资源分配表格

Row index	dmrs-TypeA-Position	PDSCH 映射类型	K_0	S	L
1	2, 3	Type B	0	2	2
2	2, 3	Type B	0	4	2
3	2, 3	Type B	0	6	2
4	2, 3	Type B	0	8	2
5	2, 3	Type B	0	10	2
6	2, 3	Type B	1	2	2
7	2, 3	Type B	1	4	2

续表

Row index	dmrs-TypeA-Position	PDSCH 映射类型	K_0	S	L
8	2，3	Type B	0	2	4
9	2，3	Type B	0	4	4
10	2，3	Type B	0	6	4
11	2，3	Type B	0	8	4
12（注释 1）	2，3	Type B	0	10	4
13（注释 1）	2，3	Type B	0	2	7
14（注释 1）	2	Type A	0	2	12
	3	Type A	0	3	11
15	2，3	Type B	1	2	4
16	保留				

注释 1：不用于 SIB1 PDSCH 的时域资源分配

图 3.15 给出了模式 2 中<SSB=120kHz，PDCCH=60kHz>组合条件下时域资源分配的例子。在这个例子中，同步广播块（SSB）使用 120kHz 子载波，SIB1 对应的 PDCCH 和 PDSCH 使用 60kHz 子载波。SSB0 对应的 SIB1（与 SSB0 使用相同的波束方向）的 PDCCH 的搜索空间在第一个 OFDM 符号上，PDSCH 在第 3 和第 4 个 OFDM 符号上（使用表 3.7 的 Row index 1 进行时域资源分配）。同理，SSB1、SSB2 和 SSB3 波束方向对应的 SIB1 的 PDCCH 的搜索空间分别在第 2、第 7 和第 8 个 OFDM 符号上，PDSCH 分别在第 5 和第 6、第 9、第 10、第 11 和第 12 个 OFDM 符号上（分别使用表 3.7 的 Row index 2、4、5 进行时域资源分配）。在上述例子中，不同 SSB 的 PDCCH 或 PDSCH 时域资源不共享相同的 OFDM 符号。另一方面，SSB0 和 SSB1 或者 SSB2 和 SSB3 的 PDSCH 也可以共享相同的 OFDM 符号（比如在图 3.15 对应的例子中，使用 Row index 8 和 Row index 11）。

模式 3 对应的默认时域资源分配表格如表 3.8 所示。

表 3.8　模式 3 下的默认时域资源分配表格

Row index	dmrs-TypeA-Position	PDSCH 映射类型	K_0	S	L
1（注释 1）	2，3	Type B	0	2	2
2	2，3	Type B	0	4	2
3	2，3	Type B	0	6	2
4	2，3	Type B	0	8	2

续表

Row index	dmrs-TypeA-Position	PDSCH 映射类型	K_0	S	L
5	2，3	Type B	0	10	2
6	保留				
7	保留				
8	2，3	Type B	0	2	4
9	2，3	Type B	0	4	4
10	2，3	Type B	0	6	4
11	2，3	Type B	0	8	4
12	2，3	Type B	0	10	4
13（注释 1）	2，3	Type B	0	2	7
14（注释 1）	2	Type A	0	2	12
	3	Type A	0	3	11
15（注释 1）	2，3	Type A	0	0	6
16（注释 1）	2，3	Type A	0	2	6

注释 1：不用于 SIB1 PDSCH 的时域资源分配

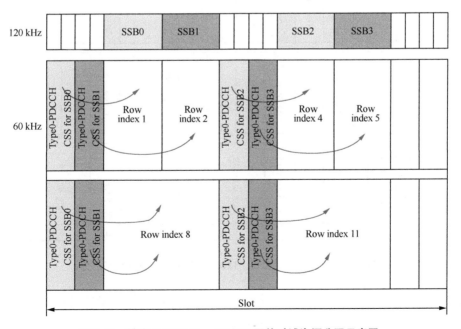

图 3.15　模式 2<120kHz，60kHz>下的时域资源分配示意图

图 3.16 给出了模式 3 下的时域资源分配的例子。在这个例子中，同步广播块（SSB）使用 120kHz 子载波，SIB1 的 PDCCH 和 PDSCH 也使用 120kHz 子载波。SSB0 对应的 SIB1 的 PDCCH 的搜索空间在 SSB0 的前两个 OFDM 符号上，PDSCH 在 SSB0 的后两个 OFDM 符号上（使用表 3.8 的 Row index 3 进行时域资源分配）。SSB1、SSB2 和 SSB3 与 SSB0 类似。在这个例子中，PDCCH 的搜索空间与 PDSCH 使用不同的 OFDM 符号。另一方面，PDSCH 还可以使用 PDCCH 的 OFDM 符号。如第三行的例子所示，SSB0 对应的 SIB1 的 PDCCH 的搜索空间使用 SSB0 的前两个 OFDM 符号，PDSCH 可以使用整个 SSB 对应的所有 OFDM 符号（使用表 3.8 的 Row index 9 进行时域资源分配）。在第四行的例子中，SSB0 的 SIB1 的 PDSCH 不占用自己的 PDCCH 的 OFDM 符号，但可以占用下一个 SSB 的 PDCCH 的 OFDM 符号（使用表 3.8 的 Row index 11 进行时域资源分配）。

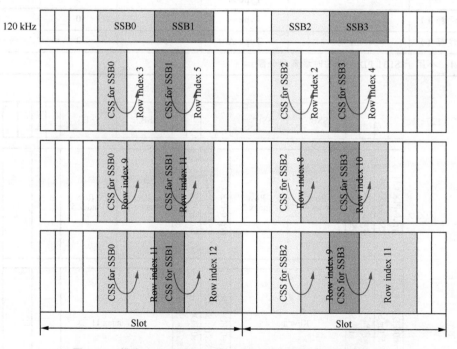

图 3.16　模式 3 <120kHz，120kHz>下的时域资源分配示意

频域上，SIB1 PDSCH 在初始接入带宽范围内（$N_{RB}^{CORESET}$ 个 RB）进行频域资源分配，使用资源分配类型 type 1。（type1 资源分配见 6.2.1 节第 1 部分的描述）

3.2.4　随机接入

随机接入过程用于获得上行同步，完成随机接入过程之后，终端就可以与基站进行上行通信。与 LTE 类似，NR 支持基于竞争的随机接入及基于非竞争的随机接入。为了更好地支持波束扫描，NR 对随机接入资源的映射方式进行了大幅度的修改，同时引入了多种新的随机接入信道格式。随机接入过程在 8.2.1 节第 6 部分有详细介绍，本节重点聚焦 NR 的随机接入信道 PRACH 的结构以及资源配置方式。

1.　随机接入信道序列

与 LTE 一样，NR 随机接入信道的前导（preamble）由 ZC（Zadoff-Chu）序列的循环移位产生。一个随机接入时机（RO，RACH Occasion）包含 64 个前导，其中 RO 为某个 RACH 格式所占用的时、频资源。随机接入前导序列的生成公式为

$$x_{u,v}(n) = x_u\left[(n+C_v)\bmod L_{RA}\right]$$
$$x_u(i) = e^{-j\frac{\pi u i(i+1)}{L_{RA}}}, i = 0,1,\cdots,L_{RA}-1$$

其中，L_{RA} 为前导序列的长度（839 或 139），u 为 ZC 序列的根序列的物理索引，C_v 为前导 v 对应的循环移位。循环移位的产生分为三种情况：① 无循环移位限制（Unrestricted set）；② 基于循环移位限制集 A（Restricted set type A）；③ 基于循环移位限制集 B（Restricted set type B）。在没有循环移位限制的情况下，C_v 的产生方式为

$$C_v = vN_{CS}\left(v = 0,1,\cdots,\lfloor L_{RA}/N_{CS}\rfloor - 1, N_{CS} \neq 0\right)$$

其中，N_{CS} 为循环移位步长，v 为一条根序列通过循环移位产生的前导的序号。N_{CS} 的取值通过 SIB1 中的信令通知。循环移位限制集 A、B，以及没有循环移位限制情况下 N_{CS} 取值范围参见文献[4]。当根序列 u（逻辑索引为 i）产生的前导的数量小于 64 的时候，自动选择根序列 u'（逻辑索引为 $i+1$），基于上述方式继续产生前导，直到前导的数量达到 64 为止。一个小区使用的第 1 条根序列的逻辑索引通过 SIB1 中的信令通知，基站和终端基于逻辑索引和物理索引的映射关系找到序列的物理索引，产生相应的 ZC 序列。逻辑索引 i 和物理索引 u 的映射关系与 LTE 完全相同，可参见文献[4]。

循环移位限制集用于在高速场景下保证 RACH 的接收性能，即防止频偏造成序列相关峰的能量泄漏对 RACH 接收性能产生影响。如图 3.17 所示，在高速场景下，$v = i+2$ 的循环移位窗内的主相关峰的能量将泄漏到 $v = i$ 和 $v = i+k$ 两个循环移位窗内，因此 $v = i$ 和 $v = i+k$ 两个循环移位将不能用于产生前导。循环移位限制集 A 和限制集 B 分别用于高速和超高速两种情况，一般工程上以 120km/h 为分界线。基于循环移位限制集 A 和限制集 B 计算可用循环移位 C_v 的公式可参见文献[4]。

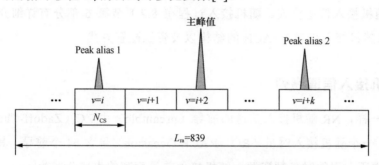

图 3.17 循环移位限制原理示意图

2. 随机接入信道格式

随机接入信道的基本结构如图 3.18 所示，即一个 CP 加上重复若干次的前导序列，这种结构有利于在频域上检测 PRACH 前导，从而降低接收机的复杂度。NR 支持长、短两大类随机接入信道，它们使用的序列长度分别为 839 和 139。具体如表 3.9 所示，第一类随机信道包含 4 种格式（Format），其中每种格式支持的小区覆盖是基于 CP 长度（T_{CP}），考虑往返最大传播延迟、信道的多径时延扩展（Path profile）及光速（c）计算出来的，如下式：

$$最大小区半径（m）＝（T_{CP}－信道的多径时延扩展）/\kappa \times c/2$$

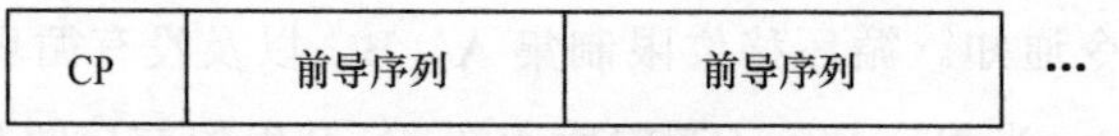

CP	前导序列	前导序列	⋯

图 3.18 随机接入信道的基本结构

表 3.9 第一类随机接入信道（$\kappa =1/30.72\times10^6$ 秒）

格式	根序列长度	子载波间隔	序列样点数	CP 样点数	覆盖
0	839	1.25 kHz	$24576\cdot\kappa$	$3168\cdot\kappa$	约 14km
1	839	1.25 kHz	$2\cdot24576\cdot\kappa$	$21024\cdot\kappa$	约 100km

续表

格式	根序列长度	子载波间隔	序列样点数	CP 样点数	覆盖
2	839	1.25 kHz	$4 \cdot 24576 \cdot \kappa$	$4688 \cdot \kappa$	约 21km
3	839	5 kHz	$4 \cdot 6144 \cdot \kappa$	$3168 \cdot \kappa$	约 14km

格式 0/1 与 LTE 的 PRACH 格式 0/3 完全相同。格式 2/3 是 NR 新引入的，其中格式 2 的 RACH 序列重复了 4 次，可以累积更多的能量，从而可以对抗普通覆盖下的穿透损耗。格式 3 使用 5kHz 的子载波，序列重复 4 次，用于高速场景。

第一类随机信道仅用于小于 6GHz（FR1），且可以根据应用场景选择无循环移位限制，使用循环移位限制集 A 或者使用循环移位限制集 B。

第二类随机接入信道有 9 种格式，每种格式的参数配置如表 3.10 所示。第二类随机接入信道小区覆盖的计算方式与第一类随机接入信道相同，并可以用于小于 6GHz（FR1）和大于 6GHz，且小于 52.6GHz（FR2）。其中，在 FR1 支持 15kHz 和 30kHz 两种子载波间隔，在 FR2 可以使用 60kHz 和 120kHz 两种子载波间隔。另外，由于第二类随机接入信道支持比较大的子载波间隔，可以很好地支持高速场景，因此不需要使用循环移位限制。

表 3.10　第二类随机接入信道

格式	根序列长度	子载波间隔	序列样点数	CP 样点数	覆盖
A1	139	$15 \times 2^{\mu}$ kHz	$2 \times 2048\kappa \cdot 2^{-\mu}$	$288\kappa \cdot 2^{-\mu}$	$938 \times 2^{-\mu}$m
A2	139	$15 \times 2^{\mu}$ kHz	$4 \times 2048\kappa \cdot 2^{-\mu}$	$576\kappa \cdot 2^{-\mu}$	$2109 \times 2^{-\mu}$m
A3	139	$15 \times 2^{\mu}$ kHz	$6 \times 2048\kappa \cdot 2^{-\mu}$	$864\kappa \cdot 2^{-\mu}$	$3516 \times 2^{-\mu}$m
B1	139	$15 \times 2^{\mu}$ kHz	$2 \times 2048\kappa \cdot 2^{-\mu}$	$216\kappa \cdot 2^{-\mu}$	$469 \times 2^{-\mu}$m
B2	139	$15 \times 2^{\mu}$ kHz	$4 \times 2048\kappa \cdot 2^{-\mu}$	$360\kappa \cdot 2^{-\mu}$	$1055 \times 2^{-\mu}$m
B3	139	$15 \times 2^{\mu}$ kHz	$6 \times 2048\kappa \cdot 2^{-\mu}$	$504\kappa \cdot 2^{-\mu}$	$1758 \times 2^{-\mu}$m
B4	139	$15 \times 2^{\mu}$ kHz	$12 \times 2048\kappa \cdot 2^{-\mu}$	$936\kappa \cdot 2^{-\mu}$	$3867 \times 2^{-\mu}$m
C0	139	$15 \times 2^{\mu}$ kHz	$2048\kappa \cdot 2^{-\mu}$	$1240\kappa \cdot 2^{-\mu}$	$5300 \times 2^{-\mu}$m
C2	139	$15 \times 2^{\mu}$ kHz	$4 \times 2048\kappa \cdot 2^{-\mu}$	$2048\kappa \cdot 2^{-\mu}$	$9200 \times 2^{-\mu}$m

注：（$\kappa = \dfrac{1}{30.72 \times 10^6}$ 秒，μ =0, 1, 2, 3 分别对应 15、30、60、120kHz 子载波）。

格式 Ax(x = 1, 2, 3)和格式 Bx(x = 1, 2, 3, 4)的区别在于格式 Bx 自已带有保护间隔 GP，而格式 Ax 不带 GP。具体看，每一种格式在 PRACH 时隙中占用 N 个 OFDM 符号（N 的取值参见表 3.10 第 4 列前面的数字。比如，对于 2×2048 $\kappa \cdot 2^{-\mu}$，N=2）。对于格式 Ax，N 个 OFDM 符号的 CP 长度之和作为 PRACH 的 CP，PRACH 序列重复 N 次，占用 N 个不带 CP 的 OFDM 符号（如图 3.17 所示）。对于格式 Bx，N 个 OFDM 符号的 CP 长度之和等于 PRACH 的 CP 长度加 GP 长度，同样 PRACH 序列重复 N 次，占用 N 个不带 CP 的 OFDM 符号（如图 3.19 所示）。由于格式 Ax 的 CP 比格式 Bx 长，因此支持的小区覆盖比后者大。不过，由于格式 Ax 没有自带 GP，因此，需要占用 RO 后面的 OFDM 符号作为保护间隔，不能充分利用 PRACH 时隙（如图 3.19 所示）。值得注意的是，PRACH 时隙与帧结构中描述的时隙相同，由 14 个 OFDM 符号组成，PRACH 的子载波间隔与系统消息中给出的上行子载波间隔相同。

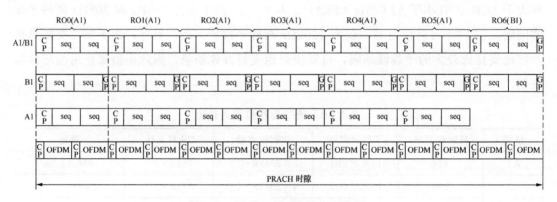

图 3.19　格式 Ax 与格式 Bx 示意图

格式 C0 设计的目标场景是室外视距传播场景，相比室内需要更长的 PRACH CP 和 GP。格式 C2 相比 C0 支持的覆盖距离更大，以便满足类似 FWA（Fixed Wireless Access）场景。在这类场景下，主要使用子载波间隔 120kHz 的固定无线接入产品来满足最后 1km 的覆盖需求。

第二类随机接入信道采用每一个 RO 都与数据的 OFDM 符号的边界对齐的设计。这种设计的好处是允许随机接入信道和数据信道使用相同的接收机，从而降低系统设计的复杂度。

参考文献

[1] 3GPP Technical Specification 38.913. Study on Scenarios and Requirements for Next Generation Access Technologies.

[2] 3GPP Technical Specification 38.101-1. User Equipment (UE) radio transmission and reception;Part 1: Range 1 Standalone.

[3] 3GPP Technical Specification 38.101-2. User Equipment (UE) radio transmission and reception;Part 1: Range 2 Standalone.

[4] 3GPP Technical Specification 38.211. Physical channels and modulation.

[5] 3GPP Technical Specification, 38.213. Physical layer procedures for control.

[6] 3GPP Technical Specification, 38.214. Physical layer procedures for data.

参考文献

[1] 3GPP Technical Specification 38.913. Study on Scenarios and Requirements for Next Generation Access Technologies.

[2] 3GPP Technical Specification 36.101-1. User Equipment (UE) radio transmission and reception, Part 1 Range 1 Standalone.

[3] 3GPP Technical Specification 38.101-2. User Equipment (UE) radio transmission and reception, Part 1 Range 2 Standalone.

[4] 3GPP Technical Specification 38.211. Physical channels and modulation.

[5] 3GPP Technical Specification 38.212. Physical layer procedures for control.

[6] 3GPP Technical Specification 38.214. Physical layer procedures for data.

第4章

Chapter 4

5G NR 信道编码

信道编码是现代通信系统中最基础的部分之一。差错控制编码从 3GPP R99 协议起就被引入，经历过卷积码、Turbo 码，5G NR 中引入的 Polar 码（Polar Code，极化码）和 LDPC 码（Low-Density Parity-Check Code，低密度校验码）。3GPP 制定的标准中，信道编码方案每一次的更迭都标志着系统性能与可靠性的一次提升，这也是标准化过程中的重中之重。经历近两年的标准化过程，5G NR 确定了控制消息和广播信道采用 Polar 码，数据采用 LDPC 码的方案。本章将主要介绍这两种编码方案和标准化内容。

4.1 Polar 码

Polar 码是基于信道极化（Channel Polarization）理论构造的[1]。将一组二进制输入离散无记忆信道（B-DMC，Binary input Discrete Memoryless Channel），通过信道合成和信道分裂的操作，得到一组新的二进制输入离散无记忆信道，该过程称为极化过程，得到的新的信道称为子信道。如图 4.1（a）所示，W 是原始信道，$W-$ 和 $W+$ 是经过 1 级极化得到的子信道，$W+++$ 等是经过 3 级极化得到的子信道。当参与极化的信道足够多时，一部分子信道的容量趋于 1（可靠子信道）、其余的趋于 0（不可靠子信道），如图 4.1（b）所示。利用这一现象，可以将消息承载在可靠子信道上，在不可靠子信道上放置收发两端已知的固定比特（冻结比特），通过这种方式进行构造的编码就是极化码。

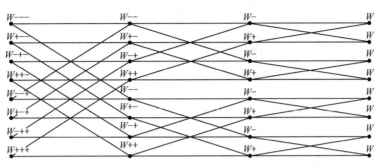

（a）码长 $N=8$ 的信道极化过程及子信道示例

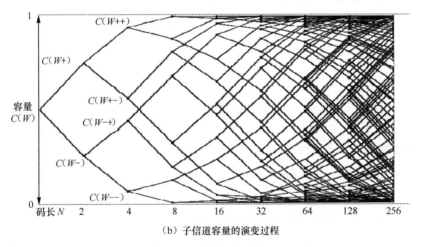

（b）子信道容量的演变过程

图 4.1　信道极化过程

　　根据 Polar 码原理，首先定义极化内核：$\boldsymbol{G}_2 = \begin{bmatrix} 1 & 0 \\ 1 & 1 \end{bmatrix}$，相应

的信道极化基本单元如图 4.2 所示。将 2 个比特（u_0，u_1）编码为

$(x_0，x_1) = (u_0 \oplus u_1，u_1)$，其中的 $\oplus$ 为二元域加法。将 x_0 和 x_1

分别经过二进制离散无记忆信道 $W: \mathcal{X} \to \mathcal{Y}$［$\mathcal{X}$ 和 $\mathcal{Y}$ 分别表示输入

图 4.2　信道极化基本单元

和输出的符号集合，转移概率为 $W(y \mid x)$，$x \in \mathcal{X}, y \in \mathcal{Y}$］进行传输，则合成信道 W_2 的转

移概率为

$$W_2(y_0, y_1 \mid u_0, u_1) = W(y_0 \mid u_0 + u_1)W(y_1 \mid u_1)$$

将上述合成信道 W_2 分裂成 2 个等效的二进制输入子信道 $W_2^{(0)}$ 和 $W_2^{(1)}$，其转移概率为

$$W_2^{(0)}\left(y_0,y_1\mid u_0\right)=\sum_{u_1}\frac{1}{2}W_2\left(y_0,y_1\mid u_0,u_1\right)$$

$$W_2^{(1)}\left(y_0,y_1,u_0\mid u_1\right)=\frac{1}{2}W_2\left(y_0,y_1\mid u_0,u_1\right)$$

经过信道极化得到的子信道的对称容量满足

$$I\left[W_2^{(0)}\right]+I\left[W_2^{(1)}\right]=2I(W)$$

$$I\left[W_2^{(0)}\right]\leqslant I(W)\leqslant I\left[W_2^{(1)}\right]$$

即两个等效子信道的容量分别向更好和更差两个方向极化。根据上述极化过程进行 n 次极化，即对信道 W 进行 $N=2^n$ 次使用，得到的合成信道的转移概率为

$$W_N\left(y_0^{N-1}\mid u_0^{N-1}\right)=W\left(y_0^{N-1}\mid u_0^{N-1}G_N\right)$$

其中，$G_N=G_2^{\otimes n}$，$\otimes$ 表示克罗内克积。将合成信道 W_N 分裂成 N 个等效的子信道，其转移概率为

$$W_N^{(i)}\left(y_0^{N-1},u_0^{i-1}\mid u_i\right)\triangleq\sum_{u_{i+1}^{N-1}}\frac{1}{2^{N-1}}W_N\left(y_0^{N-1}\mid u_0^{N-1}\right)$$

其中，转移概率决定了 N 个子信道的可靠度。

据此定义一个（N，K）Polar 码：基于编码（极化）矩阵 G_N，将 K 个消息比特放在 N 个子信道中最可靠的 K 个子信道上，该子信道集合称为信息比特集合，记为 $\mathbb{I}$；其余（$N-K$）个子信道放置固定比特，如全 0 比特，该子信道集合称为冻结比特集合，记为 $\mathbb{F}$，$\mathbb{I}\bigcap\mathbb{F}=\varnothing$，$\mathbb{I}\bigcup\mathbb{F}=\{0,1,\cdots,N-1\}$。编码码字 $\boldsymbol{d}=\{d_0,d_1,\cdots,d_{N-1}\}$ 的计算过程为

$$\boldsymbol{d}=\boldsymbol{u}G_N$$

其中，输入向量 $\boldsymbol{u}=\{u_0,u_1,\cdots,u_{N-1}\}$ 中，冻结比特集合（$i\in\mathbb{F}$）的元素 $u_i=0$，信息比特集合（$i\in\mathbb{I}$）的元素是消息比特。

串行抵消（SC，Successive Cancellation）译码算法是一种低复杂度的译码算法，并且有理论证明在该算法下，Polar 码为香农容量可达的编码方案[1]。它主要基于从前往后进行逐比特串行判决译码，在译码到第 i 个比特时，硬判决过程如下：

$$\hat{u}_i=\begin{cases}u_i, & i\in\mathbb{F}\\h_i\left(y_0^{N-1},\hat{u}_0^{i-1}\right), & i\in\mathbb{I}\end{cases}$$

其中，$h_i\left(y_0^{N-1},\hat{u}_0^{i-1}\right)$ 为判决函数，如果 $W_N^{(i)}\left(y_0^{N-1},\hat{u}_0^{i-1}\mid 0\right)>W_N^{(i)}\left(y_0^{N-1},\hat{u}_0^{i-1}\mid 1\right)$，其值为 0，否则，其值为 1。虽然 Polar 码在串行抵消译码算法下是容量可达的，且复杂度非常低，但是在有限码长时，其性能并不理想。改进的串行抵消译码算法［如串行抵消列表（SCL，Successive Cancellation List）译码算法[8]］在中间译码过程中保留多个候选路径，可以用较少的复杂度有效提升有限码长下 Polar 码的性能。

4.1.1 Polar 码的设计原理

从上述 Polar 码的编译码过程可以看到，Polar 码的性能受信息比特位置集合 Ⅱ 的影响，而确定 Ⅱ 需要首先对各子信道的可靠度进行评估和排序。实际系统中由于存储开销或者译码时延的限制，码长总是有限的，Polar 码需要针对有限码长进行设计。另外，Polar 码的原生长度（母码长度）是 2 的整数次幂，而实际应用中可能需要支持任意码长。因此，需要设计速率匹配方案将 Polar 码的码长适配到实际需要的大小。本节针对这些需求，介绍 Polar 码的设计原理。

1．子信道可靠度评估和排序

Polar 码的关键是将消息承载在经过多次信道合成和分裂得到的高可靠子信道上，因此，子信道可靠度的评估和排序直接影响信息比特集合的选取，进而影响 Polar 码的性能。子信道的可靠度由信道［如二进制删除信道（BEC，Binary Erasure Channel）、加性高斯白噪声信道（AWGNC，Additive White Gaussian Noise Channel）等］和极化过程（G_N）决定，这里只考虑以 G_2 为内核的极化过程。子信道可靠度的评估和排序主要有两种方法：一是通过密度演进（DE，Density Evolution）[2]追踪信道的逐步极化过程，评估各子信道的可靠度并排序；二是利用极化权重（PW，Polarization Weight）[3-4]，追踪子信道经历的极化过程，直接构造嵌套的排序序列。

（1）密度演进（DE）

DE 是一种跟踪消息概率密度在置信传输（BP，Belief Propagation）译码算法中进化情况的经典算法[5]，而串行抵消译码算法是一种特定方向的 BP 算法，即从前往后的硬判决 BP。因此，DE 可以直接用于 Polar 码，通过跟踪译码过程评估子信道的可靠度，如图 4.3 所示。

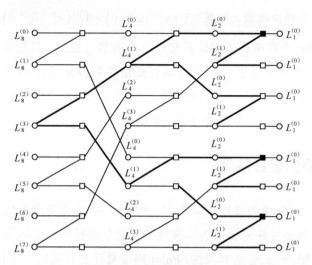

图 4.3　信道极化的 Tanner 图表示及 u_4 的译码树

给定二进制离散无记忆信道（B-DMC，Binary Discrete Memoryless Channel）W，在 W 上发送上 1 比特消息时，定义其接收端的对数似然比（LLR，Log-Likelihood Ratio）为

$$\log\left[\frac{W(y\mid 0)}{W(y\mid 1)}\right]$$

其表征了给定输出 $y \in \mathcal{Y}$ 时，对输入 $x \in \mathcal{X}$ 的估计。基于信道 W 经过 $\log_2 N$ 次极化操作后，得到了 N 个极化子信道，分别用于承载第 0 到（N–1）个比特，则第 i 个比特的 LLR 为

$$L_N^{(i)}\left(y_0^{N-1}, \hat{u}_0^{i-1}\right) \triangleq \log \frac{W_N^{(i)}\left(y_0^{N-1}, u_0^{i-1}\mid 0\right)}{W_N^{(i)}\left(y_0^{N-1}, u_0^{i-1}\mid 1\right)}$$

根据极化过程的结构性，上述 LLR 可以通过下面的递归方式计算

$$L_N^{(2i)}\left(y_0^{N-1}, \hat{u}_0^{2i-1}\right) = 2\tanh^{-1}\left\{\tanh\left[\frac{1}{2} L_{\frac{N}{2}}^{(i)}\left(y_0^{\frac{N}{2}-1}, \hat{u}_{0,e}^{2i-1}\oplus\hat{u}_{0,o}^{2i-1}\right)\right]\times\tanh\left[\frac{1}{2} L_{\frac{N}{2}}^{(i)}\left(y_0^{N-1}, \hat{u}_{0,o}^{2i-1}\right)\right]\right\}$$

$$L_N^{(2i+1)}\left(y_0^{N-1}, u_0^{2i}\right) = L_{\frac{N}{2}}^{(i)}\left(y_{\frac{N}{2}}^{N-1}, \hat{u}_{0,o}^{2i-1}\right) + (-1)^{\hat{u}_{2i}} L_{\frac{N}{2}}^{(i)}\left(y_0^{\frac{N}{2}-1}, \hat{u}_{0,e}^{2i-1}\oplus\hat{u}_{0,o}^{2i-1}\right)$$

其中 o 和 e 分别表示奇数和偶数项。基于得到的 LLR，对第 i 个子信道上传输的比特进行判决。若判决结果不同于原发送比特，表明该子信道上发生了传输错误。统计各子信道的传输错误概率，就可以得到各子信道的可靠度。

在 B-DMC 信道 W 上发送比特 0，接收端 LLR 的概率密度为 a_W，$L_N^{(i)}\left(y_0^{N-1}, 0_0^{i-1}\right)$ 的概率密度函数记为 $a_N^{(i)}$。利用密度进化，各子信道输出 LLR 的概率密度函数可以通过递归的方式计算得到，即 $a_N^{(2i)} = a_{\frac{N}{2}}^{(i)} \circledast a_{\frac{N}{2}}^{(i)}$，$a_N^{(2i+1)} = a_{\frac{N}{2}}^{(i)} \star a_{\frac{N}{2}}^{(i)}$，$a_1^{(0)} = a_W$，其中，$\star$ 和 $\circledast$ 分别为校验节点和变量节点上的卷积操作[6]。对第 i 个比特判决结果为

$$\hat{U}_i\left(y_0^{N-1}, u_0^{i-1}\right) = \arg\max_{u_i = 0,1} W_N^{(i)}\left(y_0^{N-1}, \hat{u}_0^{i-1} \mid u_i\right)$$

记

$$\mathcal{A}_i \triangleq \left\{u_0^{N-1}, y_0^{N-1} \mid \hat{U}_i\left(y_0^{N-1}, \hat{u}_0^{i-1}\right) \neq u_i\right\}$$

第 i 比特的错误概率可估计为

$$P\left(\mathcal{A}_i\right) = \lim_{\epsilon \to +0}\left[\int_{-\infty}^{-\epsilon} a_N^{(i)}(x)\mathrm{d}x + \frac{1}{2}\int_{-\epsilon}^{+\epsilon} a_N^{(i)}(x)\mathrm{d}x\right]$$

基于 DE 的子信道可靠度计算最大的优点是可以利用当前信道的相关参数比较精确地估计每个子信道的可靠度。但是，在递归操作中，需要对多维信道参数进行运算，复杂度较高，不适用于实际的应用场景。针对一些特殊信道，DE 可以通过近似得到简化。

① BEC 信道。

BEC 信道经过信道合成和分裂之后得到的子信道仍然是 BEC 信道，因此，DE 过程只需要跟踪极化前后的信道参数，即删除概率，子信道的错误概率或者信道容量可以由下面的递归过程计算得到。[1]

$$Z\left[W_N^{(2i)}\right] = 2Z\left[W_{\frac{N}{2}}^{(i)}\right] - Z\left[W_{\frac{N}{2}}^{(i)}\right]^2$$

$$Z\left[W_N^{(2i+1)}\right] = Z\left[W_{\frac{N}{2}}^{(i)}\right]^2$$

Z 为巴氏参数（Bhattacharyya Parameter），Z 越小，可靠度越高。

② AWGN 信道。

AWGN 信道的主要参数是噪声的均值和方差。对于一个噪声均值为 0，方差为 σ^2 的 AWGN 信道，假设发送端发送全 0 码字，且使用 BPSK 调制，则接收到的 LLR 符合如下高斯分布。

$$L_1^{(i)}(y_i) \sim N\left(\frac{2}{\sigma^2}, \frac{4}{\sigma^2}\right)$$

对于 AWGN 信道，假设经信道合成和分裂得到的子信道 LLR 也符合高斯分布，且噪声方差是均值的 2 倍，则 AWGN 信道下 DE 的运算可以简化为跟踪 LLR 的均值[7]，即

$$\mathbb{E}\left[L_N^{(2i)}\right] = \varphi^{-1}\left(1 - \left(1 - \varphi\left(\mathbb{E}\left[L_{\frac{N}{2}}^{(i)}\right]\right)\right)^2\right)$$

$$\mathbb{E}\left[L_N^{(2i+1)}\right] = 2\mathbb{E}\left[L_{N/2}^{(i)}\right]$$

其中，$\mathbb{E}\left[L_1^{(0)}\right] = 2/\sigma^2$，且

$$\varphi(x) = \begin{cases} 1 - \dfrac{1}{\sqrt{4\pi x}}\displaystyle\int_{-\infty}^{+\infty} \tanh\dfrac{u}{2}\exp\left[-\dfrac{(u-x)^2}{4x}\right]\mathrm{d}u & x > 0 \\ 0, & x = 0 \end{cases}$$

$\varphi(x)$ 的计算可以进一步简化和近似为

$$\varphi(x) = \begin{cases} \exp\left(-0.4527x^{0.86} + 0.0218\right) & 0 < x < 10 \\ \sqrt{\dfrac{\pi}{x}}\left(1 - \dfrac{9}{7x}\right)\exp\left(-\dfrac{x}{4}\right) & x \geq 10 \end{cases}$$

对概率密度函数进行积分，即得到第 i 个子信道的错误概率为

$$P_i \approx Q\left(\sqrt{\frac{\mathbb{E}\left[L_N^{(i)}\right]}{2}}\right)$$

上述基于密度进化的评估方法可以精确地根据信道刻画子信道的可靠度，巴氏参数和高斯近似分别可以简化 BEC 和 AWGN 信道下子信道可靠度评估的复杂度。这些方法需要准确的信道信息，如 AWGN 信道的接收信噪比等。在实现时，要么要求在每次编码前进行在线实时的可靠度计算，会给编译码带来额外的复杂度和延时；要么对不同码长、码率存储大量可靠度的计算结果。

（2）极化权重（PW）

PW 通过直接追踪子信道经历的极化过程来评估子信道可靠度[3]。将子信道序号 i 用二进制表示：$B_{n-1}B_{n-2}\cdots B_0$，其中 B_{n-1} 是最高位，B_0 是最低位，则信道极化的过程与二进制序号具有一一对应的关系，如图 4.4 所示。二进制序号中"1"对应极化树中的正向

极化（更可靠），"0"对应反向极化（不可靠），例如子信道$W_{16}^{(0101)}$是经历了"反→正→反→正"极化过程后的子信道。据此，定义子信道的可靠度为

$$V\left[W_N^{(i)}\right] = \sum_{j=0}^{n-1} B_j \cdot \beta^j$$

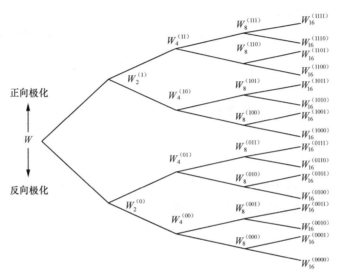

图 4.4　极化树

上式中，$\beta^j (\beta > 1)$表征一次正向极化带来的可靠度增加的权重，每个子信道的可靠度直接根据其经历的极化过程中"1"的权重相加得到。极化权重与"1"在二进制表示中所在的位置相关，越靠近最低位，权重越低；反之，越靠近最高位，权重越高，即随着极化过程的进行，极化的边际效益在减弱，子信道的可靠度逐渐趋近于稳定的状态。β的取值与信道及其参数相关，如对于 AWGN 信道，$\beta = 2^{1/4}$可以准确地刻画所有信噪比区间的子信道可靠度，即与信道参数无关。

　　PW 方式评估得到的子信道可靠度排序具有嵌套特性。嵌套特性之一是：针对（N，K_1）计算得到的信息比特集合是针对（N，K_2）（$K_2 > K_1$）的信息比特集合的一个子集，因此，可以针对给定的 N，构造一个适用于 $K = 1, 2, \cdots, N$ 的排序序列，序列的子集即相应的信息比特集合。嵌套特性之二是：子信道 $i = 0, 1, \cdots, N/2 - 1$ 在针对 $N/2$ 构造的排序序列与针对 N 构造的排序序列中的排序一致。在 AWGN 信道下，PW 方法与信道参数无关，直接离线存储可靠度排序序列，可以避免 DE 方法中的在线构造，极大地降低编译

码的复杂度开销和时延。

2. 构造

Polar 码虽然在无穷码长时可以通过 SC 译码达到香农容量，但是在有限码长时，需要通过 SCL 等译码算法改善译码性能[8]。有限列表宽度的 SCL 译码性能介于 SC 译码器与最大似然（ML，Maximum Likelihood）译码器之间：列表大小 L 越小，其误码率越趋近于 SC 译码器的误码率；列表大小 L 越大，则其误码率越趋近于 ML 译码器的误码率。由于 ML 性能取决于码距，单纯依靠可靠度确定的信息比特集合对应的生成矩阵，其码距并不理想。级联外码是常用的改善 Polar 码码距的方法。对于短码，可以直接采用搜索的方法找到码距最佳的级联 Polar 码，而对于长码，可以采用增加循环冗余校验码（CRC, Cyclic Redundancy Check）比特[9]或奇偶校验（Parity Check）比特[9]的方法提升 Polar 码性能。

对于 Polar 码，其最小码距由其生成矩阵的最小行重决定[11]。具体地，若信息比特集合为 $\mathbb{I}$，则由 $\mathbb{I}$ 定义的 Polar 码的最小码距为

$$d_{\min} = \min_{i \in \mathbb{I}} \left\{ wt\left(\boldsymbol{g}_i\right) \right\}$$

其中，$\boldsymbol{g}_i$ 为编码矩阵的第 i 行，$wt(\boldsymbol{g}_i)$ 为该行向量的汉明重量，即其中 1 的个数。采用级联外码，可以有效增加 Polar 码的码距和改善码谱。级联码的编码流程如图 4.5 所示。从码谱的角度来看，级联编码器其实是在 Polar 码的码字空间中通过外码预编码，筛选出一部分码距特性较好的子码，形成新的子码空间。如果外码选择得当，通常能大幅改善 SCL 译码器的 BLER 性能。

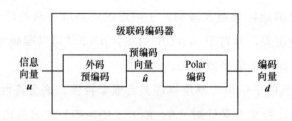

图 4.5　级联码编码示意图

下面介绍 3 种常见的级联 Polar 码：CRC 辅助的 Polar 码（CA-Polar 码）、级联分布式（Distributed）CRC 的 Polar 码（DCRC-Polar 码）和级联奇偶校验比特的 Polar 码（PC-Polar 码）。这 3 种级联 Polar 码由于各自的特点，分别用于 5G NR 标准中上下行控

制信息的编码。

（1）CA-Polar 码

CRC 作为一种检错码，是一种常见的用于列表译码的级联外码。CRC 用于 Polar 码的级联外码时，通过辅助 SCL 译码进行幸存码字挑选。Polar 码在采用 SCL 译码时，通过增加列表大小 L，译码性能可以渐渐逼近 ML 译码的性能；另一方面，对于译码错误的 SCL 译码结果，正确码字仍有较高的概率位于幸存码字中。因此可以利用 CRC，在幸存码字集合中挑选正确码字，从而提升译码的性能。

除了辅助 SCL 译码进行幸存码字挑选，另一个分析 CRC 与 Polar 码级联的角度是级联码的码谱。考虑载荷（CRC 编码前信息向量）长度为 K，CRC 长度为 K_c，编码码长为 N 的级联码。$(N，K+K_c)$ Polar 码的码谱为 2^{K+K_c} 个 Polar 码字的码重分布，而这些码字中满足 CRC 校验的码字仅为 2^K 个，级联码的码谱即为这 2^K 个码字的码重分布。由于 CRC 的设计独立于 Polar 码的设计，可以通过选择合适的 CRC 多项式，优化级联码相对 Polar 码的最小码距以及最小码重的码字数量。

（2）DCRC-Polar 码

采用 CRC 与 Polar 码的级联，CRC 比特通常位于载荷比特之后，CRC 校验必须在 Polar 码译码结束并得到载荷比特和 CRC 比特的译码结果之后进行。当系统存在盲检测需求（如 5G NR 下行控制信息）时，盲检测的延迟为一次完整的 Polar 译码时间乘以盲检测次数。在盲检测过程中，尤其当盲检测的候选输入包括纯噪声或随机信息时，若能提前识别失败的译码，并提前终止译码进程，就能够有效地降低盲检测的延迟。针对此应用场景，一种基于分布式 CRC 的 Polar 码编码方案及对应的译码算法被提出，两者结合可以提前识别并终止失败的译码[12]。

区别于后置式 CRC，采用分布式 CRC 的 Polar 码对 CRC 编码后的码字先进行重新排列（交织），然后进行 Polar 编码。分布式 CRC 的交织满足以下特征。

● 不改变校验比特和载荷比特之间的校验关系。

● 每个校验比特均位于其检验的所有载荷比特之后。

● 若干校验比特位于载荷比特之间（而不是全部位于载荷比特之后）。

分布式 CRC 的交织序列根据 CRC 校验比特与载荷比特之间的校验关系（校验关系矩阵，其一列表示一个校验比特对载荷比特的校验关系）决定，校验关系矩阵根据 CRC 系统生成矩阵获得。由于 CRC 校验关系矩阵存在嵌套特性，即从载荷序列的最后一位向前考虑时，某一位置的载荷比特与所有 CRC 校验比特间的校验关系不依赖于载荷长度；或者，校验关系矩阵从最后一行向上嵌套[13]。根据此特征，可以根据最大载荷长度设计最长的交织序列，对小于最大长度的载荷序列，所需的交织序列仅需对最长交织序列做简单的处理即可获得。

（3）PC-Polar 码

如前所述，CA-Polar 通过改善码谱可以获得更好的 SCL 译码性能。但是 CA-Polar 码具有其局限性：CRC 外码与 Polar 内码的码结构（克罗内克矩阵）相独立，不存在内外码联合优化的空间。

普通 Polar 码的构造可以由冻结比特位置（$\mathbb{F}$）和信息比特位置（$\mathbb{I}$）确定。类似地，任意一个 PC-Polar 码可以由冻结比特位置（$\mathbb{F}$）、信息比特位置（$\mathbb{I}$）、校验比特位置（$\mathbb{PC}$）和校验方程（PF）唯一确定。它们的组合 $\{\mathbb{F},\mathbb{I},\mathbb{PC},\text{PF}\}$ 被称为 PC-Polar 码的一个构造。

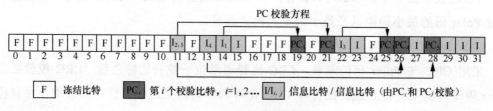

图 4.6　PC-Polar 构造示意图

图 4.6 是一个 PC-Polar 码（$N=32$，$K=10$）构造的示意图。信息比特位置集合为 $\mathbb{I}=\{10,11,13,14,15,22,23,27,29,30,31\}$，PC 校验比特位置集合为 $\mathbb{PC}=\{19,21,25,26,28\}$，对应的 PC 校验方程为 $u_{14}=u_{19}$，$u_{11}=u_{21}$，$u_{22}=u_{25}$，$u_{13}=u_{26}$，$u_{11}=u_{28}$。以校验方程 $u_{14}=u_{19}$ 为例，它们对应的行向量分别为

$$g_{14}=[10101010101010100000000000000000]$$
$$g_{19}=[11110000000000001111000000000000]$$

观察到 $wt(g_{14})=wt(g_{19})=8$。如果 u_{14} 是一个信息比特，而 u_{19} 是一个冻结比特，则该码的最小码距至多为 8，因为无论如何 g_{14} 都会是一个低码重码字（$u_{14}=1; u_i=0, i\neq 14$）。但如果将 u_{19} 设为一个 PC 比特，且迫使 $u_{14}=u_{19}$ 成为一个 PC 校验方程，则编码后 g_{14} 不会形成一个合法码字（$u_{14}=1$，则 $u_{19}=1$），g_{14} 和 g_{19} 异或形成的合法码字为

$$g_{14}\oplus g_{19}=[01011010101010101111000000000000]$$

注意到该码字具有更大的码重：12。通过遍历码字，可以获得（32，10）的传统 Polar 码和 PC-Polar 码的码谱如表 4.1 所示。可见，传统 Polar 码的最小码距为 8，而 PC 级联 Polar 码的最小码距为 12，后者的码谱明显好于前者。PC-Polar 码显著改善了码距，从而提高了 SCL 译码算法的性能。

表 4.1　PC-Polar 码与传统 Polar 码的码谱比较

码重	1	2	3	4	5	6	7	8	9	10	11	12	13	14	15	16
传统 Polar 码	0	0	0	0	0	0	0	44	0	0	0	64	0	0	0	806
PC-Polar 码	0	0	0	0	0	0	0	0	0	0	0	240	0	0	0	542
码重	17	18	19	20	21	22	23	24	25	26	27	28	29	30	31	32
传统 Polar 码	0	0	0	64	0	0	0	44	0	0	0	0	0	0	0	1
PC-Polar 码	0	0	0	240	0	0	0	0	0	0	0	0	0	0	0	1

　　PC-Polar 码在进行 SC 译码时，信息比特与冻结比特的判决与传统 Polar 码相同，而 PC 比特的值由其前面的信息比特确定。由于 SC 的顺序译码特点，PC 比特可以被认为是已知比特，判决与冻结比特类似，其值由校验方程和相关的信息比特判决结果计算得到。

　　影响 PC-Polar 码性能的主要是 PC 比特的位置和校验方程。通过搜索并分析码谱虽然可以得到好的 PC-Polar 码，但是为了适用于实际传输系统，需要简洁统一的设计算法，以应对灵活的消息载荷大小、码率需求等。

　　PC 比特位置可以从 SCL 译码过程中译码树去除支路（剪枝）的特点出发。由于 SCL 译码器在每个步骤最后都会进行路径剪枝，即从 $2L$ 条路径中剪除 PM（Path Metric，路径度量）值最大的 L 条路径，而保留 PM 值最小的 L 条路径。若要防止正确路径在中间步骤 i 被丢弃，需要使得错误路径受到的 PM 惩罚尽量大于正确路径受到的 PM 惩罚。从码字距离的角度来看，这可以等效为使得零/壹陪集之间的最小码距尽量大，从而使得正确路径更容易被识别。通过分析 Polar 码的陪集发现，如果第 i 个比特是一个普通信息比特（不是一个 PC 比特或冻结比特），则零/壹陪集之间的最小码距为第 i 行的行重 $wt(\mathbf{g}_i)$。在译码的过程中，行重小的序号对应的信息比特往往成为 SCL 译码性能的瓶颈。而如果将这些位置设为 PC 比特，使其取值由前序的信息比特决定，则正确路径和错误路径的 PM 值差别能变得更明显。因此，一种比较有效的 PC 比特位置是，在除冻结子信道以外的位置中，挑选行重最小或较小的子信道。但由于这些小行重子信道可能会有较高的可靠度，信息比特可能会被迫使用一些可靠度较低的子信道，导致列表较小时（例如 $L = 2, 4$），SCL 译码器性能较差。因此，设计 PC 校验比特的数量时，需折中考虑信息子信道的可靠度和行重。

校验方程的设计目标是提高 Polar 码的码距，这可以从 Polar 码译码过程的错误传播模式入手。举例来说，如果第 i 个和第 j 个子信道同属于一个校验方程，且第 i 个子信道的比特错误总是会引起第 j 个子信道的比特错误，该（u_i, u_j）错误样式无法被 PC 校验比特所检测到，该错误路径也不容易被检出。由于克罗内克矩阵具有以 2 的整数次幂为周期的递归结构，最常见的误差传播样式是间隔为 1 个、2 个、4 个、8 个比特的位置，因此，在构建 PC 校验方程时，需要使得方程内的元素尽量避免以 2 的幂次为间隔。一个简单有效的 PC 校验方程构造准则为：从 PC 比特位置开始，以 p 为间隔，向前选取信息比特位置作为 PC 校验方程的一部分。例如，p 可以设为 5。这种方法的好处是，编译码过程可以用一个长度为 p 的移位寄存器轻松实现。

3. 速率匹配与编码调制

（1）速率匹配

根据 Polar 码的原始定义，其码长限定为 2 的整数次幂，即 $N = 2^n$，n 为正整数。Polar 码需要通过速率匹配实现码长的调整，以适配实际的传输需求。打孔和缩短是两种常见的实现速率匹配的方法，两者都通过删除（不传输）原始编码比特中的部分比特，以达到调整码长的目的。两者的区别是：基于打孔删除的编码比特对于接收端是未知的，解速率匹配时其 LLR 填充为 0；基于缩短删除的编码比特是固定值（如全 0），接收端已知，解速率匹配时其 LLR 根据固定值填充。打孔导致某些子信道不可用，为避免译码性能下降，这些子信道需要设置为冻结比特。缩短删除的比特要求为固定值，一般要求缩短比特由冻结比特完全确定，即与缩短比特相关的子信道也必须设置为冻结比特。

打孔或者缩短删除的编码比特没有经过信道传输，从而改变了原始的信道 Polar 过程。速率匹配的设计主要有两种方案：一是根据删除比特的位置（也称为速率匹配的模式），利用 DE-GA 等算法重新计算各子信道的可靠度，确定信息比特等集合，即信息比特重构；二是根据固定的子信道可靠度排序，优化速率匹配模式。方案一通过重新评估子信道的可靠度，保证了较优的性能，但带来极大的系统开销。方案二虽然可能导致性能下降，但是极大地降低了 Polar 码构造的复杂度，更为实用，被 5G NR 标准采用。

（2）编码调制

Polar 码在评估子信道可靠度时，假设编码比特经历了可靠度（信噪比）相同的信道。当 Polar 码用于高阶调制、多载波或者在衰落信道下传输时，该假设不再成立。一种方法是根据编码比特经历的信道评估子信道的可靠度，但是复杂度太高。另一种方法是引入比特交织，即比特交织编码调制，将编码和调制解耦，简化编码的设计。第二种方法被 5G NR 标准采用。

4.1.2　5G NR 中的 Polar 码标准化内容

Polar 码由于具有更高的译码可靠性，在 2016 年 11 月举行的 RAN1 #87 次会议上被采纳为 5G NR 控制消息的编码方案[14]。具体控制信道中 DCI（下行控制信息）、UCI（上行控制信息）及 PBCH（Physical Broadcast CHannel，物理广播信道）承载的广播信息所使用的方案细节，在后续的 3GPP 会议中陆续敲定。Polar 码的设计原理已在 4.1.1 节中阐述，本节围绕 Polar 码的关键技术介绍 5G NR 中 Polar 码的标准化过程及采用的方案。

1. 序列

Polar 码为了支持 5G NR 控制消息灵活的码长和码率的需求，需要设计足够实用的子信道可靠度排序序列。RAN1 #88bis 会议首次讨论了序列的设计方法，统一了序列的评估因素，包括性能、对不同消息大小的支持、与速率匹配的兼容性、复杂度和时延[17]。

在标准讨论之初，不同码率和码长的 Polar 码构造序列主要基于 DE 方法及其变种。为了获得特定码率和码长的 Polar 码排序序列，需要根据信道相关参数，实时计算或者读取用这个参数事先计算并预存的序列，部分公司基于 DE 的方法提出了多序列的解决方案。PW 方法的提出从标准化与实用化的角度澄清了 Polar 码排序序列可以具有和信道参数无关的特点，展示了可以用一个序列来提供任意码长和码率的 Polar 码构造方法，并且在各种码率和码长配置下展现出良好且稳定的性能。在标准进程中，各公司也基于 PW 方法衍生出了多种单一嵌套序列的方案。最终，5G NR Polar 码采用单序列达成共识，不同长度的母码序列从单序列中抽取[18]。

Polar 码序列评估与选择的规则和流程在后续会议上讨论并通过[19]。评选规则考量了 5G NR 控制信道可能出现的码率和码长的综合性能并且要求尽量平衡 SCL 译码器在各种列表大小（1、2、4、8、16）下的性能。评选流程首先将提交的序列进行两两比较，选出性能没有显著弱势的作为候选序列，然后从候选序列中选出相对于其他所有序列总的性能优势最大的作为最终序列。最终的序列以更好的综合性能获得通过[20-21]，具体的序列如表 4.2 所示。

表 4.2　Polar 码序列和相应的可靠度（TS 38.212 表 5.3.1.2-1）

$W(Q_i^{N_{max}})$	$Q_i^{N_{max}}$	$W(Q_i^{N_{max}})$	$Q_i^{N_{max}}$	$W(Q_i^{N_{max}})$	$Q_i^{N_{max}}$	$W(Q_i^{N_{max}})$	$Q_i^{N_{max}}$	$W(Q_i^{N_{max}})$	$Q_i^{N_{max}}$	$W(Q_i^{N_{max}})$	$Q_i^{N_{max}}$	$W(Q_i^{N_{max}})$	$Q_i^{N_{max}}$	$W(Q_i^{N_{max}})$	$Q_i^{N_{max}}$
0	0	128	518	256	94	384	214	512	364	640	414	768	819	896	966
1	1	129	54	257	204	385	309	513	654	641	223	769	814	897	755
2	2	130	83	258	298	386	188	514	659	642	663	770	439	898	859
3	4	131	57	259	400	387	449	515	335	643	692	771	929	899	940
4	8	132	521	260	608	388	217	516	480	644	835	772	490	900	830
5	16	133	112	261	352	389	408	517	315	645	619	773	623	901	911
6	32	134	135	262	325	390	609	518	221	646	472	774	671	902	871
7	3	135	78	263	533	391	596	519	370	647	455	775	739	903	639
8	5	136	289	264	155	392	551	520	613	648	796	776	916	904	888
9	64	137	194	265	210	393	650	521	422	649	809	777	463	905	479
10	9	138	85	266	305	394	229	522	425	650	714	778	843	906	946
11	6	139	276	267	547	395	159	523	451	651	721	779	381	907	750
12	17	140	522	268	300	396	420	524	614	652	837	780	497	908	969
13	10	141	58	269	109	397	310	525	543	653	716	781	930	909	508
14	18	142	168	270	184	398	541	526	235	654	864	782	821	910	861
15	128	143	139	271	534	399	773	527	412	655	810	783	726	911	757
16	12	144	99	272	537	400	610	528	343	656	606	784	961	912	970
17	33	145	86	273	115	401	657	529	372	657	912	785	872	913	919
18	65	146	60	274	167	402	333	530	775	658	722	786	492	914	875
19	20	147	280	275	225	403	119	531	317	659	696	787	631	915	862
20	256	148	89	276	326	404	600	532	222	660	377	788	729	916	758
21	34	149	290	277	306	405	339	533	426	661	435	789	700	917	948
22	24	150	529	278	772	406	218	534	453	662	817	790	443	918	977
23	36	151	524	279	157	407	368	535	237	663	319	791	741	919	923
24	7	152	196	280	656	408	652	536	559	664	621	792	845	920	972
25	129	153	141	281	329	409	230	537	833	665	812	793	920	921	761
26	66	154	101	282	110	410	391	538	804	666	484	794	382	922	877

$W(Q_i^{N_{max}})$	$Q_i^{N_{max}}$	$W(Q_i^{N_{max}})$	$Q_i^{N_{max}}$	$W(Q_i^{N_{max}})$	$Q_i^{N_{max}}$	$W(Q_i^{N_{max}})$	$Q_i^{N_{max}}$	$W(Q_i^{N_{max}})$	$Q_i^{N_{max}}$	$W(Q_i^{N_{max}})$	$Q_i^{N_{max}}$	$W(Q_i^{N_{max}})$	$Q_i^{N_{max}}$	$W(Q_i^{N_{max}})$	$Q_i^{N_{max}}$
27	512	155	147	283	117	411	313	539	712	667	430	795	822	923	952
28	11	156	176	284	212	412	450	540	834	668	838	796	851	924	495
29	40	157	142	285	171	413	542	541	661	669	667	797	730	925	703
30	68	158	530	286	776	414	334	542	808	670	488	798	498	926	935
31	130	159	321	287	330	415	233	543	779	671	239	799	880	927	978
32	19	160	31	288	226	416	555	544	617	672	378	800	742	928	883
33	13	161	200	289	549	417	774	545	604	673	459	801	445	929	762
34	48	162	90	290	538	418	175	546	433	674	622	802	471	930	503
35	14	163	545	291	387	419	123	547	720	675	627	803	635	931	925
36	72	164	292	292	308	420	658	548	816	676	437	804	932	932	878
37	257	165	322	293	216	421	612	549	836	677	380	805	687	933	735
38	21	166	532	294	416	422	341	550	347	678	818	806	903	934	993
39	132	167	263	295	271	423	777	551	897	679	461	807	825	935	885
40	35	168	149	296	279	424	220	552	243	680	496	808	500	936	939
41	258	169	102	297	158	425	314	553	662	681	669	809	846	937	994
42	26	170	105	298	337	426	424	554	454	682	679	810	745	938	980
43	513	171	304	299	550	427	395	555	318	683	724	811	826	939	926
44	80	172	296	300	672	428	673	556	675	684	841	812	732	940	764
45	37	173	163	301	118	429	583	557	618	685	629	813	446	941	941
46	25	174	92	302	332	430	355	558	898	686	351	814	962	942	967
47	22	175	47	303	579	431	287	559	781	687	467	815	936	943	886
48	136	176	267	304	540	432	183	560	376	688	438	816	475	944	831
49	260	177	385	305	389	433	234	561	428	689	737	817	853	945	947
50	264	178	546	306	173	434	125	562	665	690	251	818	867	946	507
51	38	179	324	307	121	435	557	563	736	691	462	819	637	947	889
52	514	180	208	308	553	436	660	564	567	692	442	820	907	948	984
53	96	181	386	309	199	437	616	565	840	693	441	821	487	949	751
54	67	182	150	310	784	438	342	566	625	694	469	822	695	950	942
55	41	183	153	311	179	439	316	567	238	695	247	823	746	951	996
56	144	184	165	312	228	440	241	568	359	696	683	824	828	952	971
57	28	185	106	313	338	441	778	569	457	697	842	825	753	953	890
58	69	186	55	314	312	442	563	570	399	698	738	826	854	954	509

$W(Q_i^{N_{max}})$	$Q_i^{N_{max}}$	$W(Q_i^{N_{max}})$	$Q_i^{N_{max}}$	$W(Q_i^{N_{max}})$	$Q_i^{N_{max}}$	$W(Q_i^{N_{max}})$	$Q_i^{N_{max}}$	$W(Q_i^{N_{max}})$	$Q_i^{N_{max}}$	$W(Q_i^{N_{max}})$	$Q_i^{N_{max}}$	$W(Q_i^{N_{max}})$	$Q_i^{N_{max}}$	$W(Q_i^{N_{max}})$	$Q_i^{N_{max}}$
59	42	187	328	315	704	443	345	571	787	699	899	827	857	955	949
60	516	188	536	316	390	444	452	572	591	700	670	828	504	956	973
61	49	189	577	317	174	445	397	573	678	701	783	829	799	957	1000
62	74	190	548	318	554	446	403	574	434	702	849	830	255	958	892
63	272	191	113	319	581	447	207	575	677	703	820	831	964	959	950
64	160	192	154	320	393	448	674	576	349	704	728	832	909	960	863
65	520	193	79	321	283	449	558	577	245	705	928	833	719	961	759
66	288	194	269	322	122	450	785	578	458	706	791	834	477	962	1008
67	528	195	108	323	448	451	432	579	666	707	367	835	915	963	510
68	192	196	578	324	353	452	357	580	620	708	901	836	638	964	979
69	544	197	224	325	561	453	187	581	363	709	630	837	748	965	953
70	70	198	166	326	203	454	236	582	127	710	685	838	944	966	763
71	44	199	519	327	63	455	664	583	191	711	844	839	869	967	974
72	131	200	552	328	340	456	624	584	782	712	633	840	491	968	954
73	81	201	195	329	394	457	587	585	407	713	711	841	699	969	879
74	50	202	270	330	527	458	780	586	436	714	253	842	754	970	981
75	73	203	641	331	582	459	705	587	626	715	691	843	858	971	982
76	15	204	523	332	556	460	126	588	571	716	824	844	478	972	927
77	320	205	275	333	181	461	242	589	465	717	902	845	968	973	995
78	133	206	580	334	295	462	565	590	681	718	686	846	383	974	765
79	52	207	291	335	285	463	398	591	246	719	740	847	910	975	956
80	23	208	59	336	232	464	346	592	707	720	850	848	815	976	887
81	134	209	169	337	124	465	456	593	350	721	375	849	976	977	985
82	384	210	560	338	205	466	358	594	599	722	444	850	870	978	997
83	76	211	114	339	182	467	405	595	668	723	470	851	917	979	986
84	137	212	277	340	643	468	303	596	790	724	483	852	727	980	943
85	82	213	156	341	562	469	569	597	460	725	415	853	493	981	891
86	56	214	87	342	286	470	244	598	249	726	485	854	873	982	998
87	27	215	197	343	585	471	595	599	682	727	905	855	701	983	766
88	97	216	116	344	299	472	189	600	573	728	795	856	931	984	511
89	39	217	170	345	354	473	566	601	411	729	473	857	756	985	988
90	259	218	61	346	211	474	676	602	803	730	634	858	860	986	1001

$W(Q_i^{N_{max}})$	$Q_i^{N_{max}}$	$W(Q_i^{N_{max}})$	$Q_i^{N_{max}}$	$W(Q_i^{N_{max}})$	$Q_i^{N_{max}}$	$W(Q_i^{N_{max}})$	$Q_i^{N_{max}}$	$W(Q_i^{N_{max}})$	$Q_i^{N_{max}}$	$W(Q_i^{N_{max}})$	$Q_i^{N_{max}}$	$W(Q_i^{N_{max}})$	$Q_i^{N_{max}}$	$W(Q_i^{N_{max}})$	$Q_i^{N_{max}}$
91	84	219	531	347	401	475	361	603	789	731	744	859	499	987	951
92	138	220	525	348	185	476	706	604	709	732	852	860	731	988	1002
93	145	221	642	349	396	477	589	605	365	733	960	861	823	989	893
94	261	222	281	350	344	478	215	606	440	734	865	862	922	990	975
95	29	223	278	351	586	479	786	607	628	735	693	863	874	991	894
96	43	224	526	352	645	480	647	608	689	736	797	864	918	992	1009
97	98	225	177	353	593	481	348	609	374	737	906	865	502	993	955
98	515	226	293	354	535	482	419	610	423	738	715	866	933	994	1004
99	88	227	388	355	240	483	406	611	466	739	807	867	743	995	1010
100	140	228	91	356	206	484	464	612	793	740	474	868	760	996	957
101	30	229	584	357	95	485	680	613	250	741	636	869	881	997	983
102	146	230	769	358	327	486	801	614	371	742	694	870	494	998	958
103	71	231	198	359	564	487	362	615	481	743	254	871	702	999	987
104	262	232	172	360	800	488	590	616	574	744	717	872	921	1000	1012
105	265	233	120	361	402	489	409	617	413	745	575	873	501	1001	999
106	161	234	201	362	356	490	570	618	603	746	913	874	876	1002	1016
107	576	235	336	363	307	491	788	619	366	747	798	875	847	1003	767
108	45	236	62	364	301	492	597	620	468	748	811	876	992	1004	989
109	100	237	282	365	417	493	572	621	655	749	379	877	447	1005	1003
110	640	238	143	366	213	494	219	622	900	750	697	878	733	1006	990
111	51	239	103	367	568	495	311	623	805	751	431	879	827	1007	1005
112	148	240	178	368	832	496	708	624	615	752	607	880	934	1008	959
113	46	241	294	369	588	497	598	625	684	753	489	881	882	1009	1011
114	75	242	93	370	186	498	601	626	710	754	866	882	937	1010	1013
115	266	243	644	371	646	499	651	627	429	755	723	883	963	1011	895
116	273	244	202	372	404	500	421	628	794	756	486	884	747	1012	1006
117	517	245	592	373	227	501	792	629	252	757	908	885	505	1013	1014
118	104	246	323	374	896	502	802	630	373	758	718	886	855	1014	1017
119	162	247	392	375	594	503	611	631	605	759	813	887	924	1015	1018
120	53	248	297	376	418	504	602	632	848	760	476	888	734	1016	991
121	193	249	770	377	302	505	410	633	690	761	856	889	829	1017	1020
122	152	250	107	378	649	506	231	634	713	762	839	890	965	1018	1007

续表

$W(Q_i^{N_{max}})$	$Q_i^{N_{max}}$	$W(Q_i^{N_{max}})$	$Q_i^{N_{max}}$	$W(Q_i^{N_{max}})$	$Q_i^{N_{max}}$	$W(Q_i^{N_{max}})$	$Q_i^{N_{max}}$	$W(Q_i^{N_{max}})$	$Q_i^{N_{max}}$	$W(Q_i^{N_{max}})$	$Q_i^{N_{max}}$	$W(Q_i^{N_{max}})$	$Q_i^{N_{max}}$	$W(Q_i^{N_{max}})$	$Q_i^{N_{max}}$
123	77	251	180	379	771	507	688	635	632	763	725	891	938	1019	1015
124	164	252	151	380	360	508	653	636	482	764	698	892	884	1020	1019
125	768	253	209	381	539	509	248	637	806	765	914	893	506	1021	1021
126	268	254	284	382	111	510	369	638	427	766	752	894	749	1022	1022
127	274	255	648	383	331	511	190	639	904	767	868	895	945	1023	1023

表 4.2 分为两列，分别是 $W(Q_i^{N_{max}})$ 和 $Q_i^{N_{max}}$，其中，$Q_i^{N_{max}}$ 表示 Polar 码子信道的序号，$W(Q_i^{N_{max}})$ 表示第 $Q_i^{N_{max}}$ 个子信道的可靠度在所有子信道中的排序。在表格中，序列以可靠度升序的方式顺序记录，即 $W(Q_0^{N_{max}}) < W(Q_1^{N_{max}}) < \cdots < W(Q_{N_{max}-1}^{N_{max}})$。对于长度为 N 的 Polar 码，从 $Q_0^{N_{max}}$ 中顺序抽取值小于 N 的元素构成的子序列 $Q_0^{N-1} = \{Q_0^N, Q_1^N, \cdots, Q_{N-1}^N\}$ 即是 N 个子信道的可靠度排序序列，即 $W(Q_0^N) < W(Q_1^N) < \cdots < W(Q_{N-1}^N)$。

2. 辅助比特

设计级联码以提升译码性能是 Polar 码标准化的另一个任务。各公司也给出了多种级联 Polar 码方案，包括级联同时用于检错和纠错的长 CRC、级联只用于检错的 CRC 和用于纠错的 CRC、PC 或者 Hash 等（统称为辅助比特）[15]。各公司给出的仿真结果表明，上述两种方案具有相似的 BLER 和 FAR 性能，合作设计辅助比特达成共识。

（1）PC-Polar

PC 的设计包括 PC 比特的位置和校验方程，PC 比特位置的方案有基于最小行重、基于可靠度和基于 PC 比特在信息比特中的相对位置等方案；校验方程有基于寄存器生成、基于简单校验的方案等。通过多次标准会议的评估与讨论，最终确定了 PC 的设计方案：PC 比特基于最小行重和可靠度，校验方程基于长度为 5 的寄存器生成[24]。

（2）DCRC

分布式 CRC 设计的主要目的是支持下行盲检的早停。在 RAN1 NR AH#2 次会议上确定设计用于下行的 CRC 加交织器的分布式 CRC 方案，在可接受的复杂度和时延的条件下，满足虚警概率（FAR，False Alarm Rate）和误块率（BLER，Block Error Rate）的目标。由于有大量的 DCI 长度与 DCI 编码码字长度的组合[20]，需要对用于 DCI 的 24 比特 CRC 的 FAR 评估进行大量编译码仿真实验（平均 2^{21} 次编译码发生一次 FA）。

在 RAN1 NR AH#3 上，标准采纳了其中唯一满足系统 FAR 要求的方案[25-26]，具体交织模式如表 4.3 所示。

表 4.3　CRC 交织模式 $\prod_{IL}^{max}(m)$（TS 38.212 表 5.3.1.1-1）

m	$\prod_{IL}^{max}(m)$	m	$\prod_{IL}^{max}(m)$	m	$\prod_{IL}^{max}(m)$	m	$\prod_{IL}^{max}(m)$	m	$\prod_{IL}^{max}(m)$	m	$\prod_{IL}^{max}(m)$
0	0	28	67	56	122	84	68	112	33	140	38
1	2	29	69	57	123	85	73	113	36	141	144
2	4	30	70	58	126	86	78	114	44	142	39
3	7	31	71	59	127	87	84	115	47	143	145
4	9	32	72	60	129	88	90	116	64	144	40
5	14	33	76	61	132	89	92	117	74	145	146
6	19	34	77	62	134	90	94	118	79	146	41
7	20	35	81	63	138	91	96	119	85	147	147
8	24	36	82	64	139	92	99	120	97	148	148
9	25	37	83	65	140	93	102	121	100	149	149
10	26	38	87	66	1	94	105	122	103	150	150
11	28	39	88	67	3	95	107	123	117	151	151
12	31	40	89	68	5	96	109	124	125	152	152
13	34	41	91	69	8	97	112	125	131	153	153
14	42	42	93	70	10	98	114	126	136	154	154
15	45	43	95	71	15	99	116	127	142	155	155
16	49	44	98	72	21	100	121	128	12	156	156
17	50	45	101	73	27	101	124	129	17	157	157
18	51	46	104	74	29	102	128	130	23	158	158
19	53	47	106	75	32	103	130	131	37	159	159
20	54	48	108	76	35	104	133	132	48	160	160
21	56	49	110	77	43	105	135	133	75	161	161
22	58	50	111	78	46	106	141	134	80	162	162
23	59	51	113	79	52	107	6	135	86	163	163
24	61	52	115	80	55	108	11	136	137		
25	62	53	118	81	57	109	16	137	143		
26	65	54	119	82	60	110	22	138	13		
27	66	55	120	83	63	111	30	139	18		

还有一种基于冻结比特加扰的早停方案[23]，但是综合考虑其早停增益有限，且译码时延增大，最终没有被采纳。另外，为了解决 DCI 尺寸的盲检，该方案引入了 CRC 寄存器初始化和加扰[28]。

3. 速率匹配和信道交织

（1）速率匹配

Polar 码的速率匹配包括母码长度的选择和速率匹配模式的确定。标准中对 Polar 码长度的选择权衡了编码增益、复杂度及译码时延。计算母码长度要考虑上下行的最大母码长度的限制、最低编码码率的限制，以及在打孔比特过多时对母码长度的限制。标准中 Polar 码编码的母码长度为 $N = 2^n$，$n = \max\{\min\{n_1, n_2, n_{max}\}, n_{min}\}$，其中 n_1 是考虑在中低码率时、当目标码长比 2 的幂次大得不多时，取小于目标码长的母码长度进行编码，并通过重复实现速率匹配；n_2 对编码的最低母码码率进行限制，即 K/N 不小于系统规定的最小码率 R_{min}；n_{max} 是限制系统中使用的最大母码长度；n_{min} 是考虑速率匹配子块交织的大小确定的最小母码长度。

速率匹配的设计需要考虑性能、对 Polar 码构造复杂度的影响、对码长及码率灵活性的支持等因素。5G NR 中 Polar 码速率匹配的讨论主要分为两类：基于重构，如准均匀打孔（QUP，Quasi-Uniform Puncturing）[29]、部分重构[34]；结合固定序列的打孔/缩短模式，如比特逆序[3]、比特交替[30-31]、分组[32-33]等。两种方案均能满足控制信道码率和码长灵活适配的需求。RAN1 #89 会议同意了母码长度的确定过程和速率匹配的准则：低码率采用打孔，高码率采用缩短，并利用循环缓存实现速率匹配。多家公司通过协作，形成了文献[35]中的两个融合方案。两个方案均为基于分组的打孔/缩短模式，打孔与缩短模式对称。区别有两点：一是两者的具体模式不同；二是方案一需要重构，方案二不需要重构。仿真结果表明两者性能接近[36]，而方案二由于不需要重构，复杂度更低，最终被选作 Polar 码用于控制信息的速率匹配方案。

5G NR 中 Polar 码的速率匹配包括比特收集和比特选择两个模块。比特收集把编码得到的母码比特流经过子块交织后写入循环缓存。子块交织的模式确定了打孔/缩短/重复的编码比特位置。比特选择模块从循环缓存中根据速率匹配类型确定的起点循环读取 M 个比特，即实现了速率匹配。

（2）信道交织

Polar 码设计采用单序列的同时，信道交织也成为 Polar 码设计的一个目标。信道交织的讨论集中于上行传输的高阶调制，在多个候选方案中，基于分块的行列交织和三角交织均可以达到随机交织的性能。最终标准中确定上行采用三角交织[37]。对于下行控制信息是否需要使用交织器也经过了大量讨论。在衰落信道与整个 5G NR 控制信道的架构下，各家公司给出的结果类似，只在有限的场景下会有增益。综合考虑到后面的帧结构设计、符号级交织的使用以及终端盲检测时延等的需要，下行没有使用信道交织器[28]。

4．CRC 选择和分段

CRC 长度通常是由系统所需的最大虚警概率决定的。对于长度为 L 的 CRC，单次 CRC 校验的虚警概率为 2^{-L}。对 Polar 码的性能评估，采用 SCL 译码算法，出于实现的考虑，选择列表大小为 8。由于在 CRC 辅助 SCL 译码的过程中，将对 8 个候选码字进行挑选，最大可能的 CRC 校验次数为 8 次，最大虚警概率将增加为单次 CRC 校验时虚警概率的 8 倍。因此，在采用 CRC 辅助 SCL 译码时，CRC 的长度需要增加 3 比特（对应 8 次 CRC 校验）用以满足系统的虚警概率需求。出于协议后向兼容的考虑，确定下行控制信息的最大虚警概率为 2^{-21}；上行控制信息根据长度，最大虚警概率确定为 2^{-8} 和 2^{-3}。因此，CRC 长度分别为 24、11 和 6 比特。标准化过程中，各公司共同对每个长度的多个 CRC 多项式候选方案进行了大量的测试和对比，最终确定了满足最大虚警概率要求的 CRC 多项式[25、28]，这些多项式可以确保 5G NR 系统在实际环境中正常工作。

上行 UCI 的长度在载波聚合情况下会存在超过 500 比特的情况，当 UCI 较长时，Polar 码实际的母码码率较高。此时编码长度的增加只能带来能量上的增益，无法提供额外的编码增益。为了保证 UCI 传输的性能，标准支持了分段设计，最大分段数为 2，具体的分段条件也得以确定[28]。

4.1.3 典型配置/示例

上行转输中，Polar 码用于对 UCI 进行编码，在 PUCCH（上行控制信道）和 PUSCH（上行共享数据信道）上传输；下行传输中，Polar 码用于对 DCI 进行编码，在 PDCCH

（下行控制信道）上传输，同样也对广播信息进行编码，在 PBCH 上传输[22]。本节将对 Polar 码在上述应用中的典型配置和示例进行介绍。Polar 码的总体编码流程如图 4.7 所示，其中分段、信道交织和码块合并只适用于 UCI，DCRC 交织只适用于 DCI。

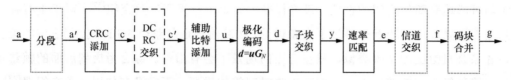

图 4.7　Polar 码的编码流程

1. UCI

UCI 既可以在 PUCCH 上传输，也可以在 PUSCH 上传输（参考第 6.1.2 节）。协议 TS 38.212 第 6.3.1 节和第 6.3.2 节分别就这两种情况下的信道编码过程进行了说明。两者的信道编码部分内容相同，这里仅以 PUCCH 为例，介绍 UCI 中 Polar 码信道编码的典型配置。

PUCCH 共 5 种格式，不同格式的 UCI 载荷大小 A 不同。当 $A \geq 12$ 时，UCI 采用 Polar 码进行编码，Polar 码的编码流程如图 4.7 所示。

（1）分段和 CRC 添加

UCI 编码前需进行分段和 CRC 添加操作。当载荷长度 $A \geq 360$ 且编码后码块长度 $E \geq 1088$ 时，将 UCI 分为两段，分段数 $C = 2$；否则 UCI 不分段，分段数 $C = 1$，其中，E 表示速率匹配以及各段码块合并后的输出长度。当分段数为 2 时，将对载荷序列进行等长分段。当载荷长度为奇数时，则在载荷序列之前添加 1 比特"0"，然后进行等长分段。载荷分段示意图如图 4.8 所示，其中 $AA = \lfloor A/2 \rfloor$。

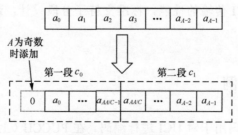

图 4.8　分段示意图

完成分段后，对各段载荷比特序列 c_r 进行 CRC 添加。根据载荷长度的不同，UCI 的 CRC 长度有如下两种可能。

- 当 $12 \leqslant A \leqslant 19$ 时，CRC 的长度 L 为 6，多项式为 $g_{CRC6}(D) = D^6 + D^5 + 1$。
- 当 $A \geqslant 20$ 时，CRC 的长度 L 为 11，多项式为 $g_{CRC11}(D) = D^{11} + D^{10} + D^9 + D^5 + 1$。

各段的 CRC 校验比特根据二进制域的多项式除法进行计算。根据各段载荷 $c_{r0}, c_{r1}, c_{r2}, \cdots,$ $c_{r(A_r-1)}$，校验比特 $p_{r0}, p_{r1}, p_{r2}, \cdots, p_{r(L-1)}$ 满足多项式 $c_{r0}D^{A_r+L-1} + c_{r1}D^{A_r+L-2} + c_{r2}D^{A_r+L-3} + \cdots +$ $c_{r(A_r-1)}D^L + p_{r0}D^{L-1} + p_{r1}D^{L-2} + \cdots + p_{r(L-2)}D + p_{r(L-1)}$ 被多项式 $g_{CRCL}(D)$ 整除。将校验比特 $p_{r0},$ $p_{r1}, p_{r2}, \cdots, p_{r(L-1)}$ 串接得到载荷比特序列之后，得到 $c_{r0}, c_{r1}, c_{r2}, \cdots, c_{r(K_r-1)}$ 作为 CRC 添加模块的输出，其中 $K_r = A_r + L$ 为 CRC 编码后码块的长度。

（2）辅助比特添加和 Polar 编码

根据分段数量 C 和编码比特总长度 E，可以计算出各段速率匹配后的码块长度 $E_r = \lfloor E/C \rfloor$。由于分段保证了各段的载荷长度和速率匹配后的编码长度相同，各段采用的 Polar 编码参数也将相同。根据第 r 段码块长度 K_r 和速率匹配后的码块长度 E_r，UCI 的 Polar 码编码参数有以下两种可能。

① 当 $18 \leqslant K_r \leqslant 25$ 时，$n_{PC} = 3$，即需要添加 3 个 PC 比特。

- 当 $E_r - K_r + 3 > 192$ 时，$n_{PC}^{wm} = 1$，即存在 1 个最小行重位置上的 PC 比特。
- 当满足条件 $E_r - K_r + 3 \leqslant 192$ 时，$n_{PC}^{wm} = 0$，表示无最小行重位置上的 PC 比特。

② 当 $K_r > 30$ 时，$n_{PC} = 0$，$n_{PC}^{wm} = 0$，即无须添加 PC 比特，也不存在最小行重位置上的 PC 比特。

① 母码长度确定和子信道排序序列读取。

Polar 码编码前，首先根据 K_r 和 E_r 确定 Polar 码的母码长度 $N = 2^n$。计算过程如下。

```
if  E_r ≤ (9/8)·2^(⌈log₂ E_r⌉-1) and K_r/E_r < 9/16   //低码率且可能打孔过多
    n₁ = ⌈log₂ E_r⌉ - 1
else
    n₁ = ⌈log₂ E_r⌉
end if
R_min = 1/8 //最小母码码率
```

$$n_2 = \left\lceil \log_2\left(k_r / R_{\min}\right) \right\rceil$$
$$n = \max\left\{ \min\left\{ n_1, n_2, n_{\max} \right\}, n_{\min} \right\}$$

其中，$n_{\min} = 5$，限制最小母码长度为 32，即子块交织的大小；对于 UCI，$n_{\max} = 10$，限制最大母码长度为 1024。

根据 Polar 码的母码长度 $N = 2^n$，从 Polar 码最大母码序列 $Q_0^{N_{\max}-1}$ 中读取长度为 N 的序列 Q_0^{N-1}，作为子信道可靠度的排序。读取方式为按顺序读取 $Q_0^{N_{\max}-1}$ 中数值小于 N 的所有元素，$Q_0^{N_{\max}-1}$ 如表 4.2 所示。

② 冻结比特、信息比特和 PC 比特确定。

根据序列 Q_0^{N-1}、K_r、E_r 和 n_{PC}，确定冻结比特集合 $\bar{Q}_F^N$。$\bar{Q}_F^N$ 包括以下 3 个部分。

● 打孔或者缩短对应的子信道 $Q_{F,0} = \left\{ J(n), n = 0, 1, \dots, N - E_r - 1 \right\}$，该位置由子块交织图案 $P(i)$（如表 4.4 所示）决定，即

表 4.4　子块交织图案 $P(i)$

i	$P(i)$	i	$P(i)$	i	$P(i)$	i	$P(i)$	i	$P(i)$	i	$P(i)$	i	$P(i)$	i	$P(i)$
0	0	4	3	8	8	12	10	16	12	20	14	24	24	28	27
1	1	5	5	9	16	13	18	17	20	21	22	25	25	29	29
2	2	6	6	10	9	14	11	18	13	22	15	26	26	30	30
3	4	7	7	11	17	15	19	19	21	23	23	27	28	31	31

$$J(n) = P(i) * (N/32) + \mathrm{mod}(n, N/32), \quad i = \lfloor 32n/N \rfloor$$

● 速率匹配方案为打孔（$K_r / E_r < 7/16$）时的预冻结位置 $Q_{F,1} = \{0, 1, \dots, T\}$，其中 $E_r \geqslant 3N/4$ 时，$T = \left\lceil 3N/4 - E_r/2 \right\rceil - 1$，否则 $T = \left\lceil 9N/16 - E_r/4 \right\rceil - 1$。

● 根据子信道可靠度序列 Q_0^{N-1} 选择出的可靠度最低的子信道 $Q_{F,2}$，使得 $\bar{Q}_F^N = Q_{F,0} \cup Q_{F,1} \cup Q_{F,3}$ 的集合大小为（$N - K_r - n_{PC}$）。

取 $\bar{Q}_F^N$ 关于 Q_0^{N-1} 的补集，得到 $\bar{Q}_I^N$，其大小为 $K_r + n_{PC}$。

PC 比特的位置由下述步骤从集合 $\bar{Q}_I^N$ 中确定。

● 选择 $\bar{Q}_I^N$ 中可靠度最高的 K_r 个子信道，构成集合 $\tilde{Q}_I^N$；

● 将 $\tilde{Q}_I^N$ 中行重最小的子信道中可靠度最高的 n_{PC}^{wm} 个子信道加入 PC 比特集合 Q_{PC}^N；

● 再将 $\bar{Q}_I^N$ 中可靠度最低的 $\left(n_{PC} - n_{PC}^{wm}\right)$ 个子信道加入 PC 比特集合 Q_{PC}^N。

③ 辅助比特添加和 Polar 编码。

获得 PC 比特集合 Q_{PC}^N 后，对 Polar 码待编码序列进行计算，计算过程如下。

$k = 0, y_0=0, y_1=0, y_2=0, y_3=0, y_4=0$ //长度为 5 的寄存器初始化为全 0

for $n = 0$ to $N-1$

    $y_t = y_0, y_0 = y_1, y_1 = y_2, y_2 = y_3, y_3 = y_4, y_4 = y_t$ //寄存器循环移位

    if $n \in \overline{Q}_I^N$

        if $n \in Q_{PC}^N$ //PC 比特子信道

            $u_n = y_0$ //读取寄存器首比特写入 PC 比特位置

        else //信息比特子信道

            $u_n = c_{rk}$ //读取信息比特写入信息比特位置

            $k = k+1$

            $y_0 = y_0 \oplus u_n$ //将信息比特与寄存器首比特异或

        end if

    else //冻结比特子信道

        $u_n = 0$ //将比特 "0" 写入冻结比特位置

    end if

end for

寄存器在各比特执行的操作示意图如图 4.9 所示。

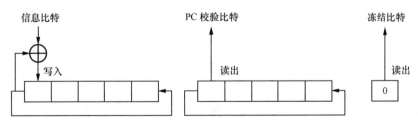

图 4.9　UCI 中的 Polar 码待编码比特计算过程

获得待编码比特 $\boldsymbol{u}$ 后，对其进行 Polar 编码，得到 Polar 码码字 $\boldsymbol{d}_r = \boldsymbol{u}\boldsymbol{G}_N$，其中 $\boldsymbol{G}_N = \boldsymbol{G}_2^{\otimes n}$，$\otimes$ 为二进制域的克罗内克积，$\boldsymbol{G}_2 = \begin{bmatrix} 1 & 0 \\ 1 & 1 \end{bmatrix}$。

（3）速率匹配

Polar 编码后的码字 d_r 经过子块交织进入循环缓存。子块交织过程如图 4.10 所示，经过子块交织后 $y_{r,n}=d_{r,J(n)}$，$J(n)$ 的计算如上文所述。

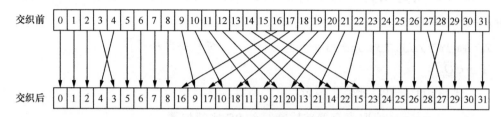

图 4.10　用于速率匹配的子块交织

将子块交织后的比特流 y_r 送入长度为 N 的循环缓存。此时，待打孔、缩短的比特聚集在一起。根据速率匹配的类型，确定循环缓存的起始读取位置，如图 4.11 所示。

● 若 $E \geq N$，速率匹配模式为重复，则从头（序号 0）顺序循环读取 E_r 个比特。

● 若 $E < N$ 且 $K/E \leq 7/16$，速率匹配模式为打孔，则跳过头上（$N-E_r$）个比特，从（$N-E_r$）顺序读取到（$N-1$）共 E_r 个比特。

● 若 $E < N$ 且 $K/E > 7/16$，速率匹配模式为缩短，则从头顺序读取 E_r 个比特，最后（$N-E_r$）个比特不传输。

（4）信道交织

对速率匹配后的比特流 e_r 进行信道交织，三角交织器的行列数 T 为满足 $T(T+1)/2 \geq E_r$ 的最小整数，交织过程如图 4.12 所示。比特流 e_r 按行写入三角交织器，并在最后 $T(T+1)/2-E_r$ 个位置填充 NULL 比特；从三角交织器中按列读出，并跳过 NULL 比特，即得到交织后的比特流 f_r。

（5）码块级联

对各段速率匹配后的序列 f_r 进行顺序合并，得到 g'。在 g' 之后添加 $\mathrm{mod}(E, C)$ 个比特"0"，得到 UCI 信道编码输出 g。

2. DCI

本节介绍 DCI 中 Polar 码信道编码典型配置，编码流程如图 4.7 所示。

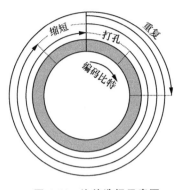

图 4.11 比特选择示意图

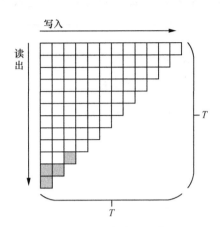

图 4.12 三角交织示意图

① CRC 计算和加扰。

DCI 采用长度为 24 比特的 CRC，以保证系统虚警概率要求，CRC 多项式为

$$g_{\text{CRC24}C}(D) = D^{24} + D^{23} + D^{21} + D^{20} + D^{17} + D^{15} + D^{13} + D^{12} + D^8 + D^4 + D^2 + D + 1$$

与 UCI 类似，CRC 校验比特根据二进制域的多项式除法进行计算，区别在于 CRC 寄存器的初始值为全 "1"。该过程等效于在 CRC 比特计算时，在载荷 $a_0, a_1, a_2, \cdots, a_{A-1}$ 前导 24 个 1，然后进行多项式除法运算，即校验比特 $p_0, p_1, p_2, \cdots, p_{(L-1)}$ 满足多项式 $D^{A+2L-1} + D^{A+2L-2} + \cdots + D^{A+L} + a_0 D^{A+L-1} + a_1 D^{A+L-2} + a_2 D^{A+L-3} + \cdots + a_{A-1} D^L + p_0 D^{L-1} + p_1 D^{L-2} + \cdots + p_{(L-2)} D + p_{(L-1)}$ 被多项式 $g_{\text{CRC24}}(D)$ 整除。将校验比特 $p_0, p_1, p_2, \cdots p_{(L-1)}$ 串接得到载荷比特 $a_0, a_1, a_2, \cdots, a_{A-1}$ 之后，得到 $b_0, b_1, b_2, \cdots, b_{K-1}$，其中 $K=A+L$ 为 CRC 编码码块 $\boldsymbol{b}$ 的长度。

根据对应的 RNTI $x_{\text{rnti},0}, x_{\text{rnti},1}, \cdots, x_{\text{rnti},15}$，对码块 $\boldsymbol{b}$ 的最后 16 比特进行加扰，得到码块 $\boldsymbol{c}$ 作为 CRC 计算模块的输出，即

$$c_k = b_k \quad \text{当 } k = 0, 1, 2, \cdots, A+7$$

$$c_k = b_k + x_{\text{rnti},xk-A-8} \quad \text{当 } k = A + 8, A + 9, \cdots, A + 23$$

② 比特交织。

码块 $\boldsymbol{c}$ 经过 DCRC 交织后，得到序列 $\boldsymbol{c}'$ 送入 Polar 编码，即 $c'_k = c_{\Pi(k)}$。交织序列 $\Pi(k)$ 从最大交织序列 $\Pi_{IL}^{\max}$ 中获取，具体过程为：首先计算 $\Delta k = \left(K_{IL}^{\max} - K\right)$，$K_{IL}^{\max} = 164$；然后将预存储的交织序列 $\Pi_{IL}^{\max}$ 中的所有元素与 Δk 进行比较，按顺序读取大于等于 Δk 的元素；

将读取的元素减去 Δk ，即得到所需交织序列。其伪代码如下所示。

```
k = 0
for m = 0 to  K_{IL}^{max} - 1
    if  Π_{IL}^{max}(m) ≥ K_{IL}^{max} - K
        Π(k) = Π_{IL}^{max}(m) - (K_{IL}^{max} - K)
        k = k + 1
    end if
end for
```

其中， $\Pi_{IL}^{max}(m)$ 如表 4.3 所示。

③ Polar 编码。

DCI 中 Polar 编码过程与 UCI 中基本相同。根据码块 c' 的长度 K 和速率匹配后的码块长度 E ，确定 Polar 码的母码长度 $N = 2^n$ ，其中速率匹配后的码块长度 E 由 PDCCH 的聚合等级决定。DCI 中 Polar 码的母码长度计算过程与 UCI 中相同，其中参数 $n_{max}=9$ ，即最大母码长度限制为 512。

DCI 中 Polar 码的子信道可靠度序列 Q_0^{N-1} 读取过程，DCI 中集合 $\bar{Q}_I^N$ 和 $\bar{Q}_F^N$ 的确定过程也与 UCI 中相同，其中 $n_{PC} = 0$ ， $n_{PC}^{wm} = 0$ ，即 $\bar{Q}_I^N$ 全部为信息比特。

由于 DCI 中 $n_{PC} = 0$ ，因此 $Q_{PC}^N = \varnothing$ 。DCI 中对 Polar 码待编码序列 u 的计算过程为，将码块 c' 按照子信道自然序号顺序依次放入 u 中的 $\bar{Q}_I^N$ 位置，然后将 u 中的 $\bar{Q}_F^N$ 位置置零。

④ 速率匹配。

DCI 中 Polar 码的速率匹配过程与 UCI 中相同，本节不再赘述，速率匹配后得到序列 e ，作为 DCI 信道编码输出，即不经过信道交织。

3. PBCH

广播信道的编码流程与 DCI 的编码流程相同，其中 CRC 添加时寄存器状态初始化为全 "0" ，载荷长度固定为 $A =32$ ，速率匹配后的码块长度固定为 $E =864$ 。

4.2 LDPC 码

1960 年，Gallager 在其博士论文中首次提出低密度校验码（LDPC 码，Low-Density Parity-Check code）[38]。1981 年 Tanner 使用图来表示 LDPC 码，推广了 LDPC 码[39]。LDPC 码属于线性分组码，常用校验矩阵或 Tanner 图来描述。用校验矩阵来描述 LDPC 码，可以清晰地看到信息比特和校验比特之间的约束关系，在编码过程中使用较多。Tanner 图把校验节点（用于指示校验方程，即校验矩阵中的行）和变量节点（用于代表码字中的编码比特，即校验矩阵中的列）分为两个集合，然后通过校验方程的约束关系连接校验节点和变量节点。校验节点和变量节点是否存在连线对应于校验矩阵中该校验节点对应的行和变量节点对应的列所在的位置是否为 1。如果为 1，则有连线；反之，则无。

LDPC 码的校验矩阵一般是一个稀疏矩阵，即其中只有一小部分元素是 1，其余元素皆为 0。一个 LDPC 码的校验矩阵如下式所示，其对应的 Tanner 图如图 4.13 所示。

图 4.13 H 对应的 LDPC 码的 Tanner 图表示

$$H = \begin{bmatrix} 1 & 1 & 0 & 1 & 0 & 0 \\ 0 & 1 & 1 & 0 & 1 & 0 \\ 1 & 1 & 1 & 0 & 0 & 1 \end{bmatrix}$$

对于校验矩阵为 H 的 LDPC 码，其码字 c 满足 $Hc=0$。定义列重为校验矩阵的列中 1 的个数，行重为行中 1 的个数。定义列重为 i 的列所占的比例为 v_i，行重为 i 的行所占的比例为 h_i，v_i 和 h_i 分布通常称为度分布。由上式所示的 LDPC 码校验矩阵列重和行重分布为：$v_1 = \frac{1}{2}$，$v_2 = \frac{1}{3}$，$v_3 = \frac{1}{6}$，$h_3 = \frac{2}{3}$，$h_4 = \frac{1}{3}$。在图 4.13 中，圆圈表示变量节点，方框代表校验方程。以第一个方框为例，其连接变量节点 c_0、c_1 和 c_3，则这个校验方程为 $c_0+c_1+c_3=0$。对于第一个变量节点，从图 4.13 中可以看出其参与了第一个和第三个校验方程。

LDPC 码基于消息传递算法进行译码，校验矩阵的稀疏性保证了译码算法复杂度随着码长线性增长。

4.2.1　LDPC 码设计原理

LDPC 码的校验矩阵或 Tanner 图决定了其性能。消息传递算法可以理解为在 Tanner 图上传递消息的过程，这些消息代表码字中编码比特值的概率分布。通过跟踪 Tanner 图上传递的消息，采用密度演进算法可以估计 LDPC 码的性能。另一方面，在实际应用中，LDPC 码必须以低复杂度的描述和编译码来实现，支持灵活的资源调度和重传。随着 LDPC 码技术的发展，一些重要的技术特性涌现以满足这些需求。比如，RL（Raptor Like）结构的出现使得 LDPC 码可以很好地支持多码率、多码长以及增量冗余混合自动重传请求（IR-HARQ，Incremental Redundancy Hybrid Automatic Repeat request），准循环（QC，Quasi-Cyclic）结构使 LDPC 码的低复杂度、高吞吐的编译码器易于实现。针对这些关键技术，本节介绍 5G NR 中 LDPC 码的设计原理。

1.　消息传递算法与密度演进

在 LDPC 码的技术演进过程中，消息传递算法和密度演进算法一直扮演着重要角色。消息传递算法将 LDPC 码的译码归结为 Tanner 图上编码比特消息传递的过程[41]。借助密度演进算法[5]，可以方便快捷地评估 LDPC 码校验矩阵的性能。

（1）消息传递算法

将 Tanner 图加以推广，可以得到更一般的因子图[41]，用来描述多变量函数的结构。校验节点在因子图中称为函数节点，如果变量节点是某个因子函数（校验方程）的自变量，那么在因子图上变量节点和函数节点之间通过一条边连接。求解边缘函数时，利用因子图将一个复杂任务分解成多个子任务，每个子任务对应到因子图上的一个函数节点。这使得计算时不需要因子图其他部分的信息，且传送其计算结果仅由这些局部函数的自变量来承担，从而简化计算。计算边缘函数需要计算乘积和求和，所以基于因子图的这种计算边缘函数的算法也叫作和积（SP，Sum-Product）算法。

定义 $m_{f\text{-}x}(x)$ 为从变量节点 x 到函数节点 f 的消息，$m_{x\text{-}f}(x)$ 为从函数节点 f 到变量节点 x 的消息。则有：

$$m_{x \to f}(x) = \prod_{g \in \mathcal{A}(x)\backslash\{f\}} m_{g \to x}(x)$$

$$m_{f \to x}(x) = \sum_{\sim\{x\}} \left(f(X) \prod_{y \in \mathcal{B}(f)\backslash\{x\}} m_{y \to f}(y) \right)$$

上式中，~{x}表示除 x 之外的变量节点集合，$\mathcal{A}(x)\backslash\{f\}$表示与 x 相连的函数节点除去 f 构成的集合，$\mathcal{B}(f)\backslash\{x\}$表示与 f 相连的变量节点除去 x 构成的集合。从变量节点 x 向函数节点 f 传输的消息等于与 x 相连的函数节点除去 f 后向 x 传输的消息的乘积。具体的，从图 4.14 中可以看出 x 向 f 传输的消息等于 $f_1, f_2, \cdots, f_n$ 向 x 传递的消息的乘积。从函数节点 f 向变量节点 x 传递的消息等于除去 x 节点之外的节点向 f 传递的消息与 $f(\cdot)$ 的乘积，然后求关于 x 的边缘函数。具体来说就是从 $x_1, x_2, \cdots, x_n$ 向 f 传递的消息与 $f(\cdot)$ 本身的乘积，然后求关于 x 的边缘函数。通过因子图和消息传递算法，可以以较低的复杂度实现边缘概率的计算。

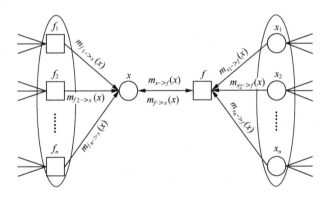

图 4.14　变量节点和校验节点之间的消息传递过程

在 LDPC 码的译码过程中，消息传递算法计算的是每个比特的后验概率（Posterior Probability），输入是来自于解调模块的各比特的先验概率（Prior Probability），传递的是编码比特的概率分布，如 LLR。对于无环的因子图，一次消息传递就可以求出所有变量节点的边缘函数。对于有环的因子图，需要通过多次迭代计算，才能逼近变量节点的边缘函数。LDPC 码的校验矩阵中一般都有环存在，所以消息传递算法是一种次优的逼近最大后验概率（MAP，Maximum A Posteriori）的算法。在设计 LDPC 码校验矩阵的过程中，增大最小环的环围（girth），使得消息传递译码过程中传递消息的相关度降低，是提升 LDPC 码性能的技术之一。

（2）密度演进

密度演进算法通过跟踪消息传递过程，可以评估校验矩阵的性能，以指导 LDPC 码的设计。在消息传递算法中，变量节点到校验节点之间传递的消息是编码比特为 1 或者 0 的 LLR，其概率密度函数可以表征 LDPC 码的性能。

定义 $P(M_1)$ 为第 1 次迭代时从变量节点到校验节点的概率密度函数，$P(E_1)$ 为第 1 次迭代时从校验节点到变量节点的概率密度函数。假设所有的消息概率密度分布是相互独立的，即信道是无记忆的。根据变量节点向校验节点的消息传递公式，输出消息的概率密度函数可以通过卷积获得，即

$$P(M_1) = P(r) \otimes P(E_1)^{\otimes(\omega_c - 1)}$$

其中 $P(r)$ 是先验概率，ω_c 是该校验节点相连的变量节点数，$\otimes$ 表示卷积操作。根据校验节点向变量节点的消息传递公式，校验节点 j 关于编码比特 i 的消息需要计算 $f(x,y) = -\log\dfrac{e^x + e^y}{1 + e^{x+y}}$ 的概率密度函数。给定函数 $z = f(x,y)$，则 z 的概率密度函数可以表示为

$$f(z)\mathrm{d}z = \iint_{\Delta D_z} f(x,y)\mathrm{d}x\mathrm{d}y$$

其中 D_z 是满足 $z < f(x,y) < z+\mathrm{d}z$ 的区域。

由于密度演进算法需要非常复杂的概率密度函数计算，往往假设 LLR 服从高斯分布。由于高斯分布的卷积仍然是高斯分布，这一近似使得密度演进算法只需要追踪随机变量均值和方差的变化即可。密度演进算法可以计算出服从某种度分布的校验矩阵的译码门限，进而评估这种度分布情况下 LDPC 码的性能。

2. 速率匹配/HARQ

为了支持灵活调度和提升系统吞吐量，LDPC 码需要支持多码率编码和 IR-HARQ。一种方案与 Turbo 码类似，即先编码得到一个低码率（如 LTE Turbo 码采用 1/3）的母码，然后通过打孔实现高码率。当需要重传时，重传打孔比特以实现 IR-HARQ。该方案使 LDPC 码和打孔方案的设计复杂度都很高。LT 码[42]和 Raptor 码[43]的出现提供了另一种方案：Raptor-Like 结构的 LDPC 码（RL-LDPC）[44]。

RL-LDPC 码先设计一个高码率的校验矩阵，然后通过扩展校验矩阵以增量产生校验比特，实现多码率编码，重传扩展的校验比特即实现了对 IR-HARQ 的支持。RL-LDPC

码的校验矩阵结构为

$$H = \begin{bmatrix} H_{core} & 0 \\ H_{ext} & I \end{bmatrix}$$

其中 H_{core} 是高码率部分，H_{ext} 是扩展部分，0 是全零矩阵，I 是单位矩阵。通常先设计 H_{core}，然后根据需要扩展 H_{ext}。在设计 H_{core} 和 H_{ext} 的过程中，密度演进算法是最常用的工具。校验矩阵的扩展通常采用 PEG（Progressive Edge Growth）算法[45]，同时考虑校验矩阵中的最小环围。整个设计过程，可以看作先设计一个高码率的 LDPC 码 H_{core}，再级联一个低密度生成矩阵码 $G = \begin{bmatrix} I H_{ext}^{T} \end{bmatrix}$ 的过程。通常，生成矩阵为 G 的码具有较高的错误平层（Error Floor）和较差的码距分布，但是级联 H_{core} 之后性能会变好。在 LDPC 码的设计中，瀑布区（Waterfall Region，此区域内译码错误率随信噪比增加快速降低）的性能和错误平层是一对矛盾。往往瀑布区较好的矩阵具有较高的错误平层，具有较低错误平层的矩阵，其瀑布区性能较差。

3. QC-LDPC 码

支持多种信息块大小是 LDPC 码实用化的另一个设计要求。如果直接根据信息块大小设计 LDPC 码的校验矩阵，则需要非常多个校验矩阵以满足 5G NR 调度的信息块颗粒度的需求，这对于 LDPC 码的描述和编译码实现来说都不可行。QC-LDPC 码[40]的提出使这个问题得以解决。

QC-LDPC 码是一类结构化的 LDPC 码，其校验矩阵可以分解为 $Z \times Z$ 的全零矩阵和循环移位矩阵。其中循环移位矩阵通过对 $Z \times Z$ 的单位矩阵向右循环移位获得。扩展之前的矩阵称为基矩阵[对应的 Tanner 图称为基图（BG，Base Graph）]，只包含元素 "0" 和 "1"。"0" 的位置替换为 $Z \times Z$ 的全零矩阵，"1" 的位置替换为 $Z \times Z$ 的循环移位矩阵。一个 $mZ \times nZ$ 的 QC-LDPC 码的校验矩阵可以写作

$$H = \begin{bmatrix} S^{c_{11}} & S^{c_{12}} & \cdots & S^{c_{1n}} \\ S^{c_{21}} & S^{c_{22}} & \cdots & S^{c_{2n}} \\ \vdots & \vdots & \ddots & \vdots \\ S^{c_{m1}} & S^{c_{m2}} & \cdots & S^{c_{mn}} \end{bmatrix}$$

其中 $S^{c_{ij}}$ 是一个移位 c_{ij} 的循环移位矩阵。为了表述统一，使用 S^{-1} 表示 $Z \times Z$ 的全零矩阵。因此 $c_{ij} \in \{-1, 0, 1, \cdots, Z-1\}$。

QC-LDPC 码的设计首先确定一个 $m×n$ 的稀疏矩阵作为 BG，然后复制这个 BG，复制的倍数为 Z，即矩阵变为 $mZ×nZ$。复制之后，对变量节点和校验节点之间的连线进行交织（这里是循环移位），构成校验矩阵。文献[40]证明，通过优化设计 $m×n$ 的 BG，可以保证扩展之后的 $mZ×nZ$ 校验矩阵拥有较好的性能。BG 的设计过程可以采用常规的 LDPC 码设计方法，比如通过密度演进算法挑选具有较好译码门限的 BG。

QC-LDPC 码有几个比较突出的优点。第一，通过分析 BG 就可以对校验矩阵的性能有大致的了解。第二，描述复杂度低。对于传统的 LDPC 码，当其需要支持较长的消息序列时，校验矩阵的规模巨大。然而对于 QC-LDPC 码，只需要描述 BG 中非 0 元素的位置和相应的循环移位大小即可。第三，编译码复杂度低。由于其采用 $Z×Z$ 的循环移位矩阵，所以编码时可以实现并行度为 Z 的编码过程，译码时可以实现 Z 个校验方程相关消息的同时更新和传递，可以大大提升 LDPC 码译码器的吞吐量。

4.2.2　5G NR 中的 LDPC 码标准化内容

LDPC 码由于可以达到更高的译码吞吐量和更低的译码时延，可以更好适应高数据速率业务的传输，从而替代 LTE 的 Turbo 码，被采纳为 5G NR 数据的编码方案[14]。本节介绍 5G NR LDPC 码标准化的基本过程和内容。

1. BG

5G NR 采用 QC-LDPC 码，BG 是整个 LDPC 码设计的核心。BG 是 LDPC 码 PCM（Parity-Check Matrix，校验矩阵）设计的前提，也决定了 LDPC 码的宏观特性和整体性能。在 5G NR 中，为适应不同通信场景的需求，LDPC 码必须能够灵活地支持不同的码长和码率。同时，为提高通信可靠度，IR-HARQ 也是 LDPC 码必须支持的一项特性。

在采纳 LDPC 码作为数据编码方案的同时，3GPP 会议也同期确定通过对一个高码率 PCM 进行下行角的码字扩展，以支持 IR-HARQ 和速率匹配。后续会议上，各公司同意把 5G NR LDPC 码 PCM 做如图 4.15 的划分。

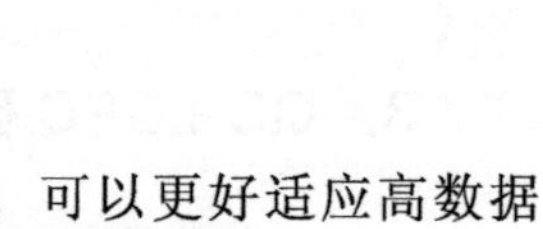

A	B	C
D		E

图 4.15　5G NR LDPC 码矩阵划分

[A B]对应 RL-LDPC 码中的 H_{core}，是高码率部分；[D E]对应 H_{ext}，是扩展部分。H_{core} 的维度较低，可以通过密度演进和计算机辅助的方法设计

比较好的稀疏矩阵。基于 H_{core}，扩展生成 H_{ext}。H_{ext} 每增加一行，H 就会多一列。

子矩阵 A 对应系统比特；子矩阵 C 为全零矩阵；子矩阵 E 是单位矩阵；子矩阵 B 是方阵，对应校验比特。B 中有一列列重为 3，有一列列重可能为 1。如果有列重为 1 的列，该列中元素"1"出现在最后一行，其余的列中首列列重为 3，其后的列具有双对角结构。如果没有列重为 1 的列，则首列列重为 3，其后的列具有双对角结构。双对角这种类似 RA（Repeat and Accumulate）码[48]的结构，可以有效降低错误平层，同时保持较低的编译码复杂度。LDPC 码矩阵和子矩阵 B 的参考设计如图 4.16 所示。

图 4.16　LDPC 码矩阵和子矩阵 B 的三种参考设计

考虑到 5G NR 场景的多样性，各厂商建议设计多个 BG，以覆盖不同的码长和码率，主要方案如下。

① 一个 BG，覆盖的码率 R 的范围是 $\sim\frac{1}{5}\leqslant R\leqslant\sim\frac{8}{9}$。

② 两个嵌套的 BG，其中：

BG1 覆盖的消息长度 K 为 $K_{min1}\leqslant K\leqslant K_{max1}$，$K_{min1}>K_{min}$，$K_{max1}=K_{max}$，覆盖的码率为 $\sim\frac{1}{3}\leqslant R\leqslant\sim\frac{8}{9}$；需要进一步确认码率是否支持到 $\sim\frac{1}{5}$；

BG2 需要嵌套 BG1，支持的消息长度为：$K_{min2}\leqslant K\leqslant K_{max2}$，$K_{min2}=K_{min}$，$K_{max2}<K_{max}$，其中 $512\leqslant K_{max2}\leqslant2560$，覆盖的码率为 $\sim\frac{1}{5}\leqslant R\leqslant\sim\frac{2}{3}$。在设计 BG2 时，$A$ 的列数 $Kb_{max}=16$ 作为初始设计，并且允许 $10\leqslant Kb_{max}<16$。

③ 两个独立的 BG，BG1 与 BG2 覆盖的消息长度和码率与方案 2 类似，与方案 2 不同的是，BG2 不需要嵌套在 BG1 中。

其中，如果 QC-LDPC 码的扩展因子是 Z，BG 中 A 的列数为 k_b，BG 总列数为 n_b。在不打孔也不填充的情况下，支持的消息比特长度为 $K=k_bZ$，编码比特长度为 $N=n_bZ$。如果允许打孔或者填充，则消息长度的取值范围为 $Z(k_b-1)<K\leqslant k_b$，编码比特长度的取值范围是 $(n_b-2)Z<N\leqslant n_b$。

在评估这些设计方案过程中，BLER 是评判矩阵好坏的主要标准。但是考虑引入过多 BG 带来的复杂度和译码延迟，最终确定的 BG 数量为 2。BG1 的大小是 46×68，H_{core} 的大小为 4×26，H_{ext} 的大小为 42×26，支持的最低码率为 1/3，主要用于对吞吐要求较高、码率较高、码长较长的场景；BG2 的大小为 42×52，H_{core} 的大小为 4×14，H_{ext} 的大小为 38×14，支持 $Kb_{max}=10$，主要用于对吞吐量要求不高，码率较低，码长较短的场景。通过进一步对比各个厂商所提矩阵的 BLER，最终决定采用 2 个独立的 BG。标准确定的 BG2 稍显特殊，可以通过删除 H_{core} 中的部分列，实现 BG 大小随着信息块大小的变化而变化。具体来说，当信息块小于等于 192 时，H_{core} 的列数为 10；当信息块大于 192 且小于 560 时，H_{core} 的列数为 12；当信息块大于 560 小于等于 640 时，H_{core} 的列数为 13；当信息块大于 640 时，H_{core} 的列数为 14。

5G NR LDPC 码 BG1 和 BG2 对应的矩阵分别如图 4.17 和图 4.18 所示。BG 中前两列属于大列重，所谓大列重就是指这两列中 1 的数量明显大于其他列。这样做的好处是在译码过程中加强消息流动，增加校验方程之间的消息传递效率。右下角是对角阵，支持 IR-HARQ，每次重传只需要发送更多的校验比特即可。

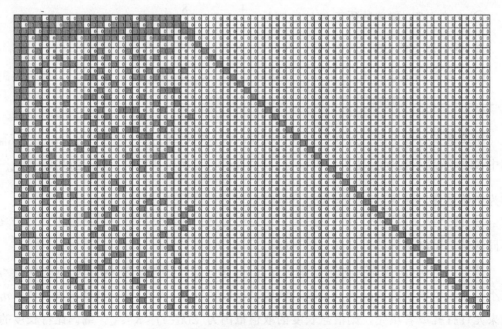

图 4.17　5G NR LDPC BG1 对应的矩阵

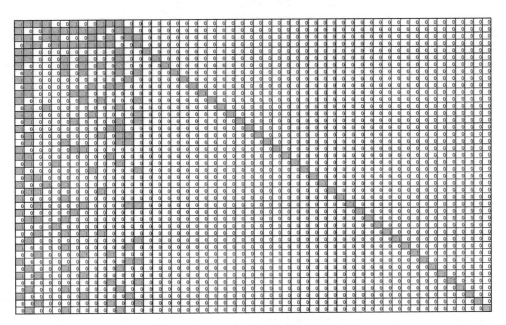

图 4.18 5G NR LDPC BG2 对应的矩阵

2. PCM

一个 QC-LDPC 码由 BG 和相应的移位因子 Z 构成，即 PCM 定义：BG 中的"1"被替换为大小为 $Z \times Z$ 的循环移位矩阵，BG 中的"0"被替换为 $Z \times Z$ 的全 0 矩阵。循环移位矩阵的移位值 P_{ij} 表示 BG 中第（i，j）个非"0"元素对应的移位矩阵为 $Z \times Z$ 往右移位 P_{ij} 次，它由 $P_{ij} = \mathrm{mod}(V_{ij}, Z)$ 计算得到，其中 V_{ij} 是 BG 中第（i，j）个非"0"元素位置对应的整数，$\mathrm{mod}(x, y)$ 表示 x 对 y 取余。

为了支持不同的信息块长度，同时考虑描述复杂度和性能的折中，5G NR 定义了 8 组扩展因子 Z，即 $Z = a \times 2^j$，其中 $a \in \{2,3,5,7,9,11,13,15\}$，$j = 0, 1, \cdots, 5$。$Z$ 的取值是 $2 \leqslant Z \leqslant 384$ 内的正整数。这些值分为 8 个集合，每个集合对应一个 a。对于每个 a，5G NR 基于每个 BG 定义了一个 PCM，对应这个集合中最大的 Z。例如，对于 $a=2$，有一个 PCM 对应 $Z = 2 \times 2^7 = 256$；对于 $a = 5$，有一个 PCM 对应 $Z = 5 \times 2^6 = 320$。5G NR 定义的 BG1 和 BG2 的 8 套 PCM 分别如表 4.5 和表 4.6 所示，其中 i_{LS} 为指示 a 值的索引。

表 4.5　BG1 对应的 8 套 PCM

H_{BG}		$V_{i,j}$								H_{BG}		$V_{i,j}$							
行索引 i	列索引 j	集合索引 i_{LS} 0	1	2	3	4	5	6	7	行索引 i	列索引 j	集合索引 i_{LS} 0	1	2	3	4	5	6	7
0	0	250	307	73	223	211	294	0	135	15	1	96	2	290	120	0	348	6	138
	1	69	19	15	16	198	118	0	227		10	65	210	60	131	183	15	81	220
	2	226	50	103	94	188	167	0	126		13	63	318	130	209	108	81	182	173
	3	159	369	49	91	186	330	0	134		18	75	55	184	209	68	176	53	142
	5	100	181	240	74	219	207	0	84		25	179	269	51	81	64	113	46	49
	6	10	216	39	10	4	165	0	83		37	0	0	0	0	0	0	0	0
	9	59	317	15	0	29	243	0	53	16	1	64	13	69	154	270	190	88	78
	10	229	288	162	205	144	250	0	225		3	49	338	140	164	13	293	198	152
	11	110	109	215	216	116	1	0	205		11	49	57	45	43	99	332	160	84
	12	191	17	164	21	216	339	0	128		20	51	289	115	189	54	331	122	5
	13	9	357	133	215	115	201	0	75		22	154	57	300	101	0	114	182	205
	15	195	215	298	14	233	53	0	135		38	0	0	0	0	0	0	0	0
	16	23	106	110	70	144	347	0	217	17	0	7	260	257	56	153	110	91	183
	18	190	242	113	141	95	304	0	220		14	164	303	147	110	137	228	184	112
	19	35	180	16	198	216	167	0	90		16	59	81	128	200	0	247	30	106
	20	239	330	189	104	73	47	0	105		17	1	358	51	63	0	116	3	219
	21	31	346	32	81	261	188	0	137		21	144	375	228	4	162	190	155	129
	22	1	1	1	1	1	1	0	1		39	0	0	0	0	0	0	0	0
	23	0	0	0	0	0	0	0	0	18	1	42	130	260	199	161	47	1	183
1	0	2	76	303	141	179	77	22	96		12	233	163	294	110	151	286	41	215
	2	239	76	294	45	162	225	11	236		13	8	280	291	200	0	246	167	180
	3	117	73	27	151	223	96	124	136		18	155	132	141	143	241	181	68	143
	4	124	288	261	46	256	338	0	221		19	147	4	295	186	144	73	148	14
	5	71	144	161	119	160	268	10	128		40	0	0	0	0	0	0	0	0
	7	222	331	133	157	76	112	0	92	19	0	60	145	64	8	0	87	12	179
	8	104	331	4	133	202	302	0	172		1	73	213	181	6	0	110	6	108
	9	173	178	80	87	117	50	2	56		7	72	344	101	103	118	147	166	159
	11	220	295	129	206	109	167	16	11		8	127	242	270	198	144	258	184	138
	12	102	342	300	93	15	253	60	189		10	224	197	41	8	0	204	191	196
	14	109	217	76	79	72	334	0	95		41	0	0	0	0	0	0	0	0

续表

H_{BG}		$V_{i,j}$								H_{BG}		$V_{i,j}$							
		集合索引 i_{LS}										集合索引 i_{LS}							
行索引 i	列索引 j	0	1	2	3	4	5	6	7	行索引 i	列索引 j	0	1	2	3	4	5	6	7
1	15	132	99	266	9	152	242	6	85	20	0	151	187	301	105	265	89	6	77
	16	142	354	72	118	158	257	30	153		3	186	206	162	210	81	65	12	187
	17	155	114	83	194	147	133	0	87		9	217	264	40	121	90	155	15	203
	19	255	331	260	31	156	9	168	163		11	47	341	130	214	144	244	5	167
	21	28	112	301	187	119	302	31	216		22	160	59	10	183	228	30	30	130
	22	0	0	0	0	0	0	105	0		42	0	0	0	0	0	0	0	0
	23	0	0	0	0	0	0	0	0	21	1	249	205	79	192	64	162	6	197
	24	0	0	0	0	0	0	0	0		5	121	102	175	131	46	264	86	122
2	0	106	205	68	207	258	226	132	189		16	109	328	132	220	266	346	96	215
	1	111	250	7	203	167	35	37	4		20	131	213	283	50	9	143	42	65
	2	185	328	80	31	220	213	21	225		21	171	97	103	106	18	109	199	216
	4	63	332	280	176	133	302	180	151		43	0	0	0	0	0	0	0	0
	5	117	256	38	180	243	111	4	236	22	0	64	30	177	53	72	280	44	25
	6	93	161	227	186	202	265	149	117		12	142	11	20	0	189	157	58	47
	7	229	267	202	95	218	128	48	179		13	188	233	55	3	72	236	130	126
	8	177	160	200	153	63	237	38	92		17	158	22	316	148	257	113	131	178
	9	95	63	71	177	0	294	122	24		44	0	0	0	0	0	0	0	0
	10	39	129	106	70	3	127	195	68	23	1	156	24	249	88	180	18	45	185
	13	142	200	295	77	74	110	155	6		2	147	89	50	203	0	6	18	127
	14	225	88	283	214	229	286	28	101		10	170	61	133	168	0	181	132	117
	15	225	53	301	77	0	125	85	33		18	152	27	105	122	165	304	100	199
	17	245	131	184	198	216	131	47	96		45	0	0	0	0	0	0	0	0
	18	205	240	246	117	269	163	179	125	24	0	112	298	289	49	236	38	9	32
	19	251	205	230	223	200	210	42	67		3	86	158	280	157	199	170	125	178
	20	117	13	276	90	234	7	66	230		4	236	235	110	64	0	249	191	2
	24	0	0	0	0	0	0	0	0		11	116	339	187	193	266	288	28	156
	25	0	0	0	0	0	0	0	0		22	222	234	281	124	0	194	6	58
3	0	121	276	220	201	187	97	4	128		46	0	0	0	0	0	0	0	0
	1	89	87	208	18	145	94	6	23	25	1	23	72	172	1	205	279	4	27
	3	84	0	30	165	166	49	33	162		6	136	17	295	166	0	255	74	141

H_{BG} 行索引 i	列索引 j	$V_{i,j}$ 集合索引 i_{LS}							
		0	1	2	3	4	5	6	7
3	4	20	275	197	5	108	279	113	220
	6	150	199	61	45	82	139	49	43
	7	131	153	175	142	132	166	21	186
	8	243	56	79	16	197	91	6	96
	10	136	132	281	34	41	106	151	1
	11	86	305	303	155	162	246	83	216
	12	246	231	253	213	57	345	154	22
	13	219	341	164	147	36	269	87	24
	14	211	212	53	69	115	185	5	167
	16	240	304	44	96	242	249	92	200
	17	76	300	28	74	165	215	173	32
	18	244	271	77	99	0	143	120	235
	20	144	39	319	30	113	121	2	172
	21	12	357	68	158	108	121	142	219
	22	1	1	1	1	1	1	0	1
	25	0	0	0	0	0	0	0	0
4	0	157	332	233	170	246	42	24	64
	1	102	181	205	10	235	256	204	211
	26	0	0	0	0	0	0	0	0
5	0	205	195	83	164	261	219	185	2
	1	236	14	292	59	181	130	100	171
	3	194	115	50	86	72	251	24	47
	12	231	166	318	80	283	322	65	143
	16	28	241	201	182	254	295	207	210
	21	123	51	267	130	79	258	161	180
	22	115	157	279	153	144	283	72	180
	27	0	0	0	0	0	0	0	0
6	0	183	278	289	158	80	294	6	199
	6	22	257	21	119	144	73	27	22
	10	28	1	293	113	169	330	163	23

H_{BG} 行索引 i	列索引 j	$V_{i,j}$ 集合索引 i_{LS}							
		0	1	2	3	4	5	6	7
25	7	116	383	96	65	0	111	16	11
	14	182	312	46	81	183	54	28	181
	47	0	0	0	0	0	0	0	0
26	0	195	71	270	107	0	325	21	163
	2	243	81	110	176	0	326	142	131
	4	215	76	318	212	0	226	192	169
	15	61	136	67	127	277	99	197	98
	48	0	0	0	0	0	0	0	0
27	1	25	194	210	208	45	91	98	165
	6	104	194	29	141	36	326	140	232
	8	194	101	304	174	72	268	22	9
	49	0	0	0	0	0	0	0	0
28	0	128	222	11	146	275	102	4	32
	4	165	19	293	153	0	1	1	43
	19	181	244	50	217	155	40	40	200
	21	63	274	234	114	62	167	93	205
	50	0	0	0	0	0	0	0	0
29	1	86	252	27	150	0	273	92	232
	14	236	5	308	11	180	104	136	32
	18	84	147	117	53	0	243	106	118
	25	6	78	29	68	42	107	6	103
	51	0	0	0	0	0	0	0	0
30	0	216	159	91	34	0	171	2	170
	10	73	229	23	130	90	16	88	199
	13	120	260	105	210	252	95	112	26
	24	9	90	135	123	173	212	20	105
	52	0	0	0	0	0	0	0	0
31	1	95	100	222	175	144	101	4	73
	7	177	215	308	49	144	297	49	149
	22	172	258	66	177	166	279	125	175

H_{BG} 行索引 i	列索引 j	0	1	2	3	4	5	6	7
6	11	67	351	13	21	90	99	50	100
	13	244	92	232	63	59	172	48	92
	17	11	253	302	51	177	150	24	207
	18	157	18	138	136	151	284	38	52
	20	211	225	235	116	108	305	91	13
	28	0	0	0	0	0	0	0	0
7	0	220	9	12	17	169	3	145	77
	1	44	62	88	76	189	103	88	146
	4	159	316	207	104	154	224	112	209
	7	31	333	50	100	184	297	153	32
	8	167	290	25	150	104	215	159	166
	14	104	114	76	158	164	39	76	18
	29	0	0	0	0	0	0	0	0
8	0	112	307	295	33	54	348	172	181
	1	4	179	133	95	0	75	2	105
	3	7	165	130	4	252	22	131	141
	12	211	18	231	217	41	312	141	223
	16	102	39	296	204	98	224	96	177
	19	164	224	110	39	46	17	99	145
	21	109	368	269	58	15	59	101	199
	22	241	67	245	44	230	314	35	153
	24	90	170	154	201	54	244	116	38
	30	0	0	0	0	0	0	0	0
9	0	103	366	189	9	162	156	6	169
	1	182	232	244	37	159	88	10	12
	10	109	321	36	213	93	293	145	206
	11	21	133	286	105	134	111	53	221
	13	142	57	151	89	45	92	201	17
	17	14	303	267	185	132	152	4	212
	18	61	63	135	109	76	23	164	92

H_{BG} 行索引 i	列索引 j	0	1	2	3	4	5	6	7
31	25	61	256	162	128	19	222	194	108
	53	0	0	0	0	0	0	0	0
32	0	221	102	210	192	0	351	6	103
	12	112	201	22	209	211	265	126	110
	14	199	175	271	58	36	338	63	151
	24	121	287	217	30	162	83	20	211
	54	0	0	0	0	0	0	0	0
33	1	2	323	170	114	0	56	10	199
	2	187	8	20	49	0	304	30	132
	11	41	361	140	161	76	141	6	172
	21	211	105	33	137	0	101	92	65
	55	0	0	0	0	0	0	0	0
34	0	127	230	187	82	197	60	4	161
	7	167	148	296	186	0	320	153	237
	15	164	202	5	68	108	112	197	142
	17	159	312	44	150	0	54	155	180
	56	0	0	0	0	0	0	0	0
35	1	161	320	207	192	199	100	4	231
	6	197	335	158	173	278	210	45	174
	12	207	2	55	26	0	195	168	145
	22	103	266	285	187	205	268	185	100
	57	0	0	0	0	0	0	0	0
36	0	37	210	259	222	216	135	6	11
	14	105	313	179	157	16	15	200	207
	15	51	297	178	0	0	35	177	42
	18	120	21	160	6	0	188	43	100
	58	0	0	0	0	0	0	0	0
37	1	198	269	298	81	72	319	82	59
	13	220	82	15	195	144	236	2	204
	23	122	115	115	138	0	85	135	161

H_{BG} 行索引 i	列索引 j	0	1	2	3	4	5	6	7	H_{BG} 行索引 i	列索引 j	0	1	2	3	4	5	6	7
9	20	216	82	209	218	209	337	173	205	37	59	0	0	0	0	0	0	0	0
	31	0	0	0	0	0	0	0	0		0	167	185	151	123	190	164	91	121
10	1	98	101	14	82	178	175	126	116	38	9	151	177	179	90	0	196	64	90
	2	149	339	80	165	1	253	77	151		10	157	289	64	73	0	209	198	26
	4	167	274	211	174	28	27	156	70		12	163	214	181	10	0	246	100	140
	7	160	111	75	19	267	231	16	230		60	0	0	0	0	0	0	0	0
	8	49	383	161	194	234	49	12	115	39	1	173	258	102	12	153	236	4	115
	14	58	354	311	103	201	267	70	84		3	139	93	77	77	0	264	28	188
	32	0	0	0	0	0	0	0	0		7	149	346	192	49	165	37	109	168
11	0	77	48	16	52	55	25	184	45		19	0	297	208	114	117	272	188	52
	1	41	102	147	11	23	322	194	115		61	0	0	0	0	0	0	0	0
	12	83	8	290	2	274	200	123	134	40	0	157	175	32	67	216	304	10	4
	16	182	47	289	35	181	351	16	1		8	137	37	80	45	144	237	84	103
	21	78	188	177	32	273	166	104	152		17	149	312	197	96	2	135	12	30
	22	252	334	43	84	39	338	109	165		62	0	0	0	0	0	0	0	0
	23	22	115	280	201	26	192	124	107	41	1	167	52	154	23	0	123	2	53
	33	0	0	0	0	0	0	0	0		3	173	314	47	215	0	77	75	189
12	0	160	77	229	142	225	123	6	186		9	139	139	124	60	0	25	142	215
	1	42	186	235	175	162	217	20	215		18	151	288	207	167	183	272	128	24
	10	21	174	169	136	244	142	203	124		63	0	0	0	0	0	0	0	0
	11	32	232	48	3	151	110	153	180	42	0	149	113	226	114	27	288	163	222
	13	234	50	105	28	238	176	104	98		4	157	14	65	91	0	83	10	170
	18	7	74	52	182	243	76	207	80		24	137	218	126	78	35	17	162	71
	34	0	0	0	0	0	0	0	0		64	0	0	0	0	0	0	0	0
13	0	177	313	39	81	231	311	52	220	43	1	151	113	228	206	52	210	1	22
	3	248	177	302	56	0	251	147	185		16	163	132	69	22	243	3	163	127
	7	151	266	303	72	216	265	1	154		18	173	114	176	134	0	53	99	49
	20	185	115	160	217	47	94	16	178		25	139	168	102	161	270	167	98	125
	23	62	370	37	78	36	81	46	150		65	0	0	0	0	0	0	0	0
	35	0	0	0	0	0	0	0	0	44	0	139	80	234	84	18	79	4	191

H_{BG} 行索引 i	列索引 j	$V_{i,j}$ 集合索引 i_{LS} 0	1	2	3	4	5	6	7	H_{BG} 行索引 i	列索引 j	$V_{i,j}$ 集合索引 i_{LS} 0	1	2	3	4	5	6	7
14	0	206	142	78	14	0	22	1	124	44	7	157	78	227	4	0	244	6	211
	12	55	248	299	175	186	322	202	144		9	163	163	259	9	0	293	142	187
	15	206	137	54	211	253	277	118	182		22	173	274	260	12	57	272	3	148
	16	127	89	61	191	16	156	130	95		66	0	0	0	0	0	0	0	0
	17	16	347	179	51	0	66	1	72	45	1	149	135	101	184	168	82	181	177
	21	229	12	258	43	79	78	2	76		6	151	149	228	121	0	67	45	114
	36	0	0	0	0	0	0	0	0		10	167	15	126	29	144	235	153	93
15	0	40	241	229	90	170	176	173	39		67	0	0	0	0	0	0	0	0

表 4.6 BG2 对应的 8 套 PCM

H_{BG} 行索引 i	列索引 j	$V_{i,j}$ 集合索引 i_{LS} 0	1	2	3	4	5	6	7	H_{BG} 行索引 i	列索引 j	$V_{i,j}$ 集合索引 i_{LS} 0	1	2	3	4	5	6	7
0	0	9	174	0	72	3	156	143	145	16	26	0	0	0	0	0	0	0	0
	1	117	97	0	110	26	143	19	131	17	1	254	158	0	48	120	134	57	196
	2	204	166	0	23	53	14	176	71		5	124	23	24	132	43	23	201	173
	3	26	66	0	181	35	3	165	21		11	114	9	109	206	65	62	142	195
	6	189	71	0	95	115	40	196	23		12	64	6	18	2	42	163	35	218
	9	205	172	0	8	127	123	13	112		27	0	0	0	0	0	0	0	0
	10	0	0	0	1	0	0	0	1	18	0	220	186	0	68	17	173	129	128
	11	0	0	0	0	0	0	0	0		6	194	6	18	16	106	31	203	211
1	0	167	27	137	53	19	17	18	142		7	50	46	86	156	142	22	140	210
	3	166	36	124	156	94	65	27	174		28	0	0	0	0	0	0	0	0
	4	253	48	0	115	104	63	3	183	19	0	87	58	0	35	79	13	110	39
	5	125	92	0	156	66	1	102	27		1	20	42	158	138	28	135	124	84
	6	226	31	88	115	84	55	185	96		10	185	156	154	86	41	145	52	88
	7	156	187	0	200	98	37	17	23		29	0	0	0	0	0	0	0	0
	8	224	185	0	29	69	171	14	9	20	1	26	76	0	6	2	128	196	117

续表

H_{BG} 行索引 i	列索引 j	i_{LS} 0	1	2	3	4	5	6	7
1	9	252	3	55	31	50	133	180	167
	11	0	0	0	0	0	0	0	0
	12	0	0	0	0	0	0	0	0
2	0	81	25	20	152	95	98	126	74
	1	114	114	94	131	106	168	163	31
	3	44	117	99	46	92	107	47	3
	4	52	110	9	191	110	82	183	53
	8	240	114	108	91	111	142	132	155
	10	1	1	1	0	1	1	1	0
	12	0	0	0	0	0	0	0	0
	13	0	0	0	0	0	0	0	0
3	1	8	136	38	185	120	53	36	239
	2	58	175	15	6	121	174	48	171
	4	158	113	102	36	22	174	18	95
	5	104	72	146	124	4	127	111	110
	6	209	123	12	124	73	17	203	159
	7	54	118	57	110	49	89	3	199
	8	18	28	53	156	128	17	191	43
	9	128	186	46	133	79	105	160	75
	10	0	0	0	1	0	0	0	1
	13	0	0	0	0	0	0	0	0
4	0	179	72	0	200	42	86	43	29
	1	214	74	136	16	24	67	27	140
	11	71	29	157	101	51	83	117	180
	14	0	0	0	0	0	0	0	0
5	0	231	10	0	185	40	79	136	121
	1	41	44	131	138	140	84	49	41
	5	194	121	142	170	84	35	36	169
	7	159	80	141	219	137	103	132	88
20	4	105	61	148	20	103	52	35	227
	11	29	153	104	141	78	173	114	6
	30	0	0	0	0	0	0	0	0
21	0	76	157	0	80	91	156	10	238
	8	42	175	17	43	75	166	122	13
	13	210	67	33	81	81	40	23	11
	31	0	0	0	0	0	0	0	0
22	1	222	20	0	49	54	18	202	195
	2	63	52	4	1	132	163	126	44
	32	0	0	0	0	0	0	0	0
23	0	23	106	0	156	68	110	52	5
	3	235	86	75	54	115	132	170	94
	5	238	95	158	134	56	150	13	111
	33	0	0	0	0	0	0	0	0
24	1	46	182	0	153	30	113	113	81
	2	139	153	69	88	42	108	161	19
	9	8	64	87	63	101	61	88	130
	34	0	0	0	0	0	0	0	0
25	0	228	45	0	211	128	72	197	66
	5	156	21	65	94	63	136	194	95
	35	0	0	0	0	0	0	0	0
26	2	29	67	0	90	142	36	164	146
	7	143	137	100	6	28	38	172	66
	12	160	55	13	221	100	53	49	190
	13	122	85	7	6	133	145	161	86
	36	0	0	0	0	0	0	0	0
27	0	8	103	0	27	13	42	168	64
	6	151	50	32	118	10	104	193	181
	37	0	0	0	0	0	0	0	0

续表

H_{BG} 行索引 i	列索引 j	$V_{i,j}$ 集合索引 i_{LS} 0	1	2	3	4	5	6	7	H_{BG} 行索引 i	列索引 j	$V_{i,j}$ 集合索引 i_{LS} 0	1	2	3	4	5	6	7
5	11	103	48	64	193	71	60	62	207	28	1	98	70	0	216	106	64	14	7
	15	0	0	0	0	0	0	0	0		2	101	111	126	212	77	24	186	144
6	0	155	129	0	123	109	47	7	137		5	135	168	110	193	43	149	46	16
	5	228	92	124	55	87	154	34	72		38	0	0	0	0	0	0	0	0
	7	45	100	99	31	107	10	198	172	29	0	18	110	0	108	133	139	50	25
	9	28	49	45	222	133	155	168	124		4	28	17	154	61	25	161	27	57
	11	158	184	148	209	139	29	12	56		39	0	0	0	0	0	0	0	0
	16	0	0	0	0	0	0	0	0		2	71	120	0	106	87	84	70	37
7	1	129	80	0	103	97	48	163	86		5	240	154	35	44	56	173	17	139
	5	147	186	45	13	135	125	78	186	30	7	9	52	51	185	104	93	50	221
	7	140	16	148	105	35	24	143	87		9	84	56	134	176	5	29	6	17
	11	3	102	96	150	108	47	107	172		40	0	0	0	0	0	0	0	0
	13	116	143	78	181	65	55	58	154		1	106	3	0	147	80	117	115	201
	17	0	0	0	0	0	0	0	0	31	13	1	170	20	182	139	148	189	46
8	0	142	118	0	147	70	53	101	176		41	0	0	0	0	0	0	0	0
	1	94	70	65	43	69	31	177	169		0	242	84	0	108	32	116	110	179
	12	230	152	87	152	88	161	22	225	32	5	44	8	20	21	89	73	0	14
	18	0	0	0	0	0	0	0	0		12	166	17	122	110	71	142	163	116
9	1	203	28	0	2	97	104	186	167		42	0	0	0	0	0	0	0	0
	8	205	132	97	30	40	142	27	238		2	132	165	0	71	135	105	163	46
	10	61	185	51	184	24	99	205	48	33	7	164	179	88	12	6	137	173	2
	11	247	178	85	83	49	64	81	68		10	235	124	13	109	2	29	179	106
	19	0	0	0	0	0	0	0	0		43	0	0	0	0	0	0	0	0
10	0	11	59	0	174	46	111	125	38		0	147	173	0	29	37	11	197	184
	1	185	104	17	150	41	25	60	217	34	12	85	177	19	201	25	41	191	135
	6	0	22	156	8	101	174	177	208		13	36	12	78	69	114	162	193	141
	7	117	52	20	56	96	23	51	232		44	0	0	0	0	0	0	0	0
	20	0	0	0	0	0	0	0	0	35	1	57	77	0	91	60	126	157	85
11	0	11	32	0	99	28	91	39	178		5	40	184	157	165	137	152	167	225

5G 无线系统设计与国际标准 ▶▶

续表

H_{BG} 行索引 i	列索引 j	$V_{i,j}$ 集合索引 i_{LS} 0	1	2	3	4	5	6	7
11	7	236	92	7	138	30	175	29	214
	9	210	174	4	110	116	24	35	168
	13	56	154	2	99	64	141	8	51
	21	0	0	0	0	0	0	0	0
12	1	63	39	0	46	33	122	18	124
	3	111	93	113	217	122	11	155	122
	11	14	11	48	109	131	4	49	72
	22	0	0	0	0	0	0	0	0
13	0	83	49	0	37	76	29	32	48
	1	2	125	112	113	37	91	53	57
	8	38	35	102	143	62	27	95	167
	13	222	166	26	140	47	127	186	219
	23	0	0	0	0	0	0	0	0
14	1	115	19	0	36	143	11	91	82
	6	145	118	138	95	51	145	20	232
	11	3	21	57	40	130	8	52	204
	13	232	163	27	116	97	166	109	162
	24	0	0	0	0	0	0	0	0
15	0	51	68	0	116	139	137	174	38
	10	175	63	73	200	96	103	108	217
	11	213	81	99	110	128	40	102	157
	25	0	0	0	0	0	0	0	0
16	1	203	87	0	75	48	78	125	170
	9	142	177	79	158	9	158	31	23
	11	8	135	111	134	28	17	54	175
	12	242	64	143	97	8	165	176	202

H_{BG} 行索引 i	列索引 j	$V_{i,j}$ 集合索引 i_{LS} 0	1	2	3	4	5	6	7
35	11	63	18	6	55	93	172	181	175
	45	0	0	0	0	0	0	0	0
36	0	140	25	0	1	121	73	197	178
	2	38	151	63	175	129	154	167	112
	7	154	170	82	83	26	129	179	106
	46	0	0	0	0	0	0	0	0
37	10	219	37	0	40	97	167	181	154
	13	151	31	144	12	56	38	193	114
	47	0	0	0	0	0	0	0	0
38	1	31	84	0	37	1	112	157	42
	5	66	151	93	97	70	7	173	41
	11	38	190	19	46	1	19	191	105
	48	0	0	0	0	0	0	0	0
39	0	239	93	0	106	119	109	181	167
	7	172	132	24	181	32	6	157	45
	12	34	57	138	154	142	105	173	189
	49	0	0	0	0	0	0	0	0
40	2	0	103	0	98	6	160	193	78
	10	75	107	36	35	73	156	163	67
	13	120	163	143	36	102	82	179	180
	50	0	0	0	0	0	0	0	0
41	1	129	147	0	120	48	132	191	53
	5	229	7	2	101	47	6	197	215
	11	118	60	55	81	19	8	167	230
	51	0	0	0	0	0	0	0	0

3. TBS

数据信道的资源调度非常灵活，信道编码模块需要根据待编码的信息块长度和编码长度（或码率），构造编码参数。待编码长度即传输块大小（TBS，Transmission Block Size）。若存在分段，则分段后的每段长度为码块大小（CBS，Code Block Size），而编码长度则根据基站调度的可用资源（排除预留给参考信号、控制信息等的资源）进行计算。收发两端得到的 TBS 和编码码长需要一致，否则接收端的解码将很可能失败。基站通过信令告知终端 TBS 是最直接的一种实现方式，然而由于 TBS 的可能取值较多，这将会导致大量的信令开销。另一种方式为，收发两端根据调度信息，采用相同的步骤计算 TBS，这种方式以少量的运算代价，节省不必要的信令开销。

与 LTE 采用查表的方式不同，5G NR 中采用查表和公式两种方式计算 TBS。5G NR 中 TBS 的设计有以下方面的考虑。

① 与 TBS 对应的实际码率不能严重偏离名义码率（MCS 中预定义的码率）。

② 实现每个 TBS 的调制编码方案（MCS，Modulation Coding Scheme）尽可能多，以支持更灵活的调度。

③ 非均匀的 TBS 颗粒度（对较小的 TBS，颗粒度较细；对较大的 TBS，颗粒度较粗）。

④ 考虑两个 BG 的切换条件和两个 BG 的不同分段条件。

⑤ 支持等长分段（TBS 为分段数的倍数）。

⑥ CBS 按字节对齐（CBS 为 8 的倍数）。

⑦ 较低的描述复杂度。

TBS 的设计思路是将上述需求解耦，并将计算过程分为多个步骤，每个步骤满足对应的需求。例如，通过引入临时信息比特数 N_{info} 的计算来满足需求（1）；对临时信息比特数进行量化，使多种调度配置和 MCS 组合映射为同一个 TBS，满足需求（2）；通过对临时信息比特数进行数值大小相关的量化，满足需求（3）；对较小的数值采用查表的方式进行精细的量化，而对较大的数值采用公式上的量化，满足需求（7）；对量化后的结果分情况进行取整处理，满足需求（4）—（6）。

5G NR 规定 TBS 计算的主要过程如下：根据分配的资源数（包括时频资源 PRB 和数据流数）、MCS 确定的调制阶数和码率计算一个临时的信息比特数 N_{info}，并据此判断是基于查表还是公式计算 TBS。具体来说，当 $N_{\text{info}} \leqslant 3824$ 时，先对 N_{info} 进行量化得到 N'_{info}，即 $N'_{\text{info}} = \max\left(24, 2^n \times \left\lfloor \dfrac{N_{\text{info}}}{2^n} \right\rfloor\right)$，其中 $n = \max(3, \lfloor \log_2(N_{\text{info}}) \rfloor - 6)$；然后，从表 4.7 中找到最接近且不大于 N'_{info} 的值作为 TBS。

表 4.7 $N_{info} \leqslant 3824$ 时的 TBS 大小（TS 38.214 表格 5.1.3.2-2）

Index	TBS	Index	TBS	Index	TBS	Index	TBS
1	24	31	336	61	1288	91	3624
2	32	32	352	62	1320	92	3752
3	40	33	368	63	1352	93	3824
4	48	34	384	64	1416		
5	56	35	408	65	1480		
6	64	36	432	66	1544		
7	72	37	456	67	1608		
8	80	38	480	68	1672		
9	88	39	504	69	1736		
10	96	40	528	70	1800		
11	104	41	552	71	1864		
12	112	42	576	72	1928		
13	120	43	608	73	2024		
14	128	44	640	74	2088		
15	136	45	672	75	2152		
16	144	46	704	76	2216		
17	152	47	736	77	2280		
18	160	48	768	78	2408		
19	168	49	808	79	2472		
20	176	50	848	80	2536		
21	184	51	888	81	2600		
22	192	52	928	82	2664		
23	208	53	984	83	2728		
24	224	54	1032	84	2792		
25	240	55	1064	85	2856		
26	256	56	1128	86	2976		
27	272	57	1160	87	3104		
28	288	58	1192	88	3240		
29	304	59	1224	89	3368		
30	320	60	1256	90	3496		

当 $N_{info} > 3824$ 时，采用公式计算 TBS：先对 N_{info} 进行量化得到 N'_{info}，即

$$N'_{info} = \max\left[3840, 2^n \times round\left(\frac{N_{info}-24}{2^n}\right)\right]，其中，n = \left\lfloor \log_2(N_{info}-24) \right\rfloor - 5；然后利用下述公$$

式计算 TBS。

① 如果 $R \leqslant 1/4$，则 $TBS = 8 \times C \times \left\lceil \dfrac{N'_{info}+24}{8 \times C} - 24 \right\rceil$，其中 $C = \left\lceil \dfrac{N'_{info}+24}{3816} \right\rceil$。

② 如果 $R > 1/4$ 且 $N'_{info} > 8424$，则 $TBS = 8 \times C \times \left\lceil \dfrac{N'_{info}+24}{8 \times C} - 24 \right\rceil$，其中 $C = \left\lceil \dfrac{N'_{info}+24}{8424} \right\rceil$。

③ 如果 $R > 1/4$ 且 $N'_{info} \leqslant 8424$，则 $TBS = 8 \times \left\lceil \dfrac{N'_{info}+24}{8} \right\rceil - 24$。

4．HARQ 和速率匹配

HARQ 是提升系统吞吐量的一项关键技术，而 5G NR LDPC 码的 RL 结构，可以增量生成校验比特，很好地支持 IR-HARQ 和不同的传输码率。另一方面，QC-LDPC 码离散的移位因子大小等也对信息块大小和码长的支持提出一些限制，需要通过额外的填充和打孔等实现速率匹配。对速率匹配得到的编码比特进行交织后再调制，即比特交织编码调制是保证 LDPC 码在高阶调制和衰落信道下性能稳定的另一个基本保障。

与 LTE Turbo 码类似，5G NR 通过循环缓存实现 HARQ 和速率匹配：将编码比特存储在循环缓存中，每次传输时根据冗余版本从循环缓存中顺序读取，实现速率匹配。另外，LDPC 码支持有限缓存速率匹配（LBRM，Limited Buffer Rate Matching）。对于初传需要打掉的大列重对应的 $2Z$ 个系统比特，标准规定不进入循环缓存，即永远不会传输。对于每次传输，速率匹配的读取位置由冗余版本 rv_{id} 决定，且是移位因子 Z 的整数倍，如图 4.19 所示。由图可知，各个冗余版本并不是均匀分布的，标准中把 $rv_{id} = 3$ 进行了一定的移动使其更加靠近循环缓存的末尾，以使得 rv_0 和 rv_3 都可以独立译

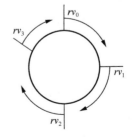

图 4.19　5G NR LDPC 码 HARQ 起点和速率匹配示意图

码。速率匹配后的编码比特经过交织后进入调制模块，标准规定的交织方式实现了 rv_0 系统比特优先的排序。

4.2.3 典型配置/示例

5G NR 的数据传输均采用 LDPC 码，包括上行共享信道（PUSCH，Physical Uplink Shared Channel）和下行共享信道（PDSCH，Physical Downlink Shared Channel）。5G NR 中 LDPC 码的编码流程如图 4.20 所示，其中分段和 CB-CRC 添加需要根据信息块长度决定是否执行，本节以 PDSCH 为例进行说明。

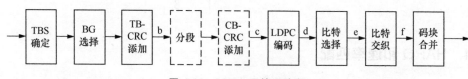

图 4.20 LDPC 码编码流程

1. 编码准备

在 LDPC 码编码之前，需要先确定编码参数，包括 TBS 大小，分段与否和 BG 参数等，下面分别介绍各功能模块的具体操作。

（1）TBS 确定和 BG 选择

终端通过读取 DCI 中的调度信息确定 TBS：在调制阶数为 256QAM 且 MCS 索引 I_{MCS} 满足 $0 \leqslant I_{MCS} \leqslant 27$ 时，或者调制阶数低于 256QAM 且 $0 \leqslant I_{MCS} \leqslant 28$ 时，UE 通过查表或者公式确定 TBS；否则，通过最近一次 PDCCH 传输的 DCI 确定 TBS，即最近的 PDCCH 应该支持同一个 TBS。采用查表或者公式确定 TBS 的具体过程在文献[46]中介绍，总结如下。

① UE 确定当前时隙（slot）中的 RE 数 N_{RE}。首先确定一个 PRB 中的可用资源点（RE）数 N'_{RE} 为

$$N'_{RE} = N^{RB}_{SC} \times N^{sh}_{symb} - N^{PRB}_{DMRS} - N^{PRB}_{oh}$$

其中 $N^{RB}_{SC} = 12$ 是频域上一个 PRB 的子载波数；N^{sh}_{symb} 是一个时隙中分配的 OFDM 符号数；N^{PRB}_{DMRS} 是一个 PRB 中 DMRS 占的 RE 数；N^{PRB}_{oh} 是上层参数 Xoh-PDSCH 所配置的

开销，可能的取值为{0、6、12、18}，如果上层并未指示 Xoh-PDSCH，则默认为 0。然后根据 N'_{RE} 确定 N_{RE}，即 $N_{RE}=\min\{N'_{RE}\times n_{PRB}, 156\}$，其中 n_{PRB} 是分配给 UE 的 PRB 数。

② 计算临时信息比特数 $N_{info}=N_{RE}\times R\times Q_m\times v$，其中 v 是上层分配的数据流数。

③ 根据 N_{info}，按照第 4.2.2 节第 3 部分描述的方式通过查表或者公式确定 TBS。

5G NR 协议定义了 2 个 BG。选择哪个 BG 进行信道编码由 TBS 和目标码率 R 决定，具体判断条件为：如果 $A\leqslant292$，或者 $A\leqslant3824$ 并且 $R\leqslant0.67$，或者 $R\leqslant0.25$，选择 BG2；否则，选择 BG1。其中，消息块长度 A 是不包括 CRC 校验比特的 TBS 大小，R 是初始传输时从 MCS 表中得到的目标码率（不是实际码率）。

（2）分段和 BG 参数

确定 TBS 和 BG 之后，需要根据输入比特的长度判断是否进行码块分割。输入比特记为 $b_0, b_1, \cdots, b_{B-1}$，其中 B 表示对消息序列添加 TB-CRC 之后的长度，$B = A+L$，L 为 TB-CRC 的长度。对于 TB-CRC，如果 $A>3824$，$L=24$，CRC 生成多项式为

$$g_{CRC24A}(D)=D^{24}+ D^{23}+ D^{18}+ D^{17}+ D^{14}+ D^{11}+ D^{10}+ D^7+ D^6+ D^5+ D^4+ D^3+ D+1$$

否则，$L=16$，CRC 生成式项式为

$$g_{CRC16}(D)=D^{16}+D^{12}+D^5+1$$

当 $B\leqslant K_{cb}$ 时，不需要进行码块分割，即码块数 $C=1$，码块长度为 $B'=B$，不添加 CB-CRC。当 B 超过 K_{cb} 时，需要进行码块分割，并对分割后得到的各个码块添加 24 比特 CB-CRC。对于 BG1，$K_{cb}=8448$；对于 BG2，$K_{cb}=3840$。CB-CRC 生成多项式是

$$g_{CRC24B}(D)=D^{24}+ D^{23}+D^6+ D^5+D+1$$

5G NR 规定采用等长分割，即码块数满足 $C = \left\lceil \dfrac{B}{K_{cb}-24} \right\rceil$，分割之后总的传输块长度为

$B'=B+C\times24$，每个码块的长度为 $K'=B'/C$。

在 LDPC 编码之前，需要根据 BG 和 B 的大小确定 K_b。对于 BG1，$K_b=22$；而对于 BG2，需要根据 B 的大小决定 K_b：当 $B\leqslant192$ 时，$K_b=6$；当 $192<B\leqslant560$ 时，$K_b=8$；当 $560<B\leqslant640$ 时，$K_b=9$；否则，$K_b=10$。然后，根据表 4.8 找到最小的 Z 值（用 Z_c 表示），使其满足 $K_bZ_c\geqslant K'$，并令 $K = 22Z_c$（对于 BG1），或者 $K = 10Z_c$（对于 BG2）。然后，就可以得到码块分割之后的比特 $c_{r0}, c_{r1}, c_{r2}, \cdots, c_{r(K_r-1)}$，其中 $0\leqslant r<C$ 表示码块编号，$K_r=K$ 表示每个码块中的比特数。需要注意的是当 $K>K'$ 时，需要插入相应的填充比特 $c_{rk} =\langle NULL\rangle, k = K', \cdots, K-1$。

表 4.8　LDPC 码扩展因子（Z）集合（TS 38.212 表格 5.3.2-1）

集合索引（i_{LS}）	扩展因子集合（Z）
0	{2,4,8,16,32,64,128,256}
1	{3,6,12,24,48,96,192,384}
2	{5,10,20,40,80,160,320}
3	{7,14,28,56,112,224}
4	{9,18,36,72,144,288}
5	{11,22,44,88,176,352}
6	{13,26,52,104,208}
7	{15,30,60,120,240}

2. LDPC 码编码

各码块的编码过程都是相同的，本节以一个码块为例进行说明。用 $c_0, c_1, c_2, \cdots, c_{K-1}$ 表示编码前比特，用 $d_0, d_1, d_2, \cdots, d_{N-1}$ 表示编码后比特，其中 $N = 66Z_c$（BG1）或者 $N = 50Z_c$（BG2）。LDPC 码的具体编码过程如下。

① 在表 4.8 中找到 Z_c 对应的序号 i_{LS}。

② 对于所有的 $k \in [2Z_c, K-1]$，如果 $c_k \neq \langle\text{NULL}\rangle$，令 $d_{k-2Z_c} = c_k$；否则令 $c_k=0$，$d_{k-2Z_c} = \langle\text{NULL}\rangle$。这一步相当于对 BG 前两列对应的系统比特进行打孔操作。

③ 产生 $N+2Z_c-K$ 个校验比特 $w = [w_0, w_1, \cdots, w_{N+2Z_c-K-1}]^T$，使其满足 $H \times \begin{bmatrix} c \\ w \end{bmatrix} = 0$，其中 H 为校验矩阵，$c = [c_0, c_1, \cdots, c_{K-1}]^T$，$0$ 表示一个全 0 的列向量，且编码在 GF(2) 域中完成。将 BG 对应的 H_{BG} 中的元素用 $Z_c \times Z_c$ 的矩阵替换就可以得到校验矩阵 H，其替换过程可以根据以下规则得到。

● H_{BG} 中的 "0" 元素用大小为 $Z_c \times Z_c$ 的全 0 矩阵替换；

● H_{BG} 中的 "1" 元素用大小为 $Z_c \times Z_c$ 的循环移位矩阵 $I(P_{ij})$ 替换，其中 i 和 j 分别表示 "1" 元素所在的行和列索引，$I(P_{ij})$ 由单位矩阵向右循环移位 P_{ij} 次得到，$P_{ij}=\text{mod}(V_{i,j}, Z_c)$，$V_{i,j}$ 的值可以由 i_{LS} 和 BG 根据表 4.5 和表 4.6 得到。

④ 对于所有的 $k \in [K, N+2Z_c-1]$，令 $d_{k-2Z_c} = w_{k-K}$。

3. HARQ/速率匹配和交织

LDPC 码的速率匹配对每个码块分别进行，包括比特选择和比特交织，对各码块交织后的比特顺序级联得到最终的传输比特。速率匹配前，先将编码比特 $d_0, d_1, d_2, \cdots, d_{N-1}$ 写入一个长度为 N_{cb} 的循环缓存中。对于第 r 个码块，如果 $I_{LBRM}=0$，则 $N_{cb}=N$；否则 $N_{cb}=\min(N, N_{ref})$，其中 $N_{ref}=\left\lfloor \dfrac{TBS_{LBRM}}{C \cdot R_{LBRM}} \right\rfloor$，$R_{LBRM}=2/3$，$TBS_{LBRM}$ 根据 TS 38.214 第 6.1.4.2 节（UL-SCH）和 5.1.3.2 节（DL-SCH/PCH）确定。

然后，计算每个码块经速率匹配之后的输出长度 E_r。这又分三种不同的情况。第一，根据 TS 38.214 第 5.1.7.2 节（DL-SCH）和 6.1.5.2 节（UL-SCH）CBGTI 指示第 r 个码块不安排传输，即 $E_r=0$；第二，如果码块序号 $j \leqslant C'-\text{mod}[G/(N_L \cdot Q_m)C']-1$，则 $E_r = N_L \cdot Q_m \cdot \left\lfloor \dfrac{G}{N_L \cdot Q_m \cdot c'} \right\rfloor$；第三，如果码块序号 $j > C'-\text{mod}[G/(N_L \cdot Q_m), C']-1$，则 $E_r = N_L \cdot Q_m \cdot \left\lceil \dfrac{G}{N_L \cdot Q_m \cdot c'} \right\rceil$。其中 N_L 为传输块所对应的流数，Q_m 为调制阶数，G 为当前传输块所有可发送的编码比特数，如果 CBGTI 不在调度当前传输块的 DCI 中，那么 $C'=C$；否则，C' 为调度的码块数。

速率匹配通过比特选择实现，选择起点与冗余版本号 rv_{id} 有关（$rv_{id}=0,1,2,3$），如图 4.19 所示，相应的起点位置见表 4.9。比特选择过程中需要跳过 NULL 比特。

表 4.9 不同冗余版本的起点位置（TS 38.212 表格 5.4.2.1-2）

rv_{id}	k_0	
	LDPC BG1	LDPC BG2
0	0	0
1	$\left\lfloor \dfrac{17N_{cb}}{66Z_c} \right\rfloor Z_c$	$\left\lfloor \dfrac{13N_{cb}}{50Z_c} \right\rfloor Z_c$
2	$\left\lfloor \dfrac{33N_{cb}}{66Z_c} \right\rfloor Z_c$	$\left\lfloor \dfrac{25N_{cb}}{50Z_c} \right\rfloor Z_c$
3	$\left\lfloor \dfrac{56N_{cb}}{66Z_c} \right\rfloor Z_c$	$\left\lfloor \dfrac{43N_{cb}}{50Z_c} \right\rfloor Z_c$

最后，对速率匹配后的序列 $e_0, e_1, e_2, \cdots, e_{E-1}$ 进行比特交织得到 $f_0, f_1, f_2, \cdots, f_{E-1}$，交织过程如图 4.21 所示。该交织器是行列交织器，行数与调制阶数 Q_m 相同，行进列出，实现系统比特优先的交织，即在高 QAM 调制时，将系统比特放在高可靠的比特位置上。

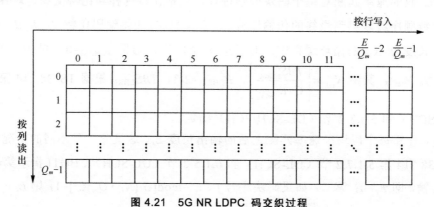

图 4.21　5G NR LDPC 码交织过程

4.3 其他编码

在 5G NR 标准制定过程中，Polar 码与 LDPC 码得到深入和广泛的讨论。除这两种编码外，3GPP 各成员也讨论了重复码、Simplex 码、Reed-Muller（RM）码、TBCC 码（Tail Biting Convolutional Code，咬尾卷积码）和 Turbo 码等其他编码方案。最终，5G NR 保留了 LTE 中的重复码和 Simplex 码，分别用作 1 比特和 2 比特长度数据包的编码。同时，5G NR 保留了 LTE 中的 RM 码，但将其应用限制到 3～11 比特数据包的编码。TBCC 和 Turbo 码由于性能相对不足和译码复杂度等原因没有选入 5G NR。

4.3.1 超小包编码

在 5G NR 标准中，当 UCI 消息比特个数小于 12 时，采用重复码、Simplex 码和 RM 码。下文在介绍中，编码器输入的消息比特序列记为 $\{c_0, c_1, \cdots, c_{K-1}\}$，输出的编码比特序列记为 $\{d_0, d_1, \cdots, d_{N-1}\}$，$K$ 和 N 分别表示消息比特和编码比特的数目。

1. 重复码

5G NR 采用重复码对 1 比特消息编码。在实现中，采用了经过编码调制联合最优设计的方案，使符号间的欧式距离最大。针对可选的五种调制阶数，5G NR 分别规定了消息比特序列到编码比特序列的映射方式，具体如表 4.10 所示。

表 4.10　1 比特消息编码

Q_m	编码比特 $d_0, d_1, d_2, \cdots, d_{N-1}$
1	$[c_0]$
2	$[c_0 \ y]$
4	$[c_0 \ y \ x \ x]$
6	$[c_0 \ y \ x \ x \ x \ x]$
8	$[c_0 \ y \ x \ x \ x \ x \ x \ x \ x]$

表格中 Q_m 表示调制阶数，"x" 和 "y" 表示占位符。占位符的作用如下：如果 $d_i=y$，则 $d_i=d_{i-1}$；如果 $d_i = x$，则 $d_i=1$[47]。

如前文所述，这种方案可以最大化符号间的欧式距离。以 $Q_m=4$ 为例，对于消息比特 0 和 1，查询表 4.10 可知编码序列分别是 0011 和 1111，调制后分别对应图 4.22 所示的 16QAM 星座中右上角和左下角的两个星座点，满足符号间欧式距离最大的设计目标。

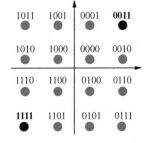

图 4.22　16QAM 星座映射示意图

2. Simplex 码

5G NR 采用 Simplex 码对 2 比特长的数据包编码。在具体实现中先作 Simplex 码编码得到 3 比特长的序列，再根据所选的调制阶数 Q_m 进一步级联重复码编码。如果 $Q_m>1$，则级联码率为 1/2 的重复码，添加一定的占位符后作为编码序列；如果 $Q_m=1$，则不级联重复码，直接将 Simplex 码编码得到的 3 比特序列作为编码序列。针对可选的五种调制阶数，5G NR 分别规定了消息比特序列到编码比特序列的映射方式，具体如表 4.11 所示。

表 4.11　2 比特消息编码（TS 38.212 表格 5.3.3.2-1）

Q_m	编码比特 $d_0, d_1, d_2, \cdots, d_{N-1}$
1	$[c_0\,c_1\,c_2]$
2	$[c_0\,c_1\,c_2\,c_0\,c_1\,c_2]$
4	$[c_0\,c_1\,x\,x\,c_2\,c_0\,x\,x\,c_1\,c_2\,x\,x]$
6	$[c_0\,c_1\,x\,x\,x\,x\,c_2\,c_0\,x\,x\,x\,x\,c_1\,c_2\,x\,x\,x\,x]$
8	$[c_0\,c_1\,x\,x\,x\,x\,x\,x\,c_2\,c_0\,x\,x\,x\,x\,x\,x\,c_1\,c_2\,x\,x\,x\,x\,x\,x]$

以 $Q_m=4$ 为例：编码器首先作 simplex 码和重复码级联编码，得到序列 $[c_0, c_1, c_2, c_0, c_1, c_2]$；然后将 $[c_0, c_1, c_2, c_0, c_1, c_2]$ 等分为三份并补充相应的占位符，得到序列 $[c_0, c_1, 1, 1, c_2, c_0, 1, 1, c_1, c_2, 1, 1]$；最后根据上述序列映射到 3 个 16QAM 符号进行发送。

3. RM 码

对于长度 $3 \leqslant K \leqslant 11$ 的 UCI，5G NR 采用基于 RM 码的超短码编码。该超短码是一个线性分组码，其编码矩阵由 11 个长度为 32 的基序列构成，记为 $M_k = \{M_{0,k}, M_{1,k}, \cdots, M_{31,k}\}$，$k = \{0, 1, \cdots, 10\}$，具体如表 4.12 所示。其中，$M_0$ 是一个全 1 序列，$M_1 \sim M_5$ 是经过交织后的 Walsh 序列，$M_6 \sim M_{10}$ 是 5 个基本掩码序列。这些序列具有如下性质。

表 4.12　（32, K）码的基序列（TS 38.212 表格 5.3.3-3）

i	$M_{i,0}$	$M_{i,1}$	$M_{i,2}$	$M_{i,3}$	$M_{i,4}$	$M_{i,5}$	$M_{i,6}$	$M_{i,7}$	$M_{i,8}$	$M_{i,9}$	$M_{i,10}$
0	1	1	0	0	0	0	0	0	0	0	1
1	1	1	1	0	0	0	0	0	0	1	1
2	1	0	0	1	0	0	1	0	1	1	1
3	1	0	1	1	0	0	0	0	1	0	1
4	1	1	1	1	0	0	1	0	1	1	1
5	1	1	0	0	1	0	1	1	1	0	1
6	1	0	1	0	1	0	1	1	1	1	1
7	1	0	0	1	1	0	1	1	1	0	1
8	1	1	0	1	1	0	0	1	0	1	1
9	1	0	1	1	1	0	1	0	1	1	1
10	1	0	1	0	0	1	1	1	0	1	1
11	1	1	1	0	0	1	1	0	1	1	1

续表

i	$M_{i,0}$	$M_{i,1}$	$M_{i,2}$	$M_{i,3}$	$M_{i,4}$	$M_{i,5}$	$M_{i,6}$	$M_{i,7}$	$M_{i,8}$	$M_{i,9}$	$M_{i,10}$
12	1	0	0	1	0	1	0	1	1	1	1
13	1	1	0	1	0	1	0	1	0	1	1
14	1	0	0	0	1	1	0	1	0	0	1
15	1	1	0	0	1	1	1	1	0	1	1
16	1	1	1	0	1	1	1	0	0	1	0
17	1	0	0	1	1	1	0	0	1	0	0
18	1	1	0	1	1	1	1	1	0	0	0
19	1	0	0	0	0	1	1	0	0	0	0
20	1	0	1	0	0	0	1	0	0	0	1
21	1	1	0	1	0	0	0	0	0	1	0
22	1	0	0	0	1	0	0	1	1	0	1
23	1	1	1	0	1	0	0	0	1	1	1
24	1	1	1	1	1	0	1	1	1	1	0
25	1	1	0	0	0	1	1	1	1	0	0
26	1	0	1	1	0	1	0	0	1	1	0
27	1	1	1	1	0	1	1	1	1	1	1
28	1	0	1	0	1	1	1	0	1	0	0
29	1	0	1	1	1	0	1	1	1	0	0
30	1	1	1	1	1	1	1	1	1	1	1
31	1	0	0	0	0	0	0	0	0	0	0

① $M_1 \sim M_5$ 是经过交织的 Walsh 序列, 对其进行线性组合再进行 BPSK 调制, 可以得到 32 个互相正交的序列, 即一组正交基。

② 对 $M_6 \sim M_{10}$ 进行线性组合, 可以生成 32 个不同的掩码序列, 掩码序列的设计目的是最大化码距。

在实现中, 按如下方式进行编码。

$$d_i = \left(\sum_{k=0}^{K-1} c_k M_{i,k} \right) \bmod 2$$

$i = \{0, 1, \cdots, N-1\}$, $N = 32$。当 $3 \leqslant K \leqslant 6$ 时, 该编码过程退化为一个 RM(5, 1)码; 当 $6 < K \leqslant 11$ 时, 引入 $K-6$ 个掩码序列形成基于 RM 码的超短码。如前文所述, 掩码序列的设计目的是最大化码距。根据 5G NR 采用的掩码序列: 当 $6 < K \leqslant 10$ 时, 对应编码的最小码

距可以达到 12；当 $K=11$ 时，对应编码的最小码距可以达到 10。

换一个角度理解，上述编码方式等效为如下过程：首先，根据 $c_1 \sim c_5$，对序列 $M_1 \sim M_5$ 作线性组合，等效于从 32 个正交序列中选择 1 个序列作为候选序列；其次，根据 $c_6 \sim c_{11}$ 对基本掩码序列进行线性组合，等效于从 32 个掩码序列中选择 1 个序列作为候选序列；再次，根据 c_0 从全 0 序列和全 1 序列中选择 1 个作为候选序列；最后，将上述 3 个序列进行模 2 相加，结果作为编码序列。从这个角度出发，待编码的 11 个信息比特可以分为 c_0、$c_1 \sim c_5$、$c_6 \sim c_{11}$ 三类。

这种分类方法也有助于译码，这里介绍一种译码算法。首先，译码器进行解掩码，即将接收到的符号序列与所有可能的（共计 32 个）掩码矢量所对应的 BPSK 调制符号序列相乘，可得到 32 个序列。然后，译码器将这 32 个序列分别作 Hadamard 变换，可得到 32 个长度为 32 的相关值向量。将这些相关值向量写作一个 32×32 的相关值矩阵，该矩阵表征了解掩码之后的序列与各个候选正交向量的相关性。最后，译码器查找该矩阵中绝对值最大值，即相关性最大的候选项，其横坐标的二进制展开即对应于 $c_1 \sim c_5$，纵坐标的二进制展开即对应于 $c_6 \sim c_{11}$，相关值的符号本身则对应于 c_0。

4.3.2　其他候选编码

Turbo 码是 Claude Berrou 在 1991 年首次提出的一种级联码，其基本思想是通过交织器将两个分量卷积码（Convolutional Code）进行并行级联，然后译码器在两个分量卷积码译码器之间进行迭代译码，整个译码过程类似 Turbo（涡轮）工作。Turbo 码纠错性能卓越，且实现复杂度较低，被广泛应用于 WCDMA、LTE 等通信标准中。在 5G NR 的制定过程中，有公司提出通过增加分量码的数目来降低 Turbo 码可以支持的最小码率，以适应 5G NR 超低码率的需求。

TBCC 也是一种经典的卷积码。其基本原理是在编码过程中，直接用码字最后若干个比特初始化编码寄存器，因此在编码结束时编码器无须再输入额外的"0"，可以提高码率。TBCC 先后被 WiMAX、LTE 等通信标准采用。在 5G NR 的制定过程中，也有公司提出基于 TBCC 的改进方案，通过提升 TBCC 中子码的数目以及每个子码的约束长度，进一步降低 TBCC 可以支持的最小码率并提升译码性能。

尽管经过了一定的改良设计，这些方案由于性能相对不足、译码复杂度仍然相对较高等原因，最终没有入选 5G NR 标准。

参考文献

[1] E. Arikan. Channel polarization: A method for constructing capacity-achieving codes for symmetric binary-input memoryless channels. *IEEE Transactions on Information Theory*, vol. 55, no. 7, pp. 3051-3073, July 2009.

[2] R. Mori and T. Tanaka. Performance of polar codes with the construction using density evolution. *IEEE Communications Letters*, vol. 13, no. 7, pp. 519-521, July 2009.

[3] R1-167209. Polar code design and rate matching. Huawei and HiSilicon, 3GPP TSG RAN WG1 #86 Meeting, Gothenburg, Sweden, August 2016.

[4] G. He, J.-C. Belfiore, I. Land, G. Yang, X. Liu, Y. Chen, R. Li, J. Wang, Y. Ge, R. Zhang, W. Tong. β-expansion: A theoretical framework for fast and recursive construction of polar codes. in *IEEE Global Communications Conference (GLOBECOM) Proceedings*, December 2017.

[5] T. Richardson, M. A. Shokrollahi, and R. Urbanke. Design of capacity-approaching irregular low-density parity-check codes. *IEEE Transactions on Information Theory*, vol. 47, no. 2, pp. 619-637, February 2001.

[6] T. Richardson and R. Urbanke, Modern coding theory, Cambridge University Press, 2008.

[7] P. Trifonov. Efficient design and decoding of polar codes. *IEEE Transactions on Communications*, vol. 60, no. 11, pp. 3221-3227, November 2012.

[8] I. Tal and A. Vardy. List decoding of polar codes. in *IEEE International Symposium on Information Theory (ISIT) Proceedings*, pp. 1-5, August 2011.

[9] B. Li, H. Shen and D. Tse. An adaptive successive cancellation list decoder for polar codes with cyclic redundancy check. *IEEE Communications Letters*, vol. 16, no. 12, pp. 2044-2047, November 2012.

[10] H. Zhang, R. Li, J. Wang, S. Dai, G. Zhang, Y. Chen, H. Luo, and J. Wang.

Parity-check polar coding for 5G and beyond. in *IEEE International Conference on Communications (ICC) Proceedings*, May 2018.

[11] N. Hussami, S. B. Korada, and R. Urbanke. Performance of polar codes for channel and source coding. in *IEEE International Symposium on Information Theory (ISIT) Proceedings*, pp. 1488-1492, July 2009.

[12] R1-1704247. Polar coding design for control channel, Huawei, HiSilicon, 3GPP TSG RAN WG1 #88bis Meeting, Spokane, USA, April 2017.

[13] R1-1708833. Design details of distributed CRC. Nokia, 3GPP TSG RAN WG1 #90 Meeting, Prague, P. R. Czechia, August 2017.

[14] Final minutes report RAN1 #87 v100. November 2016.

[15] Final minutes report RAN1 NR AH #1 v100. January 2017.

[16] Final minutes report RAN1 #88 v100. February 2017.

[17] Final minutes report RAN1 #88bis v100. April 2017.

[18] Final minutes report RAN1 #89 v100. May 2017.

[19] Final minutes report RAN1 NR AH #2 v100. June 2017.

[20] Final minutes report RAN1 #90 v100. August 2017.

[21] R1-1712174 Summary of email discussion [NRAH2-11] Polar code sequence. Huawei, HiSilicon, 3GPP TSG RAN WG1 #90 Meeting, Prague, P. R. Czechia, August, 2017.

[22] 3GPP TS 38.212. 3GPP Technical Specification Group Radio Access Network – NR: Multiplexing and channel coding. V15.1.1, 2018.

[23] R1-1714067. UE_ID frozen bit insertion for DCI early block discrimination. Coherent Logix Inc., 3GPP TSG RAN WG1 #90 Meeting, Prague, P. R. Czechia, August 2017.

[24] R1-1709998. Polar code for small block lengths. Huawei, HiSilicon, 3GPP TSG RAN WG1 NR AH #2 Meeting, Qingdao, China, June, 2017.

[25] Final minutes report RAN1 NR AH #3 v100. September 2017.

[26] R1-1716771. Distributed CRC for polar code construction. Huawei, HiSilicon, 3GPP TSG RAN WG1 NR AH #3 Meeting, Nagoya, Japan, September, 2017.

[27] Final minutes report RAN1 #90bis v100. October 2017.

[28] Final minutes report RAN1 #91 v100. November 2017.

[29] R1-164039. Polar codes – encoding and decoding. Huawei, HiSilicon, 3GPP TSG RAN WG1 #85 Meeting, Nanjing, China, May 2016.

[30] R1-167533. Examination of NR Coding Candidates for Low-Rate Applications. MediaTek Inc., 3GPP TSG RAN WG1 #86 Meeting, Gothenburg, Sweden, August 2016.

[31] R1-1700168. Polar Code Design Features for Control Channels. MediaTek Inc., 3GPP TSG RAN WG1 NR Ad-Hoc #1 Meeting, Spokane, USA, January 2017.

[32] R1-1710750. Design of Unified Rate-Matching for Polar Codes. Samsung, 3GPP TSG RAN WG1 NR Ad-Hoc #2 Meeting, Qingdao, China, June 2017.

[33] R1-1711702. Rate matching for polar codes. Huawei and HiSilicon, 3GPP TSG RAN WG1 NR Ad-Hoc # 2, Qingdao, China, June 2017.

[34] R1-1711220. Rate-matching scheme for control channel. Qualcomm Incorporated, 3GPP TSG RAN WG1 NR Ad-Hoc #2 Meeting, Qingdao, China, June 2017.

[35] R1-1715000. Way Forward on Rate-Matching for Polar Code. MediaTek, Qualcomm, Samsung, ZTE, 3GPP TSG RAN WG1 #90 Meeting, Prague, P. R. Czechia, August 2017.

[36] R1-1715270. Observations on Polar rate-matching merged proposal in R1-1715000. Huawei, HiSilicon, 3GPP TSG RANWG1 #90 Meeting, Prague, P. R. Czechia, August 2017.

[37] R1-1713474. Design and evaluation of interleaver for polar codes. Qualcomm Inc., 3GPP TSG RANWG1 #90 Meeting, Prague, P. R. Czechia, August 2017.

[38] R. G. Gallager, Low-density parity-check codes, 1963.

[39] R. Tanner. A recursive approach to low complexity codes. *IEEE Transactions on Information Theory*, vol. 27, no. 5, pp. 533–547, September 1981.

[40] J. Thorpe. Low-density parity-check (LDPC) codes constructed from protographs. *IPN Progress Report 42-154*, August 2003.

[41] F. R. Kschischang, B. J. Frey, and H. A. Loeliger. Factor graphs and the sum-product algorithm. *IEEE Transactions on Information Theory*, vol. 47, no. 2, pp. 498–519, February 2001.

[42] M. Luby. LT codes. in *Proceedings of the 43rd Annual IEEE Symposium on*

Foundations of Computer Science (FOCS'02), pp. 271–280, November 2002.

[43] A. Shokrollahi. Raptor codes. *IEEE Transactions on Information Theory*, vol. 52, no. 6, pp. 2551–2567, June 2006.

[44] T. Y. Chen, K. Vakilinia, D. Divsalar, and R. D. Wesel, Protograph-based raptor-like LDPC codes, *IEEE Transactions on Communications*, vol. 63, no. 5, pp. 1522–1532, May 2015.

[45] Z. Li and B. V. K. V. Kumar. A class of good quasi-cyclic low-density parity check codes based on progressive edge growth graph. in *Conference Record of the Thirty-Eighth Asilomar Conference on Signals, Systems and Computers*, pp. 1990-1994, November 2004.

[46] 3GPP TS 38.214.3GPP Technical Specification Group Radio Access Network – NR: Physical layer procedures for data. V15.1.1, 2018.

[47] 3GPP TS 38.211. 3GPP Technical Specification Group Radio Access Network – NR: Physical channels and modulation. V15.1.1, 2018.

[48] H. Jin, A. Khandekar, and R. McEliece. Irregular repeat-accumulate codes. in *Proceedings of the International Symposium on Turbo codes and Related Topics*, pp. 1-8, September 2000.

第5章
Chapter 5
5G NR 大规模天线设计

本章将结合大规模天线的理论和关键技术，向读者介绍 NR 中大规模天线的标准设计方案，主要包括大规模天线的上下行传输方案、参考信号设计、信道状态信息反馈设计、波束管理、准共站址（QCL）等关键技术在标准中的方案设计，以及大规模多天线传输对物理层信道设计方案的影响。

5.1 概述

空间自由度是多天线系统获取性能增益的源泉。因此，无论是理论研究还是实际无线传输系统的发展，都在围绕着空间维度扩展这条主线进行。近年来，大规模天线技术理论的出现，为 MIMO 维度的扩展奠定了理论基础。随着有源天线技术在商用移动通信领域的发展，对天线维度的进一步扩展，尤其对信道垂直维空间自由度的挖掘也逐渐成为可能。

作为 LTE 系统物理层最重要的支撑技术，自 R8 引入了空间复用、发射分集、波束赋形及多用户 MIMO（MU-MIMO）之后，在后续的每个版本中，对 MIMO 技术的演进和增强都是 LTE 系统标准化工作最重要的任务之一。在 R12 之前的演进过程中，无论是支持的端口数、单 UE 最大流数还是多 UE 的正交端口数都得到了显著的扩展，而且多天线技术也逐渐扩展到了多小区、协作化的场景。但是，在这一阶段中所考虑的 MIMO 方案主要针对二维（2D）空间信道，还不能实现对垂直维信道空间自由度的利用。

随着有源天线技术商业成熟度的提升，垂直维数字端口的开放与天线规模的进一步扩大逐渐成为可能。在这一背景之下，3GPP 从 R12 阶段开始了针对 3D 信道与场景模型问题的研究，并在 R13、R14 及后续版本中对全维度 MIMO（FD-MIMO）技术进行了研究与标准化，自此，开启了大规模天线技术进入标准化发展的新篇章。随着 5G 系统的来临，面对诸多更加严苛的技术指标需求，大规模天线技术仍然被认为是最重要的一项物理层技术。在 NR 系统的第一个版本（R15）中，针对大规模天线技术的研究与标准化也一直是 3GPP 的一个重要工作方向。

在 5G 系统中，新的技术需求与更灵活的部署场景将会给 MIMO 技术方案的设计与标准化带来新的挑战。

1. 天线规模的影响

天线系统的体积、重量与迎风面积等参量对大规模天线系统的部署与维护有着十分重要的影响。对于给定的频段，天线阵列的尺寸与天线规模直接相关。以现有的常用频段为例，为了维持与被动式天线面板类似的迎风面积，并将天线系统重量维持在合理的范围之内，实用的有源天线系统中所使用的数字通道数通常不会超过 64 个。这一因素将会对信道状态信息参考信号（CSI-RS）端口数的选择、SU-MIMO 与 MU-MIMO 层数、码本与反馈设计等产生影响。

天线规模增大除了会给网络部署带来影响之外，给系统设计带来的另外一个重要影响便是设备的复杂度问题。随着天线规模的增大以及 UE 数量的提升，如果按照传统的 MIMO 处理流程，系统在进行各项 MIMO 处理过程中将面临大量高维度的矩阵运算。而且，天线系统与地面基带系统之间需要交互的大量数据会给前向回程（Fronthaul）接口带来较大的传输压力。尽管 Fronthaul 的传输瓶颈可以通过大容量光纤以及更先进的压缩和光传输技术来解决，但是 MIMO 计算复杂度的提升仍然是不可避免的。

针对这一问题，对信道进行降维处理是一种可行的解决方式。例如，对于上行信号的接收，基站可以在靠近天线的一侧首先用一个粗略匹配信道的接收检测矩阵对信号进行线性处理，降低信道处理的维度，在后续的 MIMO 检测和 Fronthaul 需要传输的数据冗余度也会相应降低。需要说明的是，降维处理的思路既适用于全数字阵列，也适用于数模混合阵列。在全数字阵列，所有操作都可以在数字域实现。而对于数模混合阵列，第一步的信道处理可以通过在模拟域的模拟移相器组来实现。通过模拟域和数字域混合来进行波束发送和接收也称为数模混合波束赋形。

天线规模的扩大给 CSI（信道状态信息）的获取与参考信号的设计也带来了新的挑战。CSI 的测量与反馈对于 MIMO 技术乃至整个系统都有至关重要的作用。随着天线规模的扩大，CSI 测量精度与参考信号和反馈信息开销之间的矛盾将更加突出。这一问题与导频设计、码本设计与反馈机制设计等方面都有着直接的联系。

2. 频段的影响

由于 6GHz 以下频段资源日益紧张，向着更高频段进一步拓展资源是 5G 系统发展的迫切需求与必然趋势。在 R15 中，系统可以支持最高频率到 52.6GHz，而在后续版本中，NR 系统将会逐渐将支持频段扩展至 100GHz。

高频段信号传播特性与低频段存在很明显的差异。在高频段，信号的传播会受到很多非理想因素的影响。电磁波穿越雨水、植被时可能会产生显著的衰减。路上的行人、车辆及其他物体会对电磁波的传播造成遮挡，产生阴影衰落。实测结果表明，上述不利因素往往会随着频率的提高而更加恶化。在这种情况下，大规模天线技术带来的高增益以及灵活的空域预处理方式为高频段系统克服不利的传播条件、提升链路余量、保证覆盖范围提供了非常重要的技术手段。同时频段的提升对于大规模天线系统设计也带来多方面的影响。

更高的频段意味着在维持相同天线数的条件下，天线尺寸可以更小，即在相同的尺寸约束下，频段越高则可以容纳的天线数可以更多。因此，频段的升高无论对设备的小型化、部署的便利化还是对于天线规模的进一步扩大都是有利的。系统设计中也需要同步考虑支持更多天线数量的设计。

对于大量天线的使用，NR 的设计中采用了基于面板（Panel）的设计。一个面板是若干个天线阵子及相应的射频通道和部分基带功能模块进行集成得到的一个基本模块。然后以单面板为基础，根据部署条件与场景需要，可以对多个面板进行组合形成所需的阵列形态，基站侧的多面板实现示意图如图 5.1 所示。在 UE 侧，由于设备尺寸所限，以多面板的方式扩展天线数量也是一种比较现实的实现手段。除了灵活性之外，这种高模块化的设计方式对于大规模天线技术的应用也带来了其他一些方面的影响。例如，基站侧可以适当拉远面板之间的间距，降低信道的空间相关性，从而获取更大的复用增益或分集增益。进一步，基站侧可以采用分布式的方式部署多个子阵，并通过光纤等后向回程（Backhaul）链路将其汇集至统一的基带处理单元。由于接入节点之间的协作以及更短的通信距离，这种部署形式将有利于提升 UE 体验速率，避免小区中心与边缘的显著服务差异。同时，对于高频段系统经常发生的阻挡问题，多站点/子阵之间的协作也提供了一种抗阴影衰落的手段（如图 5.2 所示）。在 UE 侧，多子阵的结构也将有助于避免阻挡效应对链路质量的影响（如图 5.3 所示）。

图 5.1　基于多个面板的基站天线结构

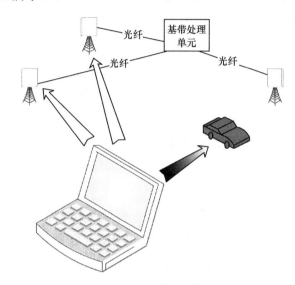

图 5.2　多点协作传输

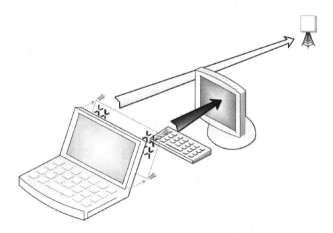

图 5.3　UE 利用多 Panel 对抗阻挡效应

在高频段，利用大规模天线技术来克服非理想传播条件是保障传输质量的重要手段。但是出于成本与复杂度的考虑，不可能为所有的天线都配置完整的射频与基带通道。尤其是当系统带宽较大时，全数字阵列中大量的 ADC/DAC 以及高维度的基带运算会给系统的成本与复杂度以及散热等实际问题带来难以想象的挑战。基于上述考虑，数模混合波束赋形甚至是单纯的模拟赋形将是高频段大规模天线系统的主要实现形式。在这种情况下，接收机无法通过数字域的参考信号估计出所有收发天线对之间的完整 MIMO 信道矩阵。因此，在数字域的 CSI 测量与反馈机制之外，模拟域波束赋形的操作需要一套波束搜索、跟踪、上报与恢复等过程。上述过程在标准化研究过程中统称为波束管理以及波束失效恢复。

为了获得较高的模拟赋形增益以对抗路径损耗，模拟波束所能覆盖的角度可能会比较窄，只能涵盖角度和时延扩展较小的一组直射与反射传播路径，因而会显著地影响赋形之后的大尺度统计特性。如果时延扩展降低，信道的频域选择性程度也会相应地降低。这种情况下，频率选择性调度的增益以及频率选择性预编码的颗粒度选择都将受到影响。

毫米波频段的相位噪声会对数据解调产生严重的影响，因此需要考虑特殊的参考信号设计用于估计相位噪声。针对这一问题，NR 系统中专门设计了相位噪声跟踪导频（PT-RS）。PT-RS 的主要设计目标是估计相邻 OFDM 符号之间由于相位噪声而导致的相位变化。

3. 多用户 MIMO 技术的影响

随着更多频段投入使用，可用带宽资源逐渐增加，但随着 UE 数量的激增以及大量数据传输业务的出现，系统的频带资源仍将面临日益紧张的状况。这种情况之下，多用户 MIMO（MU-MIMO）技术是提升系统频带利用率的一种重要的手段。相对于单用户 MIMO（SU-MIMO）而言，由于 UE 侧的天线数与并发数据流数（包括自己需要接收的数据流数与共同调度 UE 的数据流数）的比率更低，而且干扰信号的信道矩阵一般难以估计，MU-MIMO 系统的性能更加依赖于 CSI 的获取精度以及后续的预编码与调度算法的优化程度。因此，CSI 的获取是大规模天线系统设计与标准化的一个关键议题。

针对这一问题，NR 系统中定义了两种类型的 CSI 反馈方式，即常规精度（Type I）与高精度（Type II）方式。其中 Type I 主要针对 SU-MIMO 或 MU-MIMO，而 Type II 则主要针对 MU-MIMO 传输的增强。R15 的 Type II 码本采用了线性合并方式构造预编码矩阵，能够显著地提升 CSI 精度，进而极大地改善 MU-MIMO 传输的性能。

需要说明的是，天线规模的增加一方面为 MU-MIMO 性能增益的提升创造了条件，另一方面对系统的复杂度和开销造成了巨大的影响。而系统性能与复杂度及开销的平衡性问题将是大规模天线系统设计面临的一个重要问题。

4. 系统设计灵活性的影响

面临复杂多样的应用场景以及更为丰富的业务类型，面向 5G 的大规模天线系统设计需要充分地考虑各项系统参数配置的灵活性，并尽可能在各个层面降低处理时延。上述需求体现在包括 CSI-RS、DMRS 以及 CSI 反馈机制设计在内的诸多方面。

● 灵活可配置的 CSI-RS 导频设计。为了保证前向兼容性和降低功耗，NR 应尽量减少 "永远在线" 的参考信号，基本上所有的参考信号的具体功能、发送的时频位置、带宽等都应当是可以配置的。例如，NR 系统中对 LTE 已经存在的 CSI-RS 进行了进一步的扩展，除了支持 CSI 测量外，还支持波束测量、RRM/RLM 测量、时频跟踪等。CSI-RS 支持的端口数包括 1、2、4、8、12、16、24、32。CSI-RS 的图样由基本图样聚合得到，并且支持多种基本图样和 CDM（码分复用）类型。

● 前置 DMRS 设计：为降低译码时延，NR DMRS 的位置被放置在尽量靠前的位置，即放在一个时隙（slot）的第 3 个或者第 4 个 OFDM 符号上，或者放置在所调度的 PDSCH/PUSCH 数据区域的第 1 个 OFDM 符号上。在此基础上，为了支持各种不同移动速度，可以再配置 1~3 个附加的 DMRS 符号。上下行 DMRS 采用了趋于一致的设计，目的是方便上下行交叉干扰的测量和抑制。NR 支持两种类型的 DMRS，两种类型分别支持最多 12 个正交 DMRS 端口和 8 个正交 DMRS 端口。

● 灵活的 CSI 反馈框架：NR 系统引入了一套统一的反馈框架，能够同时支持 CSI 反馈和波束测量上报。该反馈框架内，所有和反馈相关的参数都是可以配置的，例如测量信道和干扰的参考信号、反馈 CSI 的类型、所使用的码本、反馈所占用的上行信道资源、反馈的时域特性（周期、非周期、半持续等）、反馈的频域特性（CSI 的带宽）等。网络设备可以根据实际的需要配置相应的参数。相比之下，LTE 需要使用多种反馈模式，并且将反馈和传输模式绑定，因而灵活度欠佳。

围绕上述问题，本章将结合技术原理与标准化发展现状，分别从传输方案设计、物理信道设计、导频信号设计、信道状态信息获取、模拟与数模混合波束赋形等方面对大规模天线的系统设计进行分析与探讨。

5.2 多天线传输的基本过程

从标准化的角度考虑，物理层数据传输（PUSCH 和 PDSCH）经过编码和速率匹配后形成码字，码字经过比特级加扰与调制后映射到多个层，每层的数据映射到多个天线端口后，再将每个天线端口上的数据映射到实际物理资源块上进行发送。

5.2.1 数据加扰

与 LTE 的物理层处理流程一致，在 NR 中多个物理信道传输都需要进行数据加扰处理。下面介绍一下 PDSCH 扰码产生的过程，其余信道加扰过程可直接参考标准 TS 38.211。加扰的过程在各码字的信息比特进行调制之前，使用伪随机扰码序列与码字序列相乘得到新的加扰后的信号。

在 LTE 系统中，扰码序列采用了 31 阶 Gold 码，其生成方式较为简单，可以通过两个 M 序列的模 2 加实现。LTE 系统使用的扰码在每个子帧重新进行初始化，其初始化取决于小区 ID、无线帧中的子帧编号以及 UE ID。对于双码字传输的情况，各码字的扰码初始化还取决于码字的 ID（0 或 1）。

NR 沿用了 LTE 的扰码序列产生方式，但是对扰码的初始化方式进行了调整。相对于 LTE 系统而言，NR 需要考虑更为灵活的业务和调度方式，并且将面对更为复杂的部署及干扰环境。因此 NR 系统的数据加扰方案与 LTE 系统有以下两点重要的差异。

● 时间相关参量：LTE 系统使用的扰码初始化过程包含了子帧号这一时域变量。在 NR 的标准化讨论中，有公司试图沿用类似的思路，在扰码初始化过程中使用时隙或起始的 OFDM 符号等时域参数以增加加扰的随机程度。但是考虑到 NR 中支持少于一个时隙的调度，即基于非时隙的调度方式，调度的起始位置可能发生非常动态的变动。如果不能事先确定其具体位置，则无法为缓存中的数据进行加扰及后续的一系列操作。如果等确定了时域位置再进行上述操作，则会增加发送时延。实际上，非授权频谱中的传输也存在类似的问题。对于基于 LBT（Listen Before Talk）的传输而言，传输机会的获取以及传输的开始时刻较为随机，如果不能在发送前对数据进行加扰及后续物理层操作并对处理完成的待发数据进行缓存，则有可能在占用信道时浪费宝贵的发送机会。基于上述考虑，为了尽可能地降低发送时延，NR 的加扰初始化过程中并不包含时域参量。

● 小区 ID：LTE 系统中，扰码初始化计算需要考虑小区 ID。但是在 NR 系统中，考虑到每个接入点的覆盖面积可能较小，为了避免频繁切换对传输质量的影响以及信令负荷的增加，归属于同一小区的 ID 的大量接入点可能分布在很大的服务区之中。这种情况下，利用小区 ID 的差异改善小区间干扰的意义将不复存在。针对这一问题，NR 中采用了一个可以配置的扰码初始化 ID，以更好地抑制 UE 之间的干扰。

NR 的数据加扰初始化中去除了时间参数，而 LTE 加扰初始化过程中使用的小区 ID 也被一个可配置的 ID 所替代，以改善 UE 之间的干扰情况。R15 规范中定义的扰码初始化方式为

$$c_{\text{init}} = n_{\text{RNTI}} \cdot 2^{15} + q \cdot 2^{14} + n_{\text{ID}}$$

需要说明的是，只有对于非回退的单播传输，n_{ID} 的取值才是可以配置的。对于其他情况，或者高层没有配置该参数，则默认使用 $n_{\text{ID}} = N_{\text{ID}}^{\text{cell}}$。

5.2.2　数据调制

对于 NR，上下行均支持 QPSK、16QAM、64QAM 和 256QAM 几种调制方式，每个调制符号分别对应 2、4、6、8 个比特。当上行采用 DFT-S-OFDM 时 NR 还支持 π/2-BPSK，每个调制符号对应 1 个比特。

5.2.3　层映射

经过调制的数据符号需要经过从码字到层的映射过程。理论上，采用 MIMO 技术时，为每个分层传输单独分配一个码字，每个码字根据数据传输通道的信道质量，分别为每层选择相应的调制和编码格式（MCS，Modulation and Coding Scheme）可以最大化系统吞吐量。但是在实际应用中，考虑到信道状态信息反馈以及控制或指示的开销与复杂度，一般不会对每层进行独立的 MCS 调整。例如，在 LTE R8 及 R9 系统中，下行最多可以支持 4 层，但只能支持最多 2 个码字的并行传输。在 R10 及后续版本中，下行

SU-MIMO 最多可以支持 8 层，也只支持最多 2 个码字的并行传输。

为了满足 30bit/（s·Hz）的下行峰值频谱效率需求[1]，NR 系统中的 SU-MIMO 可以支持最多 8 层的数据传输。与 LTE 系统类似，在 NR MIMO 系统设计过程中，首先面临的一个问题便是码字数量的选择问题。而这个问题在很大程度上影响到了诸多物理层技术方案的设计，如 CSI 反馈、控制信令、控制信道等。

单码字传输中，所有的并行数据层都对应发送采用相同 MCS 的传输块。因此，相应的反馈与控制开销及复杂度较低。将经过信道编码之后的传输块分散到各层也可以带来一定的空间分集效果。但是，当各层的信道质量存在较明显的差异时，MCS 的选择无法与每层的传输能力相匹配，因而会存在吞吐量的损失。

对于多层传输的 MIMO 链路，一般可以利用串行干扰删除（SIC）接收机获得优于传统线性接收检测算法的性能。但是，对于单码字传输，在使用通常的 SIC 接收机时，只能重构调制符号级别的层间干扰，而无法通过译码实现更为精确的比特级恢复并抑制层间干扰。尽管可以通过对检测顺序的优化改善 SIC 接收机的性能，但是误差传播仍然可能对接收性能带来较为明显的影响。

相对于单码字传输，多码字传输会有如下优势。

● 可以根据每个码字所对应的一组数据层的传输质量，为各码字选择与其信道条件相匹配的 MCS，从而更加充分地利用信道容量。

● 当各码字的信道条件存在较明显的差异时，可以通过信道译码更为准确地恢复码字及层间的干扰，从而保证 SIC 检测的性能。

然而为了支持多码字传输，需要针对每个码字反馈相应的信道质量信息（CQI），在下行控制信令中需要分别指示各个码字的 MCS、RV 与 NDI 信息。

基于对上述因素的综合考虑，经过了较为充分的评估和讨论之后，最终采用了最多支持 2 个码字的下行传输方式。除了上述原因之外，在 NR 系统的标准化过程中，提出采用最多支持 2 个码字的另外一个动机是为了更好地支持多传输点和多天线阵面（Multi-TRP/panel）场景下的 NC-JT（Non-Coherent Joint Transmission）。在这一场景之下，由于参与协作的 TRP 或 Panel 的信道质量存在较为明显的差异，一个统一的 MCS 很难与来自不同 TRP/Panel 的两组数据层的信道同时匹配，因此单码字传输可能会存在一定的性能损失。

采用双码字传输存在以下一些弊端。

● 处理时延：双码字传输的一个主要优势是 SIC 检测时可以通过信道译码，实现码字/层间干扰的更为准确的重构与抑制，但是这种方式会带来处理时延的增加。

● 缓存需求：除了处理时延的增加之外，在下行数据的接收过程中，译码重构码字/层间干扰的操作会对 UE 的缓存有更大的需求。

● 适用场景有限：只有当码字/层间的传输质量存在较为明显的差异时，SIC 接收机的优势才能得到较为明显的体现。而当各个码字或层间传输质量接近时，多码字传输增益有限。

除了上述因素之外，在 R15 NR 标准化讨论过程中出于进度安排的考虑，降低了 Multi-TRP/Panel 传输议题的优先级，这在一定程度上进一步限制了双码字传输的适用场景。

根据以上的分析，标准最后采用的结论为：在层数 1～4 的范围内采用单码字传输，而在层数 5～8 的传输时才能够采用双码字方式。而在实际网络部署中，高层数（层数 5～8）使用场景非常有限，这一结论实际上在很大程度上制约了双码字传输的应用。

在 R15 NR 的标准化讨论过程中，码字到层的映射方案主要分为两类。

● 对等映射：如图 5.4 所示，与 LTE 类似，即两个码字对应的层数尽可能对等。层数为偶数时，两个码字的层数相同。层数为奇数时，码字 0 的层数比码字 1 的层数少一个。

● 非对等映射：没有上述限制，可完全根据各层的信道条件灵活调整码字与层的对应关系。例如，可以根据信道质量的相近程度对层进行分组。

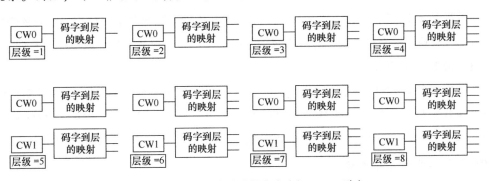

图 5.4　尽可能对等的映射方式（与 LTE 一致）

提出第二类方式的主要动机是为了更好地支持 Multi-TRP/Panel 传输。因为在这种情况下，各个 TRP/Panel 的信道质量可能存在较明显的差异，如果仍然按照近乎对等的方式进行映射，则有可能存在某个 TPR/Panel 中包含两个码字对应的层的情况。但是，基于目前的 CSI 获取机制，基站侧无法获知每个层的信道质量，因此也很难合理地调整每个码字对应的层数。在后续的标准化工作中，由于与 Multi-TRP/Panel 传输相关的议题被降低了优先级，第二类方案失去了重要的适用场景，最终被 R15 所排除。

5.2.4 传输方案

1. 下行传输方案

NR 的下行传输方案采用了基于透明 DMRS 的传输方式，即层到 DMRS 端口采用一对一的直接映射方式，数据层与对应的 DMRS 端口使用相同的空域预处理方式。在这种方式下，预编码与波束赋形等关键的 MIMO 操作体现在 DMRS 端口到物理天线端口的映射过程中。由于这一过程取决于设备实现，因此标准无需为具体的 MIMO 技术定义专门的传输方案，基站也不需要对 UE 进行传输方案的指示。

实际应用中，CSI 的获取能力将决定传输过程中能够支持的技术方案。例如多 UE 传输过程中，整体系统性能依赖于基站侧准确的调度与预编码，从而在发送端最大限度地抑制和避免 UE 间的干扰，这需要更为精准的 CSI 反馈。基于 CSI 反馈或者信道互易性信息进行预编码的方式可以称为闭环传输。而对于高速移动场景，当及时地获取高精度 CSI 较为困难时，基站可能只能依据有限的 CSI（如宽带反馈的第一级预编码矩阵）进行粗略的预编码。这种基于粗略 CSI 进行的预编码方式可以称为准开环传输。相对于闭环传输，开环传输一般是指发送时使用的空域预处理方式不依赖于终端反馈的信道状态信息或信道互易性。

（1）准开环传输方案

准开环传输对 CSI 反馈的及时性与精准度的依赖程度较低，可适用于信道变化较快的中高速移动场景。针对高速移动场景以及高频段常见的遮挡效应，NR MIMO 研究阶段的初期曾出现过一些开环/准开环的高顽健性传输方案。比较典型的是基于非透明 DMRS 的开环或准开环传输。

非透明传输会带来更高的分集增益，但是为了支持这种方式，需要在规范中明确定义相应的传输方案以及相应的 CSI 上报假设。目前，NR MIMO 的 R15 版本中没有显式地支持任何一种基于非透明 DMRS 的传输方案。但是，基于透明 DMRS 的准开环传输方案的 CQI 计算与 CSI 上报是 R15 规范所支持的。根据 CSI 上报量的配置，在计算 CQI

时 UE 可以假设 W1 取决于上报的宽带 PMI，W2 则随机进行切换（W1，W2 的定义见 5.4.2 节第 1 部分）。这种上报方式实际上正是针对准开环传输的。

对于 SFBC 或 SFBC+FSTD 等单纯的发射分集方案，由于很难扩展到 4 端口以上的天线系统中，而且相对于闭环或准开环方案也没有性能优势。因此，实际上从 R8 之后，LTE 系统下行链路就没有再引入过新的发射分集传输方案。甚至在 TM7-10 的回退传输中，LTE 系统也是选择了基于单端口 DMRS 的传输方式，而不是基于 CRS 的发射分集。在 NR 系统的下行链路中，出于类似的考虑，也没有定义发射分集传输方案。

（2）闭环传输方案

相对于准开环传输，下行链路闭环传输时的预编码方式依赖于基站掌握的信道状态信息。因此，闭环传输方案设计的焦点在于提升基站获得信道信息的准确性。具体的，这些设计包括信道状态信息的反馈机制、码本设计与上下行测量参考信号的设计。

对于基于码本的反馈而言，终端需要根据对下行参考信号的测量计算并上报 CSI。然后由基站进行调度，并基于终端反馈的 CSI 进行下行预编码传输。对于基于信道互易性的反馈，基站通过对上行参考信号的测量获取信道的空域信息，然后结合终端反馈的 CQI/RI 等信息进行调度和预编码。

（3）多用户传输方案

由于信道状态与业务到达的动态特性，单用户与多用户传输的切换过程也要求是动态的，以实现传输方式与应用条件的匹配。基于上述考虑，从 R9 开始，LTE 系统中就已经采用了 SU/MU 统一的传输模式，能够支持 SU/MU 传输的动态切换。NR 系统中也延续了这一思路，通过一个统一的传输模式灵活地支持多种 MIMO 传输方案。

由于多 UE 传输更加依赖于 CSI 的反馈精度，为了提升反馈精度，NR 系统中引入了高精度的 Type II 码本，能够有效地提升 MU-MIMO 的系统性能。对于 MU-MIMO，NR 系统中支持的层数与 DMRS 配置有关，对于 DMRS 配置类型 1，最多可以支持 8 层数据；对于 DMRS 配置类型 2，最多可以支持 12 层数据。MU-MIMO 传输时，每个 UE 最多可以支持 4 层数据。

在多 UE 传输过程中，基站的调度和预编码的准确性是影响系统性能的关键因素。此外，终端侧接收机的干扰抑制能力也会对 MU-MIMO 性能造成显著的影响。而终端侧进行 UE 间干扰抑制的能力在很大程度上取决于终端能够获知的干扰信息，例如共同调度 UE 的资源分配、调制编码方式、DMRS 端口等。

在 NR 系统中，为了支持更多的共同调度层数，在 MU-MIMO 传输时，多个 DMRS 端口可能会采用 FDM 的方式进行复用。这种情况下，控制信令无法保持透明。因为终端在进行数据接收时，为了进行速率匹配，除了需要知道自身的 DMRS 分配情况，还需要知道是否存在其他 UE 的 DMRS 端口与之进行 FDM。因此，控制信令中会指示下行调度时所有 UE 共同占用的 DMRS 组。终端将有可能对干扰 UE 的 DMRS 进行检测与估计，并对 UE 间的干扰进行抑制。

（4）多点协作传输方案

为了改善小区边缘的覆盖，在服务区内提供更为均衡的服务质量，多点协作在 NR 系统中仍然是一种重要的技术手段。考虑到 NR 系统的部署条件、频段及天线形态，多点协作传输技术在 NR 系统中的应用具有更显著的现实意义。首先，从网络形态角度考虑，以大量的分布式接入点+基带集中处理的方式进行网络部署将更加有利于提供均衡的 UE 体验速率，并且显著地降低越区切换带来的时延和信令开销。随着频段的升高，从保证网络覆盖的角度出发，也需要相对密集的接入点部署。而在高频段，随着有源天线设备集成度的提高，将更加倾向于采用模块化的有源天线阵列。每个 TRP 的天线阵可以被分为若干相对独立的天线子阵（或 Panel），因此整个阵面的形态和端口数都可以随部署场景与业务需求进行灵活的调整。而 Panel 或 TRP 之间也可以由光纤连接，进行更为灵活的分布式部署。在毫米波波段，随着波长的减小，人体或车辆等障碍物所产生的阻挡效应将更为显著。这种情况下，从保障链路连接顽健性的角度出发，也可以利用多个 TRP 或 Panel 之间的协作，从多个角度的多个波束进行传输/接收，从而降低阻挡效应带来的不利影响。

根据发送信号流到多个 TRP/Panel 上的映射关系，多点协作传输技术可以大致分为相干传输和非相干传输两种。相干传输时，每个数据层会通过加权向量映射到多个 TRP/Panel 之上。而非相干传输时，每个数据流只映射到部分的 TRP/Panel 上。相干传输对于传输点之间的同步以及 Backhaul 的传输能力有着更高的要求，因而对现实部署条件中的很多非理想因素较为敏感。相对而言，非相干传输受上述因素的影响较小，因此是 R15 多点传输技术的重点考虑方案。

围绕多点协作传输技术，5G NR 对以下问题进行过初步的讨论。

① 部署场景与仿真假设：NR 系统中考虑的多点协作技术的应用场景主要包括室内热点、密集城区和城市宏区等。而仿真与评估假设也主要参照 3GPP TR38.802 及 36.741 等现有方案。

② 传输方案：考虑对 TXD、DPS/DPB、CS/CB、NC-JT/C-JT、eICIC 等方案进行研究，但主要关注点还是 NC-JT 技术。PDCCH 及 PDSCH 设计：曾经考虑过的方案如下。

● 每个 TRP/Panel 的 PDCCH 调度该 TRP/Panel 传输的 PDSCH；

● 单个 TRP/Panel 的 PDCCH 调度多个不同 TRP/Panel 发送的 PDSCH。（NC-JT：各 PDSCH 分别从不同的传输点发出）

③ 其他问题：针对多点协作传输的 CSI 测量以及 QCL 问题。

需要说明的是，在 R15 中针对 NC-JT 的研究和标准化工作并没有充分展开。但是考虑到理想回程（Backhaul）条件下的 C-JT 技术并不涉及 PDCCH 和 PDSCH 设计等问题，其影响主要在 CSI 反馈方面。因此，R15 中引入了针对 C-JT 的 Multi-panel 码本，这部分内容将安排在 5.4 节进行介绍。

2. 上行传输方案

NR 中 UE 上行多天线传输也采用基于透明 DMRS 的传输方案，但具体发送方案需要根据基站指示。NR 的上行传输系统中仍然保留了 DFT-S-OFDM 方案。但是使用 DFT-S-OFDM 时，每个 UE 只能进行单流传输。CP-OFDM 调制可以更好地与 MIMO 技术结合，并且其均衡算法比较简单，因此 NR 系统的上行链路支持了 CP-OFDM 调制。而使用 CP-OFDM 时，每个 UE 最多可以使用 4 个数据流，从而可以支持更高的峰值速率。

在 NR 的第一个版本中，上行可以支持基于码本和非码本的传输方式。

● 对于基于码本的传输方式而言，码本的设计是标准化的核心内容。在上行链路中，针对 DFT-S-OFDM 与 CP-OFDM 两种波形，其码本的设计思路存在明显的差异。对于 DFT-S-OFDM 波形，由于其应用场景主要是功率受限的边缘覆盖场景，因此在码本中需要充分考虑预编码矩阵对功率利用率的影响。这一因素对码本的优化有很大的限制。相对而言，CP-OFDM 波形的应用场景对功放效率的要求更为宽松，因而其码本设计优化的灵活度也更高。除了波形的因素之外，上行码本的设计还需要考虑到 UE 天线的相干传输能力的影响。

● 对于上下行存在互易性的系统，可以采用非码本的传输方式。这种情况下，UE 可以基于对下行信道的测量向基站推荐上行链路中可以使用的预编码矩阵，然后由基站确定上行调度时使用的预编码矩阵。

关于上行链路的传输方案设计问题，将在 5.6 节中进行详细介绍。

5.2.5 资源块映射

资源块映射将各个天线端口的待发送符号映射到实际的物理资源上。天线端口待发送符号先映射到虚拟资源块（VRB，Virtual Resource Block）上，然后再映射到实际的物理资源块（PRB，Physical Resource Block）。NR 中待发送符号按照先频域（子载波）后时域（符号）的顺序将调制符号映射到 VRB 上，VRB 向 PRB 的映射在 6.2.3 节给出。

对于下行的资源映射，需要避开不能用于 PDSCH 发送的资源。这些资源包括预留的系统资源、发送下行参考信号的资源、用于发送其他信道（如 SS/PBCH，PDCCH）的资源等。UE 在解调前，需要通过解读高层信令和 DCI 信令获知这些信息，然后进行相应的 PDSCH 信道解调。

▌▌▌ 5.3 参考信号设计

参考信号是系统设计中的重要组成部分。下行参考信号的主要作用包括信道状态信息的测量、数据解调、波束训练和时频参数跟踪等。上行参考信号的主要作用包括上下行信道测量、数据解调等。本节介绍四种参考信号：解调参考信号（DMRS，Demodulation Reference Signal）、信道状态信息参考信号（CSI-RS，Channel State Information- Reference Signal）、相位跟踪参考信号（PT-RS，Phase Tracking Reference Signal）以及信道检测参考信号（SRS，Souding Reference Signal）。

参考信号的设计包括随机序列生成的设计和物理资源映射的设计。其中随机序列的生成部分可以直接参考标准 38.211 中各个信道参考信号序列生成部分。本节主要介绍各个参考信号的图样，即参考信号在物理资源上的时频分布。

5.3.1 解调参考信号（DMRS）

DMRS 用于上下行数据解调。DMRS 的设计需要充分地考虑到各项系统参数配置的灵活性，并尽可能在各个层面降低处理时延，同时，还要考虑到大规模的天线系统的应用、更高的系统负载以及更高的系统频带利用效率需求。NR 系统中对于 DMRS 的设计有以下考虑。

（1）DMRS 导频前置

为了降低解调和译码时延，5G NR 系统中 DMRS 采用了所谓的前置（Front-load）设计思路。在每个调度时间单位内，DMRS 首次出现的位置应当尽可能地靠近调度的起始点。例如，在基于时隙的调度传输，前置 DMRS 导频的位置应当紧邻 PDCCH 区域之后。此时前置 DMRS 导频的第一个符号的具体位置取决于 PDCCH 的配置，从第三或者第四个符号开始。在基于非时隙的调度传输（调度单位小于一个时隙）时，前置 DMRS 导频从调度区域的第一个符号开始传输。前置 DMRS 导频的使用，有助于接收端快速估计信道并进行接收检测，对于降低时延并支持自包含帧结构具有重要的作用。

（2）附加 DMRS 导频

对于低移动性场景，前置 DMRS 导频能以较低的开销获得满足解调需求的信道估计性能。但是，5G NR 系统所考虑的移动速度最高可达 500km/h，面临动态范围如此之大的移动性，除了前置 DMRS 导频之外，在中/高速场景之中，还需要在调度持续时间内安插更多的 DMRS 导频符号，以满足对信道时变性的估计精度。针对这一问题，5G NR 系统中采用了前置 DMRS 导频与时域密度可配置的附加 DMRS 导频相结合的 DMRS 导频结构。每一组附加 DMRS 导频的图样都是前置 DMRS 导频的重复，即每组附加 DMRS 与前置 DMRS 导频占用相同的子载波和相同的 OFDM 符号数。根据具体的使用场景，在单符号前置 DMRS 时最多可以增加 3 组附加导频、在双符号前置 DMRS 时最多可以增加 1 组附加导频，具体根据需要进行配置并通过控制信令指示。

（3）上下行对称设计

考虑到更为灵活的网络部署以及双工方式，可能会存在上下行链路之间的干扰。这种情况下，上下行的对称设计将为抑制不同链路方向之间的干扰带来更大的便利。同时，CP-OFDM 波形在上行链路中的应用，也为上下行对称设计创造了条件。在 DMRS 导频设计中，上下行的对称性体现在图样以及端口的复用方式的一致性。上行使用 CP-OFDM 波形时，上下行 DMRS 的图样、序列以及复用方式均一致。

（4）支持的层数

在 5G NR 系统中，下行 SU-MIMO 最多支持 8 层传输，上行 SU-MIMO 最多支持 4 层传输。上行和下行的 MU-MIMO 都最多支持 12 层传输，其中每个 UE 的层数最多为 4。

DMRS 正交端口设计需要满足以上层数要求。

（5）DFT-S-OFDM 波形的上行 DMRS

由于 DFT-S-OFDM 波形具有单载波特性，DMRS 的设计也应满足单载波特性。

1. DMRS 设计

NR 支持两种 DMRS 导频类型。前置 DMRS 类型 1 采用了梳状加 OCC（码分正交复用方式）结构，类型 2 基于频分加 OCC 结构。对于 CP-OFDM 波形，两种 DMRS 类型都支持，通过高层信令进行配置。而在高层信令配置之前，类型 1 作为默认的 DMRS 配置。对于 DFT-S-OFDM 波形，只支持 DMRS 类型 1。

当 PDSCH/PUSCH 采用基于 Type A 的资源调度时，DMRS 从第 3 或者第 4 个 OFDM 符号开始传输。对于 Type B 调度，DMRS 从调度的起始符号开始传输。

各端口具体复用和配置方式描述如下。

（1）DMRS 导频类型 1（示例如图 5.5 所示）

① 单 OFDM 符号时，共两组频分的梳状资源，最多支持 4 个端口，其中每组梳状资源内部通过频域 OCC 方式支持两端口复用。

② 双 OFDM 符号时，最多支持 8 个端口，其中每个 OFDM 符号可支持端口数为 4。这种情况下，每个 CDM 组中的 DMRS 端口通过时域及频域 OCC 进行区分。

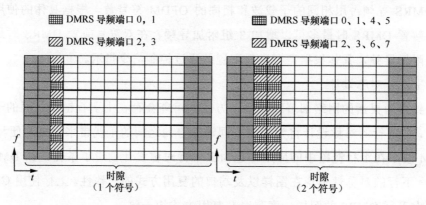

图 5.5　DMRS 导频类型 1 示例图

（2）DMRS 导频类型 2（示例如图 5.6 所示）

① 单 OFDM 符号时，将 OFDM 频谱资源分为三组，每组由相邻的两个资源 RE 构

成，组间采用 FDM 方式，最多支持 6 个端口，其中每组梳状资源内部通过频域 OCC 方式支持两端口复用。

② 双 OFDM 符号时，将每个 OFDM 频谱资源分为三组，最多支持 12 个端口。这种情况下，每个 CDM 组中的 DMRS 端口通过时域及频域 OCC 进行区分。

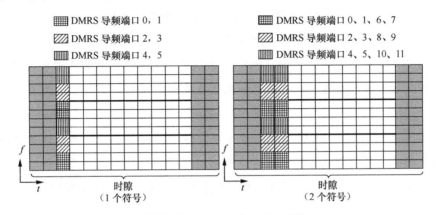

图 5.6　DMRS 导频类型 2 示例图

由以上图样可以看出，类型 1 的频域密度更高，支持最多 8 个端口，在每个包含 DMRS 的符号上平均每个端口占用 3 个 RE，相应的开销也更高。类型 2 在每个 DMRS 符号上的密度为每端口 2 个 RE，支持 12 个端口，同时也可以更好地支持 MU-MIMO，在相对常用的 rank 1～4 的范围内具有更低的开销。在频率选择性较高的场景中，类型 1 在中低信噪比的链路中性能较好，但是其性能优势随着信噪比的提升逐渐减小。在时延扩展较小的场景中，尤其是在高信噪比区域，开销更小的类型 2 则具有更高的吞吐量性能。

2. 附加 DMRS 配置

在中/高速场景之中，除了前置 DMRS 之外，还需要在调度持续时间内安插更多的 DMRS 符号，以满足对信道时变性的估计精度。NR 系统中采用了前置 DMRS 与时域密度可配置的附加 DMRS 相结合的结构。每一组附加 DMRS 的图样都是前置 DMRS 的重复。因此，与前置 DMRS 一致，每一组附加 DMRS 最多也可以占用两个连续的 OFDM 符号。根据具体的使用场景及移动性，在每个调度可以配置最多 3 组附加 DMRS。附加 DMRS 的数量取决于高层参数配置以及具体的调度时长。关于附加 DMRS 的位置，在设计过程中主要考虑了以下几方面的原则。

● 尽可能具有均匀的时域分布。

● 不同调度时长的情况下，DMRS 符号的位置尽可能相同。

● 尽量避开调度区域的最后一个符号。

其中，关于时域密度均匀性的需求主要来自信道估计时域内插的需求。对不同的调度时长维持尽可能相同的 DMRS 符号位置是为了减少 UE 信道估计器需要考虑的情况。而尽量使 DMRS 避开最后一个符号的原因如下。

● 对于下行链路，最后一个 DMRS 符号位置过于靠后会增加检测和译码时延。此外，下行调度之后可能紧邻上行传输。如果丢弃最后一组附加 DMRS，则会影响信道估计性能；

● 对于上行链路，PUSCH 调度之后可能紧邻 SRS 等其他信号或信道的传输，而后续传输的发射功率可能会发生变化。考虑到功放调整所需的时间，为了保证后续信号的时序，调度区域内最后一个符号的 DMRS 可能会被删除，从而影响信道估计性能。

3. 上行业务信道跳频传输的导频设置

对于 PUSCH，通常可以采用时隙内部跳频方式获得频率分集增益。针对时隙间跳频，没有单独的 DMRS 配置与图样。通常 PUSCH 时隙内跳频主要针对小区边缘等信道传输条件不理想的环境，这种情况一般不会使用高阶的 MU-MIMO 传输。因此，时隙内跳频传输时前置 DMRS 只包含一个符号。此外，由于每一跳中最多只有 7 个 OFDM 符号，每一跳内最多只允许配置一个附加 DMRS 导频符号。

对于基于时隙调度（Type A）的 PUSCH，每一跳中至少包含 3 个 OFDM 符号。其中第一跳的前置 DMRS 导频符号固定在时隙的第 3 个或者第 4 个 OFDM 符号上，第二跳的前置 DMRS 位于第二跳的首个 OFDM 符号上。如果配置了附加 DMRS 导频，则其与前置 DMRS 间隔 3 个 OFDM 符号。因此当第一跳的符号数少于 5 个时，若配置了附加 DMRS 导频，则第一跳不传输附加 DMRS 导频。

对于基于非时隙调度（Type B）的 PUSCH，每一跳上的 DMRS 导频位置完全相同，都是从这一跳的第一个符号开始放置前置 DMRS 导频符号。如果配置了一个附加 DMRS 导频符号，则它在时域上与这一跳的前置 DMRS 间隔 3 个 OFDM 符号。

图 5.7 中给出了 PUSCH 时隙内跳频传输时的 DMRS 导频图样示例。

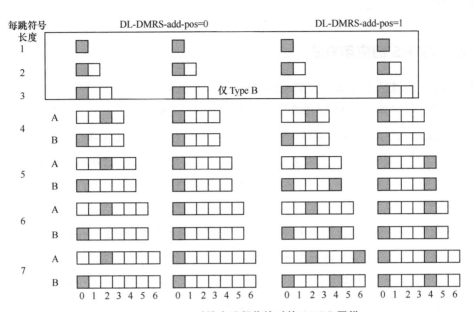

图 5.7　PUSCH 时隙内跳频传输时的 DMRS 图样

5.3.2　信道状态信息参考信号（CSI-RS）

1. CSI-RS 设计

　　LTE 系统从 R10 开始引入了 CSI-RS 用于信道测量。区别于全向发送的 CRS 信号和只有数据传输时才发送的 DMRS 信号，CSI-RS 信号提供更为有效的获取 CSI 的可能性，同时支持更多的天线端口。NR 中需要进一步考虑网络频段的部署对高频段的支持，以及更加灵活的 CSI-RS 配置以实现多种用途。NR 中的 CSI-RS 主要用于以下几个方面。

　　① 获取信道状态信息。用于调度、链路自适应以及和 MIMO 相关的传输设置。

　　② 用于波束管理。UE 和基站侧波束的赋形权值的获取，用于支持波束管理过程。

　　③ 精确的时频跟踪。系统中通过设置 TRS（Tracking Reference Signal）来实现。

　　④ 用于移动性管理。系统中通过对本小区和邻小区的 CSI-RS 信号获取跟踪，来完成 UE 的移动性管理相关的测量需求。

　　⑤ 用于速率匹配。通过零功率的 CSI-RS 信号的设置完成数据信道的 RE 级别的速率匹配功能。

2. CSI-RS 的应用方式

（1）用于信道状态信息获取的 CSI-RS

此应用支持链路自适应和调度而获得信道状态信息的功能。为了支持类似于 LTE R14 中的 Class A（非预编码 CSI-RS）和 Class B （波束赋形 CSI-RS）CSI 反馈，可以通过 RRC 信令为 UE 配置一个或者多个 CSI-RS 资源集合。每个 CSI-RS 资源集合包含一个或多个 CSI-RS 资源，每个 CSI-RS 资源最大配置 32 个端口，可以映射在一个或者多个 OFDM 符号上。

考虑到不同天线端口数和未来可扩展性，NR 中将时域和频域上相邻的多个 RE 作为一个基本单元，并通过基本单元的聚合构造出不同端口数的 CSI-RS 图样。NR 中支持的 CSI-RS 图样基本单元如表 5.1 所示。每 X 个端口 CSI-RS 图样基本单元由一个 PRB 内频域上相邻的 Y 个 RE 和时域上相邻的 Z 个符号组成。

- 1 端口：$(Y, Z) = (1, 1)$。
- 2 端口：$(Y, Z) = (2, 1)$。
- 4 端口：$(Y, Z) = (4, 1)$ 和 $(2, 2)$。

表 5.1　CSI-RS 图样基本单元

组成一个基本单元的 CSI-RS 端口数	基本单元时域映射的 OFDM 符号数	
	Z=1	Z=2
X=2	（Y = 2）	N/A
X=4	（Y = 4）	（Y = 2）

为了能够灵活支持不同天线的虚拟化映射以及码本的设计，并考虑到实际的应用部署场景，NR 系统中支持的端口数为 1、2、4、8、12、16、24、32。其中 8、12、16、24、32 端口图样均由 2 端口或 4 端口图样组合构成。

CSI-RS 资源映射到一个 PRB 内的时频域位置通过信令来指示。使用二维的指示来表示资源映射位置，可以保证最大的指示灵活度，但是这种方法带来的信令开销过大。为了降低信令开销，其时频域位置受到一定限制。在时域上，通过高层信令参数给出最多可能的两个时域符号位置；在频域上，高层信令使用位图方式来指示一个符号上子载波的占用情况，且所有 CSI-RS 符号上的子载波占用情况相同。根据图样基本单元、端口数 X 和密度 D 的不同，频域的位图指示分为如下四种情况。

● 4 比特位图指示，对应 $X=1$，$D=3$。

● 12 比特位图指示，对应 $X=1$，$D=1$。

● 3 比特位图指示，对应 $X=4$，$D=1$，$N=1$。

● 6 比特位图指示，对应其他所有配置。

（2）用于波束管理的 CSI-RS

NR 需要在高频段上支持动态模拟波束赋形，模拟波束赋形权值获取通常需要通过对导频信号的波束扫描测量方式来获取。在 NR 系统中，CSI-RS 可以分别应用于收发波束同时扫描、发送波束扫描和接收波束扫描过程。当与 CSI-RS 相关联的 CSI 上报量配置为上报 RSRP（发送波束扫描）或不进行 CSI 上报（接收波束扫描）时，指示此 CSI-RS 用于波束管理。

由于用于波束管理的 CSI-RS 只进行波束的测量和选择，从节省开销角度考虑，可以使用更少的导频端口（如 1 端口或 2 端口）。考虑到与 CSI 获取的 CSI-RS 的统一性设计，R15 NR 标准复用 1 端口和 2 端口的 CSI 获取的 CSI-RS 用于波束管理。具体的端口示意如图 5.8 所示，其中 X 表示端口数，D 表示密度。

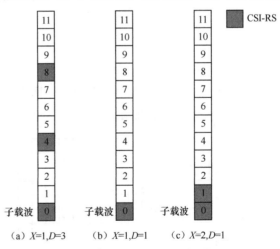

(a) $X=1,D=3$　(b) $X=1,D=1$　(c) $X=2,D=1$

图 5.8　用于波束管理的 CSI-RS 端口资源映射

与信道状态信息获取的 CSI-RS 类似，可以使用 RRC 信令为 UE 配置一个或者多个 CSI-RS 资源集合。每个 CSI-RS 资源集合包含一个或多个 CSI-RS 资源，且每个 CSI-RS 资源只能配置为 1 端口或 2 端口。此外，为了区别发送波束扫描和接收波束扫描，可以通过高层参数指示集合中的所有 CSI-RS 资源是否都使用相同的下行发送波束进行传输。

（3）用于精确时频跟踪的 CSI-RS

LTE 系统中由于 CRS 总是在每个子帧中发送，因此可以通过测量 CRS 实现高精度的时频跟踪。NR 系统取消了这种持续周期性发送的 CRS 信号，而是根据 UE 需要来配置和触发用于时频跟踪的参考信号，这种新的时频跟踪参考信号被称为 TRS 信号（Tracking Reference Signal）。由于 CSI-RS 具有灵活的结构，且可通过灵活的配置增加时频密度，因此 NR 中采用一种特殊配置的 CSI-RS 作为 TRS 的设计方案。

NR 系统支持周期性和非周期 TRS。周期性 TRS 为一个包含多个周期性 CSI-RS 资源的 CSI-RS 资源集合，且此资源集合配置中包含一个高层信令指示此资源集合用作 TRS。为了达到一定的时间跟踪范围，每个 CSI-RS 资源为一个密度为 3 的 1 端口 CSI-RS 资源。同时为了达到频率跟踪的要求范围，一个时隙中的 TRS 符号间隔为 4。TRS 只支持 1 个端口，所以在 CSI-RS 资源集中配置的所有 NZP CSI-RS 资源包含相同的端口索引并对应同一个天线端口。对于低频段，高层给 UE 配置一个包含 4 个周期 CSI-RS 资源的 CSI-RS 资源集合，这 4 个资源分布在两个连续时隙内，每个时隙内包含两个周期 CSI-RS 资源，并且这两个时隙中的 CSI-RS 资源在时域上的位置相同。对于高频段，高层给 UE 配置一个分布在 1 个时隙上包含两个周期 CSI-RS 资源的 CSI-RS 资源集合，或者配置一个分布在两个连续的时隙上包含 4 个周期 CSI-RS 资源的 CSI-RS 资源集合，每个时隙包含两个周期的 CSI-RS 资源，并且这两个时隙中的 CSI-RS 资源在时域上的位置相同。一种 TRS 的图样如图 5.9 所示。图中给出了一个周期内的 TRS，包含两个时隙，每个时隙中占用两个 OFDM 符号。在一个时隙中，两个 TRS 符号间隔为 4 个 OFDM 符号。

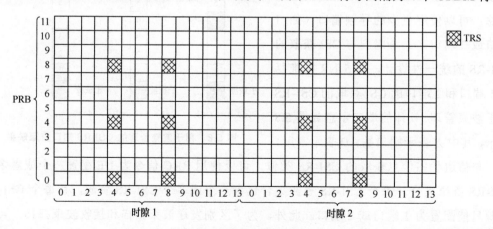

图 5.9　TRS 的图样设计

系统中有许多非周期事件和一些周期事件不能与周期的 TRS 相对齐，如在辅载波（SCell）激活时，假设 TRS 的周期是 80ms，UE 最多需要等待 80ms 才能接收 TRS，这会给 UE 的解调带来严重的影响。此外，在高频段的波束改变后，也不能接受长时间无法根据 TRS 进行时频跟踪。因此需要在周期 TRS 的基础上，引入非周期的 TRS 信号。非周期 TRS 与周期 TRS 的结构相同，如采用相同的带宽，具有相同的频域位置和一个 TRS burst 中具有相同的时隙个数。考虑与非周期 CSI-RS 的触发方法的一致性，NR 中使用 DCI 触发非周期的 TRS。

（4）用于速率匹配的 CSI-RS

NR 系统中采用 ZP CSI-RS，即零功率 CSI-RS 进行速率匹配。配置了 ZP CSI-RS 的 RE 均不用作 PDSCH 信道的传输，这些 RE 被称作速率匹配 RE（RMRE）。

为了灵活地支持对不同类型 RMRE 的速率匹配功能，ZP CSI-RS 相应地分为周期、半持续和非周期三种类型的配置。可以通过高层信令为 UE 配置不同的 ZP CSI-RS 资源集合，每个集合包含多个 ZP CSI-RS 资源。每个 ZP-CSI-RS 资源的时频域指示方式与前述用于信道状态信息获取的 CSI-RS 相同。

为了适配不同的应用场景，RMRE 通常采用半静态或者动态信令来指示。如果需要避开其他终端的非周期发送的 NZP CSI-RS，就需要使用动态信令指示。如果完全动态指示非周期 NZP CSI-RS 会导致 DCI 过大以至于系统无法支持，则采用半静态和动态信令结合的指示方法更为有效。此时终端会被半静态地配置多个非周期 ZP CSI-RS 资源来对应可能的 NZP CSI-RS 资源，通过 DCI 来指示其中的一个或者多个预定义的 ZP CSI-RS 资源给终端来完成 PDSCH 的速率匹配。

5.3.3　相位跟踪参考信号（PT-RS）

1. PT-RS 特性

PT-RS（Phase Tracking Reference Signal）用于跟踪基站和 UE 中的本振引入的相位噪声（PN，Phase Noise）。相位噪声主要由本振引入，会破坏 OFDM 系统中各子载波的正交性从而引起共相位误差（CPE，Common Phase Error）导致调制星座以固定的角度旋转，并引起子载波间干扰（ICI，Inter-Carrier Interference）导致星座点的散射。在高频时这种情况更加明显。由于 CPE 对系统性能影响比较大，在 NR 中主要考虑对 CPE 进行补偿。

为了增强信号的覆盖，PT-RS 作为一种 UE 专有（UE-specific）的参考信号，其使用基于 UE 专用的窄波束进行传输。PT-RS 可以看做 DMRS 的一种扩展，二者具有紧密的关系，如采用相同的预编码，端口关联性，正交序列的生成，具有 QCL 关系等。

由于相位噪声引起的 CPE 在整个频带上具有相同的频率特性，在时间上具有随机的相位特性，因此 PT-RS 在设计为在频域上较为稀疏，而在时域上具有较高密度。

2. PT-RS 导频的传输

（1）基于 CP-OFDM 波形的 PT-RS

由于相位噪声的相干时间短，有必要在多个 OFDM 符号中连续发送 PT-RS 来保证相位估计的精度。PT-RS 在频域的映射采用均匀分布，在每个 PRB 或者每若干个 PRB 中选择一个载波用于 PT-RS 映射，如图 5.10 所示的 PT-RS 映射至每个 PRB 的子载波。

PT-RS 可以作为解调导频的扩展，配置在 UE 的调度带宽内与 UE 数据同时传输。此时，PT-RS 既可以用于相位估计也可以用于数据解调。对于多数据流传输场景，若所有数据流经历相同的相位噪声源，则 PT-RS 可以在任一数据流上进行传输，即 PT-RS 可以关联至任一 DMRS 端口，与此端口使用相同的预编码。此 PT-RS 估计出的相位噪声可以用于其余数据流的相位噪声补偿。因此 NR 中规定，PT-RS 端口与其关联的 DMRS 端口之间关于 QCL-TypeA 和 QCL-TypeD 准共站址。

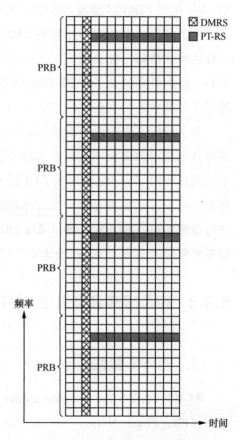

图 5.10　相位跟踪导频的映射

为了保证 PT-RS 的传输性能，可以将其映射至信道质量最优的数据流上进行传输。根据 NR 协议，下行传输时，若 UE 只调度一个码字，PT-RS 端口关联至最低索引值的 DMRS 端口；若 UE 调度两个码字，PT-RS 端口关联至最高 MCS 的码字对应的最低索引值的 DMRS 端口；若两个码字相同，PT-RS 端口关联至第一个码字对应的最低索引值的 DMRS 端口。由于 UE 可以反馈 LI（见 5.4 节），其指示了最强的传输层上使用的预编码，因此 gNB 可以保证 PT-RS 在最强的传输层上进行传输。上行传输时，由于 gNB 已知上行信道状态信息，PT-RS 端口与 DMRS 端口的关联由 DCI 信令指示。特别地，对于基于码本的部分相干和非相干传输，当高层信令配置 UE 的最大 PT-RS 端口数为 2 时，其实际传输的 PT-RS 端口数及端口相关联的传输层由 DCI 信令中的 TPMI 所指示的预编码矩阵所确定。考虑上行码本的结构（如表 5.2 中的 TPMI=1，2 时），其隐含了 SRS 端口 0 和 SRS 端口 2 具有相同的相位噪声，而 SRS 端口 1 和 SRS 端口 3 具有相同的相位噪声的假设。因此协议中规定 PT-RS 端口 0 关联至在 SRS 端口 0 和 SRS 端口 2 上传输的 DMRS 端口，而 PT-RS 端口 1 关联至在 SRS 端口 1 和 SRS 端口 3 上传输的 DMRS 端口。

表 5.2　上行 4 端口 4 层传输的预编码矩阵

TPMI 索引值	W（按 TPMI 索引值递增的顺序从左到右排序）			
0～3	$\dfrac{1}{2}\begin{bmatrix} 1 & 0 & 0 & 0 \\ 0 & 1 & 0 & 0 \\ 0 & 0 & 1 & 0 \\ 0 & 0 & 0 & 1 \end{bmatrix}$	$\dfrac{1}{2\sqrt{2}}\begin{bmatrix} 1 & 1 & 0 & 0 \\ 0 & 0 & 1 & 1 \\ 1 & -1 & 0 & 0 \\ 0 & 0 & 1 & -1 \end{bmatrix}$	$\dfrac{1}{2\sqrt{2}}\begin{bmatrix} 1 & 1 & 0 & 0 \\ 0 & 0 & 1 & 1 \\ j & -j & 0 & 0 \\ 0 & 0 & j & -j \end{bmatrix}$	$\dfrac{1}{4}\begin{bmatrix} 1 & 1 & 1 & 1 \\ 1 & -1 & 1 & -1 \\ 1 & 1 & -1 & -1 \\ 1 & -1 & -1 & 1 \end{bmatrix}$
4	$\dfrac{1}{4}\begin{bmatrix} 1 & 1 & 1 & 1 \\ 1 & -1 & 1 & -1 \\ j & j & -j & -j \\ j & -j & -j & j \end{bmatrix}$	—	—	—

（2）基于 DFT-S-OFDM 波形的 PT-RS

与多载波 CP-OFDM 不同，单载波的 DFT-S-OFDM 在信号生成过程中增加了 DFT 变换操作实现时域至频域的转换。这样 PT-RS 既可以放置在 DFT 变换前（时域内插），也可以放置在 DFT 变换后（频域内插），如图 5.11 所示。

时域内插可以保证单载波 DFT-S-OFDM 波形的 PAPR 特性。但 DFT 变换将 PT-RS 扩展至整个频域带宽，会造成与同符号的数据混叠，进而不能在频域进行相位变化的估计。由于 DMRS 在频域内插，在进行相位噪声补偿时，基于 DMRS 的信道估计和基于

PT-RS 的相位变化估计需要在频域和时域分别进行，这就需要接收机使用与 CP-OFDM 波形不同的相位噪声估计算法。频域内插可以在频域中打孔一个数据的子载波用于传输 PT-RS［如图 5.11（b）所示］，其使用与 CP-OFDM 相同的相位噪声估计算法，简化了接收机的复杂度。一方面频域内插破坏了单载波特性，造成 PAPR 的增加，另一方面由于数据子载波被打孔，性能有一定的损失。NR 中采用了时域内插的方式用于 PT-RS 的传输。

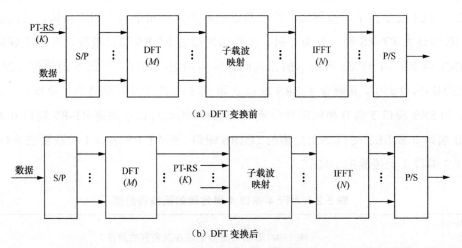

（a）DFT 变换前

（b）DFT 变换后

图 5.11　DFT 变换前后放置 PT-RS

3. PT-RS 导频的密度

（1）基于 CP-OFDM 波形的 PT-RS

PT-RS 导频在时域上的密度取决于链路传输质量，当链路信道条件较好的时候，可以通过较少的 PT-RS 导频来完成相位估计，如果信道条件较差，则需要更多的 PT-RS 符号来保证精度。因此，PT-RS 的时域密度与 MCS 等级相关，PT-RS 的频域密度与调度带宽相关。为了节省信令开销，NR 协议规定当 PT-RS 使能时，通过 MCS、调度带宽参数隐性确定 PT-RS 的时频密度，如表 5.3 和表 5.4 所示。

表 5.3　PT-RS 时域密度为调度 MCS 的函数

调度 MCS	时域密度（$L_{\text{PT-RS}}$）
$I_{\text{MCS}}<$ptrs-MCS$_1$	PT-RS 不存在
ptrs-MCS1$\leqslant I_{\text{MCS}}<$ptrs-MCS2	4

续表

调度 MCS	时域密度（L_{PT-RS}）
ptrs-MCS2≤I_{MCS}<ptrs-MCS3	2
ptrs-MCS3≤I_{MCS}<ptrs-MCS4	1

表 5.4　PT-RS 频域密度为调度带宽的函数

调度带宽	频域密度（K_{PT-RS}）
$N_{RB}<N_{RB0}$	PT-RS 不存在
$N_{RB0}≤N_{RB}<N_{RB1}$	2
$N_{RB1}≤N_{RB}$	4

其中时域密度表示每 L_{PT-RS} 个 OFDM 符号配置一个 PT-RS，而频域密度表示每 K_{PT-RS} 个 RB 配置一个 PT-RS。

（2）基于 DFT-S-OFDM 波形的 PT-RS

对于 DFT-S-OFDM 波形，PT-RS 的密度包括时域密度和 DFT 域密度。其中时域密度是指一个时隙中占用的 OFDM 符号数，DFT 域密度是指 DFT 变换前 PT-RS 占用的样点数。NR 中定义了 PT-RS 的时域密度固定为每个 OFDM 符号或每两个 OFDM 符号出现一次。DFT 域密度与调度带宽相关，如表 5.5 所示，其中 PT-RS 组数表示 Chunk 数目，每组的样点数即为每个 Chunk 内的 PT-RS 样点数（例如对应表中的第三行配置）。

表 5.5　DFT-S-OFDM 波形的 PT-RS 的 DFT 域密度

调度带宽	PT-RS 组数	每个 PT-RS 组的样点数
$N_{RB0}≤N_{RB}<N_{RB1}$	2	2
$N_{RB1}≤N_{RB}<N_{RB2}$	2	4
$N_{RB2}≤N_{RB}<N_{RB3}$	4	2
$N_{RB3}≤N_{RB}<N_{RB4}$	4	4
$N_{RB4}≤N_{RB}$	8	4

4．PT-RS 端口

PT-RS 的端口数与相位噪声源的个数相关。当存在多个独立的相位噪声源时，每个相位噪声源均需要一个 PT-RS 端口对其进行相位估计。对于下行传输，多个 PT-RS 端口的场景主要应用于多点协作方式，每个协作点的相位噪声源相互独立，因此每个协作点需要配置一个 PT-RS 端口。而对于上行传输，考虑不同场景也需要多个 PT-RS 端口。NR R15 中支持下行 1 个 PT-RS 端口和上行两个 PT-RS 端口。其中对于上行 DFT-S-OFDM 波形，由于仅支持单流传输，因此只使用 1 个 PT-RS 端口。NR 后续版本中将考虑对多点协作的支持，因此下行 PT-RS 端口数将进一步增加。

对于 SU-MIMO 场景，为了保证 PT-RS 的估计性能，UE 的多个 PT-RS 端口之间采用频分复用的方式正交，且与数据也采用频分复用的方式正交。由于 PT-RS 是 UE 特定配置的，对于 MU-MIMO 场景，为了保证每个 UE 的 PT-RS 相位估计精度，此时多个 UE 的 PT-RS 之间应保持相互正交。但由于 PT-RS 的时域密度较大，此正交性的要求会造成较大的导频开销。考虑到多个 UE 之间已采用预编码降低了 UE 间干扰，为了节省导频开销，多个 UE 的 PT-RS 之间不要求正交，且 PT-RS 与其他 UE 的数据间也不要求正交。

5. PT-RS 图样

（1）基于 CP-OFDM 波形的 PT-RS

由于 PT-RS 在频域分布较为稀疏，其频域位置可以灵活配置。一个 PT-RS 端口的频域位置包括 RB 级的配置和 RE 级的配置。

① RB 级配置：用于指示在调度带宽上的 RB 偏移，其通过 UE-ID 隐式确定。

② RE 级配置：由于与 PT-RS 关联的 DMRS 端口在一个 RB 内占用多个子载波，因此需要指示 PT-RS 映射至此 DMRS 端口的某个子载波上。NR 中采用了隐式指示和显示指示两种方式。如表 5.6 所示，隐式指示时，高层信令未配置 resourceElementOffset 参数，此时默认采用配置"00"所在列。例如 PT-RS 关联至 type 1 DMRS 端口 3 时，其占用子载波 3 传输。显式指示时，可以通过高层信令配置不同的列，以改变子载波位置。

表 5.6　PT-RS 的 RE 偏移

DM-RS 天线端口 $\tilde{p}$	$k_{\text{ref}}^{\text{RE}}$							
	DM-RS 配置 type 1				DM-RS 配置 type 2			
	resourceElementOffset				resourceElementOffset			
	00	01	10	11	00	01	10	11
0	0	2	6	8	0	1	6	7
1	2	4	8	10	1	6	7	0

续表

DM-RS 天线端口 $\tilde{p}$	$k_{\text{ref}}^{\text{RE}}$							
	DM-RS 配置 type 1				DM-RS 配置 type 2			
	resourceElementOffset				resourceElementOffset			
	00	01	10	11	00	01	10	11
2	1	3	7	9	2	3	8	9
3	3	5	9	11	3	8	9	2
4	—	—	—	—	4	5	10	11
5	—	—	—	—	5	10	11	4

PT-RS 与 DMRS 之间进行时分复用，PT-RS 可以作为 DMRS 的一种扩展。PT-RS 的时域密度是每 2 个 OFDM 符号或者每 4 个 OFDM 符号出现一次。当配置了附加 DMRS 符号时，PT-RS 的时域映射将受到附加 DMRS 符号的影响。图 5.12 中，配置了两个附加 DMRS 符号，当 PT-RS 的时域密度为每两个 OFDM 符号出现一次时，其时域位置可以如图 5.12（a）所示。由于附加 DMRS 也可以用于相位跟踪，其两侧的 PT-RS 作用有限，且导频开销较高。因此 NR 中规定 PT-RS 的映射以每个 DMRS 符号为基准，重新以每 $L_{\text{PT-RS}}$ 个 OFDM 符号进行时域映射，如图 5.12（b）所示。PT-RS 与 CSI-RS 和 SRS 之间可以频分复用，若配置的 RE 重叠，则打孔 PT-RS RE。同样，PT-RS 也可以与 SSB 及 CORESET 频分复用，当配置的 RE 重叠时，打孔 PT-RS RE。

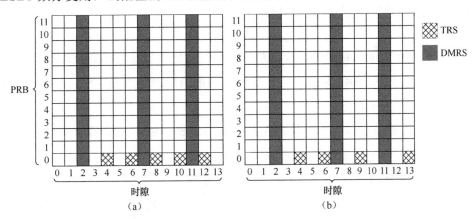

图 5.12 配置两个附加 DMRS 时的 PT-RS 映射变化方式

（2）基于 DFT-S-OFDM 波形的 PT-RS 图样

在时域进行 PT-RS 的映射有三种候选方式：一种是分布式均匀映射，其类似于

CP-OFDM 的映射方式；另一种是集中式映射；第三种是分束（Chunk）映射，其为分布式均匀映射和集中式映射的折中。图 5.13 给出了这三种方式的示意图。

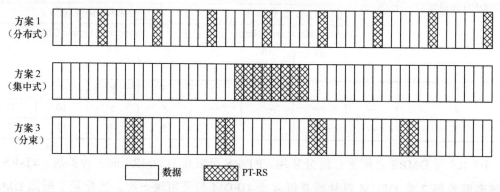

图 5.13　DFT 变换前映射 PT-RS 的方式

方案 1 可以进行多个 PT-RS 样点间的内插。方案 2 中可以将多个邻近 PT-RS 样点平均，降低噪声和干扰，但两端的样点没有 PT-RS 分布，其相位估计误差较大。方案 3 既可以实现邻近样点的平均也可以实现样点间的内插。考虑到方案 3 可以灵活配置 Chunk 数目及每个 Chunk 中 PT-RS 样点的个数，并结合仿真结果，NR 采用方案 3 作为 PT-RS 的映射方式。

5.3.4　信道探测参考信号（SRS）

SRS 用于上行信道信息获取、满足信道互易性时的下行信道信息获取以及上行波束管理。在 LTE 系统中，SRS 只能配置在每个子帧的最后一个符号。NR 系统中，SRS 可用的资源位置更多，可以通过高层信令灵活配置。

NR 系统中，基站可以为 UE 配置多个 SRS 资源集，每个 SRS 资源集包含 1 到多个 SRS 资源，每个 SRS 资源包含 1、2 或 4 个 SRS 端口。每个 SRS 资源可以配置在一个时隙的最后 6 个 OFDM 符号中的 1、2 或 4 个连续的符号。当 SRS 与 PUSCH 发送在同一个时隙时，SRS 只能在 PUSCH 及其对应的 DMRS 之后发送。图 5.14 显示了一个时隙内可以用于 UE 发送 SRS 的符号区域。

在频域上，SRS 资源的映射有如下两种方式。

● Comb-2：这是一种每隔一个子载波映射一个 RE 的梳状映射方式。在这种频域映射方式下，一个 SRS 资源在一个 RB 中占用 6 个 RE。以图 5.15 为例，SRS 资源 1 和 SRS 资源 2 都采用了 Comb-2 的映射方式。

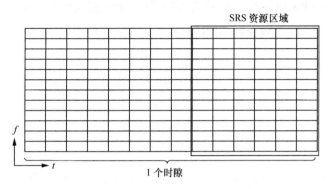

图 5.14　可用于 SRS 的时域区域示意图

● Comb-4：这是一种每隔三个子载波映射一个 RE 的梳状映射方式。在这种频域映射方式下，一个 SRS 资源在一个 RB 中占用 3 个 RE。以图 5.15 为例，SRS 资源 3 采用了 Comb-4 的映射方式。

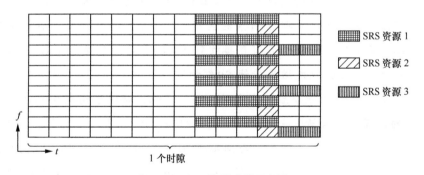

图 5.15　SRS 资源映射示意图

对于上述两种 SRS 资源的频域映射方式，SRS 资源内的 SRS 端口所占用的子载波在一个 RB 中的偏移通过高层信令配置。SRS 资源的时频资源映射是针对每个 SRS 资源进行配置的，同一个 SRS 资源内的不同的 SRS 端口占用完全相同的符号，互相间通过频分（占用不同的子载波）或者码分（利用不同的 ZC 序列或者相同 ZC 序列的不同循环移位）的方式进行复用。NR 系统支持 64 种 SRS 带宽配置方式，一个 SRS 资源可配置的最小带宽为 4 个 RB，最大带宽是 272 个 RB。

针对 SRS 的不同用途，基站可以为终端配置不同的 SRS 资源集，并通过高层信令指示 SRS 资源集的用途。为了在实现目标功能的情况下不造成资源的浪费，NR 系统对不同用途下可配置的 SRS 资源集的数目及 SRS 资源集的配置进行了规定。一个 SRS 资源集可以包含的最大 SRS 资源数和 SRS 资源可以包含的最大 SRS 端口数取决于 UE 的能力和该 SRS 资源集的用途。

NR 系统支持周期的、半持续的和非周期的 SRS 发送方式。SRS 的发送方式通过为 SRS 资源集和 SRS 资源配置关于时域类型的高层参数类型来实现。一个 SRS 资源集内的所有 SRS 资源都与该 SRS 资源集具有相同的时域类型。各种 SRS 发送方式的具体情况如下。

● 周期性发送。时域类型被配置为周期的 SRS 资源（周期 SRS 资源）的所有参数由高层信令配置，UE 根据所配置的参数进行周期性发送。同一个 SRS 资源集内的所有 SRS 资源具有相同的周期性。考虑到 NR 系统支持各种子载波间隔，不同子载波间隔对应的时隙时长不同，周期 SRS 资源的周期以及周期内的偏移以时隙为单位进行配置。周期 SRS 资源可配置的最小周期为 1 个时隙，最大周期为 2560 个时隙。

● 半持续发送。时域类型被配置为半持续的 SRS 资源（半持续 SRS 资源）在激活期间也是周期性发送。它与周期性 SRS 的区别在于 UE 在接收到关于半持续 SRS 资源的高层信令配置后不发送 SRS，只有在接收到 MAC 层发送的关于半持续 SRS 资源的激活信令后才开始周期性地发送半持续 SRS 资源对应的 SRS，在收到 MAC 层发送的半持续 SRS 资源的去激活命令后停止发送 SRS。因此，相对于周期性 SRS 资源，半持续 SRS 资源的配置以及激活、去激活相比高层信令（RRC 信令）更快，更灵活，适应于要求时延较低的业务的快速传输。与周期性 SRS 资源类似，基站通过高层信令为半持续 SRS 资源配置周期和周期内的偏移，同一个 SRS 资源集内的所有 SRS 资源具有相同的周期性。

● 非周期性发送。时域类型被配置为非周期的 SRS 资源（非周期 SRS 资源）通过 DCI 信令激活。UE 每接收到一次触发非周期 SRS 资源的 SRS 触发信令，UE 进行一次所触发的 SRS 资源对应的 SRS 发送。DCI 中的 SRS 触发信令包含 2 个比特（如表 5.7 所示），2 个比特可表示的 4 个状态中的 1 个状态表示不触发非周期 SRS 发送，其他 3 个状态分别表示触发第一、第二、第三个 SRS 资源组；一个状态可以触发一个或多个 SRS 资源集，一个状态对应的多个 SRS 资源集可以对应多个载波。

表 5.7　下行控制信令（DCI）包含的 SRS 资源触发信令指示方式

取值	触发命令
00	不触发
01	触发第一个 SRS 资源组
10	触发第二个 SRS 资源组
11	触发第三个 SRS 资源组

（1）SRS 的序列

NR 系统的 SRS 序列基于 ZC 序列产生，序列长度等于 SRS 资源在一个符号内占用的子载波数。

为了进行干扰随机化，NR 系统支持跳序列或跳序列组。是否进行跳序列或跳序列组通过高层信令配置。SRS 的基序列分成若干组，每组包含若干序列。如果 SRS 资源被配置为不进行跳序列或跳序列组，该 SRS 资源对应的 SRS 在各个 OFDM 符号内使用相同的序列。当 SRS 资源被配置为进行跳序列或跳序列组时，该 SRS 资源对应的 SRS 在各个 OFDM 符号内按照一定规则采用不同序列号或不同的序列组号对应的序列。

（2）SRS 的跳频设计

SRS 跳频技术可以在减少 SRS 每次的发送功率的情况下获得更大的探测带宽。因此，NR 系统支持 UE 在时隙间以及时隙内符号间以跳频的方式发送 SRS。跳频的方式为以轮询的方式在不同子带发送 SRS。基站通过高层信令为 SRS 资源配置 SRS 占用的总的带宽大小、是否跳频、跳频时的起始频域位置、跳频时一个符号内的子带的大小、跳频间隔、占用相同子载波的连续 OFDM 符号数等。当一个 SRS 资源被配置为在时隙间进行跳频时，对应于该 SRS 资源的 SRS 在每个时隙内占用相同的 OFDM 符号位置。图 5.16（a）给出了一个 UE 在连续 4 个时隙以时隙间跳频的方式发送 SRS 的示意图。图 5.16（a）所示的 SRS 资源在一个时隙内只占用 1 个 OFDM 符号，其对应的 SRS 第 1 个时隙在子带 0 发送，第 2 个时隙在子带 2 发送，第 3 个时隙在子带 1 发送，第 4 个时隙在子带 3 发送。

图 5.16（b）给出了一个 UE 在一个时隙内的连续 4 个 OFDM 符号之间以时隙内符号间跳频方式发送 SRS 的示意图。图 5.16（c）为一个 UE 在连续的 4 个时隙间以时隙间跳频方式发送 SRS 的示意图，该 SRS 资源在一个时隙内占用 4 个连续的符号。

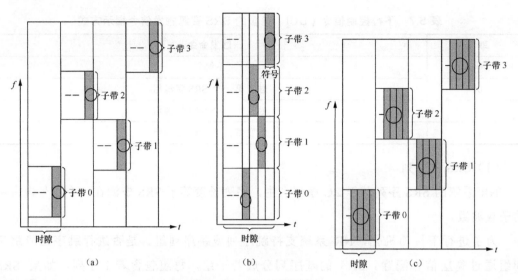

图 5.16　SRS 跳频示意图

（3）SRS 信号的天线切换发送

NR 系统中支持基站侧利用信道互易性通过测量 SRS 获取下行信道信息。受限于成本和硬件的限制，UE 同时发送的天线数量可能少于接收天线数量，从而导致不同的 UE 具有不同的天线收发能力。为了支持发送天线数量少于接收天线数量的 UE 也能通过信道互易性有效获取下行信息，NR 系统设计了 SRS 天线切换发送方式。UE 的收发能力包括以下几种：收发天线数目相同（T=R）、一发两收（1T2R）、一发四收（1T4R），以及两发四收（2T4R）。针对不同的天线收发能力，基站可以采用如下方式中的一种方式为终端配置用于下行 CSI 获取的 SRS 资源集（也可以被称为用于天线切换的 SRS 资源集）。

● 最多配置两个 SRS 资源集，每个 SRS 资源集包含一个 SRS 资源，SRS 资源的天线端口数可以为 1、2 或 4。这种配置主要针对具有相同收发天线数目的 UE。

● 最多配置两个 SRS 资源集，在一个 SRS 资源集中包含两个发送在不同的 OFDM 符号的 SRS 资源，每个 SRS 资源的端口数为 1。UE 使用不同的 UE 天线端口（物理天线）发送不同的 SRS 资源。这种配置主要针对具有一发两收（1T2R）能力的 UE，由于具有一发两收能力的 UE 只有一个发送射频通道，因此 UE 需要以天线切换的方式发送不同的 SRS 资源。

● 最多配置两个 SRS 资源集。在一个 SRS 资源集中包含两个发送在不同的 OFDM 符号的 SRS 资源，每个 SRS 资源有两个端口。UE 将其中的一个资源由两个 UE 天线端口（物理天线）发送，另一个资源则从另外两个 UE 天线端口（物理天线）发送。这种配置主要针对具有两发四收（2T4R）能力的 UE。由于具有两发四收能力的 UE 有两个发送射频通道，因此 UE 在从发送一个 SRS 资源到发送另一个 SRS 资源前需要进行物理天线的切换过程。图 5.17 所示为 UE 具有两发四收能力时的一个天线切换示意图。

● 不配置或者配置一个周期或半持续 SRS 资源集，包含 4 个 SRS 资源，每个 SRS 资源包含 1 个端口，不同的 SRS 资源发送在不同的 OFDM 符号上，且不同的 SRS 端口使用不同的 UE 天线端口（物理天线）发送。这种配置主要针对具有一发四收（1T4R）能力的 UE。

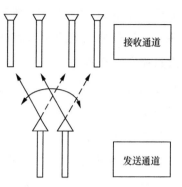

图 5.17　天线切换示意图（2T4R）

● 不配置或者配置两个非周期 SRS 资源集，两个资源集共包含 4 个 SRS 资源，这 4 个 SRS 资源在两个时隙内发送，每个 SRS 资源包含 1 个天线端口，不同的 SRS 资源通过不同的 UE 物理天线发送。这两个 SRS 资源集包含的 SRS 资源数可以为每个 SRS 资源集包含两个资源或者一个 SRS 资源集包含 1 个 SRS 资源，另一个 SRS 资源集包含 3 个资源。这两个 SRS 资源集需配置相同的功率控制参数，并且通过同一个控制信令（DCI 信令）同时触发。

UE 进行物理天线（射频通道）切换需要一定的时间。在 UE 进行物理天线切换的过程中，UE 不能发送任何上行信号，即需要为 UE 配置天线切换的保护间隔。表 5.8 给出了不同的子载波间隔下的最少切换时间要求。为了支持 UE 以天线切换的方式发送 SRS，基站在为终端配置用于天线切换的 SRS 资源集时必须要根据表格要求在两个 SRS 资源之间留出足够的时间间隔。

表 5.8　用于天线切换的 SRS 资源集内的 SRS 资源间的保护时间间隔

μ	子载波间隔[kHz]	符号间隔
0	15	1
1	30	1
2	60	1
3	120	2

（4）载波切换

在载波聚合系统中，由于 UE 的收发能力不同，UE 接收载波和发送载波的能力也不同。当基站基于信道互易性通过 SRS 获得下行信道信息时，若接收载波多于发送载波，则基站通过接收 SRS 只能获得一部分下行载波的下行信道信息。如图 5.18 所示，假设 UE 能够接收两个下行载波（载波 1 和载波 2）的信号，但是一次只能在一个载波上发送信号。在这种情况下，基站通过 SRS 测量一次只能获得下行载波 1 或下行载波 2 对应的下行信道信息。为了能够获得两个下行载波对应的下行信道信息，NR 系统中支持 UE 在发送 SRS 时进行载波切换，即在不同的载波发送 SRS。由于 UE 的上行数据和控制信道发送在其中的一个载波上（如载波 1），UE 在另一个载波

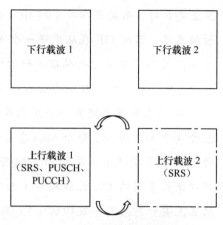

图 5.18　载波切换示意图

（载波 2）上发送 SRS 之后需要切换回发送上行数据的载波（载波 1）进行正常发送。发送 SRS 时的载波切换要求 UE 进行射频器件间的转换，因此，两次发送期间要有一定的保护时间间隔，在这个保护时间间隔内 UE 不能发送任何上行信号。

5.4　信道状态信息反馈设计

5.4.1　框架设计

信道状态信息（CSI）的反馈决定了 MIMO 传输的性能，因此在整个 MIMO 设计中具有举足轻重的作用。在前面章节中讨论了 CSI 的反馈原理和针对大规模天线的一些设计方案，本节将针对 5G 系统和大规模天线的特点，结合技术设计原理，介绍 5G 标准中 CSI 反馈的框架设计。

1. 信道状态信息反馈的设计原则

LTE 系统中在不同的标准化版本（R8～R14）中定义了多种不同的反馈类型以支持不同 MIMO 传输方案的 CSI 反馈。这种设计导致了不同传输方案以及信息反馈的分散和

复杂化。在 5G 系统中为了避免引入多种反馈类型/子反馈类型，考虑设计统一的 CSI 反馈框架。系统设计通过将 CSI 测量和 CSI 反馈方式进行解耦，将测量资源和测量操作与具体上报操作分离，以更加灵活的方式支持不同的 MIMO 传输方式在多种场景和多种频带的应用。

与 LTE 系统类似，NR 支持对 CSI 隐式反馈和基于信道互易性的反馈。隐式反馈把 CQI\PMI\RI\CRI 等信息量化进行反馈，重点在于码本的设计。考虑 SU 和 MU 对于反馈精度的不同要求，NR 中支持两类码本用于 CSI 反馈。一类是普通精度的 Type I 码本，另一类是高精度的 Type II 码本。基于互易性的 CSI 反馈根据反馈的条件可以分为基于完整信道互易性的反馈和基于部分信道互易性的反馈。另外，对于 5G 系统新出现的波束管理需求，还需要上报波束指示及相应的 RSRP 等信息。

2. CSI 测量与反馈解耦机制

在 NR 系统中，CSI 可以包括 CQI、PMI、CSI-RS 资源指示（CRI）、SS/PBCH 块资源指示（SSBRI）、层指示（LI）、RI 以及 L1-RSRP。其中，SSBRI、LI 和 L1-RSRP 是在 LTE 系统的 CSI 反馈基础上新增的反馈量。LI 用于指示 PMI 中最强的列，用于 PT-RS 参考信号映射。SSBRI 和 L1-RSRP 用于波束管理，一个指示波束索引，另一个指示波束强度。NR 中支持以下的上报参数组合。

● CRI-RI-PMI-CQI：支持类似于 LTE R14 中的 Class A （非预编码 CSI-RS）或 Class B（波束赋形 CSI-RS）CSI 反馈。

● CRI-RI-i1：支持类似于 LTE R14 中的混合 CSI 反馈。其中 i1 指示两级码本中的第一级码本，可用于对 CSI-RS 进行赋形。

● CRI-RI-i1-CQI：支持基于半开环的 CSI 反馈，CQI 的计算假设 PDSCH 的传输使用了多个随机选择的预编码。

● CRI-RI-CQI：支持基于信道互易性的反馈，CQI 的计算假设使用单位矩阵作为预编码。

● CRI-RSRP：支持基于 CSI-RS 的波束管理。

● SSBRI-RSRP：支持基于 SSB 的波束管理。

● CRI-RI-LI-PMI-CQI：在 CRI-RI-PMI-CQI 参数上报的基础上，增加了 LI 的上报，用于辅助基站进行 PT-RS 的传输。

根据上述 CSI 测量和 CSI 反馈解耦的原则，系统将为每个 UE 配置 $N \geq 1$ 个用于上报不同测量结果的上报反馈设置（Reporting Setting），以及 $M \geq 1$ 个 CSI-RS 测量资源设置（Resource Setting）。每个上报反馈设置关联至 1 个或多个资源设置，用于信道和干扰测量与上报，这样可以根据不同 UE 需求和应用场景，灵活设置不同测量集合与上报组合。如图 5.19 所示，对于某个 UE，设置了三个测量集合，分别对应于不同 CSI-RS 的测量资源组合；同时，该 UE 还配置了两种上报设置，设置 0 上报三个测量集合的结果，而设置 1 则上报一个测量集合的结果。

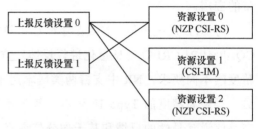

图 5.19　CSI 反馈框架

（1）CSI 的上报反馈设置（Reporting Setting）

上报反馈设置中包含以下参数的配置：CSI 反馈参数（Report Quantity）、码本配置、CSI 反馈的时域行为、PMI 和 CQI 的频域颗粒度，以及测量约束配置。其中 CSI 反馈参数用于指示 UE 进行波束管理相关的反馈还是 CSI 获取相关的反馈。

NR 中支持周期、半持续和非周期 CSI 反馈方式。对于周期和半持续 CSI 反馈，需要在上报反馈设置中配置其反馈周期和反馈时隙偏移，每个上报反馈设置可以关联至 1 个或 2 个资源设置。对于非周期 CSI 反馈，反馈时隙偏移由动态信令指示，每个上报反馈设置可以关联至 1～3 个资源设置。

NR 中支持宽带或子带反馈，子带 CSI 上报的子带大小与 UE 实际使用的 BWP（Bandwidth Part）带宽相关，如表 5.9 所示。每种 BWP 配置带宽下包含 2 种候选的子带大小，可以通过 RRC 进行配置。子带 CSI 上报时，多个子带可以在频域连续配置，也可以在频域不连续配置。

表 5.9　CSI 子带大小

Bandwidth Part（PRB）	子带大小（PRB）
<24	N/A
24～72	4，8
73～144	8，16
145～275	16，32

表 5.10 给出了 NR 中支持的上报反馈设置与资源设置组合。其中周期 CSI 上报只能关联周期 CSI-RS，半持续 CSI 上报可以关联周期和半持续 CSI-RS，非周期 CSI 上报可以关联周期、半持续和非周期 CSI-RS。

表 5.10　上报反馈设置与资源设置的关联关系

CSI-RS 配置	周期 CSI 反馈	半持续 CSI 反馈	非周期 CSI 反馈
周期 CSI-RS	支持，无须触发/激活	支持，MAC CE/DCI 激活	支持，DCI 触发
半持续 CSI-RS	不支持	支持，MAC CE/DCI 激活	支持，DCI 触发
非周期 CSI-RS	不支持	不支持	支持，DCI 触发

（2）CSI-RS 资源设置（Resource setting）

资源设置用于信道或干扰测量。每个资源设置包含 $S \geq 1$ 个资源集，每个资源集包含 $Ks \geq 1$ 个 CSI-RS 资源。NR 支持周期、半持续和非周期的资源设置，其时域行为在资源设置中配置。对于周期和半持续资源设置，只能配置一个资源集，即 $S=1$。非周期的资源设置可以配置一个或多个资源集。为了区别 CSI 获取和波束管理，还引入了波束重复指示参数 repetition，其配置在资源集中用于指示此资源集中的 CSI-RS 是否用于波束管理和采用重复波束发送。

5.4.2　Massive MIMO 码本设计

1．码本设计原则

随着天线规模的增加，天线配置更加灵活。图 5.20 给出 16 端口的 3 种可能的天线配置。其中 (N_1, N_2) 表示同一极化方向上第一维度（图中的水平维度）的天线端口数和第二维度（图中的垂直维度）的天线端口数。

在 LTE 系统中，考虑到后续可扩展性、灵活性和码本设计的工作量，采用了参数化码本方案。参数化码本由统一的码本框架结合若干码本参数确定，采用两级码本结构 $W = W_1 W_2$。W_1 描述信道的长期宽带特性；W_2 描述信道的短期子带特性，用于对 W_1 中的波束进行列选择和相位调整。

第一级码本基于块对角线结构，每个对角块表示一个极化方向的波束组，其由第一维度的波束分组与第二维度的波束分组进行克罗内克积计算得到。

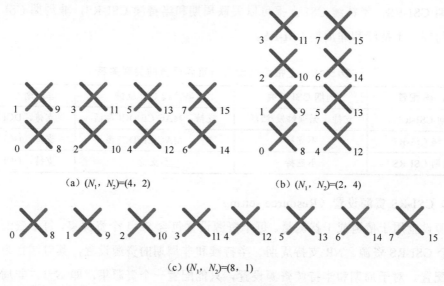

（a）$(N_1, N_2)=(4, 2)$ （b）$(N_1, N_2)=(2, 4)$

（c）$(N_1, N_2)=(8, 1)$

图 5.20   16 端口的天线配置

$$W_1 = \begin{bmatrix} X_1^{i_{1,1}} \otimes X_2^{i_{1,2}} & 0 \\ 0 & X_1^{i_{1,1}} \otimes X_2^{i_{1,2}} \end{bmatrix}$$

其中，$i_{1,1}$ 表示第一维度波束分组 X_1 的索引，$i_{1,2}$ 表示第二维度波束分组 X_2 的索引。X_1 是一个 $L_1 \times N_1$ 维矩阵，由 L_1 个长度为 N_1 的 DFT 向量构成。每个向量经过 O_1 倍过采，表示为

$$v_{m_1} = \begin{bmatrix} 1 & e^{j\frac{2\pi m_1}{N_1 O_1}} & \cdots & e^{j\frac{2\pi(N_1-1)m_1}{N_1 O_1}} \end{bmatrix}^T$$

X_2 是一个 $N_2 \times L_2$ 维矩阵，由 L_2 个长度为 N_2 的 DFT 向量构成。每个向量经过 O_2 倍过采，表示为

$$u_{m_2} = \begin{bmatrix} 1 & e^{j\frac{2\pi m_2}{N_2 O_2}} & \cdots & e^{j\frac{2\pi(N_2-1)m_2}{N_2 O_2}} \end{bmatrix}^T$$

这样，$X_1^{i_{1,1}}, X_2^{i_{1,2}}$ 可以表示为

$$X_1^{i_{1,1}} = \begin{bmatrix} v_{s_1 \cdot i_{1,1}+0 \cdot p_1} & v_{s_1 \cdot i_{1,1}+1 \cdot p_1} & \cdots & v_{s_1 \cdot i_{1,1}+(L_1-1) \cdot p_1} \end{bmatrix}$$

$$X_2^{i_{1,2}} = \begin{bmatrix} u_{s_2 \cdot i_{1,2}+0 \cdot p_2} & u_{s_2 \cdot i_{1,2}+1 \cdot p_2} & \cdots & u_{s_2 \cdot i_{1,2}+(L_2-1) \cdot p_2} \end{bmatrix}$$

其中，(s_1, s_2) 定义为第一维度和第二维度的波束组间隔，表示两个相邻波束组中第一个波束的索引间的差异。(p_1, p_2) 定义为波束组内波束间隔，表示在 X_1，X_2 内相邻波

束间隔。图 5.21 给出了 $(L_1, L_2) = (2,2)$，$(s_1, s_2) = (2,2)$ 和 $(p_1, p_2) = (1,1)$ 的波束分组示意图。

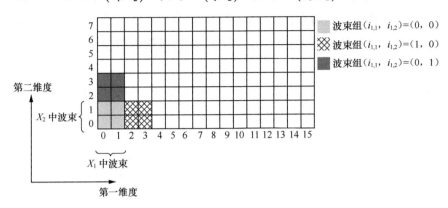

图 5.21　W_1 中的天线分组

5G 系统中，考虑不同的天线阵列结构，需要支持单天线阵面（SP，Single Panel）、多天线阵面（Multi-Panel）。此外，5G 也支持类似于 LTE 中的 Class A 反馈、Class B 反馈及混合反馈方式。这样，除了信道量化的码本外，还需要设计端口选择码本。NR 的码本设计原则依然采用 $W = W_1 W_2$ 的两级码本结构。

在 LTE R14 版本中，定义了两种码本类型。一类是 Class A 码本，其用于常规精度的 CSI 反馈；另一类是 Class A 的增强型码本，即 advanced CSI 码本。NR MIMO 系统沿用这一原则，使用常规精度的 CSI 反馈用于链路的保持及 SU MIMO 传输，而采用高精度的 CSI 反馈用于提升 MU-MIMO 的性能。其中，常规精度的码本定义为 Type I 码本，高精度码本定义为 Type II 码本。

2. Type I 码本

Type I 码本分为单天线阵面码本和多天线阵面码本。天线阵面是指采用集中方式、均匀天线阵子排列的天线阵。其中单天线阵面的码本设计类似于 LTE 系统；多天线阵面的情况下，阵面间的部署方式和距离灵活设置，其码本设计需要考虑不同天线阵面间的分布方式。以下分别进行讨论。

（1）Type I 单天线阵面码本设计

① Type I 单天线阵面码本设计方案。

LTE R13 版本中首次采用参数化的 Class A 码本来支持不同的天线阵列。其将天线端口的分布、过采样率以及宽带波束组的构成作为码本参数，根据不同应用场景进行码本参数配置，以选择最合适码本。由于该码本具有良好的扩展性，Type I 单天线阵面码本的结构可以此码本为基础进行设计，采用以下的两级码本结构。

$$W = W_1 W_2$$

其中 W_1 用于宽带波束组的选择，包含一组波束。W_2 用于子带的波束生成。

W_1 的具体含义及设计可以采用以下两种方案[3]。

● 方案一：不同极化方向的天线阵列仅使用相同的波束。

$$W_1 = \begin{bmatrix} X_1^{i_{1,1}} \otimes X_2^{i_{1,2}} & 0 \\ 0 & X_1^{i_{1,1}} \otimes X_2^{i_{1,2}} \end{bmatrix} = \begin{bmatrix} B & 0 \\ 0 & B \end{bmatrix}, \quad B = \begin{bmatrix} b_0 & \cdots & b_{L-1} \end{bmatrix}$$

这里为了简化表示，去掉了指示波束组的上标，且 $L = L_1 \times L_2$。此方案与 LTE Class A 码本结构相同。

● 方案二：天线端口分组[4]。

$$W_1 = \begin{bmatrix} \tilde{X}_1^{i_{1,1}} \otimes X_2^{i_{1,2}} & & & \\ & \tilde{X}_1^{i_{1,1}} \otimes X_2^{i_{1,2}} & & \\ & & \tilde{X}_1^{i_{1,1}} \otimes X_2^{i_{1,2}} & \\ & & & \tilde{X}_1^{i_{1,1}} \otimes X_2^{i_{1,2}} \end{bmatrix} = \begin{bmatrix} B \\ B \\ B \\ B \end{bmatrix}, \quad B = \begin{bmatrix} b_0 & \cdots & b_{L-1} \end{bmatrix}$$

与方案一不同，$\tilde{X}_1$ 是一个 $\frac{N_1}{2} \times L_1$ 维矩阵，由 L_1 个长度为 $N = \frac{N_1}{2}$ 的 DFT 向量构成。

每个向量经过 O_1 倍过采，表示为

$$v_{m_1} = \begin{bmatrix} 1 & e^{j\frac{2\pi m_1}{NO_1}} & \dots & e^{j\frac{2\pi(N-1)m_1}{NO_1}} \end{bmatrix}^T$$

此方案将同一极化方向的天线端口进一步分为两组，且每组采用相同的波束。

方案一可以等效为将天线端口分为两个组，而方案二使用了更多的天线端口分组。通过分组间的相位调整，方案二易于产生多个正交波束，更适用于高 rank 的码本。

W_2 的设计考虑了以下的四种候选方案。

● 方案一：只进行相位调整，波束选择由宽带完成。此方案等效于限制 $L=1$。

● 方案二：对 W_1 中的 L 个波束进行线性合并。

● 方案三：进行波束选择和相位调整。此方案与 LTE Class A 码本相同。

● 方案四：类似于 LTE Class B 的端口选择码本，W_2 仅实现端口的选择或端口间的

合并，波束的确定需要独立配置其他 CSI-RS 资源。

由于 Type I 码本为普通精度码本，其设计不但要满足链路性能要求，还要考虑码本设计的反馈开销。方案二基于线性合并的码本结构反馈精度高，开销较大，方案四需要独立的参考信号资源，不适合 Type I 码本的设计需求。考虑到性能和开销的折中，标准最终选择了方案一和方案三。方案一反馈开销较小，而方案三由于引入了子带的波束选择，码本性能较好。

② NR Type I 单天线阵面的码本。

Type I 单天线阵面码本支持以下的端口（N_1，N_2）和过采样因子（O_1，O_2）组合，如表 5.11 所示。

表 5.11　Type I 单阵面码本的配置参数

CSI-RS 端口数	（N_1，N_2）	（O_1，O_2）
4	（2，1）	（4，-）
8	（2，2）/（4，1）	（4，4）/（4，-）
12	（3，2）/（6，1）	（4，4）/（4，-）
16	（4，2）/（8，1）	（4，4）/（4，-）
24	（6，2）/（4，3）/（12，1）	（4，4）/（4，4）/（4，-）
32	（8，2）/（4，4）/（16，1）	（4，4）/（4，4）/（4，-）

两端口的 Type I 码本采用单级码本结构，比较简单，可直接参考标准规范 38.214。对于 4 端口以上码本设计，Type I 单天线阵面码本采用两级码本结构，其由 LTE R14 Class A 码本扩展得到[5]。第一级码本 W_1 中的对角块矩阵 B 由 L 个过采样 2D DFT 波束构成。对于 Rank=1 和 Rank=2 码本，L 可以配置为 1 或 4。而当 Rank>2 时，L=1。第二级码本用于波束选择（L=4 时）和相位调整。在 NR 系统中，L=4 时包含以下两种波束组构成图样。

● 2D 端口（N_2>1）时，波束组图样如图 5.22（a）所示，其由第一维度的两个相邻的波束和第二维度的两个相邻的波束构成。

● 1D 端口（N_2=1）时，波束组图样如图 5.22（b）所示，其由第一维度的四个相邻的波束构成。

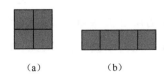

（a）　　　　（b）

图 5.22　L=4 时的波束组 B 的构成图样

A．Rank=1 的码本设计。

Rank=1 的码本可表示为

$$W = \frac{1}{\sqrt{2N_1 N_2}} \times \begin{bmatrix} \boldsymbol{w}_{0,0} \\ \boldsymbol{w}_{1,0} \end{bmatrix}, \boldsymbol{w}_{r,0} = \boldsymbol{b}_{k_1,k_2} \times c_{r,0}$$

其中，$\boldsymbol{b}_{k_1,k_2}$ 为长度为 $N_1 N_2$ 经过采样 2D DFT 后的波束组中，选择索引 k_1 与 k_2 的波束；$c_{r,0}$ 为两个极化方向间的相位调整因子，$r=0, 1$ 表示极化方向；$c_{0,0}=1$，$c_{1,0} \in \{1, j, -1, -j\}$。

对于端口配置（N_1，N_2）及过采样因子（O_1，O_2），共存在 $N_1 O_1 N_2 O_2$ 个 2D DFT 波束。波束的索引 k_1 与 k_2 分别表示为

$$k_1 = i_{1,1} s_1 + p_1, \quad k_2 = i_{1,2} s_2 + p_2$$

其中 (s_1, s_2) 表示波束组间偏移，且 $L=1$ 时，$(s_1, s_2)=(1, 1)$；$L=4$ 时，$(s_1, s_2)=(2, 2)$。这样，$i_{1,1} \in \{0,1,\cdots,\frac{N_1 O_1}{s_1}-1\}$，$i_{1,2} \in \{0,1,\cdots,\frac{N_2 O_2}{s_2}-1\}$。参数 (p_1, p_2) 表示波束组内的波束偏移。$L=1$ 时，由于波束组内仅包含一个波束，因此 $p_1=p_2=0$；$L=4$ 时，根据图 5.22 中的图样，若 $N_2>1$，则 $p_1 \in \{0, 1\}$，$p_2 \in \{0, 1\}$；若 $N_2=1$，则 $p_1 \in \{0, 1, 2, 3\}$，$p_2=0$。

Rank=1 时的波束选择和相位调整均为子带上报。根据子带反馈开销的不同，将 $L=1$ 和 $L=4$ 分别定义为模式 1 和模式 2。模式 1 的子带开销为每个子带两比特，模式 2 的子带开销为每个子带 4 比特。

B．Rank=2 的码本设计。

在 LTE 系统中，对于 Rank=2 的码本通过相位调整实现层间正交，而 Type I 单天线阵面中 Rank=2 码本采用了正交波束的方式实现层间正交。图 5.23 给出 $L=4$ 时的 Rank=2 码本选择示例。如图所示，对于某一个层 1 的波束组，根据 Rank=2 的层间正交的实现原则，与其对应的层 2 的候选波束组为 4 个：包括与层 1 波束组正交的 3 个候选波束组［间隔为（O_1，0）的波束组，间隔为（0，O_2）的波束组和间隔为（O_1，O_2）的波束组］和层 1 波束组。层 2 波束组宽带选择［图中确定了与层 1 波束组间隔为（0，O_2）的波束组作为层 2 波束组］。确定了正交波束组后，子带选择位于两个波束组中的层 1 与层 2 波束，此两个波束在各自的波束组中的位置相同。这样通过波束间的正交保证了层间的正交。

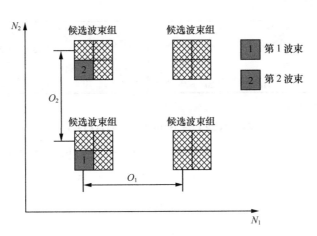

图 5.23 Type I 单天线阵面 Rank=2 码本的层间正交示例

Rank=2 的码本表示为

$$W = \frac{1}{\sqrt{4N_1N_2}} \times \begin{bmatrix} w_{0,0} & w_{0,1} \\ w_{1,0} & w_{1,1} \end{bmatrix}, \, w_{r,l} = b_{k_1+k'_{1,l},\, k_2+k'_{2,l}} \times c_{r,l}$$

其中，$l=0, 1$ 分别表示层一和层二；$c_{0,l}=1$，$c_{1,0}=-c_{1,1}$，$c_{1,0} \in \{1,j\}$。$b_{k_1+k'_{1,l},\,k_2+k'_{2,l}}$ 为长度为 N_1N_2 的过采样 2D DFT 波束，参数 $(k'_{1,l}, k'_{2,l})$ 指示正交波束的选择。其取值为 $(k'_{1,0}, k'_{2,0}) = (0,0)$，其他取值需要区分以下情况。

● 当 $N_1 > N_2 > 1$ 时，$(k'_{1,1}, k'_{2,1}) \in \{(0,0),(O_1,0),(0,O_2),(2O_1,0)\}$；

● 当 $N_1 = N_2$ 时，$(k'_{1,1}, k'_{2,1}) \in \{(0,0),(O_1,0),(0,O_2),(O_1,O_2)\}$；

● 当 $N_2 = 1$ 时，$(k'_{1,1}, k'_{2,1}) \in \{(0,0),(O_1,0),(2O_1,0),(3O_1,0)\}$；

Rank=2 时的波束选择和相位调整均为子带上报，模式 1 的子带开销为每个子带 1 比特，模式 2 的子带开销为每个子带 3 比特。而正交波束组的选择为宽带上报，开销为 2 比特。

C．Rank =3~4 的码本设计。

LTE R14 Class A 的 Rank=3~4 码本，同时采用相位调整因子和正交波束实现了层间的正交。其中正交波束的选择与前述 NR Rank=2 码本原理相同。

NR 系统中，Rank=3~4 的码本根据端口数划分为两类设计方式。16 端口以下基于 LTE Class A 的码本设计，16 端口及以上采用天线端口分组的设计方式。图 5.24 给出了 32 端口的分组。其中每个极化方向的端口分为两组，每组独立进行波束选择和相位调整。天线分组间采用组间相位调整，极化方向间采用极化间相位调整。

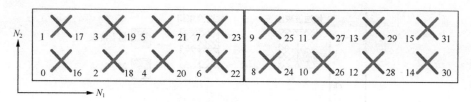

图 5.24 Type I SP Rank=3～4 码本的端口分组

对于 Rank=3，4，波束组内的波束个数 L=1。16 端口以下通过正交波束的选择实现层间的正交，16 端口及以上通过分组间的相位调整和极化间的相位调整实现层间的正交。Type I 单天线阵面 Rank=3～4 码本表示为

$$W = \frac{1}{\sqrt{2RN_1N_2}} \times \begin{bmatrix} \boldsymbol{w}_{0,0} & \boldsymbol{w}_{0,1} & \cdots & \boldsymbol{w}_{0,R-1} \\ \boldsymbol{w}_{1,0} & \boldsymbol{w}_{1,0} & \cdots & \boldsymbol{w}_{1,R-1} \end{bmatrix}, R = 3, 4$$

● 当端口数量≤16 时

$$\boldsymbol{w}_{r,l} = \boldsymbol{b}_{k_1+k'_{1,l}, k_2+k'_{2,l}} \times c_{r,l}, \quad l=0, 1, \cdots, R$$

其中，$c_{0,l}=1$，$c_{1,l} = (-1)^{\lfloor l/2 \rfloor} \cdot e^{j \cdot \frac{\pi n}{2}}$，$n \in \{0,1\}$。正交波束指示 $(k'_{1,l}, k'_{2,l})$ 的取值为 $(k'_{1,0}, k'_{2,0}) = (k'_{1,2}, k'_{2,2}) = (0,0)$；$k'_{1,1}=k'_{1,3}$，$k'_{2,1}=k'_{2,3}$ 的取值需要区分以下几种情况。

- 当 $N_1 > N_2 > 1$ 时，$(k'_{1,1}, k'_{2,1}) \in \{(O_1,0),(0,O_2),(O_1,O_2),(2O_1,0)\}$；
- 当 $(N_1, N_2) = (2, 2)$ 时，$(k'_{1,1}, k'_{2,1}) \in \{(O_1,0),(0,O_2),(O_1,O_2)\}$；
- 当 $(N_1, N_2) = (2, 1)$ 时，$(k'_{1,1}, k'_{2,1}) \in \{(O_1,0)\}$；
- 当 $(N_1, N_2) = (4, 1)$ 时，$(k'_{1,1}, k'_{2,1}) \in \{(O_1,0),(2O_1,0),(3O_1,0)\}$；
- 当 $(N_1, N_2) = (6, 1)$ 时，$(k'_{1,1}, k'_{2,1}) \in \{(O_1,0),(2O_1,0),(3O_1,0),(4O_1,0)\}$。

正交波束的选择采用宽带上报，开销 2 比特；相位调整因子的选择采用子带上报，开销每个子带 1 比特。

● 当端口数目>16 时

$$W_{r,l} = \begin{bmatrix} \boldsymbol{b}'_{k_1,k_2} \\ \psi_{m,l} \boldsymbol{b}'_{k_1,k_2} \end{bmatrix} \times c_{r,l}, l = 0,1,\cdots,R$$

其中，$\psi_{m,l} = (-1)^l e^{j\frac{\pi m}{4}}$ 表示端口分组间相位调整，$m \in \{0,1,2,3\}$；极化间相位调整与 16 端口以下相同，$c_{0,l}=1$，$c_{1,l} = (-1)^{\lfloor l/2 \rfloor} e^{j\frac{\pi n}{2}}$，$n \in \{0,1\}$。$\boldsymbol{b}'_{k_1,k_2}$ 为长度为 $(N_1/2) \times N_2$ 的过采样 2D DFT 波束，用于每个端口分组。端口间相位调整因子采用宽带上报，开销 2 比特；极化间相位调整因子采用子带上报，开销每个子带 1 比特。

D. Rank=5~8 的码本设计。

LTE R14 Class A 码本中，Rank=5~8 码本由多个相互正交的波束构成。对于 Rank=5~6 码本，采用 3 个相互正交的波束结合相应的相位调整因子构成。对于 Rank=7~8 码本，需采用 4 个相互正交的波束结合相应的相位调整因子构成。且相位调整因子取值固定，不反馈。

NR 中的 Rank= 5~6 码本扩展了 LTE R14 Class A 码本，增加了相位调整因子的反馈。波束组内的波束数 $L=1$，由 3 个正交波束保证层间的正交性。码本表示为

$$W = \frac{1}{\sqrt{2RN_1N_2}} \times \begin{bmatrix} w_{0,0} & w_{0,1} & \cdots & w_{0,R-1} \\ w_{1,0} & w_{1,1} & \cdots & w_{1,R-1} \end{bmatrix}, R \in [5,6]$$

其中，$w_{r,l} = b_{k_1+k'_{1,l},k_2+k'_{2,l}} \times c_{r,l}$。正交波束索引如下。

● 当 $N_1 > N_2 > 1$ 时，$(k'_{1,0},k'_{2,0}) = (k'_{1,1},k'_{2,1}) = (0,0)$；$(k'_{1,2},k'_{2,2}) = (k'_{1,3},k'_{2,3}) = (O_1,0)$；$(k'_{1,4},k'_{2,4}) = (k'_{1,5},k'_{2,5}) = (O_1,O_2)$；

● 当 $N_2 = 1$ 时，$(k'_{1,0},k'_{2,0}) = (k'_{1,1},k'_{2,1}) = (0,0)$；$(k'_{1,2},k'_{2,2}) = (k'_{1,3},k'_{2,3}) = (O_1,0)$；$(k'_{1,4},k'_{2,4}) = (k'_{1,5},k'_{2,5}) = (2O_1,0)$。

相位调整因子保证对于同一波束的两个层间的正交，其取值为：$c_{0,l}=1$，$c_{1,1} = -c_{1,0}$，$c_{1,3} = -c_{1,2}$，$c_{1,5} = -c_{1,4}$；Rank=5 时，$c_{1,0} \in \{1, j\}$ 且 $c_{1,2}=c_{1,4}=1$；Rank=6 时，$c_{1,0}=c_{1,2} \in \{1, j\}$ 且 $c_{1,4}=1$。正交波束索引固定，不需要上报。相位调整因子 $c_{1,0}$ 子带上报，开销 1 比特。

类似于 Rank=5~6 码本，Rank=7~8 码本由 4 个正交波束保证层间的正交性。码本表示为

$$W = \frac{1}{\sqrt{2RN_1N_2}} \times \begin{bmatrix} w_{0,0} & w_{0,1} & \cdots & w_{0,R-1} \\ w_{1,0} & w_{1,1} & \cdots & w_{1,R-1} \end{bmatrix}, R = \{7,8\}$$

其中，$w_{r,l} = b_{k_1+k'_{1,l},k_2+k'_{2,l}} \times c_{r,l}$。正交波束索引如下所示。

Rank=7 时，

- 当 $N_1 > N_2 > 1$ 时，$(k'_{1,0},k'_{2,0}) = (k'_{1,1},k'_{2,1}) = (0,0)$；$(k'_{1,2},k'_{2,2}) = (O_1,0)$；$(k'_{1,3},k'_{2,3}) = (k'_{1,4},k'_{2,4}) = (0,O_2)$；$(k'_{1,5},k'_{2,5}) = (k'_{1,6},k'_{2,6}) = (O_1,O_2)$；

- 当 $N_2 = 1$ 时，$(k'_{1,0},k'_{2,0}) = (k'_{1,1},k'_{2,1}) = (0,0)$；$(k'_{1,2},k'_{2,2}) = (O_1,0)$；$(k'_{1,3},k'_{2,3}) = (k'_{1,4},k'_{2,4}) = (2O_1,0)$；$(k'_{1,5},k'_{2,5}) = (k'_{1,6},k'_{2,6}) = (3O_1,0)$；

Rank=8 时，

- 当 $N_1 > N_2 > 1$ 时，$(k'_{1,0},k'_{2,0}) = (k'_{1,1},k'_{2,1}) = (0,0)$；$(k'_{1,2},k'_{2,2}) = (k'_{1,3},k'_{2,3}) = (O_1,0)$；$(k'_{1,4},k'_{2,4}) = (k'_{1,5},$

$k'_{2,5}) = (0, O_2)$；$(k'_{1,6}, k'_{2,6}) = (k'_{1,7}, k'_{2,7}) = (O_1, O_2)$

- 当 $N_2 = 1$ 时，$(k'_{1,0}, k'_{2,0}) = (k'_{1,1}, k'_{2,1}) = (0,0)$；$(k'_{1,2}, k'_{2,2}) = (k'_{1,3}, k'_{2,3}) = (O_1, 0)$；$(k'_{1,4}, k'_{2,4}) = (k'_{1,5}, k'_{2,5}) = (2O_1, 0)$；$(k'_{1,6}, k'_{2,6}) = (k'_{1,7}, k'_{2,7}) = (3O_1, 0)$

与其他 Rank 取值不同，由于以上正交波束索引的选取，为了避免波束组内的波束重复，基准波束（k_1, k_2）的取值范围定义如下。

$$k_1 = 0, 1, \cdots, NO_1 - 1 ; \quad k_2 = 0, 1, \cdots, MO_2 - 1$$

其中，（N, M）的取值满足

$$(N, M) = \begin{cases} \left(\dfrac{N_1}{2}, N_2 \right) & (N_1, N_2) = (4,1) \\ \left(N_1, \dfrac{N_2}{2} \right) & N_1 > 2, N_2 = 2 \\ (N_1, N_2) & 其他 \end{cases}$$

相位调整因子保证对于同一波束的两个层间的正交，其取值如下。

- Rank=7 时，$c_{0,l} = 1$，$c_{1,1} = -c_{1,0}$，$c_{1,4} = -c_{1,3}$，$c_{1,6} = -c_{1,5}$；$c_{1,0} = c_{1,2} \in \{1, j\}$ 且 $c_{1,3} = c_{1,5} = 1$；

- Rank=8 时，$c_{0,l} = 1$，$c_{1,1} = -c_{1,0}$，$c_{1,3} = -c_{1,2}$，$c_{1,5} = -c_{1,4}$，$c_{1,7} = -c_{1,6}$；$c_{1,0} = c_{1,2} = \in \{1, j\}$ 且 $c_{1,4} = c_{1,6} = 1$。

正交波束索引固定，不需要上报。相位调整因子 $c_{1,0}$ 子带上报，开销 1 比特。

（2）Type I 多天线阵面的码本设计

考虑到多个天线阵面的放置间隔与实际部署场景相关，对于多阵面的天线阵列，多个阵面间可能非均匀分布。而 LTE 中的码本和上述单天线阵面码本设计均假设均匀的天线分布，其使用的 DFT 向量不能准确地匹配非均匀分布天线阵列的信道响应。因此基于以上码本设计并不适用于多阵面的多天线传输。多天线阵面码本的设计有两个思路：一方面以单天线阵面码本为基础，并增加天线阵面间的补偿因子[6-8]；另一方面可以针对非均匀天线阵列的特点进行重新设计。

Type I 多天线阵面码本基于 Type I 单天线阵面码本构造，其通过在 Type I 单天线阵面码本之间引入阵面间相位调整因子而得到[5]。此阵面间相位调整因子可以采用宽带反馈，或宽带+子带反馈的方式。Type I 多天线阵面码本支持 Rank=1~4，其支持的天线结构及码本参数的配置如表 5.12 所示。

表 5.12　Type I 多天线阵面码本的配置参数

CSI-RS 端口数	$(N_g,\ N_1,\ N_2)$	$(O_1,\ O_2)$
8	$(2,\ 2,\ 1)$	$(4,\ -)$
16	$(2,\ 2,\ 2)\ /\ (2,\ 4,\ 1)\ /\ (4,\ 2,\ 1)$	$(4,\ 4)\ /\ (4,\ -)\ /\ (4,\ -)$
32	$(2,\ 4,\ 2)\ /\ (4,\ 2,\ 2)\ /\ (2,\ 8,\ 1)\ /\ (4,\ 4,\ 1)$	$(4,\ 4)\ /\ (4,\ 4)\ /\ (4,\ -)\ /\ (4,\ -)$

其中 N_g 表示阵面数量，NR 中支持两个或 4 个阵面。

每层每个极化方向的每个阵面对应的码本部分表示为

$$w_{p,r,l} = b_{k_1+k'_{1,l},\,k_2+k'_{2,l}} \times c_{p,r,l}$$

其中，$p = 0,1,\cdots,N_g-1$ 表示阵面（Panel）；$b_{k_1+k'_{1,l},\,k_2+k'_{2,l}}$ 与 $L=1$ 时的 Type I 单码本相同；$c_{p,r,l}$ 表示极化间和阵面间相位调整因子。考虑不同的反馈开销，阵面间相位调整因子可以配置为低开销模式和高开销模式。

模式 1：宽带阵面间相位调整因子，低开销，支持 2 个阵面或 4 个阵面。此时的相位调整因子的反馈开销为每个子带 2 比特。

模式 2：子带阵面间相位调整因子，高开销，仅支持 2 个阵面。此时的相位调整因子的反馈开销为每个子带 4 比特。

当 Rank 不同时，设计也有所不同。

① Rank=1。

相位调整因子 $c_{p,r,0}$ 在不同反馈模式下取值不同。

A．模式 1。

每个阵面中，在第一极化方向的相位调整因子上增加相同的扩展因子获得第二极化方向的相位调整因子。表示为

● 对于阵面（Panel）　$p=0$：$c_{0,0,0}=1, c_{0,1,0} \in \{1, j, -1, -j\}$；

● 对于阵面（Panel）　$p>0$：$c_{p,1,0}=c_{0,1,0} \times c_{p,0,0}, c_{p,0,0} \in \{1, j, -1, -j\}$。

其中极化间相位调整因子 $c_{0,1,0}$ 为子带反馈，每个子带 2 比特；阵面间相位调整因子 $c_{p,0,0}$ 为宽带反馈，其反馈开销为 $2 \times (N_g-1)$ 比特。

B．模式 2。

除阵面 0 外，每个阵面的每个极化方向上的相位调整因子可以分解为宽带反馈和子带反馈两个部分。表示为

- 对于阵面（Panel） $p=0$： $c_{0,0,0}=1$，$c_{0,1,0} \in \{1, j, -1, -j\}$。
- 对于阵面（Panel） $p>0$： $c_{p,r,0}=a_{p,r,0} \times b_{p,r,0}$。

其中 $c_{p,r,0} \in \{e^{\frac{j\pi}{4}}, e^{\frac{j3\pi}{4}}, e^{\frac{j5\pi}{4}}, e^{\frac{j7\pi}{4}}\}$，$b_{p,r,0} \in \{e^{-\frac{j\pi}{4}}, e^{\frac{j\pi}{4}}\}$。$a_{p,r,0}$ 为宽带反馈，其反馈开销为 $4 \times (N_g - 1)$ 比特；$c_{0,1,0}$ 和 $b_{p,r,0}$ 为子带反馈，其反馈开销为每个子带 $2 + 2 \times (N_g - 1)$ 比特。

② Rank=2～4。

对于 Rank=2～4 码本，其不同层的相位调整因子由相应的 Type I 单天线阵面码本的层间的相位调整因子的关系所确定。需要注意 Rank=3～4 码本采用 16 端口以下的 Type I 单天线阵面 Rank=3～4 码本的结构。相位调整因子表示如下。

$$c_{p,r,l} = \frac{c_{r,l}}{c_{r,0}} \times c_{p,r,0}, \quad l=1, 2, 3$$

其中 $\{c_{r,0}, c_{r,l}\}$ 由 Type I 单天线阵面码本确定；$c_{p,r,0}$ 与 Rank1 的取值相同，除了 $c_{0,1,0} \in \{1, j\}$。

模式 1：极化间相位调整因子 $c_{0,1,0}$ 为子带反馈，每个子带 1 比特；阵面间相位调整因子 $c_{p,0,0}$ 为宽带反馈，其反馈开销为 $2 \times (N_g - 1)$ 比特。

模式 2：$a_{p,r,0}$ 为宽带反馈，其反馈开销为 $4 \times (N_g - 1)$ 比特；$c_{0,1,0}$ 和 $b_{p,r,0}$ 为子带反馈，其反馈开销为每个子带 $1 + 2 \times (N_g - 1)$ 比特。

对于 Rank=3～4 时，其波束组内的正交波束选择与 Type I 单天线阵面码本类似，为宽带反馈，开销 2 比特。表示为

$$(k'_{1,0}, k'_{2,0}) = (k'_{1,2}, k'_{2,2}) = (0,0); \quad k'_{1,1} = k'_{1,3}, k'_{2,1} = k'_{2,3}$$

其中，不同天线配置时取值如下。

- 当 $(N_1, N_2) = (2, 1)$ 时，$(k'_{1,1}, k'_{2,1}) \in \{(O_1, 0)\}$；
- 当 $(N_1, N_2) = (2, 2)$ 时，$(k'_{1,1}, k'_{2,1}) \in \{(O_1, 0), (0, O_2), (O_1, O_2)\}$；
- 当 $(N_1, N_2) = (4, 1)$ 时，$(k'_{1,1}, k'_{2,1}) \in \{(O_1, 0), (2O_1, 0), (3O_1, 0)\}$；
- 当 $(N_1, N_2) = (4, 2)$ 时，$(k'_{1,1}, k'_{2,1}) \in \{(O_1, 0), (0, O_2), (O_1, O_2), (2O_1, 0)\}$；
- 当 $(N_1, N_2) = (8, 1)$ 时，$(k'_{1,1}, k'_{2,1}) \in \{(O_1, 0), (2O_1, 0), (3O_1, 0), (4O_1, 0)\}$。

3. Type II 码本

Type II 码本设计受标准化时间限制，在 5G NR 第一个版本只标准化了单天线阵面码本，而多天线阵面码本没有进行标准化。根据高精度反馈的需求，Type II 单天线阵

面码本讨论了多种候选方式，包括采用基于预编码的反馈、基于相关矩阵的反馈或混合 CSI 反馈等。每种反馈方式下均包括多种候选方案[10]-[13]。最终，Type II 单天线阵面码本采用了基于预编码的反馈方案。在 LTE 系统计中，采用 $L=2$ 个正交波束作为基向量进行合并，且不同极化方向的合成波束相同。NR 中的 Type II 单天线阵面码本，一方面扩展了用于合并的正交波束的个数，同时不同极化方向的波束独立合成，这样在提高了反馈精度和灵活度的同时，也明显增加了反馈开销。

NR 中 Type II 单天线阵面支持 Rank=1，2 码本，其结构与 Type I 单天线阵面码本设计基本相同，表 5.13 给出了 Type II 单天线阵面码本支持的配置参数。其中每层每个极化方向的波束表示为

$$\tilde{w}_{r,l} = \sum_{i=0}^{L-1} b_{k_1^{(i)} k_2^{(i)}} \cdot p_{r,l,i}^{(\text{WB})} \cdot p_{r,l,i}^{(\text{SB})} \cdot c_{r,l,i}$$

其中，进行线性合并的正交波束个数 L 可以配置，其取值范围为 $L \in \{2、3、4\}$。幅度合并系数由两个部分构成，一部分是宽带幅度合并系数 $p_{r,l,i}^{(\text{WB})}$，另一部分是子带幅度合并系数。这种宽带与子带的联合设计可以降低反馈开销。相位合并系数 $c_{r,l,i}$ 可以配置为 QPSK 或 8PSK 两种量化精度。此外，考虑到不同的反馈开销，此码本的幅度量化还可以配置为两种模式：宽带+子带量化、仅宽带量化。

表 5-13 Type II 单天线阵面码本的配置参数

CSI-RS 端口数	(N_1, N_2)	(O_1, O_2)
4	(2, 1)	(4, −)
8	(2, 2) / (4, 1)	(4, 4) / (4, −)
12	(3, 2) / (6, 1)	(4, 4) / (4, −)
16	(4, 2) / (8, 1)	(4, 4) / (4, −)
24	(6, 2) / (4, 3) / (12, 1)	(4, 4) / (4, 4) / (4, −)
32	(8, 2) / (4, 4) / (16, 1)	(4, 4) / (4, 4) / (4, −)

（1）Type II 单天线阵面的反馈幅度合并系数

根据以上描述，UE 可以上报宽带幅度+子带幅度合并系数或者仅上报宽带幅度合并系数。每个极化方向每一层的波束均独立合成。每个宽带幅度合并系数占用 3 比特，其取值：$\{1, \sqrt{0.5}, \sqrt{0.25}, \sqrt{0.125}, \sqrt{0.0625}, \sqrt{0.0313}, \sqrt{0.0156}, 0\}$；每个子带幅度合并系数占用 1 比特，其取值为 $\{1, \sqrt{0.5}\}$。需要注意：当宽带幅度合并系数取值为 0 时，其对应的幅度和

相位合并系数均不需要反馈。

（2）Type II 单天线阵面的反馈相位合并系数

相位合并系数同样由每个极化方向每一层独立确定。配置为 2 比特时，其取值为 $\{e^{j\frac{\pi n}{2}}, n=0,1,2,3\}$；配置为 3 比特时，其取值为 $\{e^{j\frac{\pi n}{4}}, n=0,1,\cdots,7\}$。

（3）Type II 单天线阵面的反馈比特分配

将量化后的宽带幅度，子带幅度，子带相位所占用的比特值表示为（X，Y，Z）。以下讨论在不同配置情况下的（X，Y，Z）的取值。

● 对于每层的 $2L$ 个系数，将其最强的系数表示为 1，其占用的比特值（X，Y，Z）=（0，0，0）。

● 配置为宽带+子带幅度时，对于每层（$2L-1$）个系数中的最强的（$K-1$）个系数，有（X，Y）=（3，1）且 $Z \in \{2,3\}$；对于其余（$2L-K$）个系数，（X，Y，Z）=（3，0，2），且 K 的取值根据配置的 L 的取值来确定，当 $L=2, 3, 4$ 时，对应的 $K=4, 4, 6$。每层 $2L$ 个系数中最强系数索引采用宽带上报。

● 配置为宽带幅度时，（X，Y）=（3，0）且 $Z \in \{2,3\}$。每层 $2L$ 个系数中最强系数索引采用宽带上报。

4. 端口选择码本

端口选择码本用于端口赋形的 CSI-RS 传输方案，主要用于混合反馈的方式[5]。每个 CSI-RS 端口采用不同的波束进行赋形，所用的波束既包含了垂直维的波束，也包含了水平维的波束，即每个端口都进行两个维度的波束赋形。实现这种赋形需要基站预先知道下行信道从而确定所用的二维波束。所述的波束可以通过 Type I 或 Type II 码本的 W_1 反馈或者信道互易性确定。UE 收到赋形的 CSI-RS 资源后，将每个端口分别对应一个发送波束，通过 W_1 实现端口（波束）选择，并对所选择的端口（波束）进行线性合并。

NR 中的端口选择码本由 Type II 单天线阵面码本扩展得到，支持 Rank=1, 2 的码本。端口选择码本的 W_1 表示如下。

$$W_1 = \begin{bmatrix} E_{\frac{X}{2} \times L} & \mathbf{0} \\ \mathbf{0} & E_{\frac{X}{2} \times L} \end{bmatrix},$$

其中 X 为 CSI-RS 端口数，其取值与 Type II 单天线阵面所支持的天线配置相同，如表 5.13 所示。参数 $L \in \{2, 3, 4\}$ 可配。进一步，每个端口选择块表示为

$$
E_{\frac{X}{2} \times L} = \left[e_{\left(\frac{X}{2}\right)}^{} \mod\left(md, \frac{X}{2} \right) \quad e_{\left(\frac{X}{2}\right)}^{} \mod\left(md+1, \frac{X}{2} \right) \cdots e_{\left(\frac{X}{2}\right)}^{} \mod\left(md+L-1, \frac{X}{2} \right) \right]
$$

其中，$e_i^{\left(\frac{X}{2}\right)}$ 表示长度为 $\dfrac{X}{2}$ 的向量，其第 i 个元素为 1，其余元素为 0。参数 m 用于端口选择，其取值为 $m \in \left\{ 0, 1, \cdots, \left\lceil \dfrac{X}{2d} \right\rceil - 1 \right\}$，采用宽带反馈。参数 $d \in \{1, 2, 3, 4\}$ 可配，且需要满足条件 $d \leqslant \dfrac{X}{2}$ 及 $d \leqslant L$。

对于选择的 L 个端口，采用 Type II 单天线阵面码本相同的幅度合并系数和相位合并系数。幅度合并系数可以根据配置采用宽带加子带反馈，或者采用仅宽带反馈。相位合并系数采用子带反馈。

5.4.3 信道测量机制

NR 的 CSI 反馈框架既支持波束管理也支持 CSI 获取。用于波束管理时，UE 仅测量波束的参考信号接收功率（RSRP），无须进行干扰测量。用于 CSI 获取时，UE 既需要进行信道测量也需要进行干扰测量。

1. 信道测量资源

在 LTE 系统中，区别于较高密度的 CRS 信号及只有数据传输时才发送的 DMRS 信号，CSI-RS 信号提供了更为有效的 CSI 获取方式，同时可以支持更多的网络节点和天线端口。在 R14 版本中，LTE 系统已经可以支持 32 端口的 CSI 获取，并支持采用非预编码 CSI-RS（Class A）、波束赋形 CSI-RS（Class B）或者混合方式进行信道测量。在 NR 系统中，一方面 CSI-RS 资源配置继续保持最大 32 端口的支持能力，另一方面为了避免小区间干扰及节省导频开销，NR 系统中不使用类似于 LTE 的 CRS 总是周期性持续发送"永远在线"（Always on）参考信号。因此 CSI-RS 设计为以 UE 专属（UE-specific）参考符号为基础，通过为每个 UE 而非整个小区进行配置来完成下行的 CSI 测量。当进行波束管理时，考虑到 RSRP 的测量要求，可以配置低端口数的 CSI-RS 进行波束测量。

2. 干扰测量资源

在 LTE 系统中，UE 总是基于 SU-MIMO 假设进行 CQI 上报。当进行 MU-MIMO 传输时，由于 SU 场景下的干扰情况和 MU 场景下的干扰情况存在差异，基站的调度与预编码无法按照 MU-MIMO 传输时的实际情况进行优化，因此系统性能将受到显著的影响。NR 系统即使在 6GHz 以下也可以支持几十到几百根天线，同时系统中容纳的 UE 数量也可能大幅度增加，因此有必要在相同的时频资源上通过空间区分实现更多 UE 的复用。这样，更需要针对 MU-MIMO 设计 CSI 反馈机制，以提高信道量化精度，并改善干扰测量的准确性。

（1）干扰测量设计方案

在 NR 系统的标准化过程中，提出了以下的干扰测量方法。

● 基于 ZP CSI-RS（Zero Power CSI-RS）的干扰测量。

LTE 系统中支持基于 ZP CSI-RS 的干扰测量，其配置灵活，可以准确测量小区间干扰，但小区内 UE 间的干扰则无法测量。

● 基于 NZP CSI-RS（Non-Zero Power CSI-RS）的干扰测量。

可以采用两种候选方案。

- 每个 UE 通过 NZP CSI-RS 测量自身的信道特性，并在接收信号中减去此估计结果而获得干扰信息。当 NZP CSI-RS 上的干扰较强时，信道估计和干扰估计的结果将受到影响[15]。

- 采用动态（预调度）干扰测量。首先根据 UL SRS 或者 CSI 反馈获得的信道信息确定预调度 UE。之后类似于 DMRS，发送经过预编码的 CSI-RS 给所述预调度 UE。这样每个 UE 可以测量多 UE 场景时来自其他配对 UE 的干扰并计算 CQI。这样 UE 能够提高 CSI 反馈精度，更适合基站进行多 UE 调度[16]。

● 混合干扰测量。

采用 ZP CSI-RS 结合 NZP CSI-RS 实现混合干扰测量。当干扰较强时，采用 ZP CSI-RS 进行测量，而当干扰较弱时，采用 NZP CSI-RS 进行测量。

● 基于 DMRS 的干扰测量。

告知 UE 使用某些 DMRS 端口用于多 UE 干扰估计。这种方法可以直接使用 PDSCH 传输的 DMRS 端口进行 CQI 估计，其可以获得干扰 UE 的准确的信道特性用于多 UE CQI

的计算。与基于 NZP CSI-RS 的干扰测量比较，此方案可以节省导频开销，但另一个问题是 DMRS 仅存在于调度带宽，对测量结果有一定限制。针对这一问题，一种解决方式是通过预测法获得全部频带的干扰测量结果[17]。

（2）NR 基于 CSI-IM 的干扰测量

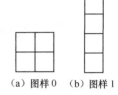

NR 系统支持基于 CSI-IM（CSI Interference Measurement）的干扰测量，CSI-IM 的功率可以为零也可以不为零。在 CSI-IM 上测得的信号通常假设为邻小区的 PDSCH。CSI-IM 资源在时域上可以是周期、半持续或者非周期出现。如图 5.25 所示，CSI-IM 在每个 PRB 中存在两种图样，由 RRC 信令进行选择。

(a) 图样 0　(b) 图样 1

图 5.25　每个 PRB 中的 CSI-IM 图样

若仅采用 CSI-IM 进行测量，则 CSI-IM 的资源数与用于信道测量的 NZP CSI-RS 资源数相同，且 CSI-IM 资源与 NZP CSI-RS 资源一一对应。

（3）NR 基于 NZP CSI-RS 的干扰测量

NR 支持基于 NZP CSI-RS 的干扰测量。若一个 NZP CSI-RS 资源仅被配置为干扰测量时，UE 假设每个 CSI-RS 端口对应一个干扰传输层。UE 将所有干扰层的干扰测量进行累加，同时每层的干扰均需要考虑其相应的功率因子。这种方式对应前述的预调度干扰测量。因为要基于调度结果传输 NZP CSI-RS，调度结果是动态变化的，因此其仅适用于非周期 CSI 上报。

3．CSI 测量

根据以上讨论，NZP CSI-RS 和 CSI-IM 均支持周期、半持续和非周期的时域行为。对于周期和半持续 CSI-RS，其周期和时隙偏移由 RRC 信令配置。对于半持续 NZP CSI-RS/CSI-IM 采用 MAC CE 进行激活和去激活。而对于非周期 CSI-RS，其由 DCI 触发，且 CSI-RS 的时隙偏移候选值由 RRC 信令在测量资源设置（Resource Setting）中的每个资源集合（Resource Set）独立配置，且由 DCI 信令指示其中的一个候选值作为 CSI-RS 发送时刻。

基于以上的信道测量和干扰测量资源，针对波束管理和 CSI 获取场景，分别使用不同的资源设置配置方式进行测量。

● 用于波束管理时：无须进行干扰测量，采用一个基于 NZP CSI-RS 的资源设置用于 RSRP 测量。

● 用于 CSI 获取时：需要进行干扰测量，可以采用一个基于 CSI-IM 的资源设置用于小区间干扰测量，也可以采用两个资源设置，其中一个基于 NZP CSI-RS 用于 UE 间的干扰测量，另一个基于 CSI-IM 用于小区间的干扰测量。

5.4.4 信道信息反馈机制

NR 支持周期、半持续和非周期 CSI 上报，上报内容既可以在 PUCCH 信道上反馈也可以在 PUSCH 信道上反馈。

1. 周期 CSI 上报

NR 中周期 CSI 反馈与 LTE 机制类似，由 RRC 参数配置反馈周期和时隙偏移。周期 CSI 上报只能采用周期性 CSI-RS 进行信道测量，采用周期性 CSI-IM 进行干扰测量，同时不支持使用 NZP CSI-RS 进行干扰测量。用于 CSI 获取时，每个周期 CSI 上报反馈设置（Reporting Setting）所关联的测量资源设置（Resource Setting）中仅包含一个 CSI-RS 资源集合（Resource Set）。其中每个 CSI-RS 资源的 QCL 信息由此资源配置的 TCI（Transmission Configuration Indicator）状态确定。

2. 半持续 CSI 上报

半持续 CSI（SP-CSI）反馈可以使用周期 CSI-RS 或者 SP-CSI-RS 进行信道测量，并相应地使用周期 CSI-IM 或者半持续 CSI-IM 进行干扰测量，不支持使用 NZP CSI-RS 进行干扰测量。SP-CSI 可以基于 PUSCH 上报也可以基于 PUCCH 上报。其中基于 PUSCH 上报的半周期 CSI 更类似于非周期 CSI 上报，其反馈资源为动态分配；而基于 PUCCH 上报的 SP-CSI 更类似于周期 CSI 上报，其反馈资源为半静态指示。因而这两种反馈采用不同的激活与去激活方式。

（1）基于 PUSCH 的半持续 CSI（SP-CSI）上报机制

基于 PUSCH 的 SP-CSI 上报由 DCI 信令激活和去激活。在 CSI 反馈框架下，RRC 配置最大 64 个触发状态（Trigger State），且每个触发状态对应一个 CSI 上报反馈设置。使用 DCI 中的 CSI 请求域来激活触发状态，同一时刻可以有多个处于激活状态的基于 PUSCH 的 SP-CSI。用于 CSI 获取时，每个 CSI 上报反馈设置所关联的资源设置中仅包含一个 CSI-RS 资源集合。图 5.26 中给出了一种 SP-CSI 的反馈配置，其中配置了 4 个触发状态，DCI 激活了 SP-CSI 触发状态 3。

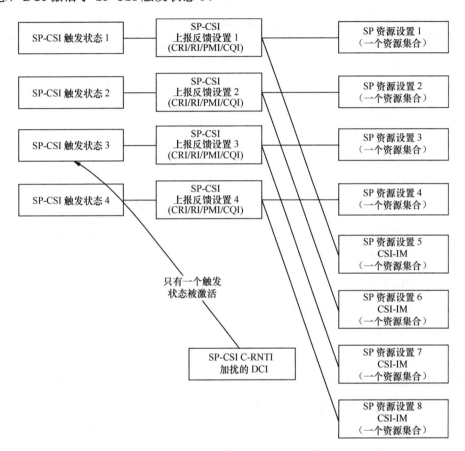

图 5.26　基于 PUSCH 的 SP-CSI 反馈配置

为了区别非周期 CSI 上报触发与 SP-CSI 上报激活，NR 采用经过 SP-CSI C-RNTI 加扰的 DCI 格式 0_1 实现 SP-CSI 的激活与去激活。同时采用表 5.14 和表 5.15 的特殊域的比特取值组合来区分激活与去激活操作。

表 5-14　SP-CSI 激活指示

	DCI 格式 0_1
HARQ 进程号	设置为全 "0"
冗余版本	设置为 "00"

表 5-15　SP-CSI 去激活指示

	DCI 格式 0_1
HARQ 进程号	设置为全 "0"
调制与编码策略	设置为全 "1"
资源块分配	如果上层仅配置 RA 类型 0，则设置为全 "0"； 如果上层仅配置 RA 类型 1，则设置为全 "1"； 如果上层配置为在 RA 类型 0 和 1 之间动态切换，则当 MSB 为 "0" 时，设置为全 "0"，否则设置为全 "1"
冗余版本	设置为 "00"

由于 PUSCH 资源为动态分配，因此 SP-CSI 的反馈时隙偏移由 DCI 指示，此反馈时隙偏移表示由 DCI 激活至 SP-CSI 上报的时隙数。当时隙 n 激活 SP-CSI 上报，且 DCI 指示时隙偏移为 Y 时，第一次 SP-CSI 上报时隙为 $n+Y$，第二次 SP-CSI 上报时隙为 $n+Y+P$，随后按照这一规律依次上报。其中 P 表示 SP-CSI 的反馈周期。此反馈时隙 Y 的候选值由 RRC 信令在上报反馈设置中配置。

（2）基于 PUCCH 的 SP-CSI

基于 PUCCH 的 SP-CSI 由 MAC CE 激活和去激活。在 CSI 反馈框架下，RRC 配置多个 SP CSI 上报反馈设置，且为每个上报反馈设置配置多个 PUCCH 资源，其中每个候选上行 BWP 配置一个 PUCCH 资源。MAC CE 一次只激活一个上报反馈设置。

PUCCH 资源为半静态分配，相应 SP-CSI 的反馈周期和时隙偏移由 RRC 在上报反馈设置中配置。由于该配置是周期性出现的，反馈位置不考虑 MAC CE 的激活时间。

当上行 BWP 切换时，由于每个候选 BWP 的 PUCCH 资源已经由 RRC 配置，因此可以保证连续的 SP-CSI 反馈。考虑到 PUCCH 资源的半静态分配，当下行 BWP 切换时，基于 PUCCH 的 CSI 上报保持激活状态，当 BWP 切换回来后，无须使用新的 DCI 信令激活，可以继续上报。

3. 非周期 CSI 上报

非周期 CSI（A-CSI，Aperiod-CSI）上报采用 MAC CE 结合 DCI 的方式进行配置和触发，并基于 PUSCH 上报。RRC 配置多个 CSI 触发状态，与 SP-CSI 上报不同，每个 CSI 触发状态可以对应一个或者多个上报反馈设置，由 DCI 中的 CSI 请求域触发一个上报反馈设置。DCI 格式 0_1 中的 CSI 请求域的大小可由 RRC 信令配置为 0～6bit，因此最多可以指示 64 个 CSI 触发状态。当 RRC 配置的 CSI 触发状态超过 64 时，由 MAC CE 信令将其中的 64 个 CSI 触发状态映射至 CSI 请求域。

非周期 CSI 上报可以采用周期、半持续或非周期 CSI-RS 进行信道测量，相应地使用周期、半持续或非周期 CSI-IM 进行干扰测量，同时只能采用非周期 NZP CSI-RS 进行干扰测量。每个触发状态可以关联 1～3 个资源设置：

● 关联至 1 个资源设置，用于波束管理；

● 关联至 2 个资源设置，一个设置用于信道测量，另一个设置用于基于 CSI-IM 的干扰测量或者基于 NZP CSI-RS 的干扰测量；

● 关联至 3 个资源设置：一个设置用于信道测量，一个设置用于基于 CSI-IM 的干扰测量，另一个设置用于基于 NZP CSI-RS 的干扰测量。

其中，若资源设置中包含多个资源集合，则只选择其中一个资源集合。此资源集合中的 CSI-RS 资源的 QCL 信息由 TCI 状态为每个资源配置。图 5.27 中给出了一种 A-CSI 的反馈配置，其中配置了 1 个触发状态，其对应 2 个上报反馈设置。第一个上报反馈设置关联至 3 个资源设置，第二个上报反馈设置关联至两个资源设置。

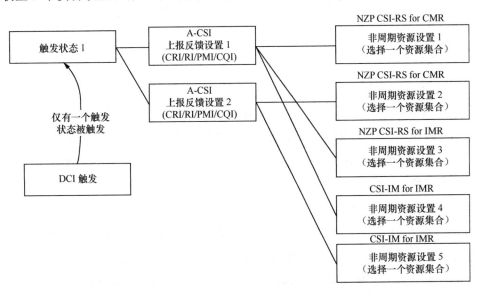

图 5.27　AP-CSI 反馈配置

类似于 SP-CSI，非周期 CSI 上报的时隙偏移由 DCI 指示，且其候选取值由 RRC 信令在上报反馈设置中配置。由于每个触发状态可以对应多个上报反馈设置，不同的上报反馈设置可能配置为不同的上报偏移，为了保证所有的 A-CSI 在同一个 PUSCH 资源中上报，需要确定唯一的一个上报偏移。NR 系统中定义使用 DCI 指示的每个 A-CSI 上报时隙偏移中的最大时隙偏移作为此触发状态对应的时隙偏移。假设触发状态对应 N 个上报反馈设置，若 Y_i 表示 DCI 指示的上报反馈设置 i 的上报偏移，$i=0, 1, \cdots, N\text{-}1$，则确定此触发状态的 A-CSI 的上报偏移为 $Y = \max_i Y_i$。需要注意，此 DCI 指示的时隙偏移适用于仅有 CSI 的场景。当 CSI 与 UL-SCH 复用时，时隙偏移由 PUSCH 资源分配指示信息中的 $K2$ 的取值来确定。

4. 基于 PUCCH 的 CSI 上报

基于 PUCCH 的上报支持周期和半持续 CSI 上报，如表 5.16 所示。

表 5.16　基于 PUCCH 的 CSI 上报

物理信道	频率颗粒度	CSI 拆分	周期性	码本类型
短 PUCCH	宽带 CSI	不拆分	周期 CSI，半持续 CSI	Type I
长 PUCCH	宽带 CSI	不拆分	周期 CSI，半持续 CSI	Type I
长 PUCCH	子带 CSI	Part1+Part2	半持续 CSI	Type I
长 PUCCH	宽带 CSI	Part1	半持续 CSI	Type II

表 5.16 中给出了每种 PUCCH 信道支持的 CSI 反馈的时域行为、频域分辨率、CSI 映射方式及码本类型。在 LTE 系统中，CSI 被拆分为多个部分，每个部分独立上报，因此完整的 CSI 需要多个子帧的上报才能得到。这种方式顽健性较差，且标准化较为复杂。NR 中的 CSI 上报避免了这种设计原则，能够保证 CSI 在一个时隙内完整上报。但新的问题在于不同的 RI 会得到不同的 CSI 反馈开销，这种不确定对系统的资源分配和 CSI 解调都将产生影响。NR 系统中采用了以下两种 CSI 上报方式以解决反馈开销模糊的问题。

● 未拆分 CSI 补零：这种方式通过补零的方式保证反馈开销在所有的情况下均恒定。补零的个数根据基站配置的反馈参数条件下的 CSI 的最大反馈开销和实际 CSI 反馈开销的差值来确定。根据表 5.16 的描述，此方式应用于 Type I 的宽带 CSI 上报。

● 拆分 CSI：将 CSI 拆分为两个部分，第一部分的开销固定，且根据第一部分的参数可以确定出第二部分的开销。针对不同的码本类型，Part1 和 Part2 的构成不同。

- Type I CSI：Part1 包括 RI/CRI 及第一个 CW 的 CQI；Part2 包括 LI（Layer Indicator）

和 PMI，且秩大于 4 时还包括第二个 CW 的 CQI。

- Type II CSI：Part1 包括 RI、CQI 和每层非零宽带幅度系数的个数；Part2 包括 LI 和 PMI。

另外从表 5.16 中可以看出，Type II 码本的 Part1 可以在 PUCCH 上采用半持续方式上报。这里的 Part1 上报主要用于监测 Type II CSI 的秩信息，可以供基于 PUSCH 上报的 Type II 码本的资源分配作参考。

当多个基于 PUCCH 的 CSI 上报发生冲突时，NR 根据 Multi-CSI PUCCH 反馈优先级（反馈优先级见 5.4.4 节第 6 部分）反馈一个或多个 CSI，其余 CSI 上报丢弃。系统可以配置最大两个 Multi-CSI PUCCH 资源，且每个资源独立配置，不与任何上报反馈设置对应。当发生冲突的多个 CSI 开销未超过开销较小的 Multi-CSI PUCCH 资源时，选择此较小的 Multi-CSI PUCCH 资源进行 CSI 反馈。否则选择开销较大的 Multi-CSI PUCCH 资源进行 CSI 反馈，并丢弃优先级较低的 CSI 上报。

5. 基于 PUSCH 的 CSI 上报

基于 PUSCH 的 CSI 反馈支持半持续和非周期 CSI 上报。表 5.17 给出了基于 PUSCH 的 CSI 上报的各种组合。

表 5.17　基于 PUSCH 的 CSI 上报

物理信道	频率颗粒度	CSI 拆分	周期性	码本类型
PUSCH	宽带和子带	Part1+Part2	半持续，非周期	Type I/Type II

其中，半持续 CSI 上报不能与上行数据复用，而非周期 CSI 上报则可以与上行数据复用。根据表中的描述，宽带 CSI 和子带 CSI 反馈均采用两个部分上报。其中，Type II 码本由于秩的不同将造成巨大的反馈开销的差异（Rank=2 的开销接近 Rank=1 开销的一倍）。因此对于 Type II CSI 上报，为了保证 PUSCH 的资源分配的有效性，采用部分子带 CSI 上报的方式。这种上报方式根据分配的 PUSCH 的资源，将 Part2 中的部分子带 CSI 丢弃，其既适用于 Type I CSI 也适用于 Type II CSI[18]。如图 5.28 所示，每个 CSI 上报的 Part2 中的子带部分分成偶数子带和奇数子带两个部分，根据优先级先丢弃奇数子带部分，即部分子带 CSI 上报的丢弃颗粒度为子带 CSI 的一半。

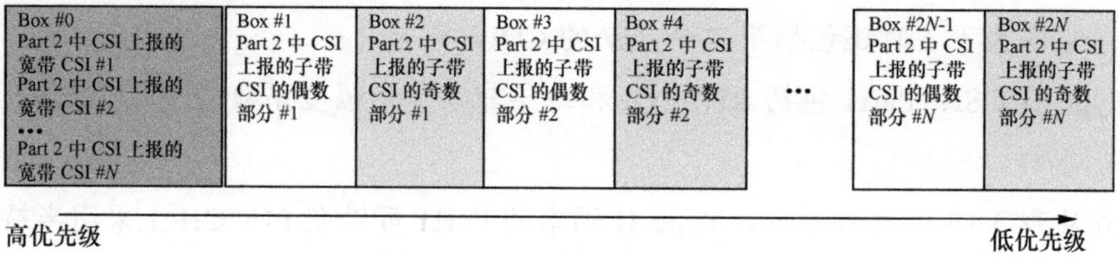

Box #0 Part 2 中 CSI 上报的 宽带 CSI #1 Part 2 中 CSI 上报的 宽带 CSI #2 ... Part 2 中 CSI 上报的 宽带 CSI #N	Box #1 Part 2 中 CSI 上报的子带 CSI 的偶数 部分 #1	Box #2 Part 2 中 CSI 上报的子带 CSI 的奇数 部分 #1	Box #3 Part 2 中 CSI 上报的子带 CSI 的偶数 部分 #2	Box #4 Part 2 中 CSI 上报的子带 CSI 的奇数 部分 #2	...	Box #2N-1 Part 2 中 CSI 上报的子带 CSI 的偶数 部分 #N	Box #2N Part 2 中 CSI 上报的子带 CSI 的奇数 部分 #N

高优先级 ⟶ 低优先级

图 5.28　部分子带 CSI 上报

根据前文所述，CSI 反馈的 Part 1 中包含子带 CQI 信息，而 Part 2 中包含每个子带 CQI 对应的 PMI 信息。采用上述 CSI 上报方案时，部分子带仅上报了 CQI 信息而未上报 PMI 信息。针对这些子带，子带 CQI 的计算可以采用以下两种方式。

● 采用本子带的 PMI 计算本子带 CQI。这种情况下，由于 Part2 中所上报的信息中未包含此子带对应的 PMI，基站无法获得此子带的所有 CSI 信息，因而无法准确利用上报的子带 CQI 信息。

● 采用相邻子带的 PMI 计算本子带 CQI。如图 5.29 所示，未丢弃的子带 PMI 用于计算相邻的两个子带 CQI[19]，这样保证子带 CQI 和子带 PMI 一一对应，基站可以有效利用每个子带 CQI。

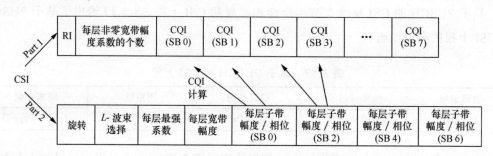

图 5.29　采用相邻子带 PMI 计算本子带 CQI

在标准化过程中，考虑到实现的复杂度，NR 支持采用本子带的 PMI 计算本子带 CQI 的方式进行。

6. CSI 上报的优先级

多种 CSI 上报同时触发时，可能产生 CSI 上报冲突。为了应对冲突，需要定义上报优先级以进行 CSI 丢弃操作。NR 中的多种 CSI 上报采用以下的优先级：按规则 1 区分不同优先级，若根据规则 1 具有相同优先级，则根据规则 2 区分不同优先级，并以此类推。

- 规则 1：时域行为或承载信道（非周期 CSI>基于 PUSCH 的 SP-CSI>基于 PUCCH 的 SP-CSI>周期 CSI）；

- 规则 2：CSI 上报内容（波束管理>CSI 获取）；

- 规则 3：服务小区索引（Pcell>Pscell>其他小区且按索引升序排列）；

- 规则 4：上报反馈设置 ID（升序排列）。

5.4.5 信道互易性

对于下行链路而言，所谓基于信道互易性的反馈是基站通过上行信道测量获得下行信道信息的反馈方式。信道互易性在 4G TD-LTE 系统中已经得到广泛应用。在理想的条件下基站通过测量检测 SRS 能获得完整无量化误差的下行信道信息。上行测量得到的信道矩阵 H 经过奇异值分解获取特征向量：

$$H = V'DU$$

信道矩阵 H 经过奇异值分解后获得右奇异向量为 U，因为信道互易性，右奇异向量可以作为预编码矩阵用于下行传输。在高频段，频谱主要规划为 TDD 系统所用。这种情况下，利用信道互易性提升系统性能的反馈方式将更为重要。本节重点讨论在不同信道互易性条件下的 CSI 反馈方案。

（1）基于完整信道互易性的反馈方案

在完整信道互易性条件下，基站可以通过上行 SRS 测量获得下行 CSI。但 UE 的下行干扰无法直接通过测量 SRS 获得。在 LTE 系统中，此下行干扰通过假设下行发送分集的方式体现在反馈的 CQI 中。但当业务传输没有采用发送分集时，此 CQI 并不准确。为了准确获得 UE 端的干扰信息，可以采用以下方式。

● 显示干扰反馈，反馈干扰相关矩阵或者反馈干扰相关矩阵的对角线元素。其中对角线元素可以采用周期反馈，表示干扰的统计特性；干扰相关矩阵可以非周期反馈，获得准确的瞬时干扰特性。

● 隐式干扰反馈，反馈干扰 PMI，或无 PMI 反馈。

与显示干扰反馈比较，隐式干扰反馈开销较低，其可以基于 CSI 反馈框架实现。NR 标准化中采用了无 PMI 反馈的方案支持隐式干扰反馈。无 PMI 反馈基于完整的信道互易性，其反馈的 CSI 中仅包含 RI（Rank Indicator）及 CQI。由于 PMI 不反馈，其主要难点在于 CQI 计算方法。CQI 的计算可以基于端口选择码本、单位矩阵或者通过假设码本的方式来确定。在每个 Rank 不同的预编码假设下，UE 进行 Rank 自适应的 CQI 计算，并在计算中考虑 UE 干扰，确定最优的 RI 值。若 UE 假设使用单位矩阵作为预编码矩阵进行 CQI 的计算，则对于每个 CSI-RS 资源，需要 RRC 配置不同 Rank 下用于所述 CQI 计算的 CSI-RS 端口索引。可以采用两种 CSI-RS 端口索引指示方法[24]。

● 方法 1：所有 Rank 使用相同的端口索引指示。

● 方法 2：每个 Rank 使用单独的端口索引指示。

方法 1 中假设具有秩嵌套特性，即 Rank=N 的端口索引指示中，前 N-1 个端口为 Rank=N-1 的端口指示，前 N-2 个端口为 Rank=N-2 的端口指示，以此类推。采用方法 1 的优点是开销较小。

方法 2 通过为每个 Rank 单独指示端口，每一层传输都对应一个独立指示的 CSI-RS 端口索引。对于 Rank=R，指示 R 个 CSI-RS 端口，且根据层数的顺序进行指示，即 RRC 配置 $p_0^{(1)}, p_0^{(2)}, p_1^{(2)}, p_0^{(3)}, p_1^{(3)}, p_2^{(3)}, \cdots, p_0^{(R)}, p_1^{(R)}, \cdots, p_{R-1}^{(R)}$ 作为端口索引指示，其中 $p_0^{(v)}, \cdots, p_{v-1}^{(v)}$ 表示 Rank=v 的端口索引。方法 2 没有秩嵌套特性，其指示更加灵活，但每个 Rank 需要一个独立的 P 比特 bitmap，RRC 开销较大。考虑到基站可能使用更加先进的预编码算法，如 MMSE，SLNR 或 ZF 预编码，预编码矩阵不一定满足秩嵌套特性，因此 NR 中确定使用方法 2 进行指示。

（2）基于部分信道互易性的反馈方案

基于部分信道互易性的反馈方案主要用于 UE 侧的接收射频链路数大于发送射频链路数的场景。为了完整获得信道状态信息，NR 在标准制定中主要讨论了以下候选方案。

● 方案 1：发送与发送射频链路数量相同的 SRS 信号，并将所有只有接收射频链路，没有发送射频链路的天线端口，通过接收天线上接收到的信号，采用 CSI 反馈下行信道矢量/矩阵或部分下行信道相关矩阵[20]。

● 方案 2：根据信道互易性确定基站的赋形波束，并采用此波束对 CSI-RS 进行赋形传输。UE 测量此波束赋形的 CSI-RS 并进行 CSI 反馈，此 CSI 包括 CQI/PMI/RI。基站的赋形波束可以由基站通过对 SRS 测量来确定[21]。

● 方案 3：UE 端采用时分复用（TDM）的方式从不同的天线上发送 SRS，通过多次的 SRS 传输，基站可以获得完整的信道信息。例如，UE 的射频发送链路数为 1，射频接收链路数为 4 时，基站需要至少 4 次 SRS 的传输来获得完整的 CSI。这种方案需要一个或多个射频开关来实现发送天线的切换[22]。

● 方案 4：基站基于部分信道互易性获得 UE 所在的可能的角度范围，并配置此角度范围用于 UE 侧进行 CSI 计算。UE 在此角度范围内进行 PMI 的搜索和 CQI 计算。角度范围的配置可以通过码本子集约束配置或者码本配置来实现[23]。

以上方案中，方案 1 和方案 3 有一些比较明显的缺点。方案 1 需要基站对 UE 反馈的 CSI 进行合并，此合并的精度依赖 CSI 的反馈类型。若采用隐式反馈，量化误差将导致性能损失，同时基站无法准确获得合并后的 CQI。若采用显示反馈，则反馈开销较大。此外，方案 1 不能支持 FDD 的互易性。方案 3 的性能受到多个 SRS 上报的影响，此影响来自于硬件问题，如插入损耗和切换时延，同时多次 SRS 传输也会造成不必要的 CSI 时延。方案 3 也不适用于 FDD 互易性。最终 NR 支持了基于方案 2 和方案 4 的反馈方案。

5.5 模拟波束管理

随着低频段频谱资源变得稀缺，毫米波频段能够提供更大带宽，成为了移动通信系统未来应用的重要频段。毫米波频段由于波长较短，具有与传统低频段频谱不同的传播特性，例如更高的传播损耗，反射和衍射性能差等。因此通常会采用更大规模的天线阵列，以形成增益更大的赋形波束，克服传播损耗，确保系统覆盖。毫米波天线阵列，由于波长更短，天线阵子间距以及孔径更小，可以让更多的物理天线阵子集成在一个有限大小的二维天线阵列中；同时，由于毫米波天线阵列的尺寸有限，从硬件复杂度、成本开销以及功耗等因素考虑，无法采用低频段所采用的数字波束赋形方式，而是通常采用模拟波束与数字端口相结合的混合波束赋形方式。图 5.30 所示为混合波束赋形收发架构图，设发送端有 N_T 根天线，接收端有 N_R 根天线，每根有单独的射频通道，而只有 K 条数字通道，且 K 远远小于 N_T 和 N_R。

对于一个多天线阵列，其每根天线都有独立的射频链路通道，但共享同一个数字链路通道，需要每条射频链路允许对所传输信号进行独立的幅度和相位调整，所形成的波束主要通过在射频通道的相位和幅度调整来实现，称为模拟波束赋形信号。而全数字波束赋形的天线阵列，每根天线都有独立的数字链路通道，可以在基带控制每路信号的幅度和相位。

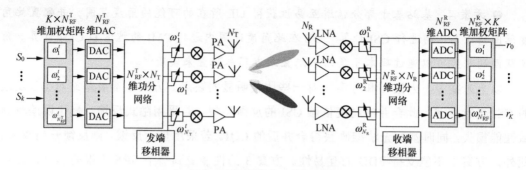

图 5.30　混合波束赋形示意图

模拟波束赋形具有以下特点。

● 对于模拟波束赋形，每根天线发送的信号一般通过移相器改变其相位；

● 由于器件能力的限制，模拟波束赋形都是在整个带宽上进行赋形，无法像数字波束赋形那样针对部分子带单独进行赋形，因此，模拟波束赋形间通过时分（TDM）方式进行复用。

由于以上这些特点，模拟波束赋形的赋形灵活性要低于数字波束赋形。但由于模拟波束赋形的天线阵列所需要的数字链路数量要远低于数字波束赋形的天线阵列所需要的数字链路数量，在天线数量变得很多的情况下，模拟波束的天线阵列成本下降明显。

混合波束赋形结构在数字波束赋形灵活性和模拟波束赋形的低复杂度间做了平衡，具有支撑多个数据流和多个 UE 同时赋形的能力，同时，将复杂度也控制在合理范围内，因此成为毫米波中一种广泛采用的传输方式。

5.5.1　波束管理过程

本节对波束管理的一般性过程进行概要介绍，首先从模拟波束赋形与数字波束赋形的不同点出发，讨论支持模拟波束赋形必要的设计机理，给出了波束管理的主要步骤，包括波束测量、波束上报和波束指示等。

通过模拟波束赋形技术开展链路传输时，为了能够获得最佳的传输性能，通常需要采用发送/接收波束扫描的测量方式来搜索最佳的发送和接收波束对。

由于模拟波束在同一时间内只能发送有限个赋形波束（波束数量取决于数字端口的

数量，一个数字端口对应一个波束），并且波束宽度较窄，通常只能覆盖小区的一部分区域。蜂窝系统中的部分信号，如初始接入的同步信号、系统广播消息等，需要在整个小区进行广播，覆盖整个小区。为了实现整个小区的信号覆盖，需要采用时域内多个波束联合扫描的传输方式，即在一个时间段内通过轮询的方式，每个波束依次接力覆盖小区不同区域来实现小区的完整覆盖。对于基站与 UE 间的单播（Unicast）传输，当基站与 UE 间的发送和接收波束对齐的时候，可以获得最大的链路增益。让基站与 UE 的收发波束对齐的过程，在 NR 标准中被称为波束管理过程。

在模拟波束赋形接收的过程中，接收机需要采用 TDM 方式在多个时间片段内对信号进行采样接收，每次接收前需要调整每个射频通道的相位来实现不同方向的接收波束赋形，这个过程与传统的数字波束赋形接收过程不一样。数字波束赋形接收的时候，接收端只需要接收一次信号并进行存储，在接收端采用不同的接收波束赋形参数对存储信号进行数字均衡处理，寻找到接收性能最好的赋形参数。

波束管理过程分为 6 个方面的处理过程：波束选择、波束测量、波束上报、波束切换、波束指示、波束恢复。波束选择是指在单播的控制或数据传输过程中，基站和 UE 需要选择合适的波束方向，以确保最佳的链路传输质量。波束测量是指当无线链路建立以后，UE 和基站对多个收发波束进行测量的过程。波束上报是指 UE 将波束测量结果上报给基站的过程。波束切换是指当 UE 位置移动、方向变化以及传播路线受到遮挡，配对的收发波束对的传输质量下降时，基站和 UE 可以选择另外一对质量更好的收发波束对，并进行波束切换操作。基站和 UE 需要时常监测所选择的收发波束对的传输质量，并与其他的收发波束对进行对比，必要的情况下需要进行波束切换操作。基站利用波束指示流程，通过下行控制信令将所发送的波束指示通知 UE，便于 UE 的接收与切换。波束恢复则是指所采用的收发波束对无法继续保证传输质量要求，所监测的所有收发波束传输质量无法满足链路传输要求的情况下，重新建立基站与 UE 间的连接的过程。

5.5.2 波束测量和上报

本节将重点讨论模拟波束的测量和上报机制，包括基本的测量原理、参考信号结构、收发（Tx/Rx）波束扫描方案、上报过程和机制。

如图 5.31 所示，当基站与 UE 间建立起连接的时候，以下行传输为例，设基站端有

M 个模拟发送波束，UE 有 N 个模拟接收波束，一共可以建立起 MN 个收发波束对。通常，在毫米波通信中，波束对的数量都比较大。如何开展有效的波束测量和上报，减少系统开销和 UE 复杂度，确保系统覆盖，成为设计大规模天线波束管理的重要方向。

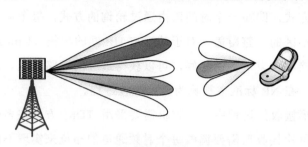

图 5.31　模拟波束赋形的图示

1. 波束测量过程

下行波束测量过程可以描述如下：如果一个基站能够发送 M 个模拟波束，可以为每个波束方向配置一个赋形的参考信号集合用于波束的测量，每个参考信号所赋形的方向与对应的模拟波束相同。这 M 个参考信号在不同时域和/或频域资源上传输，以便于基站能够针对每个波束方向调整移相器的配置来实现模拟波束赋形；同时，UE 通过 N 个接收波束分别对 M 个赋形参考信号进行测量，选择合适的接收波束。因此，基站与 UE 间一共需要测量 MN 个波束对，寻找到最佳的收发配对波束。图 5.32 中基站有 4 个模拟波束，而 UE 有 2 个模拟波束，基站的 4 个模拟波束各配置一个赋形参考信号，通过轮询发送和接收方式，可以获得 8 个配对波束测量结果，选择其中性能最佳的配对波束。

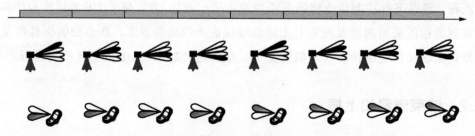

图 5.32　收发波束测量配对图示（M=4，N=2）

另外一种波束收发顺序可以如图 5.33 所示，其顺序是固定发送端的波束方向，以接收端的两个波束方向为周期进行波束测量。

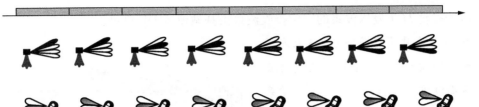

图 5.33　另一顺序的收发波束测量配对图示（*M*=4，*N*=2）

用于波束管理的参考信号集合（如 CSI-RS），可以采用周期或非周期发送方式。在基站已知接收 UE 大致的方向的情况下，可以通过非周期发送方式，只在有限的几个方向上发送赋形波束。通过这种非周期发送针对部分 UE 的波束，可以有效降低系统开销和接收复杂度。在系统负荷较高的情况下，通过周期性发送方式在更大角度范围内发送赋形波束，可以让更多 UE 接收到参考信号，从而提升波束测量效率。

在 5G NR 中支持三种波束测量过程。

● 联合收发波束测量：基站和 UE 都执行波束测量，如图 5.32 和图 5.33 所示。每个赋形波束被发送 *N* 次，从而让 UE 能够测试 *N* 个不同的接收波束，选取最合适的发送和接收波束对；通常可以采用 *N* 个时隙或 *N* 个不同参考信号资源来实现波束发送。

● 发送波束测量：基站通过轮询方式发送波束，UE 采用固定的接收波束。

● 接收波束测量：UE 用轮询方式测试不同接收波束，而基站采用固定波束。

系统采用两种方式通知 UE 所用的波束测量方法：一种用高层信令通知 UE；另一种用控制信令的动态参数指示，这种情况发生在多个参考信号属于相同波束的时候。例如，当基站指示 UE 有 *M* 个参考信号的发送波束方向相同，UE 将使用接收波束测量过程；否则，如果基站通知 UE 有 *M* 个参考信号发送波束方向不同，UE 将固定接收波束，从而确定最佳发送波束[25]。

（1）发送波束测量过程

发送波束测量过程允许基站变化发送波束，而 UE 则固定接收波束。波束的扩展角度由基站进行控制，并且对于 UE 透明。波束扩展角度可以是宽波束也可以是窄波束，宽波束覆盖范围更大，窄波束覆盖范围小。对于发送波束测量过程，首先基站配置 *M* 个参考信号，对应着 *M* 个候选波束，基站通知 UE，有 *M* 个参考信号对应不同方向的发送波束测量；UE 用固定接收波束接收并测量所有的 *M* 个参考信号，选择最合适的发送波束上报给基站，完成发送端波束测量过程，如图 5.34 所示。

用于接收 M 个发送波束的固定接收波束由基站或者 UE 决定。

● 如果基站没有提供 UE 波束发送方向的辅助信息，UE 对于 M 个发送波束的方向没有先验信息，则 UE 通常采用一个宽的接收波束或者轮询接收波束。如在初始的发送波束测量，基站没有 UE 的方向信息，则采用这种方式进行发送波束的测量过程。

图 5.34　发送波束测量过程示例（$M=4$）

● 如果基站向 UE 发送辅助信息，指示 UE 所用的接收波束，则 UE 可以采用所指示的接收波束对 M 个发送波束进行接收。例如，基站知道 UE 所处的大致方向，为了进一步确认准确的发送波束方向，基站会根据前面所知的 UE 大致方位，给出一个接收波束的建议，并基于原来的大致方向发送的 M 个窄波束，从而获得更加精确的发送波束方向。接收波束的建议使用 TCI（Transmission Configuration Indicator）状态进行通知，每个 TCI 状态指示一个待接收信号空间 QCL 的导频信号，UE 使用该导频信号的接收波束来获取基站建议的接收波束方向[26]。

以上两种选择方式在 NR 标准中都得到支持，采用这两种方式，基站可以指示 UE 采用宽波束或者轮询接收波束来初始选择发送波束，或者获取高精度的发送波束方向。

（2）接收波束测量过程

这个过程允许 UE 变化接收波束，并假设基站固定发送波束。基站用相同的波束发送 N 个参考信号，并指示 UE 采用接收波束测量方式来确定最佳的接收波束。UE 通过接收并测量、比较所有的 N 个接收波束，从而获得最佳接收波束。所确定的最佳接收波束不必上报给基站，而是存在 UE 中。图 5.35 为接收波束测量过程示例。

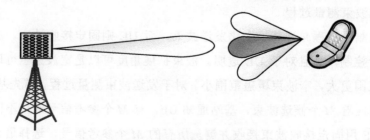

图 5.35　接收波束测量过程示例（$N=3$）

基站或者 UE 将决定接收波束测量所用的波束方向，NR 标准支持以下两种方式。

● 如果基站对于接收波束的方向没有先验信息，基站将不向 UE 提供接收波束的辅助信息，UE 将会对所有接收波束进行扫描接收，或者通过自身获得的先验信息（通过其他下行信号获得信道对称性），使用更小角度扩展的波束测量，以便获得更精确的接收方向信息。这种方式适用于初始阶段的接收波束测量。

● 如果基站能够获得部分的接收波束的先验信息，基站可以将一个接收方向信息指示给 UE，UE 将根据所指示的接收方向信息，采用更小角度扩展的接收波束进行测量，从而获得更精确的接收方向信息。

（3）联合收发的波束测量

这个过程可同时实现收发波束的测量，具体的实现方案有以下两种。

● 基站指示 UE，将 MN 个参考信号用于波束测量，参考信号分为 N 个集合，每个集合包含 M 个参考信号，对应于 M 个发送波束方向；对于每个集合内的 M 个参考信号，UE 采用一个固定的波束进行接收；UE 测量和比较 M 个波束质量，获得基于该接收波束的最优发送波束；UE 分别用不同的接收波束接收每个参考信号集合内的参考信号，当所有 N 个集合的参考信号测量完成后，UE 可以基于所有测量信息，选出最佳的收发波束对，完成波束测量过程；

● 基站指示 UE，将 MN 个参考信号用于波束测量，参考信号分为 M 个集合，对应于 M 个发送波束方向，每个集合包含 N 个参考信号；对于每个集合内的 N 个参考信号，UE 用 N 个波束分别进行接收；当所有 M 个集合的参考信号测量完成后，UE 可以基于所有测量信息，选出最佳的收发波束对，完成波束测量过程。

上行波束测量的过程和支持的方式与下行类似，基本是上述下行波束测量过程的逆操作，主要区别在于：对于上行波束测量，UE 既不能向基站提供发送波束方向的辅助信息，也不能向基站提供接收波束方向的辅助信息，而基站可以在波束管理过程中向 UE 提供发送波束方向的辅助信息。基站完成发送波束、接收波束或者收发波束对的测量后，无需将测量结果通知给 UE。在后续的传输过程中，基站可以根据测量结果为 UE 配置上行传输的发送波束。

2. 波束上报

虽然通过波束测量，UE 需要监测和估算 MN 个波束对的信道质量，但 UE 不需要将所有波束对的信道质量上报给基站，只需要选取其中最优的波束对进行上报。而最优波束对所对应的接收波束只需要存储在 UE，不需要上报给基站。在后续的传输过程中，基站只需要指示 UE 所选择的发送波束，UE 可以根据存储信息，采用对应的接收波束进行接收处理。同时，从节省开销的角度，不需要将所有 M 个发送波束的信道质量信息或者序号上报给基站，可以选取 L 个发送波束进行上报 $1 \leq L \leq M$，根据系统负荷和需要，进行灵活配置。当 $L=1$ 时，UE 只上报所有下行发送波束中最优的波束；当 $L>1$ 时，UE 可以选择所有下行发送波束中最好或者最合适的 L 个发送波束进行上报。在波束覆盖角度较大，待选波束较多的情况下，可以采用非周期上报以减小上报开销。在波束覆盖角度较小，待选波束较少的情况下，可以采用周期上报来提高时域上报精度[27]。基站是单天线阵面配置的情况下，UE 可以选择其中最好的 L 个波束上报；而在多天线阵面配置下，UE 可以选择在不同天线阵面所对应的 L 个波束上报。

用于波束测量的参数包括：参考信号接收功率（RSRP，RS Received Power）、参考信号接收质量（RSRQ，RS Received Quality）和 CSI。由于不同参数对 UE 复杂度有不同影响，因此适用的场景也有所区别。基于 RSRP 测量参数的计算复杂度低，适合于大量波束的快速测量，因此可用于初始波束测量和配对场景。CSI 参数测量更加复杂，但可以提供更精确的波束赋形信息，可用于在一部分候选波束中对波束精确测量的场景。基于 CSI 参数上报还能将波束训练和链路自适应需要的信息通过一步操作完成，使得基站能够快速地执行调度和传输过程。而基于 RSRP 和 RSRQ 参数的波束上报机制，则需要采用两步完成相应操作（先完成波束训练和配对，然后再上报测量配对波束的 CSI），使得调度和传输过程的时间被拉长。

5.5.3　波束指示

本节重点讨论用于模拟发送波束的指示方式，包括模拟波束发送指示的必要性，波束指示的基本框架及所涉及的物理层设计。

下行波束管理中，对于 M 个候选发送波束中任意一个波束，UE 需要用 N 个候选的接收波束进行接收测量，从而找到最佳的收发波束对。UE 所选取的接收波束 N 的数目以及实现方式由 UE 确定，不需要上报给基站。另外，发送波束所对应的最优接收波束也不需要上报给基站，存储在 UE 侧即可。

当基站采用模拟波束赋形方式进行下行传输的时候，基站需要指示 UE 所选的下行模拟发送波束的序号。UE 接收到指示后，根据波束训练配对过程中所存储的信息，调用该序号所对应的最佳接收波束进行下行接收。

当基站调度 UE 采用模拟波束赋形方式进行上行传输的时候，基站需要指示 UE 上行模拟发送波束的辅助信息。UE 接收到辅助信息后，根据基站所指示的上行模拟发送波束进行上行传输，基站可以根据波束训练配对过程中所存储的信息，调用该发送波束所对应的接收波束进行上行接收。

上述发送波束的指示方式可以是动态的或者半静态的，具体方式取决于所指示波束的持续时间，切换速度和指示信息的开销，以及波束所应用的物理层信道类型等因素。

数据传输需要快速和高精度的波束赋形，因此波束采用动态指示方式随时切换用于数据传输的波束。此时的波束指示可与其他下行控制信息，如调度的资源等联合进行编码，可以基于每时隙（Slot)的动态调度。采用动态调度方式，可以允许发送和接收波束根据信道变化情况快速进行切换[28][29]。同时，采用动态调度也可以更好地恢复毫米波通信中由于波束被遮挡所造成的链路中断。

（1）用于控制信道的波束指示

对于采用高频段传输的系统，其上下行的控制信道（PUCCH/PDCCH）可以采用模拟波束赋形传输来实现更高赋形增益和更大覆盖。由于 PDCCH 信道没有 HARQ 重传来保证可靠性，通常为了减少经常性波束切换以及确保可靠性，控制信道会采用比数据信道更宽的波束，通过牺牲一定的波束增益来增加控制信道波束的覆盖宽度，提升 PDCCH 信道的可靠性和顽健性。

用于下行控制信道（PDCCH）的无线资源被半静态地分成多个控制资源集合（CORESET, Control Resource Sets，详见 6.1.1 节第 1 部分），每个 CORESET 包含多个 PDCCH 的无线资源。基站可为每个 CORESET 半静态匹配一个发送波束方向[26]，不同 CORESET 匹配不同方向的波束。基站可以在不同 CORESET 中进行动态切换，从而实现波束的动态切换。当发送 PDCCH 的时候，基站可根据 UE 的信息，选择合适波束方向的 CORESET。在接收端，UE 在所配置的多个 CORESET 内进行盲检。对于每个候选的 CORESET，UE 将使用与 CORESET 发送波束对应的接收波束进行接收。

对于 PUCCH 有类似于下行控制信令的机制。首先对 PUCCH 的无线资源进行配置，不同的 PUCCH 资源被半静态地配置不同的发送波束方向，通过选择 PUCCH 的无线资源，来选择不同的发送波束方向，实现多个方向间的波束切换。

（2）用于数据业务信道传输的波束指示

在系统设计中，让 PDCCH 与所调度的 PDSCH 之间的时间间隙可配置范围更大，将有助于兼顾快速数据调度和调度灵活性两方面的需求。当间隙较小时，如时间间隙为 $d=0$ 个 OFDM 符号，下行 PDSCH 需要紧挨着 PDCCH 信道发送；如果间隙配置比较大，PDSCH 可以在 PDCCH 信道发送后较长时间后再开始发送。与动态模拟波束相关的一个重要问题是，PDCCH 与 PDSCH 之间需要一定的时间间隙。由于 PDCCH 中包含了对 PDSCH 发送波束的指示信息，这个间隙用来实现对 PDCCH 的译码，以及从 PDCCH 的模拟波束赋形转换到 PDSCH 的模拟波束赋形。其中波束转化时间较小（纳秒数量级），小于 CP 长度，对性能影响不大，可以忽略不计；而 PDCCH 的译码需要一定时间（从符号到时隙数量级，取决于 UE 的能力）。因此，UE 在对 PDCCH 进行解调译码的过程中，如果 PDSCH 与 PDCCH 间隙较小，则 UE 无法获得用于接收 PDSCH 的发送波束指示信息，为了接收 PDSCH 的信息，需要给出相应解决办法。

为了解决这个问题，在标准上定义了一个用于区分完成或未完成 PDCCH 解调译码的阈值[30]。如果 PDCCH 与 PDSCH 之间时隙长度小于阈值，UE 在 PDCCH 解调译码完成之前就开始接收 PDSCH，无法从 PDCCH 获得波束指示，此时 PDSCH 可以采用一个默认的波束进行接收。这个默认的接收波束与 PDCCH 所发送的波束指示无关，而是采用与 PDCCH 相同的接收波束，即 PDCCH 和 PDSCH 在这个时间段用相同的接收波束。当 PDCCH 与 PDSCH 的间隙大于阈值，则对 PDSCH 的接收可以采用 PDCCH 所指示的波束。图 5.36 给出了接收 PDSCH 的图示。在图中，在 PDCCH 相邻的两个时隙的 PDSCH，间隙小于阈值，采用与 PDCCH 相同的接收波束；后面两个 PDSCH 所在时隙与 PDCCH 的间隙大于阈值，则根据 PDCCH 成功译码后获得的波束指示进行数据接收。

PUSCH 的模拟发送波束和与之对应的上行调度准许中所指示的 SRS 资源的模拟发送波束相同。如果 PUSCH 的上行调度准许中没有指示 SRS 资源且该上行调度准许不是 DCI 格式 0_1 时，PUSCH 的发送采用发送基站为它配置的用于上行 CSI 获取的 SRS 资源时的模拟发送波束。当 PUSCH 通过 DCI 格式 0_0 进行调度时，PUSCH 的发送采用激活 BWP 中 ID 最小的 PUCCH 的模拟发送波束。

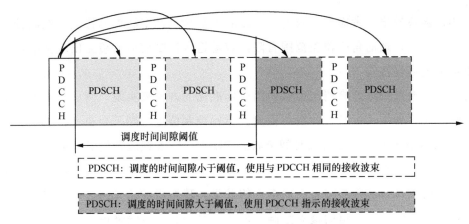

图 5.36 PDSCH 波束调度方法示例（大于或小于阈值）

5.5.4 波束恢复过程

对于高频段毫米波通信，如果波束受到遮挡，将很容易造成通信中断。这是由于高频段波长短，反射和衍射性能差，大部分传输能量都集中在直线传播路线。因此，设计能够快速从波束遮挡（Beam Blockage)中恢复，确保控制信道传输的可靠性和顽健性的机制，成为高频段传输一个重要的研究内容。本节将介绍下行控制信道波束失败恢复的关键处理方法和过程，包括波束失败检测、波束失败上报以及波束恢复过程。

1. 概述

高频段的模拟波束赋形面临的一个重要挑战是传输信号的传播损耗大、被遮挡概率高。对于被遮挡的下行控制信道（PDCCH），UE 将无法准确获得下行传输的控制信息，从而接收性能下降，如速率下降，调度时延增加，UE 体验下降等。一种可降低遮挡概率的方法是为 CORESET 配置多个方向的波束，可以使得 PDCCH 通过多个方向发送，避免在某个方向受到遮挡而导致链路出现不可靠的问题。然而采用这种方法带来新的问题是：UE 对于 PDCCH 的盲检能力受限，使得配置给 UE 每个方向的 CORESET 数量会减少。例如在 NR 标准中限制了每个 UE 在同一个激活的 BWP（Bandwidth Part）中最多配置 3 个 CORESET。理论上讲，如果发送波束角度扩展足够宽，能够覆盖整个小区，这样就不会出现波束遮挡的问题了。但为了获得更高的波束赋形增益，通常波束的覆盖角度较小，波束较窄。考虑到有限的 CORESET 数量以及窄波束的特点，在高频段毫米波通信中，控制信道的角度覆盖范围有限，容易造成控制信道的覆盖出现空洞，无法保证控制信道的可靠接收。

对于下行波束失败的检测，可以采用非标准化的方法来实现。例如，对于一个下行数据传输过程，如果 UE 长时间没有检测到下行控制信道，则不会在上行发送反馈应答信息（ACK/NACK）。基站若长时间未收到 PUCCH 的反馈应答消息，就可以判断出下行波束失败发生。基站甚至可以判断出哪个方向的下行发送波束出现失败。上行传输过程也可以通过类似方法判断波束失败事件的发生。基站通过长时间、有规律的波束测量和上报机制，检测控制信道的覆盖空洞。但是，对于数据传输来说这个过程的判断和反馈时间太长，无法支持快速的波束切换和解决高频段传输的波束遮挡问题。总而言之，基于实现方法的波束失败检测方案，无法满足业务传输所需要的 PDCCH 快速和可靠检测，会造成传输性能和质量的严重下降。

在 NR 标准中，标准化了一种快速、可靠的波束失败检测和恢复过程，这使得基站能够快速从波束失败中恢复传输。基站通过快速地将 PDCCH 发送从一个波束切换到另外一个新波束，避免了波束遮挡对传输性能的影响，使得 UE 能够接收到 PDCCH 的信息，恢复数据传输。基站所选择的新波束是根据 UE 上报的信息获得，该上报信息包括了 UE 检测到波束失败以及新候选波束的信息。基站根据 UE 上报的信息，选择新的波束发送 PDCCH。UE 所上报的新候选波束必须满足系统对传输性能指标的要求。

2. 波束失败检测过程

由于基站可通过多个下行控制信道波束发送 PDCCH，因此将下行波束失败定义为：UE 接收到的每一个下行控制信道波束的质量都低于规定阈值，使得 UE 无法有效地接收到 PDCCH 所发送的控制信息。假设基站有 M 个波束用于下行控制信道发送，为每个波束配置专属的参考信号，UE 通过测量 M 个波束的参考信号来判断下行控制信道是否满足接收质量要求。如果所有的 M 个波束的信道质量都低于所设立的阈值，UE 将认为波束失败事件发生。

（1）波束失败的指标参数

UE 可使用不同的性能参数评估控制信道的质量。在 NR 的标准化中，对于将误块率（BLER）和 L1-RSRP 两个参数用于评估控制信道质量进行了讨论，两种参数的定义以及实现方式、优缺点如下。

● BLER 参数的工作过程为：UE 测量与下行控制信道相同波束的参考信号性能，并根据所测量到的参考信号的信干噪比（SINR，Signal Inteference Noise Ratio）推断出 PDCCH 的误块率（BLER）。如果 BLER 值高于所设定阈值（例如，BLER=10%），则认为该波束失败。当 UE 测量到所有 M 个波束的 BLER 值都高于阈值，则认为波束失败事件发生。在测量 BLER 的过程中，不需要对 PDCCH 进行解调译码，只是测量所对应参考信号的性能，并根据参考信号的结果推测 PDCCH 的 BLER。由于波束失败测量的目的在于获知下行控制信道能否被 UE 正确接收，因此测量 BLER 值可以很好地达到这个目的。用 BLER 测量 PDCCH 的缺点在于其复杂度相对比较高。

● 基于 L1-RSRP 参数的波束失败事件定义为：L1-RSRP 的测量值低于所设定的阈值则认为该波束失败。该阈值由标准协议确定或者通过基站来设定。当 UE 测量到所有 M 个波束的 L1-RSRP 值都小于阈值，则认为波束失败事件发生。采用 L1-RSRP 参数的缺点在于该参数不能真正准确反映 PDCCH 的性能，因为 PDCCH 的性能由 SINR，而不是 RSRP 决定。当一个波束受到非常严重的干扰的时候，L1-RSRP 值仍具有较高的值，但 PDCCH 的 BLER 变得很高，信道传输性能很差。采用 L1-RSRP 参数的优点在于其实现复杂度低。

对比以上两个参数的优缺点，如果需要正确地反映 PDCCH 的接收质量，则可以采用 BLER 参数作为测量目标；如果更为看重实现的复杂度，则可以使用 L1-RSRP 作为测量参数。由于标准将每个 UE 在所激活的 BWP 中的 CORESET 数量限制为 3，BLER 作为 PDCCH 测量参数的复杂度在总体上可以接受。因此，在标准化中最后确定将 BLER 作为测量 PDCCH 性能的参数。

（2）波束失败测量的参考信号集合配置

波束失败测量的参考信号的配置，可以采用基站通过信令通知 UE 的显式配置方式，或者 UE 通过控制信令的波束配置方法来隐含配置。

对于显式配置方式，基站通过信令给 UE 配置一个用于测量波束质量的参考信号集合，包括参考信号类型（SSB 及 CSI-RS 等）、发送功率、参考信号的资源指示、参考信号资源等。这些信息都需要清晰地通过基站配置给 UE。

对于隐含配置方式，用于测量波束质量的参考信号集合可以从所对应的 CORESET 资源的传输配置指示（TCI，Transmission Confiuration Indication）状态中推导出来[27]。

具体而言，对于涉及模拟波束赋形传输的 CORESET，其 TCI 状态中会包括一个参考信号的配置信息，并且该参考信号对应的 QCL 类型为 QCL-TypeD（具体参见 5.7 节）。如果基站没有为 UE 显式配置用于波束失败检测的参考信号，则 UE 可以对 CORESET 所配置的 TCI 状态中的参考信号进行测量，以判断是否发生波束失败。

（3）乒乓效应的避免

无线信道具有快速起伏变化的特性，波束质量也有可能在阈值附近不断跳变，频繁更换波束会造成乒乓效应。为了避免乒乓效应和经常出现波束失败事件，只有当波束测量结果低于所设定阈值的时间足够长才能认为发生波束失败事件。可以通过统计波束测量低于阈值的次数来判断是否发生波束失败事件。具体而言，每次传输中对下行控制信道的参考信号进行测量，当测量结果低于阈值，计数一次失败；高于阈值，计数一次成功；只有当连续失败的次数大于预先设置的值，才能判定波束失败事件发生。基站需要设置合适的统计次数，如果统计次数设置过小，则基站对于信道质量测量过于敏感，容易造成过多的波束失败事件；如果统计次数设置过大，则基站对于波束失败事件反应过慢。过小或过大都会造成传输性能的下降。

3. 波束失败与新候选波束上报机制

UE 测量到波束失败事件发生以后，UE 需要将该事件上报给基站，并上报新的候选波束信息。基站收到上报信息后，通过波束恢复过程尽快从波束失败中恢复，重新选择用于传输的新波束替代原有波束。新波束将被用于基站对上报失败事件的应答信息传输，以及后续基站与 UE 间数据和控制信息的传输。

（1）新波束指示方式

为了能够让 UE 上报新的候选波束，基站需要给 UE 配置相应的参考信号资源集合，这些参考信号对应了候选波束集。UE 通过测量参考信号集合，确定用于传输链路的收发波束对。UE 完成测量后，把新候选波束上报给基站，所选择的新候选波束需要满足性能门限要求，比如 BLER 低于阈值或者 RSRP 超过阈值。

类似于前面介绍的波束失败评估方法讨论，两个性能评价参数（BLER 和 L1-RSRP）可以用于新候选波束的评估。BLER 和 L1-RSRP 两个参数的优缺点在前面已经有相应叙述，考虑到需要测量的候选波束和参考信号数量比较大，系统实现复杂度比较高，而L1-RSRP 参数的实现复杂度较低，因此标准上最终选择了 L1-RSRP 作为新候选波束的评估参数。

在标准中，UE 只将一个新候选波束上报给基站。如果测量过程中有多个波束质量达到阈值要求，UE 可以根据自身判断，选择其中一个上报给基站，比如，将最强波束上报。

（2）用于上报波束失败和新候选波束的物理信道

用于上报波束失败和新候选波束的上行物理信道，需要足够高的可靠性和顽健性。这是因为当波束遮挡发生的时候，不但下行波束会发生失败，上行波束失败的可能性也非常大，因此上行物理信道的可靠性非常重要。同时，下行信道波束失败使得上行物理信道的功率控制和上行提前量指示都无法传递到 UE，因此上行物理信道对传输顽健性的要求也非常高。

根据上面的分析，物理随机接入信道（PRACH，Physical Random Access Channel）和 PUCCH 可以作为上报波束失败和新候选波束的两个候选的物理信道。

PRACH 是 UE 用于初始接入基站时的上行同步和信息交换信道。通过 PRACH 发送上行前导序列，基站可以实现对 UE 的确认、上行同步的测量、竞争解决等功能。在 5G NR 中，PRACH 还可以用于解决非理想上行同步，大时延扩展，低信噪比检测等信号检测功能。在 NR 标准中，系统支持多个 PRACH，每个 PRACH 与一个 SSB 有对应（不同 SSB 用不同发送方向的波束进行广播信息发送），UE 所选择的 PRACH 对应着下行最合适的 SSB 波束发送方向。因此，PRACH 是一个传输新候选波束、下行波束失败的理想信道。当候选下行波束对应的参考信号与上行 PRACH 建立起一一对应关系的时候，基站可以通过检测到的 PRACH 获得 UE 上报的候选波束信息[31]。

在 5G NR 标准中 PUCCH 用于上行控制信令的传输，PUCCH 将各种类型的上行控制信令上报给基站，包括应答信息（ACK/NACK）、调度请求、信道状态信息（CSI）和波束测量结果等。一个 UE 可以配置多个 PUCCH 资源，每个 PUCCH 资源对应不同的物理资源、发送功率、负载能力以及负载类型。PUCCH 发送波束由基站进行配置。相比于 PRACH，PUCCH 体现出更好的上报能力和灵活性，多个候选的波束及波束质量等更多信息可以通过 PUCCH 上报给基站。但是由于 PUCCH 性能更容易在上行时间同步、波束方向精确性等方面受到影响，当下行波束失败时，PUCCH 在可靠性和顽健性方面的性能将无法得到保证，因此在标准化过程中决定 PUCCH 不作为上报信道。

在波束失败的测量和恢复过程中，为了不影响常规的随机接入过程，用于波束失败恢复的 PRACH 采用非竞争的专用物理层信道，但所用机制一样。UE 将会被分配专用随机接入信道资源与随机接入前导序列，每个随机接入信道和前导序列都与一个 SSB 传输块的波束方向对应。一旦发生下行波束失败事件和新的候选波束被选定，将通过该候选波束所对应的随机接入信道和前导序列进行发送。

4. 波束恢复过程

当基站接收到 UE 上报的波束失败指示以及新候选波束后，基站将使用新候选波束发送下行控制信令到 UE，作为基站对 UE 的响应。

（1）基站对波束失败上报的响应

如前所述，每个 UE 被分配多个 CORESET 用于 PDCCH 的传输，每个 CORESET 被配置一个波束发送方向。这些原有的 CORESET 所对应的波束在波束恢复过程中不会变更。基站将为 UE 配置一个专用的 CORESET，称为 CORESET_BFR，用于波束恢复的控制信令传输。UE 测量并上报波束失败消息后，UE 开始监听 CORESET_BFR 的 PDCCH，并假设所用波束为上报的新候选波束。对应于 UE 上报过程，基站将在 CORESET_BFR 中用新波束发送 PDCCH。当 UE 检测到 PDCCH 时，可以认为上报的波束失败事件以及新候选波束被基站正确接收。

（2）控制信道重配置

当基站接收到波束失败事件上报，并在 CORESET_BFR 中发送了响应消息后，如果 UE 未收到 RRC 重配置消息（用于原来的 CORESET 集合的波束配置），则 CORESET_BFR 将作为另一个用于调度的 CORESET 进行正常通信。如果 UE 收到 RRC 重配置消息，UE 将根据信息获得 CORESET 集合的新波束配置，并且停止对 CORESET_BFR 的监听[33]。

在波束恢复的过程中，原有的 CORESET 仍然使用原来配置的波束，UE 也对原有波束方向的 PDCCH 进行监听。虽然 UE 已经向基站上报了所有控制信道都处于波束失败状态，但这个判断是基于 10% 的 BLER 测量结果得到的，UE 在原来的 PDCCH 仍然有可能接收到控制信令消息。因此，当基站接收到波束失败上报，并在 CORESET_BFR 中发送了响应消息时，基站和 UE 还可以继续使用原来配置的 CORESET 集合和波束参数进行通信，并可对下行控制信道的波束进行重配置[34]。

5.6 上行多天线技术

当 UE 配置有多个发射射频通道时，UE 可以通过多天线技术进行上行信号的传输，从而获得多天线处理增益。NR 系统的 PUSCH 支持基于码本的传输和非码本传输两种上行传输方案，没有对 PUSCH 的发送分集技术和天线选择技术进行标准化。NR 系统也没有对 PUCCH 下的 MIMO 技术进行标准化，UE 可以在不影响基站接收机算法的前提下采用基于实现的多天线传输方式。PUSCH 的传输方案通过高层信令配置，在基站通过高层信令为 UE 配置上行传输方案之前，基站只能通过 DCI 格式 0_0 调度 PUSCH。当 PUSCH 通过 DCI 格式 0_0 调度时，PUSCH 使用单端口进行传输，采用与激活 UL BWP 里 ID 号最小的 PUCCH 相同的上行发送波束。

5.6.1 基于码本的传输方案

1. 基本原理

基于码本的上行传输方案是基于固定码本确定上行传输预编码矩阵的多天线传输技术。NR 系统中，基于码本的上行传输方案与 LTE 系统中的上行空间复用技术的基本原理相似，但是所采用的码本和预编码指示方式有所不同。如图 5.37 所示，NR 系统中基于码本的上行传输方案的流程如下。

● UE 向基站发送用于基于码本的上行传输方案 CSI 获取的 SRS。

● 基站根据 UE 发送的 SRS 进行上行信道检测，对 UE 进行资源调度，并确定出上行传输对应的 SRS 资源、上行传输的层数和预编码矩阵，进一步根据预编码矩阵和信道信息，确定出上行传输的 MCS 等级，然后基站将 PUSCH 的资源分配和相应的 MCS、传输预编码矩阵指示（TPMI，Transmit Precoding Matrix Indicator）、传输层数和对应的 SRS 资源指示（SRI，SRS Resource Indicator）通知 UE。

● UE 根据基站指示的 MCS 对数据进行调制编码，并利用所指示的 SRI、TPMI 和传输层数确定数据发送时使用的预编码矩阵和传输层数,进而对数据进行预编码及发送。PUSCH 的解调导频信号与 PUSCH 的数据采用相同的预编码方式。

● 基站根据解调导频信号估计上行信道,并进行数据检测。

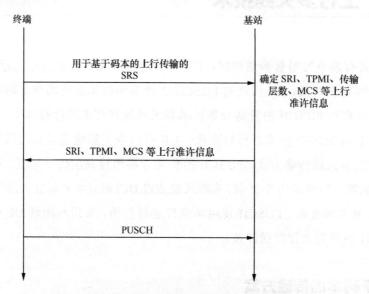

图 5.37　基于码本的上行传输方案示意图

NR 系统允许基站为 UE 最多配置一个用于基于码本上行传输 CSI 获取的 SRS 资源集,该 SRS 资源集内最多可配置两个 SRS 资源,这两个 SRS 资源包含相同的 SRS 天线端口数。

2. 码本设计

NR 系统的上行传输支持 DFT-S-OFDM 和 CP-OFDM 两种波形,两种波形的适用场景和特性不同,码本设计考虑的因素也有所不同。DFT-S-OFDM 波形下的上行传输主要用于功率受限的边缘覆盖场景,只支持单流的数据传输,需要专门针对单流码本设计。CP-OFDM 波形最多可以支持 4 流的并行传输,需要设计最多 4 流的码本。

对于 UE 的 MIMO 传输,其传输天线与射频的特性和基站有较大差别,码本设计上需要充分考虑天线间的相关特性。当两个天线端口满足相干传输条件,即各天线单元发射通路可以调整至固定功率、相位差时,UE 可以通过预编码利用这两个天线端口同时进行同一层的数据传输,以获得阵列增益。然而,由于天线阵元的互耦效应、馈线差异以及射频通路的放大器相位和增益的变化等因素的影响，实际的 UE 天线各端口间不可避免地存在功率和相位等方面的差异。受限于成本和设计，不是所有的 UE 都可以将各天线端口校准至满足相干传输需求的程度。不能相干传输的天线端口可以同时在不同的传输层上进行数据传输。因此，上行传输的码本设计需要考虑 UE 的天线相干传输能力。

NR 系统定义了三种 UE 的天线相干传输能力。

● 全相干（Full-Coherent）：所有的天线都可以相干传输。

● 部分相干（Partial-Coherent）：同一相干传输组内的天线可以相干传输，相干传输组之间不能相干传输，每个相干传输组包含两个天线。

● 非相干（Non-coherent）：没有天线可以相干传输。

考虑到 UE 天线结构的多样性，上行码本的设计不基于任何特定的天线结构假设和相关性假设。上行码本中应包含天线部分相干传输和天线非相干传输的码字，以用于具有部分相干传输能力或非相干传输能力的 UE。其中，部分天线相干传输的码字中的任一列具有对应于同一个相干传输天线组的两个非零元素；非相干传输的码字中的任一列只有一个非零元素。

DFT-S-OFDM 波形具有单载波特性，在码本设计的时候应尽量降低码本对峰均功率比（PAPR，Peak-to-Average Power Ratio）的影响。使用 DFT-S-OFDM 波形时的两天线码本沿用了 LTE 的上行两天线单流传输的码本，具体的码本如表 5.18 所示。

表 5.18　使用 DFT-S-OFDM 波形的上行单流传输码本（两天线）

码字个数	码字				码字特征
4	$\frac{1}{\sqrt{2}}\begin{bmatrix}1\\1\end{bmatrix}$	$\frac{1}{\sqrt{2}}\begin{bmatrix}1\\-1\end{bmatrix}$	$\frac{1}{\sqrt{2}}\begin{bmatrix}1\\j\end{bmatrix}$	$\frac{1}{\sqrt{2}}\begin{bmatrix}1\\-j\end{bmatrix}$	所有天线相干传输
2	$\frac{1}{\sqrt{2}}\begin{bmatrix}1\\0\end{bmatrix}$	$\frac{1}{\sqrt{2}}\begin{bmatrix}0\\1\end{bmatrix}$			天线非相干传输

使用 DFT-S-OFDM 波形的 4 天线码本是以 LTE 上行 4 天线单流传输的码本为基础进行设计。LTE 的上行 4 天线单流传输的码本中包含了 16 个适用于 4 根天线全相干传输的码字和 8 个适用于部分天线相干传输的码字。其中部分天线相干传输的码字中包含两个相干传输天线组：1 和 3 天线为一组，2 和 4 天线为一组。NR 在 DFT-S-OFDM 波形下的 4 天线的码本在 LTE 上行 4 天线单流传输的码本的基础上增加了 4 个单天线选择的码字，用于非相干传输能力的 UE 和用于 UE 的天线选择，具体的码本如表 5.19 所示。

表 5.19　使用 DFT-S-OFDM 波形时的上行单流传输码本（4 天线）

码字个数	码字								码字特征
16	$\frac{1}{2}\begin{bmatrix}1\\1\\1\\-1\end{bmatrix}$	$\frac{1}{2}\begin{bmatrix}1\\1\\j\\j\end{bmatrix}$	$\frac{1}{2}\begin{bmatrix}1\\1\\-1\\1\end{bmatrix}$	$\frac{1}{2}\begin{bmatrix}1\\1\\-j\\-j\end{bmatrix}$	$\frac{1}{2}\begin{bmatrix}1\\j\\1\\j\end{bmatrix}$	$\frac{1}{2}\begin{bmatrix}1\\j\\j\\1\end{bmatrix}$	$\frac{1}{2}\begin{bmatrix}1\\j\\-1\\-j\end{bmatrix}$	$\frac{1}{2}\begin{bmatrix}1\\j\\-j\\-1\end{bmatrix}$	所有天线相干传输
	$\frac{1}{2}\begin{bmatrix}1\\-1\\1\\1\end{bmatrix}$	$\frac{1}{2}\begin{bmatrix}1\\-1\\j\\-j\end{bmatrix}$	$\frac{1}{2}\begin{bmatrix}1\\-1\\-1\\-1\end{bmatrix}$	$\frac{1}{2}\begin{bmatrix}1\\-1\\-j\\j\end{bmatrix}$	$\frac{1}{2}\begin{bmatrix}1\\-j\\1\\-j\end{bmatrix}$	$\frac{1}{2}\begin{bmatrix}1\\-j\\j\\-1\end{bmatrix}$	$\frac{1}{2}\begin{bmatrix}1\\-j\\-1\\j\end{bmatrix}$	$\frac{1}{2}\begin{bmatrix}1\\-j\\-j\\1\end{bmatrix}$	
8	$\frac{1}{2}\begin{bmatrix}1\\0\\1\\0\end{bmatrix}$	$\frac{1}{2}\begin{bmatrix}1\\0\\-1\\0\end{bmatrix}$	$\frac{1}{2}\begin{bmatrix}1\\0\\j\\0\end{bmatrix}$	$\frac{1}{2}\begin{bmatrix}1\\0\\-j\\0\end{bmatrix}$	$\frac{1}{2}\begin{bmatrix}0\\1\\0\\1\end{bmatrix}$	$\frac{1}{2}\begin{bmatrix}0\\1\\0\\-1\end{bmatrix}$	$\frac{1}{2}\begin{bmatrix}0\\1\\0\\j\end{bmatrix}$	$\frac{1}{2}\begin{bmatrix}0\\1\\0\\-j\end{bmatrix}$	部分天线相干传输
4	$\frac{1}{2}\begin{bmatrix}1\\0\\0\\0\end{bmatrix}$	$\frac{1}{2}\begin{bmatrix}0\\1\\0\\0\end{bmatrix}$	$\frac{1}{2}\begin{bmatrix}0\\0\\1\\0\end{bmatrix}$	$\frac{1}{2}\begin{bmatrix}0\\0\\0\\1\end{bmatrix}$					天线非相干传输

　　使用 CP-OFDM 波形时的上行两天线码本以 LTE 下行两天线码本为基础进行设计，增加了两个天线选择的码字。在 LTE 下行两天线单流传输的码本中增加两个天线选择的码字之后所形成的码本与 LTE 上行两天线单流传输的码本相同。因此，NR 系统使用 CP-OFDM 波形时的上行两天线单流传输的码本沿用了 LTE 上行两天线单流传输的码本，如表 5.18 所示。LTE 下行两天线满秩传输的码本不包含非相干传输的码字，因此 NR 系统在使用 CP-OFDM 波形时的上行两天线满秩传输的码本是在 LTE 下行两天线满秩传输的码本的基础上增加了一个单位矩阵码字。使用 CP-OFDM 波形时，两流传输的上行两天线码本如表 5.20 所示。

表 5.20　使用 CP-OFDM 波形时的上行两流传输码本（两天线）

码字个数	码字		码字类型
2	$\frac{1}{2}\begin{bmatrix}1&1\\1&-1\end{bmatrix}$	$\frac{1}{2}\begin{bmatrix}1&1\\j&-j\end{bmatrix}$	所有天线相干传输
1	$\frac{1}{\sqrt{2}}\begin{bmatrix}1&0\\0&1\end{bmatrix}$		天线非相干传输

使用 CP-OFDM 波形时的上行 4 天线码本以现有的 4 天线码本为基准进行设计。现有的 4 天线端口的码本包括以下几种。

- LTE R8 下行码本。
- LTE R10 上行码本。
- LTE R12 下行码本。
- NR Type I 下行码本。
- NR Type 2 下行码本。

虽然 NR Type 2 下行码本可以产生精度更高的码字，但其开销是上行调度信令难以承受的，因此无法作为上行码本设计的基准。考虑到开销问题，设计上行码本时 NR Type 1 的下行码本只考虑 CodebookMode =1，L=1 时的码本。

各码本所需要的预编码指示开销与各码本包含的码字个数成正比。各码本所包含的码字个数如表 5.21 所示[36]。

表 5.21　各类型码本的码字个数

码本类型	码字个数			
	R10 上行码本	R8 下行码本	R12 下行码本	NR Type I 下行码本
				CodebookMode =1，L=1
Rank 1	24	16	256	32
Rank 2	16	16	256	32
Rank 3	12	16	16	16
Rank 4	1	16	16	16

虽然 NR R15 Type 1 下行码本的开销相对于 LTE R8 下行码本和 LTE R10 上行码本的开销更大一些，但通过调整过采样因子和正交波束指示参数可以进一步降低码字个数和开销。将 NR Type 1 的码本通过调整过采样因子和正交波束指示参数进行一些抽样后，性能虽略有降低，但仍然优于或接近于 LTE R8 下行码本和 LTE R10 上行码本。综合考虑各码本的开销和性能，使用 CP-OFDM 波形时的 NR 上行码本以 NR Type I 下行码本为基础进行设计。

使用 CP-OFDM 时的上行 4 天线单流传输的码本中所有天线相干传输的码字是对 CodebookMode=1、L=1 的 NR Type I 下行 4 天线单流传输的码本进行码字组均匀降采样后的码字，即将过采样因子 O_1 置为 2，共 16 个码字。部分天线相干传输的码字沿用了

LTE 上行 4 天线单流传输的码本中的 8 个部分天线相干传输的码字。非相干传输的码字为全部的 4 个单天线选择码字。使用 CP-OFDM 时的上行 4 天线单流码本如表 5.22 所示。

表 5.22　使用 CP-OFDM 波形时的上行单流传输码本（4 天线）

码字个数	码字								码字特征
16	$\frac{1}{2}\begin{bmatrix}1\\1\\1\\1\end{bmatrix}$	$\frac{1}{2}\begin{bmatrix}1\\1\\j\\j\end{bmatrix}$	$\frac{1}{2}\begin{bmatrix}1\\1\\-1\\-1\end{bmatrix}$	$\frac{1}{2}\begin{bmatrix}1\\1\\-j\\-j\end{bmatrix}$	$\frac{1}{2}\begin{bmatrix}1\\j\\1\\j\end{bmatrix}$	$\frac{1}{2}\begin{bmatrix}1\\j\\j\\-1\end{bmatrix}$	$\frac{1}{2}\begin{bmatrix}1\\j\\-1\\-j\end{bmatrix}$	$\frac{1}{2}\begin{bmatrix}1\\j\\-j\\1\end{bmatrix}$	所有天线相干传输
	$\frac{1}{2}\begin{bmatrix}1\\-1\\1\\-1\end{bmatrix}$	$\frac{1}{2}\begin{bmatrix}1\\-1\\j\\-j\end{bmatrix}$	$\frac{1}{2}\begin{bmatrix}1\\-1\\-1\\1\end{bmatrix}$	$\frac{1}{2}\begin{bmatrix}1\\-1\\-j\\j\end{bmatrix}$	$\frac{1}{2}\begin{bmatrix}1\\-j\\1\\-j\end{bmatrix}$	$\frac{1}{2}\begin{bmatrix}1\\-j\\j\\1\end{bmatrix}$	$\frac{1}{2}\begin{bmatrix}1\\-j\\-1\\j\end{bmatrix}$	$\frac{1}{2}\begin{bmatrix}1\\-j\\-j\\-1\end{bmatrix}$	
8	$\frac{1}{2}\begin{bmatrix}1\\0\\1\\0\end{bmatrix}$	$\frac{1}{2}\begin{bmatrix}1\\0\\-1\\0\end{bmatrix}$	$\frac{1}{2}\begin{bmatrix}1\\0\\j\\0\end{bmatrix}$	$\frac{1}{2}\begin{bmatrix}1\\0\\-j\\0\end{bmatrix}$	$\frac{1}{2}\begin{bmatrix}0\\1\\0\\1\end{bmatrix}$	$\frac{1}{2}\begin{bmatrix}0\\1\\0\\-1\end{bmatrix}$	$\frac{1}{2}\begin{bmatrix}0\\1\\0\\j\end{bmatrix}$	$\frac{1}{2}\begin{bmatrix}0\\1\\0\\-j\end{bmatrix}$	部分天线相干传输
4	$\frac{1}{2}\begin{bmatrix}1\\0\\0\\0\end{bmatrix}$	$\frac{1}{2}\begin{bmatrix}0\\1\\0\\0\end{bmatrix}$	$\frac{1}{2}\begin{bmatrix}0\\0\\1\\0\end{bmatrix}$	$\frac{1}{2}\begin{bmatrix}0\\0\\0\\1\end{bmatrix}$					天线非相干传输

　　使用 CP-OFDM 时的 4 天线 2 流传输的码本中，所有天线相干传输的码字是通过对 CodebookMode=1、L=1 的 NR Type I 下行 4 天线 2 流传输的码本进行了码字组均匀降采样后得到的，即将过采样因子 O_1 置为 2，同时对组内的码字也进行了降采样，将 $i_{1,3}$ 固定为 0，共 8 个码字。部分天线相干传输的码字由 LTE 上行 4 天线 2 流传输的码本中以 1 和 2 天线为一组相干传输天线组、3 和 4 天线为一组相干传输天线组的码字所构成。为了与 4 天线单流传输的码本中针对部分天线相干传输的码字所对应的相干传输天线组的分组保持一致，NR 中将 LTE 上行 4 天线单流传输的码本中针对部分天线相干传输的码字中的 2、3 天线的系数进行互换后用于使用 CP-OFDM 波形时的 4 天线 2 流传输的码本。非相干传输的码字为全部的 6 个 2 流天线非相干传输的码字。使用 CP-OFDM 波形时的上行 2 流传输的 4 天线码本如表 5.23 所示。

表 5.23　使用 CP-OFDM 波形时的上行 2 流传输码本（4 天线）

码字个数	码字				码字特征
8	$\frac{1}{2\sqrt{2}}\begin{bmatrix}1&1\\1&1\\1&-1\\1&-1\end{bmatrix}$	$\frac{1}{2\sqrt{2}}\begin{bmatrix}1&1\\1&1\\j&-j\\j&-j\end{bmatrix}$	$\frac{1}{2\sqrt{2}}\begin{bmatrix}1&1\\j&j\\1&-1\\j&-j\end{bmatrix}$	$\frac{1}{2\sqrt{2}}\begin{bmatrix}1&1\\j&j\\j&-j\\-1&1\end{bmatrix}$	所有天线相干传输
	$\frac{1}{2\sqrt{2}}\begin{bmatrix}1&1\\-1&-1\\1&-1\\-1&1\end{bmatrix}$	$\frac{1}{2\sqrt{2}}\begin{bmatrix}1&1\\-1&-1\\j&-j\\-j&j\end{bmatrix}$	$\frac{1}{2\sqrt{2}}\begin{bmatrix}1&1\\-j&-j\\1&-1\\-j&j\end{bmatrix}$	$\frac{1}{2\sqrt{2}}\begin{bmatrix}1&1\\-j&-j\\j&-j\\1&-1\end{bmatrix}$	
8	$\frac{1}{2}\begin{bmatrix}1&0\\0&1\\1&0\\0&-j\end{bmatrix}$	$\frac{1}{2}\begin{bmatrix}1&0\\0&1\\1&0\\0&j\end{bmatrix}$	$\frac{1}{2}\begin{bmatrix}1&0\\0&1\\-j&0\\0&1\end{bmatrix}$	$\frac{1}{2}\begin{bmatrix}1&0\\0&1\\-j&0\\0&-1\end{bmatrix}$	部分天线相干传输
	$\frac{1}{2}\begin{bmatrix}1&0\\0&1\\-1&0\\0&-j\end{bmatrix}$	$\frac{1}{2}\begin{bmatrix}1&0\\0&1\\-1&0\\0&j\end{bmatrix}$	$\frac{1}{2}\begin{bmatrix}1&0\\0&1\\j&0\\0&1\end{bmatrix}$	$\frac{1}{2}\begin{bmatrix}1&0\\0&1\\j&0\\0&-1\end{bmatrix}$	
6	$\frac{1}{2}\begin{bmatrix}1&0\\0&1\\0&0\\0&0\end{bmatrix}$	$\frac{1}{2}\begin{bmatrix}1&0\\0&0\\0&1\\0&0\end{bmatrix}$	$\frac{1}{2}\begin{bmatrix}1&0\\0&0\\0&0\\0&1\end{bmatrix}$	$\frac{1}{2}\begin{bmatrix}0&0\\1&0\\0&1\\0&0\end{bmatrix}$	天线非相干传输
	$\frac{1}{2}\begin{bmatrix}0&0\\1&0\\0&0\\0&1\end{bmatrix}$	$\frac{1}{2}\begin{bmatrix}0&0\\0&0\\1&0\\0&1\end{bmatrix}$			

　　预编码的增益主要体现在低 Rank 传输的场景。在 Rank 数较高时，码本中减少码字数虽然有可能降低多流传输时预编码带来的性能增益，但也会降低预编码指示的开销。综合性能和预编码指示开销两个因素，使用 CP-OFDM 时上行 4 天线 3 流传输的码本中所有天线相干传输的码字都是通过对 CodebookMode=1～2、L=1 的 NR Type I 下行 4 天线 2 流传输的码本进行了码字组均匀降采样得到的，即将过采样因子 O_1 置为 2，同时对组内的码字也进行了降采样，将 $i_{1,1}$ 的取值范围限制在{0，2}，将 $i_{1,3}$ 固定为 0，共 4 个码字。部分天线相干传输的码字为从 LTE R10 上行码本中选取的 2 个码字，对应于以 1 和 3 天线为一组相干传输天线组、2 和 4 天线为一组相干传输天线组的码字。天线非相

干传输的码字只保留了一个。使用 CP-OFDM 波形时的上行 3 流传输的 4 天线码本如表 5.24 所示。

表 5.24　使用 CP-OFDM 波形的上行 3 流传输码本（4 天线）

码字个数	码字				码字特征
4	$\frac{1}{2\sqrt{3}}\begin{bmatrix} 1 & 1 & 1 \\ 1 & -1 & 1 \\ 1 & 1 & -1 \\ 1 & -1 & -1 \end{bmatrix}$	$\frac{1}{2\sqrt{3}}\begin{bmatrix} 1 & 1 & 1 \\ 1 & -1 & 1 \\ j & j & -j \\ j & -j & -j \end{bmatrix}$	$\frac{1}{2\sqrt{3}}\begin{bmatrix} 1 & 1 & 1 \\ -1 & 1 & -1 \\ 1 & 1 & -1 \\ -1 & 1 & 1 \end{bmatrix}$	$\frac{1}{2\sqrt{3}}\begin{bmatrix} 1 & 1 & 1 \\ -1 & 1 & -1 \\ j & j & -j \\ -j & j & j \end{bmatrix}$	所有天线相干传输
2	$\frac{1}{2}\begin{bmatrix} 1 & 0 & 0 \\ 0 & 1 & 0 \\ 1 & 0 & 0 \\ 0 & 0 & 1 \end{bmatrix}$		$\frac{1}{2}\begin{bmatrix} 1 & 0 & 0 \\ 0 & 1 & 0 \\ -1 & 0 & 0 \\ 0 & 0 & 1 \end{bmatrix}$		部分天线相干传输
1	$\frac{1}{2}\begin{bmatrix} 1 & 0 & 0 \\ 0 & 1 & 0 \\ 0 & 0 & 1 \\ 0 & 0 & 0 \end{bmatrix}$				天线非相干传输

使用 CP-OFDM 时的 4 天线 4 流传输的码本中所有天线相干传输的码字只有两个，是通过对 CodebookMode = 1～2、$L=1$ 的 NR Type I 下行 4 天线 4 流传输的码本进行了码字组均匀降采样得到的，即将过采样因子 O_1 置为 2，同时对组内的码字也进行了降采样，将 $i_{1,1}$ 置为 0，将 $i_{1,3}$ 固定为 0，共两个码字。部分天线相干传输的码字数量也为 2，对应于以 1 和 3 天线为一组相干传输天线组、2 和 4 天线为一组相干传输天线组的码字。天线非相干传输的码字与 LTE 上行 4 天线 4 流传输的码本相同，只有一个单位阵码字。使用 CP-OFDM 波形时 4 流传输的 4 天线码本如表 5.25 所示。

表 5.25　使用 CP-OFDM 时上行 4 流传输码本（4 天线）

码字个数	码字		码字特征
2	$\frac{1}{4}\begin{bmatrix} 1 & 1 & 1 & 1 \\ 1 & -1 & 1 & -1 \\ 1 & 1 & -1 & -1 \\ 1 & -1 & -1 & 1 \end{bmatrix}$	$\frac{1}{4}\begin{bmatrix} 1 & 1 & 1 & 1 \\ 1 & -1 & 1 & -1 \\ j & j & -j & -j \\ j & -j & -j & j \end{bmatrix}$	所有天线相干传输

续表

码字个数	码字		码字特征
2	$\dfrac{1}{2\sqrt{2}}\begin{bmatrix} 1 & 1 & 0 & 0 \\ 0 & 0 & 1 & 1 \\ 1 & -1 & 0 & 0 \\ 0 & 0 & 1 & -1 \end{bmatrix}$	$\dfrac{1}{2\sqrt{2}}\begin{bmatrix} 1 & 1 & 0 & 0 \\ 0 & 0 & 1 & 1 \\ j & -j & 0 & 0 \\ 0 & 0 & j & -j \end{bmatrix}$	部分天线相干传输
1	$\dfrac{1}{2}\begin{bmatrix} 1 & 0 & 0 & 0 \\ 0 & 1 & 0 & 0 \\ 0 & 0 & 1 & 0 \\ 0 & 0 & 0 & 1 \end{bmatrix}$		天线非相干传输

3. 预编码指示和码本子集限制

在 NR 系统中，基站可以为不同的 PUSCH 上行传输方案配置不同的 SRS 资源集，包含相同或不同的 SRS 资源数目。基站通过 SRI 向 UE 指示 PUSCH 对应的 SRS 资源，以辅助 UE 根据基站选择的 SRS 资源确定 PUSCH 传输所使用的天线和模拟波束赋形等。与 LTE 系统中的不同的上行传输方案使用不同的 DCI 格式进行调度不同，NR 系统的各上行传输方案可以使用相同的 DCI 格式进行调度。由于基站为不同的上行传输方案配置的 SRS 资源的数目可能不同，基于上行传输方案来确定 SRI 对应的比特数将可以降低 SRI 的开销。因此，上行调度信息中用于指示 PUSCH 所对应的 SRS 资源的 SRI 信息域的大小取决于为 PUSCH 对应的上行传输模式所配置的 SRS 资源数。当基站为 UE 的一个上行传输模式只配置了一个 SRS 资源时，该上行传输方案下的 PUSCH 对应于该 SRS 资源，上行调度信息中不存在 SRI 信息域。

与 LTE 系统类似，NR 系统基于码本的上行传输方案只支持宽带预编码，不支持频率选择性预编码。NR 系统上行传输的预编码矩阵指示和传输层数指示以联合编码的形式通过同一个信息域指示，该信息域占用的比特数取决于上行传输的波形类型、SRS 资源包含的 SRS 端口数、最大传输流数限制信令，以及码本子集限制信令。

5.6.2 非码本的传输方案

1. 基本原理

非码本传输方案与基于码本的上行传输方案的区别在于其预编码不再限定在基于固

定码本的有限候选集，UE基于信道互易性确定上行预编码矩阵。若信道互易性足够好，UE可以获得较优的上行预编码，相对于基于码本的传输方案，可以节省预编码指示的开销，同时获得更好的性能。

NR系统上行非码本的传输方案的传输流程如图5.38所示。

● UE测量下行参考信号，获得候选的上行预编码矩阵，利用它们对用于非码本上行传输方案的SRS进行预编码后将其发送给基站。

● 基站根据UE发送的SRS进行上行信道检测，对UE进行资源调度，确定出上行传输对应的SRS资源和上行传输的MCS等级等，并通知UE。其中上行传输对应的SRS资源通过SRI指示给UE。

● UE根据基站发送的MCS对数据进行调制编码，并利用SRI确定数据的预编码和传输层数，对数据进行预编码后进行数据的发送。非码本上行传输方案下的PUSCH解调导频与PUSCH的数据采用相同的预编码方式。

● 基站根据解调导频信号估计上行信道，进行数据检测。

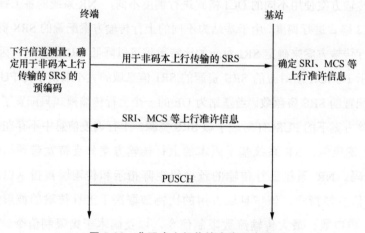

图 5.38　非码本上行传输方案示意图

对于非码本上行传输方案，基站可以为UE配置1个用于上行CSI获取的SRS资源集，包含1～4个SRS资源，每个SRS资源包含1个SRS端口。SRI可以指示一个或多个SRS资源，用于PUSCH预编码的确定。SRI指示的SRS资源数即为PUSCH传输的流数，PUSCH的传输层与SRI指示的SRS资源一一对应。

2. 用于非码本上行传输方案的 SRS 资源集的关联 CSI-RS 资源

对于非码本上行传输方案，UE 需要基于信道互易性根据下行参考信号获得上行预编码信息。一个 UE 可以被配置很多个下行参考信号，有的下行参考信号可用于波束管理，有的下行参考信号可用于下行 CSI 的测量，有的下行信号可用于下行信道的解调。为了使 UE 获得更好的用于非码本上行传输方案的候选预编码，NR 系统允许基站为用于非码本上行传输方案的 SRS 资源集配置一个用于信道测量的关联 NZP CSI-RS 资源。UE 根据该关联 NZP CSI-RS 资源获得用于非码本上行传输方案的 SRS 资源集的 SRS 信号传输的预编码。

当用于非码本上行传输方案的 SRS 资源集为非周期的时域类型时，为了保证终端利用关联 NZP CSI-RS 资源确定出发送 SRS 的预编码所需要的处理时间，用于计算 SRS 预编码的关联 NZP CSI-RS 传输的最后一个符号和 SRS 传输的第一个符号之间的时间间隔不应小于 42 个 OFDM 符号。为了避免终端存储和处理的复杂度，并尽量减少 SRS 传输与 SRS 触发之间的时延，NR 系统规定关联的非周期 NZP CSI-RS 在触发 SRS 资源集的时隙上发送。

3. 频率选择性预编码

由于非码本上行传输方案使用的预编码是 UE 确定的，且 DMRS 的传输与 PUSCH 的传输采用相同的预编码，对于 CP-OFDM 波形，从实现的角度来看，UE 可以在不同的 PRB 使用不同的预编码进行 SRS 的传输，一个宽带的 SRI 指示可对应于频率选择性的预编码[37]。然而，除了频率选择性预编码会带来 PAPR 增加的问题外，基站并不知道终端的频率选择性预编码的预编码颗粒度。若不同终端使用不同的预编码颗粒度，则在终端间的 SRS 时频资源有重叠时，有可能增加不同终端的 SRS 间的干扰，从而影响 SRS 的解调性能。由于 R15 对于非码本上行传输方案采用频率选择性预编码时的性能增益评估和其对系统的影响分析都不够充分，非码本上行传输方案下不支持频率选择性预编码。

5.6.3 上行多用户 MIMO

上行多用户 MIMO（MU-MIMO）又被称为虚拟 MIMO。如果基站在同一个时频资源调度了多个 UE，则从基站的角度来看，来自于这些不同 UE 的数据流可以被看作来自于同一个虚拟 UE 的不同天线端口的数据流，从而构成一个虚拟的 MIMO 系统。从 UE

的角度来看，UE 看不到是否有其他 UE 与自己在相同的时频资源上传输。因此，上行 MU-MIMO 并不会增加 UE 的处理复杂度。

在 NR 系统中，基站通过正交的 DMRS 端口来获得不同 UE 的上行独立信道估计：既可以通过归属于不同 CDM 组的 DMRS 端口来获得不同 UE 的上行独立信道估计，也可以通过归属于同一 CDM 组且使用不同 OCC 的 DMRS 端口来获得不同 UE 的上行独立信道估计。若 MU-MIMO 中的多个 UE 的 DMRS 端口属于不同的 CDM 组，基站可以指示 UE 不在有其他 UE DMRS 传输的时频资源上发送任何数据。

上行 MU-MIMO 支持的最大 UE 数和最大层数取决于 DMRS 的导频类型。当 DMRS 导频类型为类型 1 时，正交的 DMRS 端口数最多为 8，MU-MIMO 最多可支持 8 层。当 DMRS 导频类型为类型 2 时，正交的 DMRS 端口数最多为 12，MU-MIMO 最多可支持 12 层。在上行 MU-MIMO 传输时，每个 UE 最大可支持的传输层数与单用户 MIMO 时相同，最多可以达到 4 层。

▌ 5.7　准共站址（QCL）

5.7.1　QCL 定义

准共站址（QCL，Quasi Co-Location）是指某个天线端口上的符号所经历的信道的大尺度参数可以从另一个天线端口上的符号所经历的信道推断出来。其中的大尺度参数可以包括时延扩展、平均时延、多普勒扩展、多普勒偏移、平均增益以及空间接收参数等。

QCL 的概念是随着 CoMP（Coordinated Multiple Points，协同多点传输）技术的出现而引入的。CoMP 传输过程中涉及的多个站点可能对应于多个地理位置不同的站点或者天线面板朝向有差异的多个扇区。例如当 UE 分别从不同的接入点接收数据时，各个接入点在空间上的差异会导致来自不同接入点的接收链路的大尺度信道参数的差别。而信道的大尺度参数将直接影响到信道估计时滤波器系数的调整与优化。对应于不同传输点发出的信号，应当使用不同的信道估计滤波参数以适应相应的信道传播特性。

因此，尽管各个接入点在空间位置或角度上的差异对于 UE 以及 CoMP 操作本身而言是透明的，但是上述空间差异对于信道大尺度参数的影响则是 UE 进行信道估计与接收检测时需要考虑的重要因素。所谓两个端口在某些大尺度参数意义下是 QCL 的，就是指这两个端口的这些大尺度参数是相同的。或者说，只要两个端口的某些大尺度参数一致，不论他们的实际物理位置或对应的天线面板朝向是否存在差异，UE 都可以认为这两个端口是发自相同的位置（准共站址）。

与 LTE 系统类似，NR 系统中设定 QCL 参数时所考虑的大尺度信道参数也包含时延扩展、平均时延、多普勒扩展、多普勒偏移、平均增益。同时，相对于 LTE，NR 系统中 MIMO 方案的设计需要考虑 6GHz 以上频段的使用以及随之而来的数模混合波束赋形问题。模拟波束的指向以及宽窄都会影响到所观测到的信道的大尺度特征。因此，NR 系统中需要引入一种新的 QCL 参数用以表征波束对信道特性的影响。

在标准化的讨论过程中，曾经考虑过采用信道相关矩阵、发射波束、接收波束、发射/接收波束对等参数来定义因模拟波束赋形的变动而引起的信道大尺度参量的差异，最终同意使用 Spatial RX Parameter 这一较为宽泛的称谓来指代上述参数。如果两个天线端口在 Spatial RX Parameter 的意义下 QCL，一般可以理解为，可以使用相同的波束来接收这两个端口。因此，在波束管理中，并没有显式的信令来指示 UE 应当使用的接收波束，而是通过 Spatial RX Parameter 这一参数进行隐含的指示。

与 LTE 的 QCL 机制类似，针对一些典型的应用场景，考虑到各种参考信号之间可能的 QCL 关系，从简化信令的角度出发，NR 中将上述几种信道大尺度参数分为以下 4 个类型，便于系统根据 UE 所在的不同场景进行配置。

（1）QCL-TypeA，{多普勒偏移、多普勒扩展、平均时延、时延扩展}

● 除了 Spatial RX Parameter 参数之外，其他的大尺度参数均相同。

● 对于 6GHz 以下频段而言，可能并不需要 Spatial RX Parameter 这一参数。

（2）QCL-TypeB，{多普勒偏移、多普勒扩展}

仅针对 6GHz 以下频段的如下两种情况。

● 情况 1：使用窄波束的参考信号时，以宽波束参考信号为 QCL 参考。例如跟踪参考信号（TRS，Tracking Reference Signal）一般会以扇区级的宽波束发送，而 CSI-RS 可能采用波束赋形的窄波束方式发送。在这种情况下，一般认为从同一个站点发出的信号所经历的多普勒参数仍然是近似一致的。但是，不同宽度的波束所覆盖的散射体是不同的，因此会对信号传播所经历的时延扩展和平均时延参量带来较为明显的影响。在这种情况下，不能假设波束赋形 CSI-RS 和 TRS 在时延扩展和平均时延参数意义下 QCL。

● 情况 2：目标参考信号的时域密度不足，但频域密度足够。例如以 TRS 作为 CSI-RS 的 QCL 参考时，由于 CSI-RS 的时域密度取决于配置，可能不足以准确估计信道的时变参数，因此多普勒参数可以从与之 QCL 的 TRS 获取。另一方面，CSI-RS 的频域密度对于估计平均时延和时延扩展等频域参数而言是足够的，因此可以从 CSI-RS 自身获取这些参数。

（3）QCL-TypeC：{多普勒偏移，平均时延}

● 针对 6GHz 以上频段。

● 仅针对以同步信号块（SSB, Synchronization Singal Block）作为 QCL 参考的情况。由于 SSB 占用的资源和密度有限，从 SSB 只能获得一些较为粗略的大尺度信息，即多普勒偏移和平均时延，而其他大尺度参数则可以从目标参考信号自身获得。

（4）QCL-TypeD: {Spatial Rx Parameter}

如前所述，由于这一参数主要针对 6GHz 以上频段，因此将其单独作为一个 QCL 类型。

5.7.2　参考信号间的 QCL 关系

根据各种参考信号的用途、时频分布以及依存关系等因素，NR MIMO 议题中经过讨论确定了参考信号之间可能的 QCL 关系。根据表 5.26～表 5.28 中给出的 QCL 关系，对于一种参考信号，可以确定其能够从何种参考信号中获得何种类型的大尺度参数。

表 5.26 表示一个 UE 在 RRC 信令配置之前，具有系统所默认的从 SSB 到 DMRS 的 QCL 关系。这个时候，UE 可以通过 SSB 与 DMRS 的 QCL 关系，从 SSB 信号获取信道的多普勒偏移、多普勒扩展、平均时延以及时延扩展参数以调整 DMRS 信道估计器的滤波参数，进而进行 PDSCH 和 PDCCH 的接收。同时，对于 6GHz 以上的频段，Spatial RX Parameter 信息也是从 SSB 中获取的。

表 5.26　RRC 配置之前的 QCL 关系

RRC 配置前的 QCL 关系	信令
用于 PDSCH，SSB→DMRS，包括多普勒偏移、多普勒扩展、平均时延、时延扩展、Spatial RX Parameters（Spatial RX Parameters 仅用于 6GHz 以上频段）	系统默认，无须额外 RRC 信令
用于 PDCCH，SSB→DMRS，包括多普勒偏移、多普勒扩展、平均时延、时延扩展、Spatial RX Parameters（Spatial RX Parameters 仅用于 6GHz 以上频段）	系统默认，无须额外 RRC 信令

表 5.27 所示为 6GHz 以下频段，通过 RRC 信令进行配置可以获得的不同的 QCL 关系。如前所述，Type C 是多普勒偏移和平均时延这种粗略的大尺度信息，可用于辅助 TRS 的接收。TRS 到 CSI-RS 之间的 QCL 关系可以被配置为 Type A 与 Type B 两种。其中，Type B 是 6GHz 以下频段所独有的一种 QCL 类型。这种情况下，TRS 会使用扇区级的宽波束，而 CSI-RS 有可能使用经过赋形的窄波束。TRS 对于整个系统的时频精同步有着非常重要的作用，CSI-RS 需要从 TRS 中获取 Type A 或 Type B 信息。对于 DMRS 而言，取决于具体的信令，其所需的 Type A 信息可能是直接从 TRS 获取，也可以通过 CSI-RS 间接获取。

表 5.27　RRC 配置之后的 QCL 关系（适用于 6GHz 以下）

RRC 配置之后的 QCL 关系（6GHz 以下）	信令
SSB→TRS：多普勒偏移，平均时延	QCL Type: C
TRS→用于 CSI 获取的 CSI-RS：多普勒偏移，多普勒扩展，平均时延，时延扩展	QCL Type: A
TRS→DMRS：多普勒偏移，多普勒扩展，平均时延，时延扩展	QCL Type: A
TRS→用于 CSI 获取的 CSI-RS：多普勒偏移、多普勒扩展	QCL Type: B
CSI-RS→DMRS：多普勒偏移、多普勒扩展、平均时延、时延扩展	QCL Type: A

表 5.28 为 6GHz 以上频段中 RRC 信令支持配置的 QCL 关系。相对于 6GHz 以下频段，高频段的最大差异在于引入了数模混合波束赋形，因此除了需要从 TRS 获取时频精同步之外，模拟波束信息的获取也是信息接收的另外一项必要条件。在 NR 系统中，下行波束管理实际上是通过对 SSB 或专门进行 UE 波束管理的 CSI-RS 测量、上报以及相应的 QCL-TypeD 配置/指示来实现的。

表 5.28　RRC 配置之后的 QCL 关系（适用于 6GHz 以上）

RRC 配置后的 QCL 关系（6GHz 以上）	信令
SSB→TRS，包括平均时延，多普勒偏移 Spatial RX Parameter	QCL Type: C + D
TRS→用于 BM 的 CSI-RS，包括平均时延，多普勒偏移，时延扩展，多普勒扩展估计	QCL Type: A + D
TRS→用于 CSI 的 CSI-RS，包括平均时延，多普勒偏移，时延扩展，多普勒扩展估计	QCL Type: A
TRS→用于 PDCCH 的 DMRS，包括平均时延，多普勒偏移，时延扩展，多普勒扩展估计	QCL Type: A + D
TRS→用于 PDSCH 的 DMRS，包括平均时延，多普勒偏移，时延扩展，多普勒扩展估计	QCL Type: A + D
SSB→用于 BM 的 CSI-RS，包括平均时延，多普勒偏移，Spatial RX Parameter	QCL Type: C+D

续表

RRC 配置后的 QCL 关系（6GHz 以上）	信令
SSB→用于 CSI 的 CSI-RS，包括 Spatial RX Parameter	QCL Type: D
SSB→用于 PDCCH 的 DMRS（TRS 配置前），包括平均时延，多普勒偏移，时延扩展，多普勒扩展，Spatial RX Parameter	QCL Type: A+D
SSB→用于 PDSCH 的 DMRS（TRS 配置前），包括平均时延，多普勒偏移，时延扩展，多普勒扩展，Spatial RX Parameter	QCL Type: A+D
用于 BM 的 CSI-RS→用于 PDCCH 的 DMRS，包括 Spatial RX Parameter	QCL Type: D
用于 BM 的 CSI-RS →用于 PDSCH 的 DMRS，包括 Spatial RX Parameter	QCL Type: D
用于 CSI 的 CSI-RS →用于 PDSCH 的 DMRS，包括平均时延，多普勒偏移，时延扩展，多普勒扩展，Spatial RX Parameter；提示：QCL 参数不能直接从用于 CSI 的 CSI-RS 中获得	QCL Type: A+D
用于 BM 的 CSI-RS →用于 TRS/BM/CSI 的 CSI-RS，包括 Spatial RX Parameter	QCL Type: D

具体地，表 5.28 中的 QCL 关系可以分为以下几种情况。

● 作为 QCL 参考，SSB 可以为 TRS、波束管理 CSI-RS 提供粗略的多普勒偏移以及平均时延参数，同时还可以为 TRS、波束管理 CSI-RS 及 CSI 测量 CSI-RS 提供 Spatial RX Parameter。

● 在配置 TRS 之前，SSB 同样可以作为 PDSCH 与 PDCCH 接收解调所使用的 DMRS 的 QCL 参考，为其提供 Type A+D 的信道参数。

● 在配置了 TRS 之后，PDSCH 与 PDCCH 接收解调所使用的 DMRS 的 Type A+D 信息可以从 TRS 或 CSI-RS 获得，而 Type D 信息也可以从用于波束管理的 CSI-RS 获得。

● 同时，TRS 还是其他类型 CSI-RS 的 Type A 信息参考。

● 需要注意的是，TRS 也可以用于 Type D 信息的参考。在这种情况下，TRS 的 Type D 信息必须以 SSB 或波束管理 CSI-RS 为参考获得。

● 如前所述，SSB 以及波束管理 CSI-RS 是其他参考信号获取 Spatial RX Parameter 的参考。

5.7.3 QCL 指示方式

对于不同的参考信号的类型，QCL 参考的获取存在以下几种情况。

● 通过 RRC 配置，如周期性 CSI-RS/TRS；

● 通过 RRC 配置，由 MAC-CE 激活（简称基于 MAC-CE 的指示），如通过 MAC-CE

指示来激活和去激活的周期 CSI-RS/TRS，或者 PDCCH 的 DMRS；

● 通过 RRC 配置，由 MAC-CE 激活，并利用 DCI 进行指示（简称基于 DCI 的指示），如非周期 CSI-RS/TRS，或者 PDSCH 的 DMRS。

需要说明的是，PDSCH DMRS 的 QCL 参考也可能是通过 RRC 配置再由 MAC-CE 激活的，这取决于具体的配置以及调度的时序关系。这一问题将在本节后续部分进一步介绍。

对于通过 RRC 的配置方式，其资源配置中包含 QCL 信息的信息单元(IE，Information Element)，用于确定其 QCL 参考。对于基于 MAC-CE 的指示方式，首先由高层配置一组 TCI 状态，根据每个 TCI 状态可以确定相应的 QCL 参考（关于 TCI 的结构及使用规则将在本节后续部分详细说明）。进一步，在 MAC-CE 从上述一组 TCI 状态中选择一个 TCI 状态，将其作为目标参考信号的 QCL 参考。

对于基于 DCI 的指示方式，QCL 信息的获取需要经历 RRC 配置、MAC-CE 激活以及 DCI 指示三个步骤。以 PDSCH 的 DMRS 导频为例，上述过程如下。

（1）RRC 配置 M 个 TCI 状态，M 的数值取决于 UE 能力。

经过 RRC 初始配置，但是 MAC-CE 尚未激活之前，由 SSB 作为其 Spatial RX Parameter 的参考。

（2）通过 MAC-CE 选择出最多 8 个 TCI 状态（对应于 DCI 中的 3 比特的 TCI 信息域），如果 M 小于等于 8，则 TCI 状态直接与 DCI 中的 TCI 对应。

① 对于 PDCCH 的 DCI 格式 1_1，如果高层参数指示配置了 TCI，表示 DCI 中包含 TCI 指示信息。

● 如果从收到 DCI 到对应的 PDSCH 传输所间隔的时间（后简称调度间隔）大于等于一个时间段参数指示（Threshold-Sched-Offset），则根据 DCI 中的 TCI 获取 QCL 参考。

● 反之，与最近的包含下行控制信道的公共资源集合(CORESET)的调度时隙(Slot)中 ID 号最低的 CORESET 保持 QCL（以最近一次出现的 ID 最低的 CORESET 为默认的 QCL 参考）。

② 对于 PDCCH 的 DCI 格式 1_0 或者高层参数指示未配置 TCI。

● 如果从收到 DCI 到对应的 PDSCH 传输所间隔的时间大于等于一个时间段参数指示（Threshold-Sched-Offset），则根据调度该 PDSCH 的 PDCCH 的 QCL 状态获取相关信息。

● 反之，与最近的包含 CORESET 的调度时隙中 ID 号最低的 CORESET 保持 QCL。

需要说明的是，对于高层参数指示未配置 TCI 指示或 PDCCH 回退传输控制格式

（DCI 格式 1_0）的情况，PDSCH 的 QCL 信息总是与某个 CORESET（调度当前 PDSCH 的 CORESET 或默认 CORESET）保持一致。此时 PDSCH 的 QCL 实际上也等效由 RRC 配置，并由 MAC-CE 激活。

上述作为门限的时间参数段主要是用于 DCI 的译码以及接收波束的调整。对于高层参数指示配置了 TCI 的情况，如果所配置的所有 QCL 类型中均不包含 Type D（不涉及模拟赋形或模拟波束的选择问题），则不需要考虑上述调度时间间隔，可直接根据 DCI 中的 TCI 信息获取 QCL 参考。在这种情况下，UE 可以先行将 PDSCH 的采样缓存下来，待 DCI 译码完毕之后，便可根据 DCI 中的 TCI 提供的 QCL 信息调整信道估计器，并对缓存的样点进行信道估计和译码。

反之，只要高层配置的 QCL 类型中包含 Type D（涉及模拟波束选择问题），UE 所假设的 QCL 参考就必须取决于调度间隔。这是由于模拟波束具有强烈的空间选择性，在确定 Spatial RX Parameter 并对准接收波束之前，很难保证对 PDSCH 进行缓存的采样点具有满足解调需求的信噪比。因此，在预定的门限之内（DCI 尚未解出），UE 先按照默认的 QCL 参考（最近一次 ID 最低的 CORESET）调整接收波束并缓存数据。如果调度间隔没有超过门限，则 DCI 译码并调整接收参数之后可以从缓存中截取调度间隔之后（PDSCH 起始位置）的采样点进行信道估计与检测。如果调度间隔超过门限，在门限之后（已解出 DCI）可以丢弃缓存中的样点，然后根据 DCI 中的 TCI 信息（针对 DCI 格式 1_1 且高层参数指示 TCI 的情况）获得 QCL 参考，或者与调度该 PDSCH 的 PDCCH 的 QCL 状态保持一致（针对 DCI 格式 1_0 或高层参数未指示 TCI 的情况），进而调整接收波束和信道估计器并在 PDSCH 开始之后进行信道估计和接收检测。

如前所示，TCI 状态中包含了 QCL 参考的信息。具体而言，TCI 状态的结构为

DL Reference RS1| QCL_Type1, DL Reference RS2| QCL_Type2

每个 TCI 状态可以包括最多两个下行参考信号，分别作为最多两种 QCL 类型的参考源。例如 PDSCH 的 DMRS 可以分别从 TRS 和波束管理 CSI-RS 中获取 Type A 与 Type D 的 QCL 信息。需要说明的是，在 TCI 状态中，如果包含两个 QCL Type，其对应的 QCL 参数不能有重叠。例如，Type A 与 Type D 分别对应于多普勒偏移、多普勒扩展、平均时延、时延扩展以及 Spatial RX Parameter，这两种 QCL Type 是没有重叠的，因而是一种可用的 QCL Type 组合。而 Type A 与 Type B、Type C 之间都存在重叠的大尺度参数，所以不能在同一个 TCI 状态中出现。此外，TCI 状态中的两个参考信号可以是同

一个。这种情况下，它们所对应的 QCL Type 不能相同。例如，TRS 可以作为 DMRS 的 Type A 与 Type D 参考，此时的 TCI 状态应当为

$$TRS\_x | QCL\_A, TRS\_x | QCL\_D$$

根据目前 NR 标准，所有合法的 TCI 状态在表 5.29～表 5.33 中给出。

表 5.29　TRS 的可用 QCL 参考

合法的 TCI 状态配置	DL RS 1	QCL-Type1	DL RS 2（如配置）	QCL-Type2（如配置）
1*	SS/PBCH Block	QCL-Type C	SS/PBCH Block	QCL-Type D
2*	SS/PBCH Block	QCL-Type C	CSI-RS （BM）	QCL-Type D

* 仅在可用时，才存在 Type D 参数及对应的 DL RS 2。

表 5.30　CSI 测量的 CSI-RS 的可用 QCL 参考

合法的 TCI 状态配置	DL RS 1	QCL-Type1	DL RS 2（如配置）	QCL-Type2（如配置）
1**	TRS	QCL-Type A	SS/PBCH Block	QCL-Type D
2**	TRS	QCL-Type A	CSI-RS （BM）	QCL-Type D
3*	TRS	QCL-Type B		

* 针对 Type D 不可配的情况。
** 仅在可用时，才存在 Type D 参数及对应的 DL RS 2。

表 5.31　波束管理 CSI-RS 的可用 QCL 参考

合法的 TCI 状态配置	DL RS 1	QCL-Type1	DL RS 2 （如配置）	QCL-Type2（如配置）
1	TRS	QCL-Type A	TRS	QCL-Type D
2	TRS	QCL-Type A	CSI-RS （BM）	QCL-Type D
3	SS/PBCH Block	QCL-Type C	SS/PBCH Block	QCL-Type D

表 5.32　PDCCH DMRS 的可用 QCL 参考

合法的 TCI 状态配置	DL RS 1	QCL-Type1	DL RS 2 （如配置）	QCL-Type2（如配置）
1	TRS	QCL-Type A	TRS	QCL-Type D
2	TRS	QCL-Type A	CSI-RS （BM）	QCL-Type D
3**	CSI-RS （CSI）	QCL-Type A		
4*	SS/PBCH Block*	QCL-Type A	SS/PBCH Block*	QCL-Type D

* 此处并非一种 TCI 状态，而是 TRS 配置之前的默认假设。
** 针对 Type D 不可配的情况。

表 5.33　PDSCH DMRS 的可用 QCL 参考

合法的 TCI 状态配置	DL RS 1	QCL-Type1	DL RS 2（如配置）	QCL-Type2（如配置）
1	TRS	QCL-Type A	TRS	QCL-Type D
2	TRS	QCL-Type A	CSI-RS （BM）	QCL-Type D
3**	CSI-RS （CSI）	QCL-Type A	CSI-RS （CSI）	QCL-Type D
4*	SS/PBCH Block*	QCL-Type A	SS/PBCH Block*	QCL-Type D

* 此处并非一种 TCI 状态，而是 TRS 配置之前的默认假设。
** QCL 参数可能并非直接从 CSI 测量的 CSI-RS 中获取（而可能通过类似 TRS→CSI 测量的 CSI-RS，然后再由其将相应的 QCL 参数传递给 PDSCH 的 DMRS）。

除上述问题之外，在 R15 NR 标准讨论过程中，还定义过专用调制解调导频端口组（DMRS Port Group）的概念。根据会议结论，每个 UE 最多可配置 2 个 DMRS 端口组，处于相同 DMRS 端口组中的 DMRS 端口之间全部的信道参数满足 QCL。这一概念的引入主要是为了支持 Multi-TRP/Panel 传输。实际上，所谓的 TRP/Panel 在 UE 侧可能是不可区分的，在 Multi-TRP/Panel 传输过程中，UE 只能通过端口之间的 QCL 关系确定其大尺度参数之间的异同，并进行相应的物理层操作。

然而在 R15 中 Multi-TRP/Panel 等议题被降低了优先级，实质的研究和标准化工作也随之停滞。虽然目前的 RRC 和物理层规范中都还保留着 DMRS 分组的概念，但是关于 DMRS 端口组的划分、配置与指示等一系列问题并没有经过深入的会议讨论，其功能和相关流程并不完整。

5.8　小结

随着大规模天线技术理论的完善以及有源天线等支撑技术的成熟，在 LTE 后期的演进过程中，产业界就已经着手开展了大规模天线技术的标准化工作。在 5G 系统中，面向更为严苛的技术需求、更为灵活多样的部署环境、更广阔的频谱资源以及高频段中更恶劣的传播环境，大规模天线技术仍将是无线接入网中最为重要的物理层技术，并将在改善频谱利用效率、提升 UE 体验、扩展系统容量、保障覆盖、抑制干扰等方面发挥更为关键的作用。

目前，NR 第一个版本的标准化工作刚刚完成。作为物理层标准化工作的一个重要议题，3GPP RAN1 对 MIMO 传输方案、参考信号、信道状态信息反馈、波束管理等问题展开了广泛而深入的讨论，在此基础之上，形成了一套灵活、可扩展的大规模天线技术方案。在一套统一的技术框架之下，既能够支持传统的 6GHz 以下频段，也能够支持 6～56.2GHz 频段。

针对高频段应用，NR 系统引入了波束管理与恢复机制。针对多 UE 传输增强方面的需求，NR 中定义了具有更高分辨率的信道状态信息反馈方案。这些关键的技术方案是 NR MIMO 最突出的技术特征，也是支持 NR 系统向高频段扩展并显著提升系统性能的重要基础。

结合 NR 系统设计的具体需求，本章对大规模天线技术在 5G 系统中的标准化方案进行了分析与讨论。鉴于 MIMO 技术在无线接入系统中的基础性地位，在 NR 系统的后续演进过程中，大规模天线技术的持续增强和发展仍然将是标准化与系统设计的一个重要方向。

▌▌▌ 参考文献

[1] 3GPP TR38.913. Study on scenarios and requirements for next generation access technologies.

[2] ITU-R report M.2410. Minimum requirements related to technical performance for IMT-2020 radio interface(s).

[3] R1-1701338. WF on Type I CSI codebook. Huawei, HiSilicon, NR Ad Hoc, Spokane, USA, 16th-20th January 2017.

[4] R1-1700222. Discussion on Type I feedback. CATT, NR Ad Hoc, Spokane, USA, 16th-20th January 2017.

[5] R1-1709232. WF on Type I and II CSI codebooks. Samsung, et al, RAN1#89, Hangzhou, China, 15th-19th May 2017.

[6]   R1-1700066. DL Codebook design for multi-panel structured MIMO in NR. Huawei, HiSilicon, NR Ad Hoc, Spokane, USA, 16th-20th January 2017.

[7]   R1-1702205. On NR Type I codebook. Intel, RAN1#88, Athens, Greece, 13th-17th February 2017.

[8]   R1-1702684. Type I Multi-panel CSI codebook. Ericsson, RAN1#88, Athens, Greece, 13th-17th February 2017.

[9]   R1-1700801. Discussion on CSI acquisition. Qualcomm, NR Ad Hoc, Spokane, USA, 16th-20th January 2017.

[10] R1-1700910. Type II CSI reporting for NR. Samsung, NR Ad Hoc, Spokane, USA, 16th-20th January 2017.

[11] R1-1700752. Type II CSI feedback. Ericsson, NR Ad Hoc, Spokane, USA, 16th-20th January 2017.

[12] R1-1700415. Design for Type II feedback. Huawei, HiSilicon, NR Ad Hoc, Spokane, USA, 16th-20th January 2017.

[13] R1-1700130. Linear combination based CSI feedback design for NR MIMO. ZTE, ZTE Microelectronics, NR Ad Hoc, Spokane, USA, 16th-20th January 2017.

[14] R1-1702206. On NR Type II category 2 codebook. Intel, RAN1#88, Athens, Greece, 13th-17th February 2017.

[15] R1-1704555. Discussion on interference measurement. CATT, RAN1#88bis, Spokane, USA, 3rd-7th April 2017.

[16] R1-1702613. On Interference Measurement Resource. Qualcomm, NR Ad Hoc, Spokane, USA, 16th-20th January 2017.

[17] R1-1702844. On CSI measurement for NR. NTT DOCOMO, RAN1#88, Athens, Greece, 13th-17th February 2017.

[18] R1-1718886. WF on omission rules for partial Part 2 reporting. ZTE, Sanechips, et al, RAN1#90bis, Prague, P.R. Czechia, 9th-13th October 2017.

[19] R1-1720181. Remaining details on CSI reporting. CATT, RAN1#91, Reno, USA, November 27th- December 1st 2017.

[20] R1-1711404. Discussion on reciprocity based CSI acquisition mechanism. Huawei,

HiSilicon, NR Ad-Hoc # 2, Qingdao, China, 27th- 30st, June, 2017.

[21] R1-1710812. CSI acquisition for reciprocity based operations. MediaTek, NR Ad-Hoc # 2, Qingdao, China, 27th- 30st, June, 2017.

[22] R1-1702612. CSI acquisition for reciprocity based operation. Qualcomm, RAN1#88, Athens, Greece, 13th-17th February 2017.

[23] R1-1710189. On reciprocity based CSI acquisition. ZTE, NR Ad-Hoc # 2, Qingdao, China, 27th- 30st, June, 2017.

[24] R1-1720733. On remaining details of CSI measurement. Ericsson, RAN1#91, Reno, USA, November 27th- December 1st 2017.

[25] R1-1719009. Way forward on beam reporting based on CSI-RS for BM with repetition. ZTE, Sanechips, ASTRI, Ericsson, NTT DOCOMO, 3GPP RAN1#90bis, Prague, October 2017.

[26] R1-1721396. Summary of offline discussion on beam management. Qualcomm, 3GPP RAN1#91, Reno, USA, December 2017.

[27] R1-1719064. WF on beam reporting. Qualcomm, NTT DoCoMo, Ericsson, ZTE, Huawei, AT&T, Samsung, LGE, Intel, Nokia, NSB, Sharp, 3GPP RAN1#90bis, Prague, October 2017.

[28] R1-1716842. WF on QCL indication for DL physical channels. Ericsson, CATT, NTT DOCOMO, Samsung, Qualcomm, NR Ad Hoc#3, Nagoya, Japan, September 2017.

[29] R1-1715801. Details of beam management. CATT, NR Ad Hoc#3, Nagoya, Japan, September 2017.

[30] R1-179059. WF on beam management. Samsung, CATT, Huawei, HiSilicon, NTT Docomo, MediaTek, Intel, OPPO, SpreadTrum, AT&T, InterDigital, CHTTL, KDDI, LG Electronics, Sony, China Unicom, Ericsson, vivo, China Telecom, Qualcomm, National Instruments, Vodafone, 3GPP RAN1#90bis, Prague, October 2017.

[31] R1-1716920. Way forward on dedicated PRACH allocation for beam failure recovery mechanism. MediaTek, InterDigital, Huawei, HiSilicon, LG, Intel, Ericsson, NR Ad Hoc#3, Nagoya, Japan, September 2017.

[32] R1-1718982. Way Forward on Candidate Beam Identification for Beam Failure

Recovery. Huawei, HiSilicon, LGE, Intel, Interdigital AT&T, vivo, Spreadtrum, Lenovo, Motorola Mobility Sharp, KT Corporation, OPPO, ZTE, SaneChips, Nokia, Nokia Shanghai Bell, China Telecom, 3GPP RAN1#90bis, Prague, October 2017.

[33] R1-1719174. WF on Beam Failure Recovery. MediaTek, Intel, Huawei, HiSilicon, ZTE, Sanechips, CHTTL, 3GPP RAN1#90bis, Prague, October 2017.

[34] R1-1720182. Remaining details on beam management. CATT, 3GPP RAN1#91, Reno, USA, November 2017.

[35] AL Swindlehurst, T Kailath，A performance analysis of subspace-based methods in the presence of model errors. I. The MUSIC algorithm, IEEE Trans, on Signal Processing, 1992, 40(7):1758-1774.

[36] 3GPP R1-172078. CATT. Discussion on remaining details of codebook based UL transmission. RAN1 #91.

[37] 3GPP R1-172079. CATT. Discussion on remaining details of non-codebook based UL transmission. RAN1 #91.

第6章

Chapter 6

5G NR 控制信道设计

控 制信道负责物理层各种关键控制信息的传递，是 NR 系统运转的关键。控制信道的设计需要支持 NR 各项关键技术，在业务上除支持 eMBB 业务，还需要支持 URLLC（低时延高可靠）业务及 eMBB 与 URLLC 业务的混合传输。同时控制信道设计本身也要支持前向兼容性设计，并尽量减少 UE 检测复杂度。总体上看，NR 对控制信道的设计提出了非常高的要求和挑战。NR 控制信道设计在引入很多新设计以满足新需求的同时，也尽可能沿用了 LTE 中一些好的设计准则和方案。

6.1 控制信道设计

6.1.1 下行控制信道设计

下行控制信道（PDCCH）承载基站发送给 UE 的下行控制信息（DCI，Downlink Control Information）。这些控制信息包括：承载上下行数据传输相关的控制信息，如数据传输的资源分配信息、时隙内上/下行资源的格式信息，以及上行数据信道和信号的功率控制信息等；动态时隙配置的信息；资源抢占信息等。UE 在检测到控制信息后，会根据控制信息进行数据的发送或接收，或是执行相应的操作。

1. 基本概念

在详细介绍下行控制信道前，本节首先对下行控制信道的一些基本概念进行定义，具体包括控制信道单元（CCE，Control-Channel Element）、搜索空间（Search Space）、资源单元组（REG，Resource-Element Group）、资源单元组束（REG Bundle）和控制资源集合（CORESET，Control-Resource Set）等。

（1）CCE

CCE 是构成 PDCCH 的基本单位，占用频域上 6 个 REG。一个给定的 PDCCH 可由 1 个、2 个、4 个、8 个和 16 个 CCE 构成，其具体取值由 DCI 载荷大小（DCI Payload Size）和所需的编码速率决定。构成 PDCCH 的 CCE 数量被称为聚合等级（AL，Aggregation Level）。基站可根据实际传输的无线信道状态对 PDCCH 的聚合等级进行调整，实现链路自适应传输。例如，基站与 UE 在无线信道状态较恶劣时，相比于无线信道状态良好时，构成 PDCCH 的 CCE 的数量会更多，即 PDCCH 聚合等级会更大。

在 NR PDCCH 中，一个 CCE 映射到的实际物理资源包括 72 个 RE，其中 18 个资源元素用于解调参考信号，54 个 RE 用于 DCI 信息传输，相比于 LTE 中一个 CCE 映射到的 36 个 RE 的数量有所增大。这主要是考虑用于映射 NR PDCCH 解调参考信号的资源相比于 LTE CRS 的资源要少，导致信道估计性能的下降；并且进一步考虑到 NR 的 DCI 载荷大小相比与 LTE 的 DCI 载荷大小会有所增大。因此，为了保证 NR PDCCH 的传输可靠性和满足 NR PDCCH 的覆盖需求，最终根据仿真评估确定了一个 CCE 中包括 RE 的数目。

（2）搜索空间

搜索空间是某个聚合等级下候选 PDCCH（PDCCH Candidate）的集合。如上文所述，基站实际发送的 PDCCH 的聚合等级随时间可变，而且由于没有相关信令告知 UE，UE 需在不同聚合等级下盲检 PDCCH，其中，待盲检的 PDCCH 称为候选 PDCCH。UE 会在搜索空间内对所有候选 PDCCH 进行译码，如果 CRC 校验通过，则认为所译码的 PDCCH 的内容对所述 UE 有效，并利用译码所获得的信息（如传输调度指示、时隙格式指示、功率控制命令等）进行后续操作。

为了降低 UE 盲检的复杂度，需要限制盲检测 CCE 的集合。候选 PDCCH 的起始 CCE 序号需要能够被此候选 PDCCH 的 CCE 数整除。如图 6.1 所示，聚合等级 2 的候选 PDCCH 只能从可被 2 整除的 CCE 序号开始，同样的原则适用于其他聚合等级的搜索空间。此外，搜索空间所在的 CCE 集合，可进一步根据搜索空间集合配置信息中的高层参数和预定义的规则确定，具体的确定方法如 6.1.1 节中第 3 部分所述。

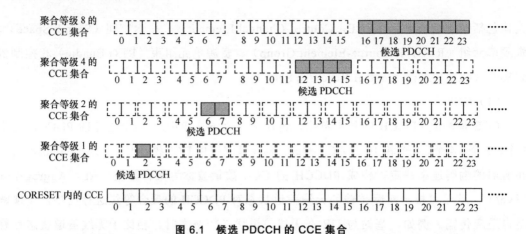

图 6.1　候选 PDCCH 的 CCE 集合

（3）REG 和 REG Bundle

REG 是时域占用一个 OFDM 符号，频域占用一个资源块（包括频域连续的 12 个子载波）的物理资源单位。在一个 REG 中，3 个 RE 用于映射 PDCCH 解调参考信号，9 个 RE 用于映射 DCI 的 RE。其中，用于映射 PDCCH 解调参考信号的 RE 均匀分布在 REG 内，且位于 REG 内编号为 1、5、9 的子载波，如图 6.2 所示。

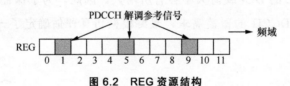

图 6.2　REG 资源结构

REG Bundle 为时域和/或频域连续的多个 REG，构成 REG Bundle 的 REG 的数量可能为 1 个、2 个、3 个和 6 个，并且在一个 REG Bundle 内映射的 PDCCH 采用相同的预编码（Precoder），即 UE 可利用 REG Bundle 内的解调参考信号进行时域和/或频域联合信道估计。REG Bundle 概念的引入，使得 UE 可利用 REG Bundle 内所有 REG 的解调参考信号进行信道估计，提高了信道估计精度。REG Bundle 在时域和频域包括的 REG 的数量与 CORESET 时域符号数量和 REG Bundle 大小的配置有关，其具体取值如表 6.1 所示。根据 CCE 索引与 REG Bundle 索引的对应关系，可以确定 PDCCH 占用的 RE，进而可将 PDCCH 映射到对应的 RE 上，具体映射规则如 6.1.1 节第 2 部分所述。

（4）CORESET

控制资源集合（CORESET）在频域上包括多个物理资源块，在时域上包括 1～3 个

OFDM 符号，且可位于时隙（Slot）内的任意位置。CORESET 占用的时频资源由高层参数半静态配置。在 NR 中，CORESET 的资源配置不支持动态信令指示。这与 LTE 用 PCFICH 动态指示 PDCCH 的时域符号数量不同，主要原因在于 NR 支持数据信道和控制资源集合的资源动态复用，即数据信道可映射在 CORESET 资源内，因此无须再采用动态信令配置 CORESET 资源。

表 6.1　REG Bundle 时域/频域结构

CORESET 时域配置	REG Bundle 时域和频域 REG 数量		
	时域	频域	
		REG Bundle 大小等于 6	REG Bundle 大小小于 6
1 个 OFDM 符号	1	6	2
2 个 OFDM 符号	2	3	1
3 个 OFDM 符号	3	2	1

考虑到 CORESET 占用的资源与 NR 中其他信号共存，以及 CORESET 配置导致资源碎片的问题，CORESET 的资源配置在时域和频域上还有一些限制。

在时域上，考虑到解调数据信道的前置 DMRS（解调参考信号，见 5.3.1 节）可能位于时隙内从起始 OFDM 符号开始的第 3 个或第 4 个 OFDM 符号，为了避免 CORESET 在时域上与数据信道前置 DMRS 的资源冲突，标准限定 CORESET 在时域上占用 3 个 OFDM 符号的配置仅限于前置 DMRS 位于第 4 个 OFDM 符号时，其中前置 DMRS 的位置由广播信息指示。

在频域上，CORESET 的配置支持连续和离散的频域资源配置，且配置的 CORESET 不超出 BWP 的频域范围。此外，CORESET 频域资源配置的粒度定为 6 个 REG。如前文所述，REG Bundle 在频域上包括的 REG 数量为 1 个、2 个、3 个和 6 个，因此 CORESET 频域资源配置需尽可能匹配 REG Bundle 的频域大小，以减少 CORESET 内映射 PDCCH 的资源碎片。而且选择 6 个 REG 作为 CORESET 配置的粒度，可适用于所有 REG Bundle 的配置。不同的 CORESET 在频域上可能会存在资源的重叠，而重叠的资源上无法支持不同 CORESET 内 PDCCH 的同时传输，进而导致资源的相互阻塞。为了尽可能减少被阻塞的资源，除 PBCH 配置的 CORESET 外，其他 RRC 信令配置的 CORESET 在频域上的配置使用相同的参考点，如图 6.3 所示。

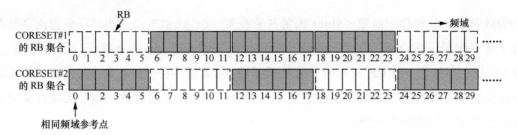

图 6.3　CORESET 频域资源分配

2. 下行控制信道传输

下行控制信令传输的处理流程如图 6.4 所示，每个 DCI 载荷（DCI Payload）之后附着一个根据这个 DCI 载荷生成的 CRC，并且在这个 CRC 上加扰 RNTI，其中，不同目的 DCI（如数据传输调度指示、时隙格式指示、传输中断指示、功率控制命令等）使用不同的 RNTI。对附着了加扰 RNTI 的 CRC 之后的信息比特进行信道编码，对编码后的比特序列进行速率匹配，使得速率匹配输出的比特序列与 PDCCH 占用的资源相匹配。速率匹配后的比特序列，经过与扰码序列的加扰，进行 QPSK 调制，并最后映射到 RE 上。信道编码和速率匹配在 4.1 节进行介绍，本节重点对速率匹配后比特序列的处理进行介绍。

图 6.4　控制信息处理流程

（1）PDCCH 的加扰和调制

速率匹配后的比特序列 $b(0)$, $\cdots$, $b(M_{\text{bit}}-1)$ 与扰码序列 $c(0)$, $\cdots$, $c(M_{\text{bit}}-1)$ 加扰，其中，扰码序列沿用了 LTE 中的 Gold 序列。加扰后的比特序列可记为 $\tilde{b}(0),\cdots,\tilde{b}(M_{\text{bit}}-1)$，如下式所示。

$$\tilde{b}(i) = \left[b(i) + c(i)\right] \bmod 2$$

对于 UE 专属搜索空间，基站可以通过高层参数配置生成扰码序列的加扰参数，此时扰码序列的生成与该参数的配置有关，若位于 UE 专属搜索空间的 PDCCH 通过 C-RNTI 加扰，扰码序列的生成还与 C-RNTI 有关。对于公共搜索空间和没有配置生成扰码序列的加扰参数的 UE 专属搜索空间，扰码序列的生成与小区 ID 有关。

加扰后的比特序列 $\tilde{b}(0),\cdots,\tilde{b}(M_{bit}-1)$ 通过 QPSK 调制映射到复值调制符号 $d(0)$, …, $d(M_{bit}/2\text{-}1)$ 上。

（2）PDCCH 解调参考信号

如上文所述，PDCCH DMRS 的资源位置位于一个 REG 内编号为 1、5、9 的子载波上。其中，PDCCH DMRS 的序列沿用了 LTE 的 Gold 序列，并且与 LTE CRS 类似，DMRS 序列可根据时隙索引、OFDM 符号索引和小区 ID 生成；此外，NR 还支持不根据小区 ID 生成 PDCCH DMRS 序列，此时 DMRS 序列的生成参数可由高层参数进行配置。

PDCCH DMRS 的资源映射支持窄带映射和宽带映射两种方式。在窄带映射下，PDCCH DMRS 仅映射在有 PDCCH 的 REG 上，而且在窄带映射下预编码粒度为 REG Bundle。在宽带映射下，PDCCH DMRS 映射在包含 PDCCH 的连续 RB 上。其中，映射有 PDCCH DMRS 的 REG 既包括映射了 PDCCH 的 REG，也包括未映射 PDCCH 的 REG，这些 REG 与映射 PDCCH 的 REG 在频域上连续，在宽带映射下预编码粒度为包括 PDCCH 的连续 RB。窄带映射和宽带映射的方式如图 6.5 所示。引入宽带映射方式的主要目的在于提高解调的 PDCCH DMRS 数量，以改善信道估计精度。因为 UE 在宽带映射下可利用 PDCCH 和其相邻 RB 内的 PDCCH DMRS 进行时域和频域联合信道估计，提高信道估计质量。

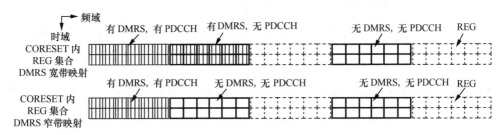

图 6.5　PDCCH DMRS 映射方式

（3）控制信道资源映射

在资源映射前，基站须在 UE 的搜索空间内确定发送 PDCCH 的 CCE 索引，随后根据 CCE 索引与 REG Bundle 索引之间的对应关系确定对应的物理资源，将调制符号以频域优先的方式映射在可用物理资源上（PDCCH DMRS 之外的 RE）。根据 CCE 索引与 REG Bundle 索引之间的不同对应关系，资源映射又进一步分为交织式映射（Interleaved Mapping）和非交织式映射（Non-interleaved Mapping）。

● 交织式映射下，可将映射后的调制符号分散在整个 CORESET 内，进而可获得频率分集增益。例如，广播信息配置的 CORESET 内资源映射方式预定义为交织式映射，获得频率分集增益。

● 非交织式映射下，可将映射后的调制符号聚集在 CORESET 内的部分时频资源。虽然损失了频率分集增益，但可以获得基站的调度增益，尤其基站可根据获得的无线信道状态，在信道状态较好的时频资源上发送控制信息。

此外，若相邻小区采用了相同的映射方式，且小区之间同步，容易导致在相同的时频资源位置上与相邻小区发送的 PDCCH 产生连续的碰撞。非交织式映射可基于调度的方式避开连续的碰撞，而交织式映射则通过引入随机化参数对映射的资源位置进行小区级的随机化偏移，实现小区间的干扰随机化。

首先定义 REG Bundle 索引的数学表达：REG Bundle i 对应的 REG 序号为 $\{iB,\cdots,iB+B\text{-}1\}$，其中，REG 序号为 CORESET 内以时域优先的顺序进行排序的序号，B 为 REG Bundle 内包括的 REG 的数量。如图 6.6 所示，在 CORSET 中符号数 $L=2$ 时，REG Bundle 0 对应的 REG 序号为 $\{0,1\}$，REG Bundle 8 对应的 REG 序号为 $\{16,17\}$，REG Bundle 16 对应的 REG 序号为 $\{32,33\}$。

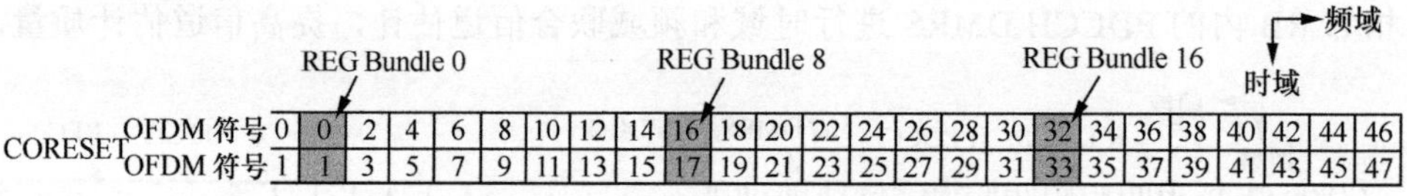

图 6.6　CORESET 和 REG Bundle 资源复用

CCE 索引与 REG Bundle 索引的对应关系由函数 $f(\cdot)$ 表示，其中，CCE j 对应的 REG Bundle 索引为 $\{f(6j/B), f(6j/B+1),\cdots, f(6j/B+6/B\text{-}1)\}$，$f(\cdot)$ 如表 6.2 所示。交织式映射沿用了 LTE 的矩形交织器。相比与 LTE，不同点在于基站可半静态配置矩形交织器的行数，进而可通过配置矩形交织器的行数改变映射后的资源分散程度，获得不同程度的分集增益。

表 6.2　控制信道资源映射参数

非交织式映射	交织式映射
$f(x)=x$	$f(x)=\left(rC+c+n_{\text{shift}}\right)\bmod\left(N_{\text{REG}}^{\text{CORESET}}/B\right)$ $x=cR+r$ $r=0,1,\cdots,R-1$ $c=0,1,\cdots,C-1$ $C=N_{\text{REG}}^{\text{CORESET}}/(BR)$

其中，R 为矩形交织器的行数，取值集合为 {2，3，6}，n_{shift} 为偏移参数，用于实现小区间干扰随机化，$N_{REG}^{CORESET}$ 表示 CORESET 内包括的 REG 的总数，且 C 为整数（基站通过高层配置参数保证 C 为整数）。

3. 下行控制信道检测

PDCCH 可支持多种下行控制信息格式和聚合等级大小，而这些信息对于 UE 而言无法提前获得，因此 UE 需对 PDCCH 进行盲检测。在前文中已经讨论了搜索空间的定义，UE 在有限的 CCE 位置上检测 PDCCH，从而避免了盲检测复杂度的增加，然而这样做并不足够。在 NR 中，为了更好地控制盲检测的复杂度，相比 LTE，进一步提高了搜索空间配置的灵活性。在 LTE 中，搜索空间的聚合等级，每个聚合等级内候选控制信道的数量是预定义或根据控制信道资源大小隐式获得的，虽然 LTE 支持按一定比例减少盲检的候选 PDCCH 数量，但灵活性依然受限。在 NR 中，控制信息格式、聚合等级、聚合等级对应的候选控制信道的数量，以及搜索空间在时域上的检测周期都可通过高层参数进行配置，基于这些配置信息可灵活控制盲检测的复杂度。

但另一方面，在限制盲检测的 CCE 集合的同时，也导致基站调度灵活性的下降，并且对基站调度器提出了很高的要求。为了减少对调度器的限制，在 NR 中支持所配置的候选 PDCCH 可超过 UE 盲检测能力的上限，此时 UE 根据预定义的机制在配置的候选 PDCCH 集合内确定配置的候选 PDCCH 的子集作为待检测的候选 PDCCH 集合。下面将分别从搜索空间的配置以及如何确定搜索空间两个方面进行讨论。

（1）搜索空间的配置

在 NR 中，服务小区内每个下行 BWP 内，最多可配置 10 个搜索空间集合，其中，每个搜索空间集合包括一个或多个聚合等级的搜索空间。此外，在 NR 中，新增了搜索空间集合的时域配置信息，UE 需根据配置的搜索空间集合在时域的位置检测候选 PDCCH，进而无须类似 LTE 在每个下行子帧都检测候选 PDCCH。搜索空间集合的配置信息如表 6.3 所示。

表 6.3　控制信道资源映射参数

配置参数	内容
搜索空间集合索引	搜索空间集合的 ID，每个 BWP 内最多配置 10 个搜索空间集合
控制资源集合索引	搜索空间集合关联的 CORESET，所关联的 CORESET 决定了此搜索空间集合的物理资源

续表

配置参数	内容
搜索空间集合类型	公共搜索空间（CSS，Common Search Space）或 UE 专用搜索空间（USS，UE-specific Search Space）
聚合等级大小	搜索空间集合包括的聚合等级信息，取值范围{1、2、4、8、16}
候选控制信道数量	对应每个聚合等级的搜索空间内候选 PDCCH 的数量
检测周期	检测搜索空间集合的时间间隔，单位为时隙
时隙偏移	检测周期开始到实际检测搜索空间集合之间的时隙偏移量，且偏移量小于检测周期的取值
时隙数量	连续检测搜索空间集合的时隙数量，且时隙数量小于检测周期的取值
符号位置	每个时隙内，搜索空间集合关联的 CORESET 起始符号的位置，相邻两个符号位置大于等于 CORESET 时域符号数量

其中，搜索空间集合的时域配置信息包括检测周期、时隙偏移、时隙数量、符号位置和控制资源集合索引。为了方便理解，以具体例子介绍各参数的含义。如图 6.7 所示，其中，检测周期为 10 个时隙，时隙偏移为 3 个时隙，时隙数量为两个时隙，控制资源集合索引对应一个占用两个 OFDM 符号的 CORESET，符号位置为时隙内 OFDM 符号 0 和 OFDM 符号 7。在上述例子中，UE 每 10 个时隙周期内的时隙 3 和时隙 4 内的符号 0 和符号 7 检测 CORESET，且 CORESET 在时域上占用两个 OFDM 符号。

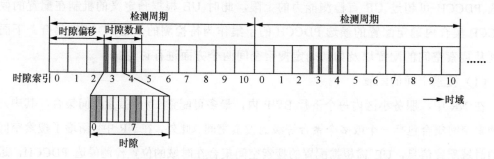

图 6.7　CORESET 和 REG Bundle 资源复用

（2）搜索空间的确定

如上文所述，UE 搜索空间的确定分两步：第一步根据搜索空间集合的配置信息确定配置的候选 PDCCH 集合中每个候选 PDCCH 在 CORESET 内的 CCE 索引；第二步根据预设的规则在配置的候选 PDCCH 集合中确定待检测的候选 PDCCH 集合，其中待检测的候选 PDCCH 集合为配置的候选 PDCCH 集合的子集。

NR 中每个候选 PDCCH 在 CORESET 内的 CCE 索引根据给定的搜索空间函数确定。搜索空间函数沿用了 LTE 中确定 EPDCCH 的函数。采用该种方式主要实现了把候选 PDCCH 等间隔地分散在 CORESET 内的 CCE 集合上。具体地,对于关联控制资源集合 p 的搜索空间集合 s,在时隙 $n_{s,f}^{\mu}$,聚合等级为 L 的候选控制信道 $m_{s,n_{CI}}$ 的 CCE 索引由下式给出。

$$L \cdot \left\{ \left(Y_{p,n_{s,f}^{\mu}} + \left\lfloor \frac{m_{s,n_{CI}} \cdot N_{CCE,p}}{L \cdot M_{p,s,\max}^{(L)}} \right\rfloor + n_{CI} \right) \bmod \left\lfloor N_{CCE,p}/L \right\rfloor \right\} + i, \quad i = 0, \cdots, L-1$$

其中,对于公共搜索空间,$Y_{p,n_{s,f}^{\mu}} = 0$;对于 UE 专用搜索空间,$Y_{p,n_{s,f}^{\mu}} = (A_p \cdot Y_{p,n_{s,f}^{\mu}-1}) \bmod D$,$Y_{p,-1} = n_{RNTI} \neq 0$,$D = 65537$;当 $p \bmod 3 = 0$ 时,$A_0 = 39827$;当 $p \bmod 3 = 1$ 时,$A_1 = 39829$;当 $p \bmod 3 = 2$ 时,$A_2 = 39839$;$N_{CCE,p}$ 为控制资源集合 p 中包括的 CCE 的总数,且 CCE 的编号从 0 到 $N_{CCE,p} - 1$。

若未配置跨载波指示,则 $n_{CI} = 0$,反之,n_{CI} 为配置的载波指示参数,以保证调度不同载波的候选 PDCCH 尽可能占用不重叠的 CCE。$m_{s,n_{CI}} = 0, \cdots, M_{p,s,n_{CI}}^{(L)} - 1$,且 $M_{p,s,n_{CI}}^{(L)}$ 为配置的在聚合等级为 L,服务小区为 n_{CI},且搜索空间集合为 s 的候选控制信道的数量。对于公共搜索空间,$M_{p,s,\max}^{(L)} = M_{p,s,0}^{(L)}$;对于 UE 专用搜索空间,$M_{p,s,\max}^{(L)}$ 为控制信道资源集合 p 中,搜索空间集合为 s 内,聚合等级为 L 下的所有 n_{CI} 取值范围内的最大值。

对于在配置的候选 PDCCH 集合内确定待检测的子集,需要定义 UE 的盲检测能力的上限。其中,盲检测的能力包括每个时隙内检测的候选控制信道的数量和不重叠 CCE 的数量,如表 6.4 所示。

表 6.4 服务小区内每个时隙 UE 盲检测能力与子载波宽度的关系

子载波间隔(kHz）	每个时隙内最大候选控制信道数	每个时隙最大无重叠的 CCE 数量
15	44	56
30	36	56
60	22	48
120	20	32

其中,最大候选控制信道的数量限制了 UE 进行盲检测译码的复杂度,而无重叠 CCE 的数量限制了 UE 进行信道估计的复杂度。搜索空间的确定方法考虑到 UE 实现的复杂度,采用了尽可能的简化的方法。设计准则如下。

● 公共搜索空间集合优先于 UE 专用搜索空间集合;

● UE 专用搜索空间集合内，ID 编号小的搜索空间集合优先于 ID 编号大的搜索空间集合；

● 若将配置的 UE 专用搜索空间集合计算如 UE 检测的搜索空间后，不满足表 6.4 中两个指标的任意一项时，这个 UE 专用搜索空间集合内的所有候选控制信道均不进行盲检，且 ID 编号大于这个搜索空间集合的 UE 专用搜索空间集合也不进行盲检；

● 基站需要确保公共搜索空间集合的盲检测的复杂度不超过 UE 的能力。

（3）广播信息配置的搜索空间集合

广播信息配置的搜索空间集合的 PDCCH 主要用于指示接收系统信息、随机接入响应以及寻呼消息。由于广播信息中携带的信息有限，此搜索空间集合的时域位置、聚合等级、候选控制信道数量，以及关联的控制资源集合均采用预定义或隐式获取的方式进行配置。广播信息配置的搜索空间集合的聚合等级预定义为{聚合等级 4、聚合等级 8、聚合等级 16}，且对应的候选 PDCCH 的数量分别为{4、2、1}。

4. 下行控制信息格式

对于不同类型的下行控制信息，如调度下行/上行数据传输、功率控制命令、时隙格式指示、资源抢占指示等，通常对应不同的 DCI 信息的大小。因此，DCI 根据指示信息的类型被分为不同的格式，每一种格式对应了一种 DCI 信息的大小或解析方式。在 NR 中，支持的 DCI 格式（DCI Format）如表 6.5 所示。

表 6.5　下行控制信息格式

格式	大小	用途				
		上行调度	下行调度	功率控制命令	时隙格式指示	资源占用指示
0_0	小	√				
0_1	大	√				
1_0	小		√			
1_1	大		√			
2_0	—				√	
2_1	—					√
2_2	小			√		
2_3	小			√		

如上所述，不同 DCI 格式本质上对应不同大小的信息比特，格式越多会导致盲检测的复杂度越大。因为 UE 需对候选 PDCCH 上可能传输的所有 DCI 格式进行译码，进而译码复杂度随之增大。为了尽可能减少 UE 盲检测的复杂度，在 NR 中限定每个时隙内检测的不同 DCI 载荷大小（DCI Payload Size）的数量不超过 4 种，且由 C-RNTI 加扰 CRC 的不同 DCI 载荷大小的数量不超过 3 种，其中，DCI 载荷大小为 UE 盲检测候选 PDCCH 所使用的信息比特大小。

为了满足对 DCI 载荷大小的限制，DCI 格式 0_0 的大小要始终保持与 DCI 格式 1_0 的大小一致；若 DCI 格式 0_0 的信息比特与 DCI 格式 1_0 的信息比特不相等，则需要对 DCI 格式 0_0 或 DCI 格式 1_0 中的信息比特进行补零或截断，进而保证这两个 DCI 格式的载荷大小相等。

（1）调度 PDSCH/PUSCH 的 DCI 格式

用于调度 PDSCH/PUSCH 的 DCI 格式以及 DCI 格式中包括的字段如表 6.6 所示。其中，各字域的功能如下所述。

表 6.6　PDSCH/PUSCH 调度的 DCI 格式以及 DCI 格式中的字段

字域	格式 0_0	格式 1_0	格式 0_1	格式 1_1
载波指示器	×	×	√	√
BandWidth Part 指示器	×	×	√	√
DCI 格式标识符	√	√	√	√
频域资源分配	√	√	√	√
时域资源分配	√	√	√	√
VRB 到 PRB 映射	×	√	×	√
PRB Bundling 尺寸指示器	×	×	×	√
速率匹配指示器	×	×	×	√
ZP CSI-RS 触发器	×	×	×	√
跳频标志	√	X	√	×
调制编码方案	√	√	√	√
新数据指示器	√	√	√	√
冗余版本	√	√	√	√
HARQ 进程号	√	√	√	√
下行链路分配索引	×	√	√	√
调度 PUSCH 的功率控制命令	√	×	√	×

续表

字域	格式 0_0	格式 1_0	格式 0_1	格式 1_1
调度 PUCCH 的功率控制命令	×	√	×	√
PUCCH 资源指示器	×	√	×	√
SRS 资源指示器	×	×	√	×
PDSCH 到 HARQ 的反馈定时指示器	×	√	×	√
预编码信息和层数	×	×	√	×
短消息指示器	×	√	×	×
UL/SUL 指示器	√	√	√	×
SRS 请求	×	×	√	√
CSI 请求	×	×	√	×
CBG Transmission Information (CBGTI)	×	×	×	√
CBG Flushing out Information (CBGFI)	×	×	×	√
PTRS-DMRS 关系	×	×	×	√
天线端口	×	×	√	√
传输配置指示器	×	×	×	√
速率匹配指示器	×	×	√	×
DMRS 序列初始化	×	×	×	√
UL-SCH 指示器	×	×	√	×

● **DCI 格式标识符**：用于指示接收的 DCI 格式为 DCI 格式 0_0 或 DCI 格式 1_0；

● **频域资源分配**：用于指示频域资源的分配；

● **时域资源分配**：用于指示时域资源的分配；

● **跳频标志**：用于指示 PUSCH 是否跳频；

● **调制编码方案**：用于指示调制和编码方式；

● **新数据指示器**：用于指示调度的 PUSCH 是新传数据还是重传数据，若为新传数据则此字域的值进行反转，即与上一次检测到相同 HARQ 进程号下的 DCI 中同字域上的取值不同；此外，本字域还具有清除 HARQ 进程号内缓存的功能；

● **冗余版本**：用于指示调度的数据的冗余版本信息；

● **HARQ 进程号**：用于指示 HARQ 进程号；

● **下行链路分配索引**：用于指示 HARQ 反馈比特数；

● **调度 PUSCH 的功率控制命令**：用于指示 PUSCH 的功率控制信息；

● **UL/SUL 指示器**：仅出现在 DCI 格式 1_0 包括的信息比特大于 DCI 格式 0_0 的情况，否则此字域不存在；

● **载波指示器**：当高层参数没有配置多载波调度时，此字域为 0 比特，否则此字域为 3 比特；

● **BandWidth Part 指示器**：用于指示激活的 BWP；

● **VRB 到 PRB 的映射**：用于指示 VRB 的映射方式是否交织；

● **调度 PUCCH 的功率控制命令**：用于指示 PUCCH 的功率控制命令；

● **SRS 资源指示器**：用于指示 SRS 资源；

● **预编码信息和层数**：用于指示传输层数和预编码信息；

● **SRS 请求**：用于指示 SRS 发送请求；

● **CSI 请求**：用于指示 CSI 上报请求；

● **CBG Transmission Information (CBGTI)**：用于指示 TB 内的 CBG 数量；

● **CBG Flushing out Information (CBGFI)**：用于指示之前发送的 CBG 是否被占用；

● **PTRS-DMRS 关系**：用于指示 PTRS 与 DMRS 端口的关系；

● **码率偏移指示器**：用于调节上行控制信息在 PUSCH 上传输时的码率的偏移系数；

● **DMRS 序列初始化**：用于指示 PUSCH 的解调参考信号序列的初始化参数；

● **PUCCH 资源指示器**：用于 PUCCH 资源的指示；

● **PDSCH 到 HARQ 的反馈定时指示器**：用于反馈 PDSCH 应答信息定时的指示信息；

● **短消息指示器**：用于指示这个 DCI 是否仅承载寻呼短消息，此字段仅当 DCI 中 CRC 有 P-RNTI 加扰时才存在；

● **PRB Bundling 尺寸指示器**：用于指示 PRB Bundle 的大小；

● **速率匹配指示器**：用于指示速率匹配的资源集合；

● **ZP CSI-RS 触发器**：用于触发 ZP CSI-RS 的资源；

● **天线端口**：用于指示天线端口的信息；

● **传输配置指示器**：用于指示接收数据的 QCL 信息；

● **UL-SCH 指示器**：用于指示 UL-SCH 是否在 PUSCH 上传输。

（2）其他 DCI 格式

① 格式 2_0。

DCI 格式 2_0 携带的指示信息用于指示时隙格式，且 CRC 由 SFI-RNTI 加扰。DCI

格式 2_0 中携带多个 UE 的指示信息，每个 UE 根据配置参数确定属于自己的指示信息的位置。DCI 格式 2_0 的大小由高层参数配置，最大为 128 比特。

② 格式 2_1。

DCI 格式 2_1 用于指示不承载（被占用）UE 数据传输的频域的物理资源块和时域 OFDM 符号，且 CRC 由 INT-RNTI 加扰。DCI 格式 2_1 中携带多个 UE 的指示信息，每个 UE 根据配置参数确定属于自己的指示信息的位置。其中，DCI 格式 2_1 的大小由高层参数配置，最大为 126 比特。

③ 格式 2_2。

DCI 格式 2_2 用于承载 PUCCH 和 PUSCH 的传输功率控制命令，且 CRC 分别由 TPC-PUCCH-RNTI 和 TPC-PUSCH-RNTI 加扰。DCI 格式 2_2 中携带的比特长度需要与公共搜索空间中的 DCI 格式 0_0 的载荷大小相等，若 DCI 格式 2_2 的 DCI 长度小于公共搜索空间中的 DCI 格式 0_0 中的比特长度，需要在尾部补充 0，直到与 DCI 格式 0_0 的比特长度相等。

④ 格式 2_3。

DCI 格式 2_3 用于为 1 个或多个 UE 发送 SRS 的功率控制命令，且 CRC 由 TPC-SRS-RNTI 加扰。DCI 格式 2_3 中携带的比特长度需要与公共搜索空间中的 DCI 格式 0_0 中的比特长度相等，若 DCI 格式 2_3 的 DCI 长度小于公共搜索空间中的 DCI 格式 0_0 中的比特长度，需要在尾部补充 0，直到与 DCI 格式 0_0 的比特长度相等。

6.1.2 上行控制信道设计

上行控制信息（UCI，Uplink Control Information）是承载在上行控制信道或上行数据信道，由 UE 向基站发送的控制信息。按照功能区分，上行控制信息可分为如下几种类型。

● 上行数据的调度请求（SR，Scheduling Request），用于向基站请求上行数据的调度，通过 UE 的主动申请，能够避免基站的无效上行数据调度；

● 下行数据的应答信息（HARQ-ACK），用于向基站反馈接收到的下行数据是否已经正确接收的状态，包含确定应答和否定应答；

● 信道状态信息（CSI，Channel State Information），包括信道质量指示（CQI，Channel Quality Indicator）、预编码矩阵指示（PMI，Precoding Matrix Indicator）、秩指示（RI，Rank Indicator）等，用于向基站反馈下行信道质量，基站依据反馈选择信道质

量较好的下行信道进行下行数据调度。

1. 上行控制信道格式

与 LTE 相同，NR 上行控制信道也支持 5 种格式，但每种格式的结构都有所变化。其中，PUCCH 格式 0 和格式 2 在时域的持续时间仅支持 1～2 个 OFDM 符号，可被称为短 PUCCH。PUCCH 格式 1、格式 3 和格式 4 在时域的持续时间能够支持 4～14 个 OFDM 符号，也被称为长 PUCCH。

在短 PUCCH 中，PUCCH 格式 0 用于承载 1～2 比特的 UCI 信息，PUCCH 格式 2 用于承载大于 2 比特的 UCI 信息。在长 PUCCH 中，PUCCH 格式 1 用于承载 1～2 比特的 UCI 信息，PUCCH 格式 3 或格式 4 用于承载大于 2 比特的 UCI 信息。对于能够承载大于 2 比特 UCI 信息的长 PUCCH，PUCCH 格式 3 能够承载的最大 UCI 信息比特数大于 PUCCH 格式 4，且不支持多用户复用，但 PUCCH 格式 4 具有通过码分来进行多用户复用的能力。

NR 与 LTE 中 PUCCH 设计最大的差别在于，为了缩短 HARQ-ACK 的反馈时延，NR 引入了短 PUCCH 格式，利用短 PUCCH，可以实现 UCI 在较少的 OFDM 符号上传输，从而更好，更灵活地支持低时延业务。例如，在同时包含下行符号和上行符号的时隙，基站能够调度 UE 在当前时隙接收下行数据并在当前时隙反馈应答信息——基于这种时隙的应答也称为自包含应答。其他三种长格式的 PUCCH 都能在 LTE 的 PUCCH 格式中找到类似的结构，比如 NR 的 PUCCH 格式 1 对应 LTE 的 PUCCH 格式 1；NR 的 PUCCH 格式 3 对应 LTE 的 PUCCH 格式 4；NR 的 PUCCH 格式 4 对应 LTE 的 PUCCH 格式 5。长 PUCCH 的持续时间大于短 PUCCH，其更多地用于保证 UE 发送 PUCCH 的覆盖。在 LTE 中，所有的 PUCCH 格式必须支持跳频，用以获取频率分集增益。但在 NR 中，考虑到系统设计的灵活性，所有大于等于 2 符号的 PUCCH 格式的跳频都是可配置的。对于一个长度为 N 个 OFDM 符号的 PUCCH，如果配置了跳频，则第一个跳频单元的 OFDM 符号数量为 $\lfloor N/2 \rfloor$，第二个跳频单元的 OFDM 符号数量为 $N-\lfloor N/2 \rfloor$。

（1）PUCCH 格式 0

PUCCH 格式 0 传输的时频资源如图 6.8 所示，频域上占用了 1 个 RB 的全部 12 个子载波，时域上占用了 1～2 个 OFDM 符号。在全部的 5 种 PUCCH 格式中，PUCCH 格式 0 的设计是唯一不需要 DMRS 的，它通过序列选择的方式承载 UCI 信息，即通过 2^n 个候选序列来承载 n 比特 UCI 信息。通过序列选择的方式承载信息，能够保证上行信息传输时的单载波特征，从而降低 PAPR，提高 PUCCH 格式 0 的覆盖。从过程来看，可以简化为根据 UCI 信息确定循环移位，同时根据循环移位与基序列生成待发送序列后，再进行物理资源映射，如图 6.9 所示。

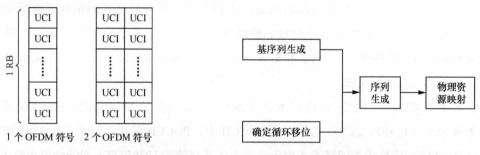

图 6.8　PUCCH 格式 0 在时频资源上的结构　　　　图 6.9　UCI 在 PUCCH 格式 0 的发送

　　在 NR 中，为提高资源利用效率，这 2^n 个候选序列是基于长度为 12 的计算机生成序列的不同循环移位值来生成的。长度为 12 的计算机生成序列的不同循环移位是正交的，这意味着，不同 UE 可以根据要传输的 UCI 信息，从这 2^n 个候选序列中选择需要发送的循环移位，且复用同一个 RB。

　　基站从这 2^n 个候选序列中检测 UE 发送的序列，即可确定 UE 发送的上行控制信息。理论上，长度为 12 的计算机生成序列最多能够通过 12 个循环移位生成 12 个正交的序列。当 PUCCH 格式 0 仅用于承载 1 比特信息时，1 个 RB 最多能够复用 6 个用户（每个用户的 1 比特信息占用 2 个循环移位），当 PUCCH 格式 0 用于承载 2 比特信息时，1 个 RB 最多能够复用 3 个用户（每个用户的 2 比特信息占用 4 个循环移位）。但考虑实际的部署环境，为了提高 PUCCH 格式 0 的检测性能，基站可能不会使用所有的循环移位值，即不会用完所有的 12 个循环移位。这样，不同用户间的循环移位差值尽可能大于 1，以此提升 PUCCH 格式 0 的检测性能。具体 PUCCH 格式 0 的配置和不同 UE 复用的情况，基站可以灵活地进行配置，在多用户复用和性能之间做折中。

　　具体地，PUCCH 格式 0 的序列产生公式为

$$x\left(l \cdot N_{sc}^{RB} + n\right) = r_{u,v}^{(\alpha,\delta)}(n)$$
$$n = 0,1,\cdots,N_{sc}^{RB}-1$$
$$l = \begin{cases} 0 & 1\text{个符号PUCCH} \\ 0,1 & 2\text{个符号PUCCH} \end{cases}$$

其中，$r_{u,v}^{(\alpha,\delta)}(n)$ 为 CGS 序列，但 PAPR 较低，l 为上行控制信息的 OFDM 符号的索引，n 为上行控制信息占用的 OFDM 符号所占用的子载波的索引，N_{sc}^{RB} 为 12，即 PUCCH 格式 0 在频域占用一个 RB 的 12 个子载波。$r_{u,v}^{(\alpha,\delta)}(n)$ 中的 α 用来表示序列的循环移位，它是由这个 PUCCH 资源的初始循环移位与 HARQ-ACK 特定的循环移位 m_{CS} 共同确定的，对于 1 比特和 2 比特的应答信息的反馈，m_{CS} 的取值如表 6.7 和表 6.8 所示。

表 6.7　1 比特 HARQ-ACK 到 m_{CS} 的映射

HARQ-ACK 值	0	1
序列循环移位参数	$m_{CS}=0$	$m_{CS}=6$

表 6.8　2 比特 HARQ-ACK 到 m_{CS} 的映射

HARQ-ACK 值	{0, 0}	{0, 1}	{1, 1}	{1, 0}
序列循环移位参数	$m_{CS}=0$	$m_{CS}=3$	$m_{CS}=6$	$m_{CS}=9$

在生成待发送序列后，PUCCH 格式 0 会根据功率控制的需求，通过幅度缩放因子 $\beta_{PUCCH,0}$ 对发送的序列的幅度进行调整，之后，将调整后的序列映射在基站配置的物理资源上。

（2）PUCCH 格式 1

PUCCH 格式 1 在时频资源上的结构如图 6.10 所示，PUCCH 格式 1 在频域上占用 1 个 RB 的全部 12 个子载波，在时域上占用 4~14 个 OFDM 符号。UCI 与 DMRS 是间隔放置的且 UCI 与 DMRS 占用的 OFDM 符号是尽可能均分的。这样能够最大化 PUCCH 的时域复用能力，否则 UCI 与 DMRS 之中 OFDM 符号较少的部分就会成为时域复用能力的短板。

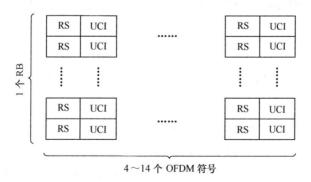

图 6.10　PUCCH 格式 1 在时频资源上的结构

PUCCH 格式 1 具有 5 种 PUCCH 格式中最强的码分复用能力。其码分复用能力是从两个不同维度实现的，这两个维度为每个 OFDM 符号上承载的序列的不同循环移位以及不同 OFDM 符号上使用的正交扩频码。用于 PUCCH 格式 1 的 UCI 传输的序列也是由长度为 12 的计算机生成序列生成的。理论上，通过循环移位最多能够复用 12 个用户，但在实际使用中，由于信道衰落以及噪声的干扰，为了保证 PUCCH 格式 1 的性能，通过循环移位最多能够复用 6 个或 4 个用户。而时域的正交扩频码的复用能力则取决于码长（UCI 与 DMRS 中较短的符号长度），1 个 N 长的正交扩频码能够支持 N 个复用。PUCCH 格式 1 的最终的复用能力就取决于这两种复用能力的乘积。

PUCCH 格式 1 在序列生成后，根据 UCI 信息确定调制符号并调制到序列上，再通过正交扩频码进行时域扩频后生成待发送序列，最后在时频物理资源上映射，如图 6.11 所示。

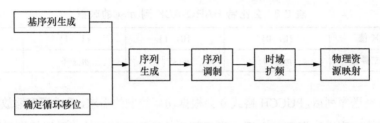

图 6.11 UCI 在 PUCCH 格式 1 的发送

通过预定义的规则，UE 确定低 PAPR 计算机生成序列 $r_{u,v}^{(\alpha,\delta)}(n)$（长度为 12 的计算机序列），该序列生成的基序列与 PUCCH 格式 0 是相同的，循环移位的确定通过该 PUCCH 资源的初始循环移位即可完成，因为其循环移位不需要额外承载 UCI 信息，仅用于多用户间的码分复用。

PUCCH 格式 1 通过在上行控制信息的 OFDM 符号上发送调制了 BPSK/QPSK 符号 $d(0)$ 的低 PAPR 序列向基站传递信息。这样同样能够保证上行信息传输时的单载波特性，从而提高覆盖。当 PUCCH 格式 1 需要承载 1 比特上行控制信息（当 HARQ-ACK 与 SR 复用时，该 1 比特仅为 HARQ-ACK 的开销）时，$d(0)$ 为 BPSK 调制符号；当 PUCCH 格式 1 需要承载 2 比特上行控制信息（当 HARQ-ACK 与 SR 复用时，该 2 比特仅为 HARQ-ACK 的开销）时，$d(0)$ 为 QPSK 调制符号。生成 $d(0)$ 后，将其调制到 $r_{u,v}^{(\alpha,\delta)}(n)$ 上生成长度为 12 的调制后序列 $y(0),\cdots,y(n)$。

在 NR 中，PUCCH 格式 1 的时域的扩频（不同 OFDM 符号上使用的正交扩频码）能力取决于该 PUCCH 占用的 OFDM 符号数量以及 PUCCH 跳频的配置。PUCCH 占用的符号数量决定了其所能使用的正交扩频码的长度的上限，而跳频的配置决定了正交扩频码是否需要使用两个短扩频码（两个短扩频码的长度之和等于非跳频的长扩频码长度）。为保证扩频码使用时的正交性，要尽量保证使用扩频码的符号信道状态尽可能相近。但一旦配置了 PUCCH 跳频，那么两个跳频单元的信道状态就很难保持一致，这时就需要为两个跳频分别配置两个较短的正交扩频码。

不同用户的循环移位复用是在生成序列 $r_{u,v}^{(\alpha,\delta)}(n)$ 中通过变换 α 的取值实现的，而正交扩频码的复用方式具体如下所示。

$$z\left(m'N_{sc}^{RB}N_{SF,0}^{PUCCH,1}+mN_{sc}^{RB}+n\right)=w_i(m)\cdot y(n)$$

$$n=0,1,\cdots,N_{sc}^{RB}-1$$

$$m=0,1,\cdots,N_{SF,m'}^{PUCCH,1}-1$$

$$m'=\begin{cases}0 & \text{未使能时隙内跳频}\\0,1 & \text{使能时隙内跳频}\end{cases}$$

其中，m 为上行控制信息在其所处的跳频单元内的 OFDM 符号的索引，n 为上行控制信息占用的 OFDM 符号所占用的子载波的索引，N_{sc}^{RB} 为 12，即 PUCCH 格式 1 在频域占用 12 个子载波，$N_{SF,0}^{PUCCH,1}$ 为第一个跳频单元内的上行控制信息的扩频因子（如果配置了 PUCCH 跳频的话），$N_{SF,m'}^{PUCCH,1}$ 为上行控制信息占用的 OFDM 符号所处的跳频单元的上行控制信息的扩频因子，$w_i(m)$ 为正交扩频码。根据 PUCCH 占用的符号数量以及 PUCCH 的跳频配置，$N_{SF,m'}^{PUCCH,1}$ 与 $w_i(m)$ 的不同取值如表 6.9 和表 6.10 所示。

表 6.9 PUCCH 的符号数量与相关的 $N_{SF,m'}^{PUCCH,1}$ 取值

PUCCH 的符号数量 $N_{symb}^{PUCCH,1}$	$N_{SF,m'}^{PUCCH,1}$		
	未配置 PUCCH 跳频	配置 PUCCH 跳频	
	$m'=0$	$m'=0$	$m'=1$
4	2	1	1
5	2	1	1
6	3	1	2
7	3	1	2
8	4	2	2
9	4	2	2
10	5	2	3
11	5	2	3
12	6	3	3

续表

PUCCH 的符号数量 $N_{symb}^{PUCCH,1}$	$N_{SF,m'}^{PUCCH,1}$		
	未配置 PUCCH 跳频	配置 PUCCH 跳频	
	$m'=0$	$m'=0$	$m'=1$
13	6	3	3
14	7	3	4

表 6.10　上行控制信息的正交扩频码 $w_i(m) = e^{j2\pi\varphi(m)/N_{SF}}$

$N_{SF,m'}^{PUCCH,1}$	φ						
	$i=0$	$i=1$	$i=2$	$i=3$	$i=4$	$i=5$	$i=6$
2	[0 0]	[0 1]	—	—	—	—	—
3	[0 0 0]	[0 1 2]	[0 2 1]	—	—	—	—
4	[0 0 0 0]	[0 2 0 2]	[0 0 2 2]	[0 2 2 0]	—	—	—
5	[0 0 0 0 0]	[0 1 2 3 4]	[0 2 4 1 3]	[0 3 1 4 2]	[0 4 3 2 1]	—	—
6	[0 0 0 0 0 0]	[0 1 2 3 4 5]	[0 2 4 0 2 4]	[0 3 0 3 0 3]	[0 4 2 0 4 2]	[0 5 4 3 2 1]	—
7	[0 0 0 0 0 0 0]	[0 1 2 3 4 5 6]	[0 2 4 6 1 3 5]	[0 3 6 2 5 1 4]	[0 4 1 5 2 6 3]	[0 5 3 1 6 4 2]	[0 6 5 4 3 2 1]

在生成发送信号之前,PUCCH 格式 1 会根据功率控制的需求,通过幅度缩放因子 $\beta_{PUCCH,1}$ 对用于 UCI 发送的序列的幅度进行调整,然后将调整后的序列映射在基站配置的物理资源上。对于不同长度的 PUCCH 格式 1,无论是否配置 PUCCH 跳频,其上行控制信息所占用的 OFDM 符号只占用 PUCCH 中的奇数索引的 OFDM 符号(PUCCH 内的索引是从 0 开始的)。

PUCCH 格式 1 的 DMRS 主要作为参考信息用于解调 UCI 信息,不需要额外承载 UCI 信息,也不进行序列调制这个过程。因此序列生成后,直接通过正交扩频码进行时域扩频后生成待发送序列,最后进行物理资源映射,如图 6.12 所示。

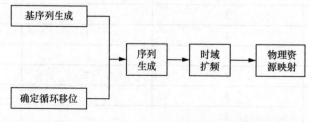

图 6.12　DMRS 在 PUCCH 格式 1 的发送

通过预定义的规则，UE 确定低 PAPR 序列 $r_{u,v}^{(\alpha,\delta)}(n)$（长度为 12 的序列），该序列生成的基序列与 PUCCH 格式 0 是相同的，只是循环移位的确定通过该 PUCCH 资源的初始循环移位即可完成，因为其循环移位不需要额外承载信息，仅用于多用户间的码分复用。

如前所述，PUCCH 格式 1 的 DMRS 的码分复用能力也是通过序列间的不同循环移位以及 OFDM 符号间的正交扩频码共同实现的，其原理与 LTE 的 PUCCH 格式 1 是相同，正交扩频码的使用方式具体如下所示。

$$z\left(m'N_{sc}^{RB}N_{SF,0}^{PUCCH,1}+mN_{sc}^{RB}+n\right)=w_i(m)\cdot y(n)$$

$$n=0,1,\cdots,N_{sc}^{RB}-1$$

$$m=0,1,\cdots,N_{SF,m'}^{PUCCH,1}-1$$

$$m'=\begin{cases}0 & \text{未使能时隙内跳频}\\0,1 & \text{使能时隙内跳频}\end{cases}$$

其中，m 为上行控制信息在其所处的跳频单元内的 OFDM 符号的索引，n 为解调参考信号占用的 OFDM 符号所占用的子载波的索引，N_{sc}^{RB} 为 12，即 PUCCH 格式 1 在频域占用 12 个子载波，$N_{SF,0}^{PUCCH,1}$ 为第一个跳频单元内的解调参考信号的扩频因子（如果配置了 PUCCH 跳频的话），$N_{SF,m'}^{PUCCH,1}$ 为解调参考信号占用的 OFDM 符号所处的跳频单元的解调参考信号的扩频因子，$w_i(m)$ 为正交扩频码（与上行控制信息所使用的正交序列组相同）。根据 PUCCH 占用的符号数量以及 PUCCH 的跳频配置，$N_{SF,m'}^{PUCCH,1}$ 的不同取值如表 6.11 所示。

表 6.11　PUCCH 的符号数量与相关的 $N_{SF,m'}^{PUCCH,1}$ 取值

PUCCH 的符号数量 $N_{symb}^{PUCCH,1}$	$N_{SF,m'}^{PUCCH,1}$		
	未配置 PUCCH 跳频	配置 PUCCH 跳频	
	$m'=0$	$m'=0$	$m'=1$
4	2	1	1
5	3	1	2
6	3	2	1
7	4	2	2
8	4	2	2
9	5	2	3
10	5	3	2
11	6	3	3
12	6	3	3

续表

PUCCH 的符号数量 $N_{symb}^{PUCCH,1}$	$N_{SF,m'}^{PUCCH,1}$		
	未配置 PUCCH 跳频	配置 PUCCH 跳频	
	$m'=0$	$m'=0$	$m'=1$
13	7	3	4
14	7	4	3

在生成发送信号之前，PUCCH 格式 1 会根据功率控制的需求，通过幅度缩放因子 $\beta_{PUCCH,1}$ 对用于 DMRS 发送的序列的幅度进行调整，然后将调整后的序列映射在基站配置的物理资源上。对于不同时域长度的 PUCCH 格式 1，无论是否配置了 PUCCH 跳频，DMRS 所占用的 OFDM 符号只占用 PUCCH 中的偶数索引的 OFDM 符号（PUCCH 中的索引是从 0 开始的）。

（3）PUCCH 格式 2

PUCCH 格式 2 是 NR 所有 PUCCH 格式中唯一不满足单载波特性的传输格式（PAPR 较高，覆盖受影响）。从原则上讲，为了保持覆盖 PUCCH 的发送，还是要尽可能地保持单载波特性。但是 PUCCH 格式 2 承载的 UCI 信息比特较多，如果采用 PUCCH 格式 0 的序列选择方式以保持单载波特性的话，就需要通过更多的循环移位支持更多的 UCI 信息比特发送，这样 PUCCH 的检测性能就完全不能保证了，因此 PUCCH 格式 2 就只能使用 UCI 加 DMRS 的传输方式。出于简化 PUCCH 格式 2 设计的角度考虑，UCI 占用的 RE 与 DMRS 占用的 RE 在频域上实现 FDM，如图 6.13 所示。这种设计直接破坏了上行的单载波特性，因此 PUCCH 格式 2 的整体设计就不再考虑降低

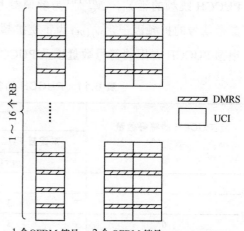

图 6.13　PUCCH 格式 2 在时频资源上的结构

PAPR 了。另外，为了提高 PUCCH 格式 2 的负载能力，其在频域上可以使用 1～16 个 RB 进行传输（1～16 的所有值都可以，不受 2、3、5 的幂次方的调度限制）。

PUCCH 格式 2 根据 UCI 信息确定信道编码后的比特序列后，经过比特序列加扰，以及调制后在物理资源映射，如图 6.14 所示。与后面的 PUCCH 格式 3、4 比较会发现，

PUCCH 格式 2 的 UCI 信息没有进行 DFT 预编码这一步骤，这也是 PUCCH 格式 2 的整体设计不考虑降低 PAPR 所导致的。

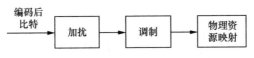

图 6.14　UCI 在 PUCCH 格式 2 的发送

上行控制信息经过信道编码形成编码后比特序列 $b(0),\cdots,b(M_{bit}-1)$，为了使小区间干扰随机化，编码后比特序列还会进行加扰处理，形成加扰后比特序列 $\tilde{b}(0),\cdots,\tilde{b}(M_{bit}-1)$，如下所示。

$$\tilde{b}(i)=\big[b(i)+c(i)\big]\bmod 2$$

用于加扰的扰码序列 $c(i)$ 是由 TS38.211 中的伪随机序列生成公式以及初始值 c_{init} 确定的。其中，初始值 c_{init} 是由下式生成的。

$$c_{init}=n_{RNTI}\cdot 2^{15}+n_{ID}$$

其中，n_{RNTI} 为 UE 特定的无线网络临时标识，n_{ID} 为基站通过高层信令为 UE 配置的加扰标识或小区标识。

加扰后比特序列 $\tilde{b}(0),\cdots,\tilde{b}(M_{bit}-1)$ 会经过调制形成一组调制符号 $d(0),\cdots,d(M_{symb}-1)$。PUCCH 格式 2 设计时，仅支持了 QPSK 调制。当配置为 QPSK 调制时，$d(0),\cdots,d(M_{symb}-1)$ 的元素数量为编码后比特数量的 1/2，即 $M_{symb}=M_{bit}/2$。与后面的 PUCCH 格式 3、4 比较会发现，PUCCH 格式 2 的 UCI 信息没有引入 π/2-BPSK 调制，这也是因为 PUCCH 格式 2 的整体设计不考虑降低 PAPR 需求。

在生成发送信号之前，PUCCH 格式 2 会根据功率控制的需求，通过幅度缩放因子 $\beta_{PUCCH,2}$ 对复数调制符号 $d(0),\cdots,d(M_{symb}-1)$ 的幅度进行调整，然后将调整后的复数调制符号映射到基站配置的物理资源的 UCI 占用的 OFDM 符号复用上。

PUCCH 格式 2 的结构与 CP-OFDM 波形的 PUSCH 的结构非常相似，同时由于不需要考虑低 PAPR 的设计，因此 PUCCH 格式 2 的 DMRS 的生成过程与 CP-OFDM 波形的 PUSCH 的 DMRS 的生成过程是保持一致的。如图 6.15 所示，在序列生成后，就直接映射在物理资源上了。

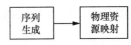

图 6.15　DMRS 在 PUCCH 格式 2 的发送

由于结构非常相似，PUCCH 格式 2 的 DMRS 生成公式就直接沿用了 CP-OFDM 波形的 PUSCH 的 DMRS 的生成公式。根据全带宽生成一个长序列，然后根据具体占用的 RB 在全带宽中的位置对长序列进行相应的截断确定 PUCCH 格式 2 的 DMRS 序列。其生成公式为

$$r(m) = \frac{1}{\sqrt{2}}\left[1 - 2 \cdot c(2m)\right] + \mathrm{j}\frac{1}{\sqrt{2}}\left[1 - 2 \cdot c(2m+1)\right]$$
$$m = 0, 1, \cdots$$

其中 $c(i)$ 为由小区特定参数和时隙号共同初始化的伪随机序列。

在生成发送信号之前，PUCCH 格式 2 会根据功率控制的需求，通过幅度缩放因子 $\beta_{\mathrm{PUCCH},2}$ 对用于 DMRS 发送的序列的幅度进行调整，然后将调整后的序列映射在基站配置的物理资源上。其中 DMRS 在频域资源上映射的表达式为

$$a_{k,l}^{(p,\mu)} = \beta_{\mathrm{PUCCH},2} r(m)$$
$$k = 3m + 1$$

可见，DMRS 在频域上所占的子载波索引为 1、4、7、…（子载波的索引从 0 开始），即每 3 个 RE 中有一个 DMRS 的 RE，而其余 RE 则用于 UCI。

（4）PUCCH 格式 3

PUCCH 格式 3 在时频资源上的结构如图 6.16 所示，可以看到 PUCCH 格式 3 在频域上占用 N 个 RB 的全部 12*N 个子载波（N 小于等于 16，且 N 必须为 2、3、5 的幂次方的乘积，因此在 1～16 中不能取 7、11、13、14，这是基于 DFT 预编码运算效率的考虑），在时域上占用 4～14 个 OFDM 符号，UCI 与 DMRS 的 OFDM 符号是通过 TDM 来区分的。由于 PUCCH 格式 3 在频域支持了较多的 RB 传输，时域上占用的符号数也较多，并且只支持单用户，不支持多用户复用，这使得其在所有的 PUCCH 格式中的负载承载能力最强，最多能够承载 16（RB 数）*12（子载波数）*12（14 个符号中非 DMRS 符号数）*2（QPSK 调制）=4608 比特的编码后比特信息。

在 PUCCH 格式 2，以及 PUCCH 格式 3、4 的部分情况中，所有的 UCI 信息都是联合编码的。但当 PUCCH 格式 3、4 上传输的上行控制信息包含了 CSI 信息，且 CSI 信息是由两部分 CSI 信息（见 5.4.4 节），即 CSI Part I 与 CSI Part II 构成时，两部分独立编码。其中 CSI Part II 的载荷大小是由 CSI Part I 决定的，因此 CSI Part I 比 CSI Part II 更加重要。这时，为了保证 CSI Part I 信息获得更高的传输可靠性，需要将其尽可能地映射在靠近 DMRS 的资源单元（RE）上，而这是通过在整个编码后比特序列中选择特定

的位置放置 CSI Part I 的编码后比特序列实现的。

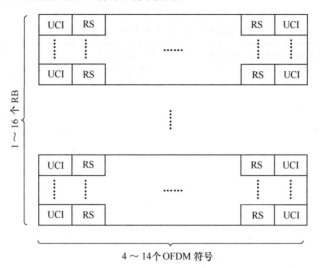

图 6.16　PUCCH 格式 3 在时频资源上的结构

　　首先，NR 对 PUCCH 格式 3、4 的各种不同配置下能够承载 UCI 的 OFDM 符号进行了分组。分组的原则为：第一组承载 UCI 的 OFDM 符号在时隙内的索引与承载 DMRS 的 OFDM 符号在时隙内的索引差为正负 1；第二组承载 UCI 的 OFDM 符号在时隙内的索引与承载 DMRS 的 OFDM 符号在时隙内的索引差为正负 2；第三组承载 UCI 的 OFDM 符号在时隙内的索引与承载 DMRS 的 OFDM 符号在时隙内的索引差为正负 3，如表 6.12 所示。

　　然后，NR 根据承载了 CSI Part I 的编码后比特序列、每个 OFDM 符号组所能承载的调制符号的数量以及调制阶数确定传输 CSI Part I 所需使用的最少的 OFDM 符号组的数量 j。在第 1 个到第 $(j-1)$ 个 OFDM 符号组上，承载了 CSI Part I 的编码后比特序列都会占用全部的资源单元。如果在第 j 个 OFDM 符号组上，承载了 CSI Part I 的编码后比特序列占用了全部的资源单元，此时承载了 CSI Part II 的编码后比特序列就会占用剩余的 OFDM 符号组。如果在第 j 个 OFDM 符号组上，承载了 CSI Part I 的编码后比特序列无法占用全部的资源单元，则第 j 个 OFDM 符号组内的每个 OFDM 符号承载的 CSI Part I 的编码后比特序列是尽可能平均的。随后，在第 j 个 OFDM 符号组的其他位置和 OFDM 符号组上放置承载了 CSI Part II 的编码后比特序列。将 PUCCH 资源上的每个资源单元都用编码后比特序列填充后，就形成了一个编码后比特矩阵。

按照先频域，再时域的顺序，将整个编码后比特矩阵转换为最终的编码后比特序列。

表 6.12　PUCCH 格式 3 与格式 4 中 UCI 符号的分组

PUCCH 长度（符号）	PUCCH DMRS 符号索引	UCI 符号集合的数量 N_{UCI}^{set}	1st UCI 符号集合 $S_{UCI}^{(1)}$	2nd UCI 符号集合 $S_{UCI}^{(2)}$	3rd UCI 符号集合 $S_{UCI}^{(3)}$
4	{1}	2	{0, 2}	{3}	—
4	{0, 2}	1	{1, 3}	—	—
5	{0, 3}	1	{1, 2, 4}	—	—
6	{1, 4}	1	{0, 2, 3, 5}	—	—
7	{1, 4}	2	{0, 2, 3, 5}	{6}	—
8	{1, 5}	2	{0, 2, 4, 6}	{3, 7}	—
9	{1, 6}	2	{0, 2, 5, 7}	{3, 4, 8}	—
10	{2, 7}	2	{1, 3, 6, 8}	{0, 4, 5, 9}	—
10	{1, 3, 6, 8}	1	{0, 2, 4, 5, 7, 9}	—	—
11	{2, 7}	3	{1, 3, 6, 8}	{0, 4, 5, 9}	{10}
11	{1, 3, 6, 9}	1	{0, 2, 4, 5, 7, 8, 10}	—	—
12	{2, 8}	3	{1, 3, 7, 9}	{0, 4, 6, 10}	{5, 11}
12	{1, 4, 7, 10}	1	{0, 2, 3, 5, 6, 8, 9, 11}	—	—
13	{2, 9}	3	{1, 3, 8, 10}	{0, 4, 7, 11}	{5, 6, 12}
13	{1, 4, 7, 11}	2	{0, 2, 3, 5, 6, 8, 10, 12}	{9}	—
14	{3, 10}	3	{2, 4, 9, 11}	{1, 5, 8, 12}	{0, 6, 7, 13}
14	{1, 5, 8, 12}	2	{0, 2, 4, 6, 7, 9, 11, 13}	{3, 10}	—

　　PUCCH 格式 3 根据 UCI 信息确定信道编码后的比特序列后，经过比特序列加扰、调制以及 DFT 预编码后在物理资源映射，如图 6.17 所示。

编码后比特 → 加扰 → 调制 → DFT 预编码 → 物理资源映射

图 6.17　UCI 在 PUCCH 格式 3 的发送

　　上行控制信息经过与 PUCCH 格式 2 相同的加扰方式，得到加扰后比特序列 $\tilde{b}(0),\cdots,\tilde{b}(M_{bit}-1)$。加扰后比特序列 $\tilde{b}(0),\cdots,\tilde{b}(M_{bit}-1)$ 会经过调制形成一组调制符号 $d(0),\cdots,d(M_{symb}-1)$。长格式 PUCCH 设计时，为了进一步降低发送信号的 PAPR，引入了 π/2-BPSK

的调制方式。基站通过高层信令配置决定 UE 在发送 PUCCH 格式 3 时，使用 QPSK 调制还是 π/2-BPSK 调制。当配置为 QPSK 调制时，$d(0),\cdots,d(M_{symb}-1)$ 的元素数量为编码后比特数量的 $1/2$，即 $M_{symb}=M_{bit}/2$；当配置为 π/2-BPSK 调制时，$d(0),\cdots,d(M_{symb}-1)$ 的元素数量等于编码后比特数量，即 $M_{symb}=M_{bit}$。

为了最大化 PUCCH 格式 3 的单用户负载能力，PUCCH 格式 3 未使用块式扩频，即 PUCCH 格式 3 不具备码分复用能力，也可以理解为其复用能力为 1。因此，PUCCH 格式 3 未对调制符号 $d(0),\cdots,d(M_{symb}-1)$ 进行任何处理，便将其赋值给复数调制符号 $y(0),\cdots,y(M_{symb}-1)$，具体如下所示。

$$y\left(lM_{sc}^{PUCCH,3}+k\right)=d\left(lM_{sc}^{PUCCH,3}+k\right)$$
$$k=0,1,\cdots,M_{sc}^{PUCCH,3}-1$$
$$l=0,1,\cdots,\left(M_{symb}/M_{sc}^{PUCCH,3}\right)-1$$

其中，l 为上行控制信息所占用的 OFDM 符号的索引，k 为上行控制信息占用的 OFDM 符号所占用的子载波的索引，$M_{sc}^{PUCCH,3}$ 为 PUCCH 格式 3 在频域占用的子载波的数量（由于 PUCCH 格式 3 在频域上可以占用多个物理资源块，所以 $M_{sc}^{PUCCH,3}$ 为 12 乘以 PUCCH 格式 3 占用的 RB 的数量）。需要注意的是，类似于 DFT-s-OFDM 波形的 PUSCH 的调度，PUCCH 格式 3 在频域占用的 RB 的数量也要遵循 2、3、5 的幂次方的乘积的原则。

之后，PUCCH 格式 3 将复数调制符号 $y(0),\cdots,y(M_{symb}-1)$ 进行 DFT 预编码得到复数调制符号 $z(0),\cdots,z(M_{symb}-1)$，如下所示。

$$z(l\cdot M_{sc}^{PUCCH,3}+k)=\frac{1}{\sqrt{M_{sc}^{PUCCH,3}}}\sum_{m=0}^{M_{sc}^{PUCCH,3}-1}y(l\cdot M_{sc}^{PUCCH,3}+m)e^{-j\frac{2\pi mk}{M_{sc}^{PUCCH,3}}}$$
$$k=0,\cdots,M_{sc}^{PUCCH,3}-1$$
$$l=0,\cdots,\left(M_{symb}/M_{sc}^{PUCCH,3}\right)-1$$

在生成发送信号之前，PUCCH 格式 3 会根据功率控制的需求，通过幅度缩放因子 $\beta_{PUCCH,3}$ 对复数调制符号 $z(0),\cdots,z(M_{symb}-1)$ 的幅度进行调整，然后将调整后的复数调制符号映射在基站配置的物理资源的 UCI 占用的 OFDM 符号复用上。

PUCCH 格式 3 没有多用户的码分复用能力，因此其 DMRS 在序列生成后，不需要经过扩频处理就直接映射在物理资源，如图 6.18 所示。

用于 PUCCH 格式 3 的 DMRS 的序列长度是 $M_{sc}^{PUCCH,3}$。当该序列长度为 12 或 24 时，

序列是由计算机生成序列生成，当序列长度大于等于 36 时，序列是由 Zad-off-CHU 序列生成，这都可以保证 PUCCH 格式 3 的 DMRS 序列具备较低的 PAPR。

在生成发送信号之前，PUCCH 格式 3 会根据功率控制的需求，通过幅度缩放因子 $\beta_{\text{PUCCH,3}}$ 对用于 DMRS 发送的序列的幅度进行调整，然后将调整后的序列映射在基站配置的物理资源

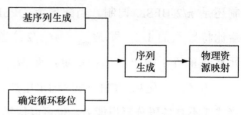

图 6.18　DMRS 在 PUCCH 格式 3 的发送

上。对于不同长度的 PUCCH 格式 3，DMRS 所占用的 OFDM 符号在 PUCCH 格式 3 中的位置是由 PUCCH 占用的 OFDM 符号的数量、是否配置了 PUCCH 跳频以及是否配置了额外的 DMRS 3 个因素确定的，具体如表 6.13 所示（PUCCH 中的 OFDM 符号索引是从 0 开始的）。

表 6.13　DMRS 符号在 PUCCH 格式 3 与格式 4 中的位置

PUCCH 长度	DMRS 在 PUCCH 中的位置			
	未配置额外的 DMRS		配置额外的 DMRS	
	未配置跳频	配置跳频	未配置跳频	配置跳频
4	1	0、2	1	0、2
5	0、3		0、3	
6	1、4		1、4	
7	1、4		1、4	
8	1、5		1、5	
9	1、6		1、6	
10	2、7		1、3、6、8	
11	2、7		1、3、6、9	
12	2、8		1、4、7、10	
13	2、9		1、4、7、11	
14	3、10		1、5、8、12	

（5）PUCCH 格式 4

PUCCH 格式 4 在时频资源上的结构如图 6.19 所示，可以看到 PUCCH 格式 4 在频域上占用 1 个 RB 的全部 12 个子载波，在时域上占用 4～14 个 OFDM 符号。图 6.20 给出 8 符号 PUCCH 格式 4 在时频资源上的结构，UCI 与 DMRS 的 OFDM 符号是时分复用

的。PUCCH 格式 4 与 PUCCH 格式 3 的主要区别在于 PUCCH 格式 4 具有码分复用能力，

可以支持多用户复用。但 PUCCH 格式 4 频域资源只支持一个 RB，因此能够承载的 UCI 比特数不如 PUCCH 格式 3 多。当 UE 仅仅需要反馈略大于 2 比特的 UCI 信息时，如果完全独享 1 份时频资源也是对资源的浪费，因此便引入了具备码分复用能力的 PUCCH 格式 4。

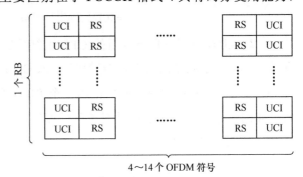

图 6.19　PUCCH 格式 4 在时频资源上的结构

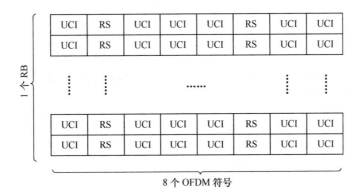

图 6.20　8 符号 PUCCH 格式 4 在时频资源上的结构

PUCCH 格式 4 根据 UCI 信息确定信道编码后的比特序列后，经过比特序列加扰、调制、块式扩频以及 DFT 预编码后在物理资源映射，如图 6.21 所示。

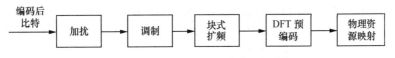

图 6.21　UCI 在 PUCCH 格式 4 的发送

上行控制信息经过与 PUCCH 格式 3 相同的加扰与调制方式，形成一组调制符号 $d(0),\cdots,d(M_{\text{symb}}-1)$。随后，PUCCH 格式 4 引入了块式扩频（Block-wise Spreading），其多用户复用能力正是通过该功能实现的，具体如下所示。

$$y\left(lM_{\text{sc}}^{\text{PUCCH},4}+k\right)=w_n\left(k\right)\cdot d\left(l\frac{M_{\text{sc}}^{\text{PUCCH},4}}{N_{\text{SF}}^{\text{PUCCH},4}}+k\bmod\frac{M_{\text{sc}}^{\text{PUCCH},4}}{N_{\text{SF}}^{\text{PUCCH},4}}\right)$$

$$k = 0, 1, \cdots, M_{sc}^{PUCCH,4} - 1$$

$$l = 0, 1, \cdots, \left(N_{SF}^{PUCCH,4} M_{symb} / M_{sc}^{PUCCH,4} \right) - 1$$

其中，l 为上行控制信息所占用的 OFDM 符号的索引，k 为上行控制信息占用的 OFDM 符号所占用的子载波的索引，$M_{sc}^{PUCCH,4}$ 为 PUCCH 格式 4 在频域占用的子载波的数量（由于 PUCCH 格式 4 在频域上固定占用 1 个 RB，所以 $M_{sc}^{PUCCH,4}$ 为 12），$N_{SF}^{PUCCH,4}$ 为 PUCCH 格式 4 的扩频因子（这里扩频因子可以理解为 PUCCH 格式 4 的复用能力，其可以由高层 RRC 信令配置为 2 或 4），w_n 为用于扩频的正交序列，如表 6.14 和表 6.15 所示。

表 6.14 复用能力为 2 的 PUCCH 格式 4 的 $w_n(m)$

n	w_n
0	$[+1 \ +1 \ +1 \ +1 \ +1 \ +1 \ +1 \ +1 \ +1 \ +1 \ +1 \ +1]$
1	$[+1 \ +1 \ +1 \ +1 \ +1 \ +1 \ -1 \ -1 \ -1 \ -1 \ -1 \ -1]$

表 6.15 复用能力为 4 的 PUCCH 格式 4 的 $w_n(m)$

n	w_n
0	$[+1 \ +1 \ +1 \ +1 \ +1 \ +1 \ +1 \ +1 \ +1 \ +1 \ +1 \ +1]$
1	$[+1 \ +1 \ +1 \ -j \ -j \ -j \ -1 \ -1 \ -1 \ +j \ +j \ +j]$
2	$[+1 \ +1 \ +1 \ -1 \ -1 \ -1 \ +1 \ +1 \ +1 \ -1 \ -1 \ -1]$
3	$[+1 \ +1 \ +1 \ +j \ +j \ +j \ -1 \ -1 \ -1 \ -j \ -j \ -j]$

在将信号进行扩频后，PUCCH 格式 4 会将扩频后的复数调制符号 $y(0), \cdots, y(N_{SF}^{PUCCH,4} M_{symb} - 1)$ 进行 DFT 预编码得到复数调制符号 $z(0), \cdots, z(N_{SF}^{PUCCH,4} M_{symb} - 1)$，如下所示。

$$z(l \cdot M_{sc}^{PUCCH,4} + k) = \frac{1}{\sqrt{M_{sc}^{PUCCH,4}}} \sum_{m=0}^{M_{sc}^{PUCCH,4} - 1} y(l \cdot M_{sc}^{PUCCH,4} + m) e^{-j \frac{2\pi m k}{M_{sc}^{PUCCH,4}}}$$

$$k = 0, \cdots, M_{sc}^{PUCCH,4} - 1$$

$$l = 0, \cdots, \left(N_{SF}^{PUCCH,4} M_{symb} / M_{sc}^{PUCCH,4} \right) - 1$$

在生成发送信号之前，PUCCH 格式 4 根据功率控制的需求，通过幅度缩放因子 $\beta_{PUCCH,4}$ 对复数调制符号 $z(0), \cdots, z(N_{SF}^{PUCCH,4} M_{symb} - 1)$ 的幅度进行调整，然后将调整后的复数调制符号映射在基站配置的物理资源上。

PUCCH 格式 4 的 DMRS 的码分复用是通过 DMRS 序列的不同循环移位实现的，因此其 DMRS 在序列生成（循环移位）后，就直接映射在物理资源上，如图 6.22 所示。

用于 PUCCH 格式 4 的 DMRS 序列是由长度为 12 的计算机生成序列生成的,该序列的不同时域循环移位是正交的。PUCCH 格式 4 根据这一特性实现解调参考信号的多用户复用。如前文所述,PUCCH 格式 4 的上行控制信息是通过块式扩频实现多用户复用的,而块式扩频中使用的正交序列的索引与 DMRS 所使用的序列的循环移位是存在预定义的关联关系的,如表 6.16 所示。

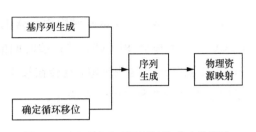

图 6.22　DMRS 在 PUCCH 格式 4 的发送

表 6.16　PUCCH 格式 4 的 DMRS 循环移位

正交序列索引 n	循环移位索引 m_0	
	复用能力为 2	复用能力为 4
0	0	0
1	6	6
2	—	3
3	—	9

在生成发送信号之前,PUCCH 格式 4 根据功率控制的需求,通过幅度缩放因子 $\beta_{PUCCH,4}$ 对用于 DMRS 发送的序列的幅度进行调整,然后将调整后的序列映射在基站配置的物理资源上。对于不同长度的 PUCCH 格式 4, DMRS 所占用的 OFDM 符号在 PUCCH 格式 4 中的位置是由 PUCCH 的长度、是否配置了 PUCCH 跳频以及是否配置了额外的 DMRS 来确定的,具体如 PUCCH 格式 3 的 DMRS 位置的表 6.13 所示(PUCCH 中的 OFDM 符号索引是从 0 开始的)。

（6）PUCCH 格式 1/3/4 的重复发送

为了进一步提高 PUCCH 的覆盖,在长 PUCCH 基础上 NR 中还支持了对长 PUCCH 格式 1/3/4 的重复发送,即多时隙 PUCCH 聚合,可以由高层信令配置重复时隙的数量。在每一个用于重复发送的时隙内,多时隙 PUCCH 具有相同的起始符号和持续时间。在多时隙 PUCCH 中,还额外引入了时隙间的 PUCCH 跳频,该配置与时隙内的 PUCCH 跳频是互斥的,不能被同时配置。如果配置了时隙间跳频,则第一跳频单元的 PRB 索引的配置就应用于多时隙 PUCCH 中的偶数的 PUCCH 时隙索引上,第二跳频单元的 PRB 索引的配置就应用于多时隙 PUCCH 中的奇数的 PUCCH 时隙索引上。

在 NR 的帧结构中,有些时隙内不仅包含上行 OFDM 符号,还可能包含下行 OFDM

符号与保护间隔，因此这些时隙中包含的上行 OFDM 符号的数量就可能无法满足多时隙 PUCCH 对于每个 PUCCH 的持续时间的要求。如果这些时隙不满足发送要求，多时隙 PUCCH 就会跳过这些时隙，且会在接下来的时隙继续重复发送直到发送的 PUCCH 的数量满足重复时隙数量的要求为止。

2. PUCCH 资源分配

（1）PUCCH 资源分配简介

PUCCH 资源分配存在两种模式：第一，由高层 RRC 信令直接配置一个资源，同时为这个资源配置一个周期和在这个周期内的偏移，这个资源就会周期性地生效，这种资源分配方式可以被称为半静态的 PUCCH 资源分配；第二，由高层 RRC 信令配置 1 个或多个 PUCCH 资源集合，每个资源集合包含多个 PUCCH 资源，UE 接收到网络侧发送的下行调度信令后，会根据下行调度信令中的指示在 1 个 PUCCH 资源集合中找到一个确定的 PUCCH 资源，这种资源分配方式可以被称为动态的 PUCCH 资源分配。

（2）半静态的 PUCCH 资源分配

周期信道状态指示（Period CSI）、半持续信道状态指示（Semi-Persistent CSI）以及调度请求（SR）的 PUCCH 资源都是通过高层 RRC 信令半静态分配的。而 RRC 信令在配置时，除了前文提到的时隙粒度的时域资源分配（周期与偏移）外，还包括时隙内的时频码域的资源分配，包括在时隙内的起始符号索引、持续时间、起始的物理资源块的索引、占用的物理资源块的数量等。

相比于信道状态指示的资源配置，调度请求的资源配置稍微复杂一些，其主要的不同点在于，半静态配置的调度请求的资源的周期能够小于 1 个时隙，即符号级别的周期。时隙粒度的周期加偏移的指示方式无法满足调度请求的资源分配的需求了。因此，对于周期大于 1 个时隙的调度请求的资源配置，其周期与偏移用于确定调度请求的时隙索引，时隙内的时域资源还需要进一步根据时隙内的时频码域资源分配确定；对于周期等于 1 个时隙的调度请求的资源配置，其在每个时隙内都有发送机会；对于周期小于 1 个时隙的调度请求的资源配置，UE 根据配置的周期以及配置的时隙内的起始符号索引 startingSymbolIndex，就能够判断在时隙内的全部的调度请求的资源的起始符号索引。

（3）动态的 PUCCH 资源分配

半静态的 PUCCH 资源分配中，时隙粒度的时域资源分配是通过周期加偏移的方式指示的。在动态的 PUCCH 资源分配中，时隙粒度的时域资源分配是通过下行调度信令中的 PDSCH 到 HARQ 的反馈定时指示器字域指示的，其可以用于确定 UE 接收 PDSCH 的时隙索引到 UE 反馈 PUCCH 的时隙索引差。在 UE 接入网络时，网络侧通过高层 RRC 信令为 UE 配置一个 PDSCH 到 PUCCH 的时隙索引差的集合，而下行调度信令中的该字域就用来指示这个集合中的一个时隙索引差。

另外，动态的 PUCCH 资源分配的时隙内的时频码域的资源分配也是通过这种确定资源集合加下行调度信令指示集合中索引的方式完成的。但是在 RRC 连接建立前与 RRC 连接建立后，资源集合的确定方式略有不同。

在 RRC 连接建立前，基站无法通过高层 RRC 信令为 UE 配置 PUCCH 资源集合，因此采用了协议预定义 PUCCH 资源集合的方式。同时，由于在 RRC 连接建立前，UE 对 PUCCH 的需求仅仅是用于反馈建立 RRC 连接的信令的应答信息，因此预定义的 PUCCH 资源集合中的 PUCCH 资源仅需承载 1～2 比特的应答信息，即预定义的 PUCCH 资源集合中的 PUCCH 资源仅由 PUCCH 格式 0 与 PUCCH 格式 1 构成。

在标准 38.213[1] 中，预定义了多组这种仅包含了 PUCCH 格式 0 或格式 1 的 PUCCH 资源集合。预定义的多组 PUCCH 资源集合中的每组 PUCCH 资源集合都包含 16 个 PUCCH 资源，且仅通过物理资源块与循环移位区进行多用户复用（对于长格式 PUCCH，也不考虑通过时域正交码进行多用户复用）。

当 UE 接入系统时，基站通过系统信息（SIB1）为所有 RRC 连接建立前的 UE 配置 1 个公共的 PUCCH 资源集合。然后 UE 根据下行调度信令中的 PUCCH 资源索引指示字段、接收到的下行调度信令的起始 CCE 的索引以及接收到的下行调度信令所在下行控制资源集合中的 CCE 的数量确定用于反馈应答信息的 PUCCH 资源。

实际上，如果下行调度信令中的 PUCCH 资源索引指示字段由 4 比特构成，就能够独立指示这 16 个 PUCCH 资源。但是考虑下行调度信令的开销问题，该索引指示字段仅包含 3 比特信息。这时就需要结合上文提到的两个额外的参数结合一种隐式 PUCCH 资源指示方式联合确定 PUCCH 资源，公式如下所示。

$$r_{\text{PUCCH}} = \begin{cases} \left\lfloor \dfrac{n_{\text{CCE},p} \cdot \left\lceil R_{\text{PUCCH}}/8 \right\rceil}{N_{\text{CCE},p}} \right\rfloor + \Delta_{\text{PRI}} \cdot \left\lceil \dfrac{R_{\text{PUCCH}}}{8} \right\rceil & \text{如果} \quad \Delta_{\text{PRI}} < R_{\text{PUCCH}} \bmod 8 \\[4mm] \left\lfloor \dfrac{n_{\text{CCE},p} \cdot \left\lfloor R_{\text{PUCCH}}/8 \right\rfloor}{N_{\text{CCE},p}} \right\rfloor + \Delta_{\text{PRI}} \cdot \left\lfloor \dfrac{R_{\text{PUCCH}}}{8} \right\rfloor + R_{\text{PUCCH}} \bmod 8 & \text{如果} \quad \Delta_{\text{PRI}} \geqslant R_{\text{PUCCH}} \bmod 8 \end{cases}$$

在这个公式中，$N_{CCE,p}$ 是接收到的下行调度信令所在的下行控制资源集合中的 CCE 的数量，$n_{CCE,p}$ 是接收到的下行调度信令的第一个 CCE 的索引，Δ_{PRI} 为接收到的下行调度信令中的 PUCCH 资源的索引指示。

在 RRC 连接建立后，基站就可以通过高层 RRC 信令为 UE 配置 PUCCH 资源集合了，因此无须再由协议预定义 PUCCH 资源集合。此时，UE 不仅需反馈应答信息，还可能需要反馈信道状态信息，对 PUCCH 资源的负载能力也提高了要求。因此，基站会通过高层 RRC 信令为 UE 配置 1～4 个 PUCCH 资源集合，这些 PUCCH 资源集合用于承载不同的负载大小的上行控制信息。其中，第一 PUCCH 资源集合仅用于承载 1～2 比特的上行控制信息。如果配置了超过 1 个 PUCCH 资源集合，则其他 PUCCH 资源集合所能承载的上行控制信息的负载大小是由高层 RRC 信令配置的。

理论上，基站在为每个 UE 配置 PUCCH 资源集合的时候，可以为每个 UE 都配置独享的 PUCCH 资源，这样能够确保这个 UE 反馈上行控制信息的性能，但 PUCCH 资源开销就会很高。在实际运行系统中，为了节省 PUCCH 的资源开销，每个 PUCCH 资源都可能是被多个 UE 的 PUCCH 资源集合共享的。由于第一 PUCCH 资源集合中的 PUCCH 资源仅用于承载 1～2 比特的应答信息，其在系统运行过程中会被大量地使用，为了降低第一 PUCCH 资源集合中 PUCCH 资源被其他 UE 全部占用的概率，第一 PUCCH 资源集合可以配置 8 到 32 个 PUCCH 资源。

当第一 PUCCH 资源集合仅配置了 8 个 PUCCH 资源时，就能够通过接收到的下行调度信令中的 PUCCH 资源索引指示字段直接显示指示 PUCCH 资源；当第一 PUCCH 资源集合配置了超过 8 个 PUCCH 资源时，就需要使用 RRC 连接建立前的公式确定 PUCCH 资源。如果还配置了第二/三/四 PUCCH 资源集合，则每个资源集合最多能够配置 8 个 PUCCH 资源，其通过接收到的下行调度信令中的 PUCCH 资源索引指示字段就能够直接显示 PUCCH 资源了。如果配置了 PUCCH 格式 2 或 PUCCH 格式 3 的资源，则还会配置该 PUCCH 资源占用的 RB 的最大数量。这里需要指出的是，UE 如果被配置了 PUCCH 格式 2 或 PUCCH 格式 3 来发送 UCI，那么在实际发送过程中，占用的 RB 的数量可能小于为该资源配置的 RB 的最大数量。UE 会根据基站通过高层信令配置的 PUCCH 格式 2/3 的最大码率确定实际需要使用的 RB 的数量，这样就能够在实际运行过程中最大化地提升资源利用效率。例如，基站动态指示了 PUCCH 资源为 PUCCH 格式 2，且最大占用的 RB 的数量为 10，而实际发送时，UE 和基站会根据为 PUCCH 格式 2 配置的最大码率计算实际占用的物理资源块的数量，使得实际占用 RB 数少于 10。这种动态选择的方式可以在一定程度上避免半静态配置 PUCCH 资源组所造成的资源浪费。

针对不同的 PUCCH 格式，高层 RRC 信令在为 UE 配置 PUCCH 资源时，配置参数的类型也会有所差别。

① 对于 PUCCH 格式 0，在给定的物理时频资源上，可以通过发送序列的不同循环移位进行多用户复用。因此除了通知 PUCCH 的起始符号位置、持续时间、物理资源块的索引之外，还需要额外通知其初始循环移位的索引。

② 对于 PUCCH 格式 1，在给定的物理时频资源上，不仅可以通过发送序列的不同循环移位进行多用户复用，而且还能够通过时域正交扩频码进行多用户复用。因此，除了通知 PUCCH 的起始符号位置、持续时间、物理资源块的索引之外，还需要额外通知其初始循环移位的索引以及正交扩频码的索引。

③ 对于 PUCCH 格式 2，无法进行多用户复用，因此无须分配码域的资源。时域资源分配需要通知 PUCCH 的起始符号位置、持续时间，而频域资源分配需要通知起始物理资源块的索引，以及频域占用的物理资源块的数量。

④ 对于 PUCCH 格式 3，无法进行多用户复用，因此无须分配码域的资源。时域资源分配需要通知 PUCCH 的起始符号位置、持续时间，而频域资源分配需要通知起始物理资源块的索引，以及频域占用的物理资源块的数量。

⑤ 对于 PUCCH 格式 4，通过 DFT 变换前的 Pre-DFT-OCC 进行多用户复用，且随着扩频因子的变化，Pre-DFT-OCC 也会发生变化。因此在分配码域资源时，需要为其配置扩频因子的值以及 Pre-DFT-OCC 的索引。时域资源分配需要通知 PUCCH 的起始符号位置、持续时间，而频域资源分配需要通知起始物理资源块的索引；

3. 上行控制信息在 PUCCH 上的传输

当用户的 UCI 仅在时隙内的 1 个 PUCCH 上传输时，如前文所述，会将原始信息比特序列经过信道编码、加扰、离散傅里叶变换（DFT）（仅在 PUCCH 格式 3、4 时）、调制等步骤后，映射在 RE 上之后发送。但是当用户的 UCI 需要在时隙内的多个 PUCCH 上传输时，UE 并不是简单地将多个 PUCCH 都发送出去。当 1 个 UE 的多个 PUCCH 之间在时域发生重叠时，NR 根据 PUCCH 承载的 UCI 的类型的不同，规定不同的处理方式。如果未发生重叠，在标准 38.213[1]中规定了 1 个 UE 在 1 个时隙内最多也只能有 2

个 PUCCH 可以以 TDM 的方式发送，且 2 个 PUCCH 中至少有一个是短格式 PUCCH。

（1）CSI 与 CSI 的复用

如前文所述，周期 CSI 上报的时隙粒度的配置包含了 PUCCH 资源的周期与周期内的偏移，时隙内的时域配置包含了 PUCCH 资源的起始符号与持续时间。出于不同测量需求的考虑，基站可能为 UE 配置多个 CSI 上报，每个 CSI 上报的时隙粒度的配置与时隙内的时域配置都可能不同。这就会导致同一 UE 在 1 个时隙内存在多个 CSI 上报，它们可能是时域重叠的，也可能是时域不重叠的。

在 NR 的规定中，当这种情况出现时，UE 根据基站是否配置了用于传输多 CSI 上报的 PUCCH 资源会存在不同的行为。

● 如果基站通过高层信令为 UE 配置了多 CSI 上报的 PUCCH 资源，那么在这个时隙中所有的 CSI 都会复用到一个多 CSI 上报的 PUCCH 资源上传输；

● 如果基站没有通过高层信令为 UE 配置了多 CSI 上报的 PUCCH 资源，那么在这个时隙中最多发送 2 个高优先级的周期 CSI 上报，且这两个周期 CSI 上报对应的资源至少有一个是 PUCCH 格式 2。这是因为当前协议不支持一个时隙内两个复用的 PUCCH 都为长 PUCCH，因此至少有一个被复用的 PUCCH 是短 PUCCH（格式 2）。

（2）CSI 与 SR 的复用

如前文所述，周期 CSI 上报的资源与 SR 的资源都是半静态配置的，不同的时隙粒度的配置与时隙内的时域配置可能导致周期 CSI 上报的资源与 SR 的资源在一个时隙内时域重叠。这时，为了保持单载波特性，就需要将这两种 UCI 复用到一个周期 CSI 上报的 PUCCH 资源上发送。如果这时有 K 个 SR 的资源与周期 CSI 上报的资源冲突，那么夹带在周期 CSI 上报的 PUCCH 资源上的 SR 的比特数就为 $\lceil \log_2(K+1) \rceil$ 比特。当这 K 个 SR 的资源冲突时，为了节省上报 SR 的信息开销，在标准 38.213[1] 中规定了 K 个 SR 中只能有 1 个 SR 对应为肯定 SR，同时还包含了所有 SR 全为否定 SR 的情况，总计有 $K+1$ 种状态需要上报，因此比特数开销为 $\lceil \log_2(K+1) \rceil$。

（3）HARQ-ACK 与其他 UCI 的复用

① HARQ-ACK 与其他 UCI 的复用的时序关系。

当 1 个 UE 在一个时隙内存在多个 PUCCH 资源在时域重叠，且多个 PUCCH 资源中有一个用于传输 HARQ-ACK 时，在标准 38.213[1] 中规定了这些时域重叠的 PUCCH 必须在满足两个时序关系要求的前提下，才能够复用。否则，UE 就会判断这种情况为异常情况，协议不对异常情况下的 UE 行为进行限定。这两个时序关系的设定是为了 UE 有足够的时间判断不同的 PUCCH 是否需要复用，以及如果需要复用的话，UCI 重新组包所需要的时间。

● 这些时域重叠的 PUCCH 的最早发送的 PUCCH 的第一个 OFDM 符号到调度 HARQ-ACK 的 DCI 的所调度的 PDSCH 最后一个 OFDM 符号的时间差要长于 $N_1^+ + d_{1,1} + d_{1,2}$ 个 OFDM 符号。其中，$N_1^+ = 1 + N_1$，N_1 为 UE 上报的其自身处理 PDSCH 的能力（最短译码时间），$d_{1,1}$，$d_{1,2}$ 为协议预定义的值。

● 这些时域重叠的 PUCCH 的最早发送的 PUCCH 的第一个 OFDM 符号到调度 HARQ-ACK 的 DCI 的最后一个 OFDM 符号的时间差要长于 $N_2^+ + d_{2,1}$ 个 OFDM 符号。其中，$N_2^+ = 1 + N_2$，N_2 为 UE 上报的其自身准备 PUSCH 的能力（最短准备时间），$d_{2,1}$ 为协议预定义的值。

② HARQ-ACK 与 SR 的复用。

如前文所述，HARQ-ACK 的资源与 SR 的资源也可能在一个时隙内时域重叠，这时，如果满足了复用的时序关系的要求，就需要将这两种 UCI 复用到一个 PUCCH 资源上发送，否则 UE 就将这种情况视为异常，协议不对 UE 行为进行限定。

当需要将这两种 UCI 复用到一个 PUCCH 资源上发送，承载 HARQ-ACK 的 PUCCH 格式的不同会对应不同的复用方式。

● 如果承载 HARQ-ACK 的 PUCCH 格式为 PUCCH 格式 0，无论时域重叠的 SR 资源有几个，都按照所有时域重叠的 SR 资源对应的 SR 状态的逻辑或的取值上报 1 比特信息。若 SR 的逻辑或取值为 1，UE 将按照表 6.17 和表 6.18 的方式分别映射 1 比特和 2 比特 HARQ-ACK 到序列 HARQ-ACK 特性的循环移位参数 m_{CS} 上；若 SR 的逻辑或取值为 0，则按照 6.1.2 节第 2 部分介绍的方式映射 1 比特或 2 比特的 HARQ-ACK。

表 6.17　1 比特 HARQ-ACK 和肯定的 SR 到序列循环移位 m_{CS} 的映射

HARQ-ACK 值	0	1
序列循环移位参数	$m_{CS}=3$	$m_{CS}=9$

表 6.18　2 比特 HARQ-ACK 和肯定的 SR 到序列循环移位 m_{CS} 的映射

HARQ-ACK 值	{0, 0}	{0, 1}	{1, 1}	{1, 0}
序列循环移位参数	$m_{CS}=1$	$m_{CS}=4$	$m_{CS}=7$	$m_{CS}=10$

● 如果承载 HARQ-ACK 的 PUCCH 格式为 PUCCH 格式 1,且承载 SR 的 PUCCH 格式也为 PUCCH 格式 1 时，无论时域重叠的 SR 资源有几个（这些 SR 资源之间是时分复用的），当所有的 SR 资源对应的 SR 都为否定 SR 时，则 HARQ-ACK 在其自身对应的 PUCCH 资源上发送；如果有 1 个或多个 SR 资源对应的 SR 为肯定 SR 时，则 HARQ-ACK 在每一个状态为肯定 SR 的 SR 资源上发送。但如果承载 SR 的 PUCCH 格式为 PUCCH 格式 0，则 HARQ-ACK 仅在其自身对应的 PUCCH 资源上发送，在 SR 资源上不发送任何信息，即 SR 状态为肯定 SR 时，肯定 SR 被丢弃。

● 如果承载 HARQ-ACK 的 PUCCH 格式为 PUCCH 格式 2/3/4，那么就将这两种 UCI 复用到 HARQ-ACK 的 PUCCH 资源上发送。如果这时有 K 个 SR 的资源与周期 CSI 上报的资源冲突,同上所述的 CSI 与 SR 的复用一样,夹带在 HARQ-ACK 的 PUCCH 资源上的 SR 的比特数就为 $\lceil \log_2(K+1) \rceil$ 比特。此时，承载 HARQ-ACK 与 SR 的 PUCCH 资源可能会随着 UCI 的载荷变化而发生变化，其会根据新的 PUCCH 资源再额外判断是否与新的 PUCCH 资源发生时域重叠，按照下一节介绍的复用规则进一步进行复用。

③ HARQ-ACK/SR 与 CSI 的复用。

当 HARQ-ACK 的资源与其他 PUCCH 资源时域重叠需要进行复用，且会导致 UCI 载荷发生变化时，就面临着 PUCCH 资源的重选问题。本小节对所有面临资源重选的情况进行了细分，并对重选的逻辑进行介绍。

首先，我们看哪些时域重叠的情况会面临资源重选，即 DCI 中包含的 ARI 所对应的 UCI 载荷发生了变化。

● 任意比特的 HARQ-ACK 的资源，CSI 的资源在一个时隙内时域重叠；

● 任意比特的 HARQ-ACK 的资源，CSI 的资源以及 SR 资源在一个时隙内时域重叠；

● 大于 2 比特的 HARQ-ACK 资源与 SR 资源。

这时，如果满足了复用的时序关系的要求，就需要将这两种或三种 UCI 复用到一个 PUCCH 资源上发送，且这个 PUCCH 资源是根据复用后的 UCI 的载荷以及 DCI 中的 PUCCH 资源指示字段确定的。如果 HARQ-ACK 的载荷与复用后的 UCI 的载荷对应不同的 PUCCH 资源集合，那么就会导致资源重选。而重选的步骤如下所示。

● UE 会在所有时域重叠的 PUCCH 资源中找到起始符号最早的 PUCCH，如果起始符号相同就找持续时间最长的 PUCCH，如果两者都相同，则 UE 任选其一，定义为 PUCCH 资源 A;

● UE 找到与 PUCCH 资源 A 时域重叠的 PUCCH，并把他们组成一个 PUCCH 资源集合 X；

● UE 找到与 PUCCH 资源集合 X 中任一元素时域重叠的 PUCCH，并再把他们加入到集合 X 中，直到再找不到时域重叠的 PUCCH；

● 将集合 X 中的所有 PUCCH 对应的 UCI 复用到一个 PUCCH 资源上，这个 PUCCH 资源是根据所有复用的 UCI 的载荷以及 DCI 中的 PUCCH 资源指示字段确定的；

● 判断这个新的 PUCCH 资源是否与其他 PUCCH 资源时域重叠，如果重叠，就重复 1 到 4 的步骤，直到在这个时隙内形成 1 个或多个时域不重叠的 PUCCH 资源；

● 如果重选的 PUCCH 资源还满足两个时序关系的要求，且不与 PUSCH 时域重叠，UE 就直接发送 PUCCH。

4．上行控制信息在 PUSCH 上的传输

在 NR 的第一个版本中，为了降低 UE 上行发送的交调干扰，当 PUCCH 与 PUSCH 在时域上发生重叠时，支持了丢弃 PUSCH 或者将 UCI 信息夹带在 PUSCH 上的两种传输方式，本节重点介绍 NR 中 UCI 信息在 PUSCH 上传输的设计规则。

从 PUSCH 上承载的 UCI 信息的类型上看，NR 与 LTE 是相同的，仅包括 HARQ-ACK、CSI、而不包含 SR。这是由于在 PUSCH 的 MAC 层的包头中，会上报 Buffer 状态信息（BSR，Buffer State Report），该信息可以指示这个 PUSCH 之后 UE 是否还有数据上报。从功能上来看，其与 SR 的功能是相近的，所以在此时 SR 就不需要重复上报了。在 LTE 中，当 HARQ 与 CSI 在 PUSCH 上映射时，如果 PUSCH 传输多个 TB，UE 会将 HARQ-ACK 映射在每一个 TB 上，但是 CSI 仅会在 MCS 最高的 TB 上映射。但在 NR 中，为了保证全部 UCI 传输的可靠性，UE 会将 HARQ-ACK 以及 CSI 映射在每一个 TB 上传输。

根据 NR 的一些新的需求，也引入了一些新的设计。从波形上看，在 NR 中上行 PUSCH 的传输不仅支持了 DFT-S-OFDM 波形，还支持了 CP-OFDM 波形，但是这个新的特性并没有导致 NR 中 UCI 在 PUSCH 上的传输引入两套不同的映射规则。为了简化设计，对于这两种波形的 PUSCH，UCI 在 PUSCH 上的映射规则是一致的。

另外，在 NR 中，PUCCH 与 PUSCH 结构设计的灵活性，会导致他们的起始符号与结束符号可能都不相同。为了确保 UE 有足够的处理时间能够将 UCI 信息与数据信息复用，即使基站通过高层信令配置使能了 PUCCH 与 PUSCH 的复用，也不会像 LTE 那样

直接将 UCI 夹带在 PUSCH 上传输。PUCCH 与 PUSCH 之间必须满足固定的时序要求，才能够复用到 PUSCH 上，否则，UE 就会丢弃 PUSCH。

（1）PUCCH 与 PUSCH 间的复用的时序要求

对于单时隙 PUCCH（非重复的 PUCCH），PUCCH 与 PUSCH 复用的两个时序要求与 PUCCH 间的复用的时序要求是相近的，具体如下所示。

● 这些时域重叠的 PUCCH 与 PUSCH 的最早发送的信道（PUCCH 或 PUSCH）的第一个 OFDM 符号到调度 HARQ-ACK 的 DCI 的所调度的 PDSCH 的最后一个 OFDM 符号的时间差要长于 N_1^+ 个 OFDM 符号。其中，$N_1^+=1+N_1$，N_1 为 UE 上报的其自身处理 PDSCH 的能力（最短时间）。

● 这些时域重叠的 PUCCH 与 PUSCH 的最早发送的信道（PUCCH 或 PUSCH）的第一个 OFDM 符号到最晚的 DCI（调度 PUSCH 的 DCI 或调度 PUCCH 的 DCI）的最后一个 OFDM 符号的时间差要长于 N_2^+ 个 OFDM 符号。其中，$N_2^+=1+N_2$，N_2 为 UE 上报的其自身准备 PUSCH 的能力（最短时间）。

当多时隙的 PUCCH 与 PUSCH（单时隙或多时隙）时域冲突时，为了保证多时隙 PUCCH 的传输性能，在发生时域重复的时隙上，直接丢弃与 PUCCH 时域重复的时隙内的 PUSCH，而未发生时域重叠的 PUCCH 与 PUSCH 则正常发送。标准这么规定主要考虑到，如果仅在冲突的时隙实施 PUCCH 与 PUSCH 的复用，那么 UCI 在 PUCCH 上传输的编码方式与在 PUSCH 上传输的编码方式会产生差异，这将导致 UE 无法将在 PUCCH 上传输的 UCI 与在 PUSCH 上传输的 UCI 合并，从而降低了 PUCCH 的接收性能。

（2）信道编码与速率匹配

如前文所述，UCI 在 PUSCH 上传输时，可能包含 HARQ-ACK 与 CSI。为了保证 HARQ-ACK 的传输可靠性，HARQ-ACK 与 CSI 是独立编码的。而当 CSI 是由 CSI Part I 与 CSI Part II 两部分构成时，这两部分也是独立编码的，其目的同样是为了保护更高可靠性的 CSI Part I 的传输。

对于采用的信道编码类型，UCI 在 PUSCH 上传输时采用与 UCI 在 PUCCH 上传输时相同的方案，即当 UCI 比特的载荷大小大于 11 比特时，使用 Polar 码；UCI 比特的载荷大小小于等于 11 比特时，使用 RM 码等短码。由于信道编码类型相同，具体编码的步骤可参考第 4 章。

由于经过信道编码后的序列长度无法满足所有的实际映射 RE 数量的需求，因此需要通过速率匹配对信道编码后的比特序列进行适应性的调整，使其能映射在所分配的全部 RE 上，而这个过程就是通过速率匹配实现的。

对于 UCI 在 PUSCH 上传输的速率匹配，具体分为 PUSCH 承载了上行数据与 PUSCH 未承载上行数据两种情况。

对于 PUSCH 承载了上行数据的情况，简单地理解，每一部分独立编码的 UCI 信息占用的 RE 的数量都是通过这部分 UCI 信息的总载荷大小（包括 CRC 的载荷大小）与上行数据的总载荷大小的比值，确定这部分 UCI 信息在 PUSCH 的全部 RE 资源中占用的比例。同时考虑到 UCI 信息的传输可靠性要求高于数据传输的可靠性要求，因此，在计算这个比例分成的时候，对不同的 UCI 信息引入了不同的码率补偿因子 β_{offset}。关于码率补偿因子的介绍，具体会在下一小节介绍。另外，为了确保上行数据的传输，UCI 信息不会占用全部的 RE 资源，标准通过引入一个高层信令配置的参数（α）实现，这个参数用来限制每种 UCI 信息的占用的 RE 数量的上限。

具体地，HARQ-ACK 的占用 RE 个数计算公式为

$$Q'_{\text{ACK}} = \min\left\{ \left\lceil \frac{(O_{\text{ACK}} + L_{\text{ACK}}) \cdot \beta_{\text{offset}}^{\text{HARQ-ACK}} \cdot \sum_{l=0}^{N_{\text{symb,all}}^{\text{PUSCH}}-1} M_{\text{sc}}^{\text{UCI}}(l)}{\sum_{r=0}^{C_{\text{UL-SCH}}-1} K_r} \right\rceil, \left\lceil \alpha \cdot \sum_{l=l_0}^{N_{\text{symb,all}}^{\text{PUSCH}}-1} M_{\text{sc}}^{\text{UCI}}(l) \right\rceil \right\}$$

上式中，O_{ACK} 为 HARQ-ACK 比特数，L_{ACK} 为其 CRC 比特数；$\beta_{\text{offset}}^{\text{HARQ-ACK}}$ 为 HARQ-ACK 的码率补偿因子；$M_{\text{sc}}^{\text{UCI}}(l)$ 为符号 l 上可用于承载 UCI 的子载波个数；$\sum_{l=0}^{N_{\text{symb,all}}^{\text{PUSCH}}-1} M_{\text{sc}}^{\text{UCI}}(l)$ 则表示该 PUSCH 上可用于承载 UCI 的 RE 个数；分母上的 $\sum_{r=0}^{C_{\text{UL-SCH}}-1} K_r$ 表示上行数据的载荷（Payload）大小。

CSI Part I 和 CSI Part II 所占的 RE 个数计算公式分别为

$$Q'_{\text{CSI-1}} = \min\left\{ \left\lceil \frac{(O_{\text{CSI-1}} + L_{\text{CSI-1}}) \cdot \beta_{\text{offset}}^{\text{CSI-Part1}} \cdot \sum_{l=0}^{N_{\text{symb,all}}^{\text{PUSCH}}-1} M_{\text{sc}}^{\text{UCI}}(l)}{\sum_{r=0}^{C_{\text{UL-SCH}}-1} K_r} \right\rceil, \left\lceil \alpha \cdot \sum_{l=0}^{N_{\text{symb,all}}^{\text{PUSCH}}-1} M_{\text{sc}}^{\text{UCI}}(l) \right\rceil - Q'_{\text{ACK}} \right\}$$

$$Q'_{\text{CSI-2}} = \min \left\{ \left\lceil \frac{\left(O_{\text{CSI-2}} + L_{\text{CSI-2}}\right) \cdot \beta_{\text{offset}}^{\text{CSI-Part2}} \cdot \sum_{l=0}^{N_{\text{symb,all}}^{\text{PUSCH}}-1} M_{\text{sc}}^{\text{UCI}}(l)}{\sum_{r=0}^{C_{\text{UL-SCH}}-1} K_r} \right\rceil, \left\lceil \alpha \cdot \sum_{l=0}^{N_{\text{symb,all}}^{\text{PUSCH}}-1} M_{\text{sc}}^{\text{UCI}}(l) \right\rceil - Q'_{\text{ACK}} - Q'_{\text{CSI-1}} \right\}$$

对于 PUSCH 没有承载上行数据的情况，由于数据的载荷大小为 0，因此无法直接沿用承载了上行数据的情况下的计算方法。但此时由于不需要指示数据传输的调制阶数与码率，因此考虑利用调度 PUSCH 的 DCI 信令中的 MCS 字段指示一个参考码率和调制阶数。综上所述，PUSCH 没有承载上行数据时，各部分 UCI 占用的 RE 资源的数量是通过 UCI 信息的总载荷大小、参考码率、调制阶数以及码率补偿因子直接计算得到的。

PUSCH 每层上各部分 UCI 的 RE 数计算公式为

$$Q'_{\text{ACK}} = \min \left\{ \left\lceil \frac{\left(O_{\text{ACK}} + L_{\text{ACK}}\right) \cdot \beta_{\text{offset}}^{\text{HARQ-ACK}}}{R \cdot Q_m} \right\rceil, \left\lceil \alpha \cdot \sum_{l=l_0}^{N_{\text{symb,all}}^{\text{PUSCH}}-1} M_{\text{sc}}^{\text{UCI}}(l) \right\rceil \right\}$$

$$Q'_{\text{CSI-1}} = \begin{cases} \min \left\{ \left\lceil \dfrac{\left(O_{\text{CSI-1}} + L_{\text{CSI-1}}\right) \cdot \beta_{\text{offset}}^{\text{CSI-Part1}}}{R \cdot Q_m} \right\rceil, \sum_{l=0}^{N_{\text{symb,all}}^{\text{PUSCH}}-1} M_{\text{sc}}^{\text{UCI}}(l) - Q'_{\text{ACK}} \right\} & \text{如果CSI-Part2存在} \\ \\ Q'_{\text{CSI-1}} = \sum_{l=0}^{N_{\text{symb,all}}^{\text{PUSCH}}-1} M_{\text{sc}}^{\text{UCI}}(l) - Q'_{\text{ACK}} & \text{如果CSI-Part2不存在} \end{cases}$$

$$Q'_{\text{CSI-2}} = \sum_{l=0}^{N_{\text{symb,all}}^{\text{PUSCH}}-1} M_{\text{sc}}^{\text{UCI}}(l) - Q'_{\text{ACK}} - Q'_{\text{CSI-1}} \qquad \text{如果CSI-Part2存在}$$

其中 R 和 Q_m 分别为由 DCI 中的 I_{MCS} 字段决定的码率和调制阶数。

（3）UCI 的码率补偿

PUSCH 引入了高阶调制等因素，导致 PUSCH 的传输可靠性低于 PUCCH 的传输可靠性。因此为了保证在 PUSCH 上传输 UCI 的可靠性，对不同的 UCI 信息定义了不同的码率补偿因子，即相同载荷的 UCI 将分配更多的 RE 资源，这种方式通过降低 UCI 码率的方法提高了 UCI 的传输可靠性。如果调度 PUSCH 的 DCI 包括码率补偿因子指示字域，则码率补偿因子是通过高层信令半静态为 UE 配置一个集合，然后通过调度 PUSCH 的 DCI 动态指示给 UE 的。如果调度 PUSCH 的 DCI 不包括码率补偿因子指示字域，则 UE 分别使用高层配置的 $\beta_{\text{offset}}^{\text{HARQ-ACK}}$、$\beta_{\text{offset}}^{\text{CSI-1}}$ 和 $\beta_{\text{offset}}^{\text{CSI-2}}$ 值作为 HARQ-ACK、CSI Part I 以及 CSI Part II 的码率补偿因子。

（4）UCI 的调制与在 PUSCH 资源上的映射

UCI 经过信道编码与速率匹配后，会将比特序列按照 DCI 指示的调制方式进行调制。在 NR 中，UCI 在 PUSCH 上传输时，UCI 采用了与数据部分相同的调制方式，这与 LTE 是相同的。在调制之后，就需要将调制后的信息映射在物理资源上。

对于 HARQ-ACK 的信息比特数小于等于 2 的情况，HARQ-ACK 的信息映射在预留 RE（Reserved RE）上，除了 CSI Part I 以外的信息（CSI Part II 以及数据）都可以在预留 RE 上映射，但是 HARQ-ACK 会在之后覆盖到预留 RE 上的映射信息，这种方式也可以被称为"打孔"。需要提到的是，考虑到 CSI Part I 相对的载荷较小，且传输的重要性较高，为了避免打孔对于 CSI Part I 的影响，就禁止了 CSI Part I 映射在预留 RE 上。另外在没有上行数据，且 UCI 信息包含 CSI Part I 但不包含 CSI Part II 的情况下，如果实际传输的 HARQ-ACK 比特少于 2（无 HARQ-ACK 比特或只有 1 比特），需要假设 HARQ-ACK 的载荷为 2 比特，不足的部分需要通过补 0 补到 2 比特。这么做的目的是将 HARQ-ACK 保留 RE 填满，避免 PUSCH 出现无能量的空白 RE（不发送），以保持上行单载波的低 PAPR 特性（在 DFT-S-OFDM 波形的前提下）。在这种情况下，CSI Part I 会从 PUSCH 的第一个数据符号以频域优先的原则开始映射并通过跳过预留 RE，然后继续以频域优先的原则映射 CSI Part II。

对于 HARQ-ACK 的信息比特数大于 2 的情况，HARQ-ACK 和 CSI 都是将速率匹配后的比特序列映射在 PUSCH 的第一个 DMRS 后的数据符号上。最重要的信号 HARQ-ACK 是紧邻 DMRS 映射的，随后映射 CSI Part I，最后映射 CSI Part II，同样都采用了频域优先的方式进行映射。

6.2　调度和资源分配

为了接收 PDSCH 或是发送 PUSCH，UE 一般需要先接收并解码 PDCCH。PDCCH 携带的 DCI 指定了在空口上如何传输 PDSCH 或 PUSCH。UE 从 DCI 中获取其所调度的 PDSCH 或 PUSCH 的空口资源分配信息，DCI 中可同时包含频域和时域资源分配信息。对于频域资源分配，NR 支持资源在频域的连续和非连续分配。对于频域非连续分配，资源的分配具有一定的离散性以获得频率分集增益。而对于频域连续分配，其频域分配信息可通过频域起始位置与长度来表示，可减少传输资源分配相关信息域所需的比特数。而对于时域资源分配，除了基于时隙的调度外，NR 也支持时域上非时隙的调度，这样可以更好支持低时延业务的需求（比如 URLLC 业务）。而为了支持更好的覆盖性能，NR 也支持基于时隙聚合的调度，即一个 TB 在多个时隙上重复传输。

6.2.1 下行资源分配

1. 下行频域资源分配

UE 根据所检测到的 PDCCH DCI 中的频域资源分配信息域来确定 DCI 中所调度数据信道的资源块（RB，Resource Block）的频域位置，即 PDSCH 的资源块在 UE 下行 BWP 中的索引值。在 NR 中，下行数据信道支持两种类型的频域资源分配类型：Type 0 和 Type 1。Type 0 为非连续频域资源分配，Type 1 为连续频域资源分配。由 DCI 格式 1_0 调度的下行数据传输，仅支持 Type 1 的频域资源类型。

在 NR 中，为了支持调度频域资源的位置与数量的灵活性，DCI 能够动态指示所调度 PDSCH 传输使用的频域资源分配类型（当高层信令 pdsch-Config 中的参数 resourceAllocation 设置为 "dynamicswitch" 时），此时 DCI 中频域资源分配信息域中的最高位比特用于指示当前 DCI 所调度 PDSCH 传输使用的频域资源分配类型：比特值为 "0" 代表 Type 0，比特值为 "1" 代表 Type 1。另外，PDSCH 传输使用的频域资源分配类型还可直接通过高层信令参数 resourceAllocation 确定。

（1）频域资源分配 Type 0

在介绍频域资源分配 Type 0 之前，需要先介绍一下资源块组（RBG，Resource Block Group）的概念。

RBG 是一组连续编号的虚拟资源块（VRB，Virtual Resource Block），一般而言，RBG 的 VRB 可以直接映射到 PDSCH 所在 BWP（BandWidth Part）内的相同编号的物理资源块（PRB，Physical Resource Block）。对于 UE 而言，RBG 的大小（每个 RBG 中包含的 VRB 数量，可记为参数 P）可根据 RBG 配置以及 BWP 的带宽来确定。在 NR 标准中预定义了两种 RBG 的配置，在 RBG 配置 1 中，RBG 大小 P 的候选值为 2、4、8、

16；而在 RBG 配置 2 中，RBG 大小 P 的候选值为 4、8、16，UE 可通过高层信令参数 rbg-Size 来确定每个 BWP 的 RBG 配置。RBG 大小 P 与 RBG 配置、BWP 带宽大小的关系如表 6.19 所示。

表 6.19　RBG 大小 P

BWP 带宽	RBG 配置 1	RBG 配置 2
1～36	2	4
37～72	4	8
73～144	8	16
145～275	16	16

对于带宽大小为 $N_{\text{BWP}}^{\text{size}}$ 的下行 BWP，UE 可根据表 6.19 获取 RBG 大小值 P，那么 RBG 的总数 N_{RBG}（编号为 0 到 $N_{\text{RBG}}-1$）为

$$N_{\text{RBG}} = \left\lceil \left(N_{\text{BWP}}^{\text{size}} + \left(N_{\text{BWP}}^{\text{start}} \bmod P \right) \right) / P \right\rceil$$

其中第一个 RBG（编号为 0）的大小为 $RBG_0^{\text{size}} = P - N_{\text{BWP}}^{\text{start}} \bmod P$。式中参数 $N_{\text{BWP}}^{\text{start}}$ 为 BWP 的起始频域位置，为该频域位置对应的公共资源块（CRB，Common Resource Block）索引值，即 BWP 的起始位置与载波带宽频率最低点（标准中称为 Point A，UE 可根据高层信令相关参数获取）的相对位置。根据上述处理，BWP 内每个大小为 P 的 RBG 与载波带宽频率最低点的频域距离为 P 的整数倍，使 P 值不同的 RBG 在载波带宽的频域位置形成如图 6.23 所示的 "嵌套" 关系。对于最后一个 RBG（编号为 $N_{\text{RBG}}-1$），如果 $\left(N_{\text{BWP}}^{\text{start}} + N_{\text{BWP}}^{\text{size}} \right) \bmod P > 0$，那么最后一个 RBG 的大小为 $RBG_{\text{last}}^{\text{size}} = \left(N_{\text{BWP}}^{\text{start}} + N_{\text{BWP}}^{\text{size}} \right) \bmod P$，否则最后一个 RBG 的大小为 P。剩下的 RBG 大小为 P。这些在 BWP 内的 RBG 按照频率递增的顺序从最低频率位置开始依次从小到大进行编号。

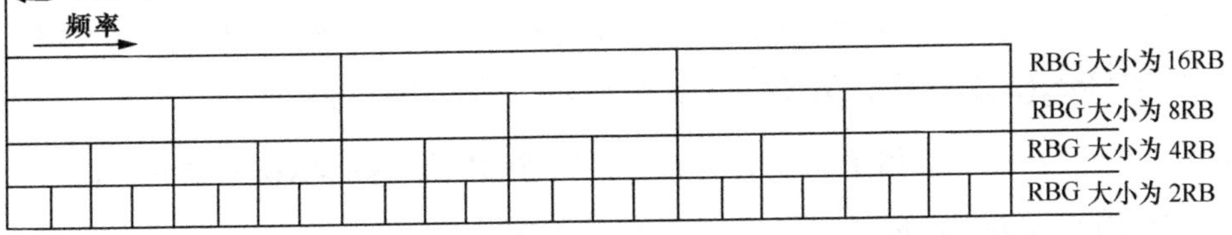

图 6.23　不同 P 值的 RBG 的 "嵌套" 关系

在频域资源分配 Type 0 中，DCI 通过频域资源分配信息域的位图（Bitmap）来指示分配给 UE PDSCH 的 RBG。这样做一方面可减少位图所需要的比特数，另一方面可保证足够的分配灵活性。该位图一共包含 N_{RBG} 个比特，每一个比特对应一个 RBG，最高位表示编号为 0 的 RBG，最低位表示编号为 $N_{RBG}-1$ 的 RBG，依次类推。如果某个 RBG 分配给了 UE 的 PDSCH，则位图中对应比特值为 1，否则比特值为 0。UE 可根据该位图得到分配给 UE PDSCH 的 PRB 在 BWP 中的频域位置。与 LTE 系统不同的是，UE 的第一个 RBG（编号为 0 的 RBG）的大小是可以小于 P 的，可根据 N_{BWP}^{start} 来确定，如图 6.24 中 UE1 的第一个 RBG 所示。这样基站在为不同 UE 调度数据资源时，可以减少不能调度给 UE 的"碎片"RB 的数量，提高资源使用效率。

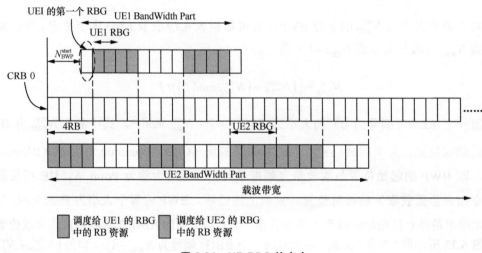

图 6.24　NR RBG 的大小

（2）频域资源分配 Type 1

在频域资源分配 Type 1 中，对于带宽大小为 N_{BWP}^{size} 的下行 BWP，分配给 UE PDSCH 的资源为一段在该 BWP 内连续编号的非交织（Non-interleaved）或交织（Interleaved）的 VRB（非交织或交织 VRB 到 PRB 映射，参见 6.2.3 节的介绍）。DCI 的频域资源分配信息域中的 $\left\lceil \log_2(N_{BWP}^{size}(N_{BWP}^{size}+1)/2) \right\rceil$ 个比特所对应的值为资源指示值（RIV，Resource Indication Value），RIV 值用于指示分配给 UE PDSCH 的起始 VRB 编号 RB_{start} 以及所分配的连续 RB 的长度 L_{RBs}。RIV 的计算公式如下面所示：

如果 $(L_{RBs}-1) \leqslant \left\lfloor N_{BWP}^{size}/2 \right\rfloor$，那么 $RIV = N_{BWP}^{size}(L_{RBs}-1)+RB_{start}$；

否则，$RIV = N_{BWP}^{size}(N_{BWP}^{size} - L_{RBs} + 1) + (N_{BWP}^{size} - 1 - RB_{start})$，其中 $L_{RBs} \geqslant 1$ 并且不超过 $N_{BWP}^{size} - RB_{start}$。

NR 的频域资源分配 Type 1 与 LTE 的频域资源分配 Type 2 是一样的，它不支持资源块的任意分配而只支持频域连续分配的情况，从而减少传输资源块分配相关信息域所需的比特数。与 LTE 不同的是，UE 是根据 BWP 的带宽值来解读 RIV 值，从而得到 RB_{start} 和 L_{RBs} 的值。

2. 下行时域资源分配

在时域上，考虑到不同业务的需求（比如 eMBB 和 URLLC），NR 同时支持时隙与非时隙类型的调度。与 LTE 系统相比，NR PDSCH 在时隙中的时域位置以及时域长度具有更大的灵活性。相应地，NR 的 DCI 中新增了时域资源分配信息域来支持数据信道在时域上调度的灵活性。UE 根据所检测到的 PDCCH DCI 中的时域资源分配信息域来获取 DCI 所调度 PDSCH 的时域位置信息。这些信息包括 PDSCH 所在的时隙、PDSCH 的时域长度以及 PDSCH 在时隙中的起始 OFDM 符号索引。如果时域资源分配信息域的值为 m，那么 UE 可从一个分配表格（Allocation Table）中索引号为 $m+1$ 的行（Row）内获取 PDSCH 的时域位置信息。UE 可根据不同情况（比如 UE 检测 DCI 所加扰的 RNTI 以及所在的搜索空间类型），通过标准预定义、系统消息、高层信令这三种途径中的一种来获取分配表格以及表格中的每一行的时域位置信息。例如，对于处于初始接入状态的 UE，可使用标准预定义的分配表格来获取承载系统消息的 PDSCH 的时域位置；而对于处于 RRC 连接状态的 UE，可通过高层信令 pdsch-Config 中的 pdsch-AllocationList 获取分配表格。分配表格的每一行中包含了如下的时域位置信息。

① 时隙偏移值 K_0。NR 下行支持跨时隙调度，即 DCI 与其所调度的 PDSCH 在不同的时隙上传输。如果 UE 在时隙 n 接收到调度 DCI，那么该 DCI 所调度的 PDSCH 在时隙 $\left\lfloor n \cdot \dfrac{2^{\mu_{PDSCH}}}{2^{\mu_{PDCCH}}} \right\rfloor + K_0$ 中传输，μ_{PDSCH} 和 μ_{PDCCH} 分别为 PDSCH 和 PDCCH 的子载波间隔配置信息。

② 起始和长度指示值 SLIV（Start and Length Indicator Value）。UE 可以根据 SLIV 值得到 PDSCH 在时隙中的起始 OFDM 符号的索引值 S 以及 PDSCH 的时域长度 L（PDSCH 从索引号 S 的 OFDM 符号开始占用连续 L 个 OFDM 符号），SLIV 的计算公式如下面所示。

● 如果 $(L-1) \leqslant 7$，那么 $SLIV = 14 \times (L-1) + S$；

● 否则，$SLIV = 14 \times (14-L+1) + (14-1-S)$，其中 $0 < L \leqslant 14-S$。

对于某些分配表格（比如标准预定义的分配表格），其每一行中并不包含 SLIV 值，而是直接提供起始符号索引值 S 以及时域长度值 L。

③ PDSCH 的映射类型：Type A 或 Type B。对于不同的 PDSCH 映射类型，参数 S、L 以及 $S+L$ 的取值范围是不同的，用于支持不同类型的时域调度。比如对于 Type B，PDSCH 时域长度值限制在 2、4、7，而在时隙的位置较为灵活，一般为非时隙调度。如表 6.20 所示，只有当相应的参数位于取值范围内，UE 才会认为是一个有效的 PDSCH 调度信息。

表 6.20　PDSCH 的 S、L 和 $S+L$ 取值范围

PDSCH 映射类型	普通 CP			扩展 CP		
	S	L	$S+L$	S	L	$S+L$
Type A	{0, 1, 2, 3}	{3,⋯, 14}	{3,⋯, 14}	{0, 1, 2, 3}	{3,⋯, 12}	{3,⋯, 12}
Type B	{0,⋯, 12}	{2, 4, 7}	{2,⋯, 14}	{0,⋯, 10}	{2, 4, 6}	{2,⋯, 12}

同时，对于下行传输，NR 支持时域上的时隙聚合传输。如果高层信令 aggregationFactorDL（该参数为时隙的聚合等级，可以取值为 1、2、4、8）的取值大于 1，那么基站在连续 aggregationFactorDL 个时隙上为 UE 重复发送同一个 TB，并且这些 TB 共享同一个 DCI 的频域和时域分配信息，此时 PDSCH 限制在一个传输层上传输。

6.2.2　上行资源分配

1. 上行频域资源分配

在 NR 中，上行数据信道同样支持两种类型的频域资源分配类型：Type 0 和 Type 1，这两种频率资源分配类型与前面介绍的下行频率资源分配方式一致，这里不再赘述。但与 PDSCH 传输不同的是，PUSCH 传输可以进行跳频（Frequency Hopping），下面介绍跳频的概念。

在 NR 中，PUSCH 跳频即为 UE 所发送的 PUSCH 在某一时刻占用一段连续的频段，

但在下一个时刻跳转到另一个频段，通过 PUSCH 跳频传输可以实现足够的频率选择性增益和干扰随机化效果。在 NR 中，如下两种情况下 PUSCH 可以进行跳频：①对于 PUSCH 传输，高层信令 transformPrecoding 设置为"enabled"（上行传输的波形为 DFT-S-OFDM）；②PUSCH 的频域资源分配类型为 Type 1（此时高层信令 transformPrecoding 既可以设置为"enabled"，也可以为"disabled"，分别对应 OFDM 和 DFT-S-OFDM 传输波形）。与 LTE 不同的是，NR 上行是支持 OFDM 和 DFT-S-OFDM 两种传输波形的，对于资源分配类型 Type 1，这两种波形均可进行 PUSCH 跳频。在上述两种情况下，如果调度 DCI 中跳频指示（Frequency Hopping Flag）信息域设置为"1"，则 PUSCH 进行跳频传输。

在 NR 中支持两种跳频模式（Frequency Hopping Mode），可通过高层信令 PUSCH-Config 的 frequencyHopping 参数来配置，这两种跳频模式如下（如图 6.25 所示）。

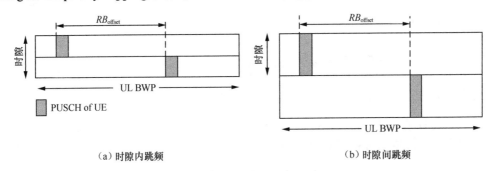

（a）时隙内跳频　　　　　　　　　　（b）时隙间跳频

图 6.25　时隙内跳频与时隙间跳频

● 时隙内跳频（Intra-slot Frequency Hopping），PUSCH 在同一个时隙内的两个 Hop 上传输，这两个 Hop 分别为第一 Hop 和第二 Hop，频率上具有一定的间隔，称为频率偏移（Frequency Offset），其值用 RB_{offset} 表示，且包含时隙内不同的连续个 OFDM 符号。时隙内跳频可应用于单时隙以及多时隙（UE 在连续的多个上行时隙上发送同一个 TB，且每个时隙内的 TB 时域位置相同）的 PUSCH 传输。时隙内跳频可以改善一次 PUSCH 传输的频率分集和干扰抑制。

● 时隙间跳频（Inter-slot Frequency Hopping），时域上一个时隙可以看作一个 Hop，不同 Hop 上传输的 PUSCH 同样具有频率偏移。时隙间跳频应用于多时隙的 PUSCH 传输，从而改善相邻两次 PUSCH 传输之间的频率分集和干扰抑制。

对于 PUSCH 的频域资源分配类型 Type 1，如果配置了 PUSCH 跳频，调度 PUSCH

的 DCI 的频率资源分配信息域中有 $N_{\text{UL\_hop}}$ 个比特用于指示频率偏移值。基站通过频率偏移值来控制 PUSCH 的跳频范围，频率偏移的数值大小可由高层信令 PUSCH-Config 中的 frequencyHoppingOffsetLists 参数配置。

● 当传输 PUSCH 的 UL 激活 BWP（Active BWP）的带宽小于 50 PRB 时，$N_{\text{UL\_hop}}=1$，用于指示高层信令所配置的 2 个频率偏移值中的 1 个；

● 当传输 PUSCH 的 UL 激活 BWP（Active BWP）的带宽大于或等于 50 PRB 时，$N_{\text{UL\_hop}}=2$，用于指示高层信令所配置的 4 个频率偏移值中的 1 个；

● 频率资源分配信息域中除去用于指示频率偏移值的 $N_{\text{UL\_hop}}$ 个比特后，剩余的 $\lceil \log_2(N_{\text{RB}}^{\text{UL,BWP}}(N_{\text{RB}}^{\text{UL,BWP}}+1)/2) \rceil - N_{\text{UL\_hop}}$ 个比特携带 RIV 值，用于 UE 获取 RB_{start} 和 L_{RBs} 的值（详细内容参见 6.2.1 节第 1 部分的介绍），其中 $N_{\text{RB}}^{\text{UL,BWP}}$ 为 UL 激活 BWP 的带宽值。

对于时隙内跳频，PUSCH 在 UL 激活 BWP 内的每个 Hop 的起始 RB 值 $RB_{\text{start}}^{\text{hop}}$ 可根据下面的公式得到。

$$RB_{\text{start}}^{\text{hop}} = \begin{cases} RB_{\text{start}} & \text{第一 HoP} \\ (RB_{\text{start}}+RB_{\text{offset}})\bmod N_{\text{RB}}^{\text{UL,BWP}} & \text{第二 HoP} \end{cases}$$

式中，RB_{start} 可根据频域资源分配域中包含的 RIV 值获取。

对于不进行重复传输的 PUSCH，在时隙内跳频中，第一 Hop 所包含的 OFDM 符号数为 $\lfloor N_{\text{symb}}^{\text{PUSCH},s}/2 \rfloor$，第二 Hop 所包含的 OFDM 符号数为 $N_{\text{symb}}^{\text{PUSCH},s}-\lfloor N_{\text{symb}}^{\text{PUSCH},s}/2 \rfloor$，其中 $N_{\text{symb}}^{\text{PUSCH},s}$ 为在时隙中 PUSCH 传输所使用的 OFDM 符号长度。

对于时隙间跳频，在无线帧中编号为 n_s^μ 的时隙中传输的 PUSCH 的起始 RB 值由下面的公式得到。

$$RB_{\text{start}}(n_s^\mu) = \begin{cases} RB_{\text{start}} & n_s^\mu \bmod 2 = 0 \\ (RB_{\text{start}}+RB_{\text{offset}})\bmod N_{\text{BWP}}^{\text{size}} & n_s^\mu \bmod 2 = 1 \end{cases}$$

2. 上行时域资源分配

NR 中上行时域资源分配与下行时域资源分配类似，UE 根据所检测到的 PDCCH DCI 中的时域资源分配信息域来获取 DCI 所调度 PUSCH 的时域位置信息，包括 PUSCH 所在的时隙、PUSCH 的时域长度以及 PUSCH 在时隙中的起始 OFDM 符号索引。如果时域资源分配信息域的值为 m，那么 UE 可从一个分配表格（Allocation Table）中索引号为

m+1 的行（Row）内获取 PUSCH 的时域位置信息。UE 从分配表格的 DCI 的时域资源分配信息域所指示的一行中获取如下时域位置信息。

● 时隙偏移值 K_2。如果 UE 在时隙 n 接收到调度 DCI，那么该 DCI 所调度的 PUSCH 在时隙 $\left\lfloor n \cdot \dfrac{2^{\mu_{PUSCH}}}{2^{\mu_{PDCCH}}} \right\rfloor + K_2$ 中传输，μ_{PUSCH} 和 μ_{PDCCH} 分别为 PUSCH 和 PDCCH 的子载波间隔配置信息。

● 起始和长度指示值 SLIV。与下行时域资源分配中的 SLIV 含义一致，可参见 6.2.1 节第 2 部分的介绍。

● PUSCH 的映射类型：Type A 或 Type B。同样对于不同的 PUSCH 映射类型，参数 S、L 以及 S+L 的取值范围是不同的，如表 6.21 所示。

表 6.21 PUSCH 的 S、L 和 S+L 取值范围

PUSCH 映射类型	普通 CP			扩展 CP		
	S	L	S+L	S	L	S+L
Type A	0	{4, …, 14}	{4, …, 14}	0	{4, …, 12}	{4, …, 12}
Type B	{0, …, 13}	{1, …, 14}	{1, …, 14}	{0, …, 12}	{1, …, 12}	{1, …, 12}

同时，NR 中上行也支持时隙聚合传输，其原理与下行时隙聚合相同。

3. 上行免授权传输

为更好地支持低时延数据发送，NR 在上行引入了上行免授权传输。NR 支持两类上行免授权传输：基于第一类配置授权的 PUSCH 传输（Type 1 PUSCH Transmission with a Configured Grant）和基于第二类配置授权的 PUSCH 传输（Type 2 PUSCH Transmission with a Configured Grant）。

基于第一类配置授权的 PUSCH 传输中，由高层参数 ConfiguredGrantConfig 配置包括时域资源、频域资源、解调用参考信号（DMRS）、开环功控、调制编码方案（MCS）、波形（Waveform）、冗余版本（RV）、重复次数、跳频、HARQ 进程数等在内的全部传输资源和传输参数。UE 接收到该高层参数后，可立即使用所配置的传输参数在配置的时频资源上进行 PUSCH 传输。

基于第二类配置授权的 PUSCH 传输中，采用两步的资源配置方式：首先，由高层

参数 ConfiguredGrantConfig 配置包括时域资源的周期、开环功控、波形、冗余版本、重复次数、跳频、HARQ 进程数等在内的传输资源和传输参数；然后由使用 CS-RNTI 加扰的 DCI 激活第二类基于配置授权的 PUSCH 传输，并同时配置包括时域资源、频域资源、DMRS、MCS 等在内的其他传输资源和传输参数。UE 在接收到高层参数 ConfiguredGrantConfig 时，不能立即使用该高层参数配置的资源和参数进行 PUSCH 传输，而必须等接收到相应的 DCI 激活并配置其他资源和参数后，才能进行 PUSCH 传输。

如果 UE 没有传输块（TB）需要在第一类和第二类配置授权的 PUSCH 资源上发送，UE 不会在由高层参数 ConfiguredGrantConfig 配置的资源上发送任何内容。

为提高传输的可靠性，上行免授权传输支持重复传输（Repetition），重复次数 K（K=1、2、4、8）由高层参数 repK 配置。当 K>1 时，UE 在 K 个传输时机（Transmission Occasion）上重复发送 K 次，其中 K 个传输时机位于一个周期内连续的 K 个时隙，每个时隙上只有一个传输时机。UE 在 K 个时隙上重复发送 K 次所使用的符号的位置和数量相同。如果 UE 确定某个时隙上被配置用于发送 PUSCH 的符号为下行符号，则 UE 取消在该时隙上的 PUSCH 传输。

UE 进行 K 次重复发送所使用的 RV（重传版本）序列由高层参数 repK-RV 配置。第 n（n=1, 2, $\cdots$, K）个传输时机关联的 RV 由所配置的 RV 序列中的第 $[\bmod(n-1, 4)+1]$ 个值确定。

为降低传输块的等待时延，上行免授权传输支持重复传输的灵活起始设置。

● 当配置的 RV 序列为{0、2、3、1}时，重复传输中的首次起始于周期内的第一个传输时机；

● 当配置的 RV 序列为{0、3、0、3}时，重复传输中的首次可以起始于周期内任意一个关联了 RV=0 的传输时机；

● 当配置的 RV 序列为{0、0、0、0}时，若 K=8，重复传输中的首次可以起始于周期内除最后一个传输时机之外的其他任意一个传输时机，若 K=2，4，重复传输中的首次可以起始于周期内任意一个传输时机。

对任意的 RV 序列，当满足如下条件之一时，UE 终止重复传输：重复次数达到 K 次，或者在周期内的最后一个传输时机上发送了一次重复，或者 UE 接收到调度同一个传输块的上行授权（UL Grant）。UE 不期望所配置的用于 K 次重复传输的时间长度大于所配置的周期。

6.2.3 VRB 到 PRB 的映射

在 NR 中，有两种类型的 RB，物理资源块（PRB，Physical Resource Block）和虚拟资源块（VRB，Virtual Resource Block）。PDSCH 和 PUSCH 的频域资源都是以 VRB 为单位进行分配，然后再将其映射到 PRB 上。对于带宽大小为 $N_{\text{BWP}}^{\text{size}}$ 的 BWP，一共有 $N_{\text{BWP}}^{\text{size}}$ 个 VRB 和 PRB，编号从 0 到 $N_{\text{BWP}}^{\text{size}}-1$。在 NR 中，有两种 VRB 到 PRB 的映射方式：非交织（Non-Interleaved）VRB 到 PRB 映射和交织（Interleaved）VRB 到 PRB 映射。

1. 非交织 VRB 到 PRB 映射

对于非交织 VRB 到 PRB 的映射，BWP 内编号为 n 的 VRB 直接映射到编号为 n 的 PRB 上。其中 PUSCH 的传输只支持非交织 VRB 到 PRB 的映射。非交织 VRB 到 PRB 的映射方式可以降低信道估计的难度，获得频域上的调度增益，但这种方式获得的频率分集增益较小。

2. 交织 VRB 到 PRB 映射

交织 VRB 到 PRB 的映射方式可以将分配给 UE 的数据资源分散到整个 BWP 的带宽，从而获得频率分集增益。为了降低信道估计的复杂度，与 LTE 不同，NR 中 VRB 交织的粒度为 RB Bundle（将 VRB Bundle 映射到 PRB Bundle 上），RB Bundle 由编号连续的多个 RB 组成。带宽大小为 $N_{\text{BWP}}^{\text{size}}$，起始频率位置为 $N_{\text{BWP}}^{\text{start}}$ 的 BWP 一共有 $N_{\text{Bundle}} = \left\lceil \left(N_{\text{BWP}}^{\text{size}} + \left(N_{\text{BWP}}^{\text{start}} \bmod L \right) \right) / L \right\rceil$ 个 RB Bundle，这些 RB Bundle 在 BWP 内按 RB 编号递增的顺序从 0 到 $N_{\text{Bundle}}-1$ 连续编号（包括 VRB Bundle 和 PRB Bundle 的编号）。L 为 RB Bundle 所包含的 RB 数量，由高层信令 vrb-ToPRB-Interleaver 提供，L 的值一般为 2 或 4。与 RBG 大小相类似，其中编号为 0 的 RB Bundle 的大小为 $L - N_{\text{BWP}}^{\text{start}} \bmod L$；对于编号为 $N_{\text{Bundle}}-1$ 的 RB Bundle 大小，如果 $\left(N_{\text{BWP}}^{\text{start}} + N_{\text{BWP}}^{\text{size}} \right) \bmod L > 0$，那么该 RB Bundle 的大小为 $\left(N_{\text{BWP}}^{\text{start}} + N_{\text{BWP}}^{\text{size}} \right) \bmod L$，否则该 RB Bundle 的大小为 L；剩下的 RB Bundle 的大小为 L。

编号为 $j \in \{0,1,\cdots,N_{\text{Bundle}}-1\}$ 的 VRB Bundle 根据如下方式映射到 PRB Bundle 上。

● 编号为 $N_{\text{Bundle}}-1$ 的 VRB Bundle 映射到编号为 $N_{\text{Bundle}}-1$ 的 PRB Bundle 上；

● 编号为 $j \in \{0,1,\cdots,N_{\text{Bundle}}-2\}$ 的 VRB Bundle 根据下面的公式映射到编号为 $f(j)$ 的

PRB Bundle 上。

$$f(j) = rC + c$$
$$j = cR + r$$
$$r = 0, 1, \cdots, R-1$$
$$c = 0, 1, \cdots, C-1$$
$$R = 2$$
$$C = \lfloor N_{\text{Bundle}} / R \rfloor$$

图 6.26 所示为 UE BWP 带宽为 24 RB，RB Bundle 值为 2 的情况下，VRB 到 PRB 的交织映射图，图中的数字为 VRB 的编号。

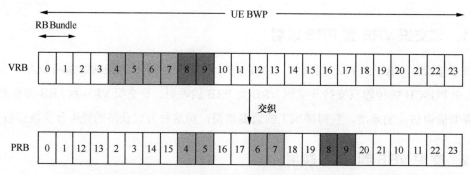

图 6.26　VRB 到 PRB 的交织映射，图中假设 UE BWP 带宽为 24RB

PDSCH 传输既支持非交织 VRB 到 PRB 的映射，也支持交织 VRB 到 PRB 的映射。调度 PDSCH 的 DCI 中的 1 比特 VRB 到 PRB 的映射信息域用于指示 VRB 到 PRB 的映射方式。

6.3　HARQ 机制

NR 和 LTE 一样都有两级重传机制：MAC 层的 HARQ 机制和 RLC 层的 ARQ 机制。丢失或出错的数据的重传主要是由 MAC 层的 HARQ 机制处理的，并由 RLC 的重传功能进行补充。MAC 层的 HARQ 机制能够提供快速重传，RLC 层的 ARQ 机制能够提供可靠的数据传输。

HARQ 使用 Stop-and-Wait Protocol（停等协议）来发送数据。在停等协议中，发送端发送一个传输块后，就停下来等待确认信息。这样，每次传输后发送端就停下来等待确认，会导致系统吞吐量很低。因此 NR 和 LTE 一样都是使用多个并行的 Stop-and-Wait

进程：当一个 HARQ 进程在等待确认信息时，发送端可以使用另一个 HARQ 进程来继续发送数据。这些 HARQ 进程共同组成了一个 HARQ 实体，这个实体结合了停等协议，允许数据同时连续传输。

HARQ 有下行 HARQ 和上行 HARQ 之分。下行 HARQ 针对下行数据传输，上行 HARQ 针对上行数据传输。两者相互独立的，处理的方式也不相同。表 6.22 给出了 NR 和 LTE 的 HARQ 机制的比较。

表 6.22　LTE 和 NR 在 HARQ 上的不同

	LTE	NR
HARQ 进程的个数	采用预定义方式确定	采用 RRC 配置
1 个 TB 的 HARQ 反馈比特	1 比特	可根据 CBG 配置反馈多个比特
同步/异步 HARQ	下行 HARQ 异步/上行 HARQ 同步	上下行 HARQ 均为异步
UE 上下行数据处理时延参数	无	有
HARQ 定时	FDD 固定为 4 个子帧，TDD 采用预定义表格	采用 RRC 配置和 DCI 动态指示相结合

本章主要针对 NR 中的 HARQ 进程和调度、HARQ 信息上报、UE 的上下行数据处理时延、HARQ-ACK 码本的生成进行描述。

6.3.1　HARQ 进程和调度

NR R15 每个上下行载波均支持最大 16 个 HARQ 进程，基站可以根据网络的部署情况，通过高层信令半静态配置 UE 支持的最大进程数。如果网络没有提供对应的配置参数，则下行缺省的 HARQ 进程数为 8，上行每个载波支持的最大进程数始终为 16。HARQ 进程号在 PDCCH 中承载，固定为 4bit。

5G 不支持跨小区的 HARQ 重传，如果初始传输在小区 1，在传输后激活的小区变为小区 2，则不会在小区 2 上重传。对于 FDD，如果 UE 在发送 HARQ-ACK 之前发生了激活 UL BWP 的切换，则 UE 不会在相应的 PUCCH 资源发送 HARQ-ACK 信息。

为了降低终端实现的复杂度，NR R15 仅支持顺序的 HARQ 调度，如图 6.27 所示，即先调度的数据的 HARQ-ACK 不会比后调度的数据的 HARQ-ACK 先反馈，对于上下行都是如此。同时，对于同一个 HARQ ID，如果先调度的数据的 HARQ-ACK 没有反馈，则不会对同一个数据再进行一次调度。

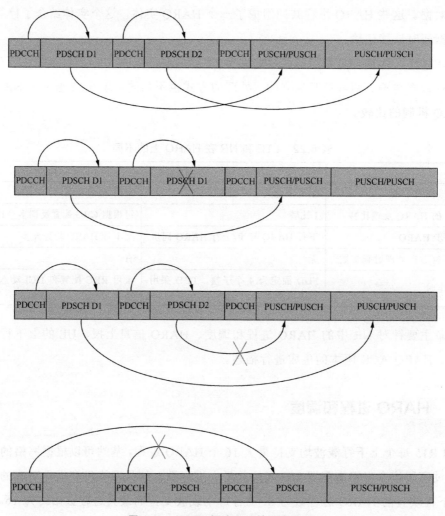

图 6.27 HARQ 调度和反馈顺序限制

6.3.2 HARQ-ACK 信息上报

NR 上行和下行均采用异步 HARQ，HARQ-ACK 信息既可以在 PUCCH 上承载，也可以在 PUSCH 上承载。NR R15 只支持 UE 在一个时隙仅有一个承载 HARQ-ACK 信息的 PUCCH。对于上行数据发送，如果需要重传，基站不向 UE 发送 ACK/NACK 信息，而是直接调度 UE 进行数据重传。

如果 UE 检测到在时隙 n 接收 PDSCH，或 UE 在时隙 n 检测到 SPS（Semi-Persistent Scheduling，半持续调度）释放的 DCI，UE 在时隙（$n+k$）发送相应的 HARQ-ACK 信息。其中，k 通过 DCI 中的 PDSCH 到 HARQ 的定时指示器来指示，如果 DCI 中没有 PDSCH 到 HARQ 的定时指示器，则通过高层参数 Dl-DataToUL-ACK 来表示。

对于上下行采用不同的子载波间隔的场景，如果 PDSCH 子载波间隔大于等于 PUCCH 子载波间隔，则 $k=0$ 对应于与 PDSCH 重叠的时隙。如果 PDSCH 的子载波间隔小于 PUCCH 的子载波间隔，则对于 PDSCH 接收而言，$k=0$ 对应于 PDSCH 接收结束时所在的时隙，对于 SPS PDSCH 释放而言，$k=0$ 对应于 PDCCH 接收结束时所在的时隙，如图 6.28 所示。

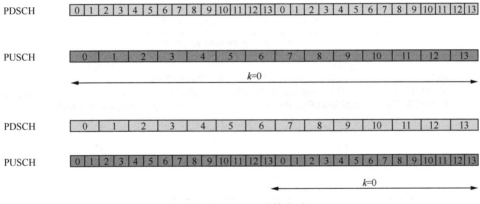

图 6.28 HARQ 反馈定时

对于 DCI 格式 1_0，PDSCH 到 HARQ 的定时指示器固定为 3 比特，取值为{1、2、3、4、5、6、7、8}。对于 DCI 格式 1_1，PDSCH 到 HARQ 的反馈可以是 0 bit、1 bit、2 bit 或 3 bit，比特宽度由 $\lceil \log_2(I) \rceil$ 来定义，其中，I 由高层参数 Dl-DataToUL-ACK 的行数确定。

如果 UE 在 PUCCH 上传输 HARQ-ACK 信息，UE 首先确定 PUCCH 资源集合，然后再确定一个 PUCCH 资源，具体过程可以参见 6.1.2 节第 2 部分。

6.3.3 UE 上下行数据处理时延

1. 下行 PDSCH 处理时延

UE 在接收到 DCI 格式 1_0 或 1_1 中承载的下行调度信息后，会在对应时隙接收相应的

PDSCH，并向基站发送反馈 HARQ-ACK 信息。UE 开始发送 HARQ-ACK 的时间要晚于在承载 PDSCH 的最后一个符号结束之后的 $T_{\text{proc},1}=\left[\left(N_1+d_{1,1}+d_{1,2}\right)(2048+144)\cdot\kappa 2^{-\mu}\right]\cdot T_C$ 的时间，如果不满足这个要求，UE 不会发送 HARQ-ACK。其中，

① N_1 根据 UE 的处理能力有不同的值。NR 支持两种 UE 处理能力，分别为 UE 处理能力 1 和 UE 处理能力 2，两种处理能力下 N_1 的取值如表 6.23 和表 6.24 所示。对于上下行采用不同的 SCS 而言，N_1 的取值采用（μ_{PDCCH}, μ_{PDSCH}, μ_{UL}）中会使得 $T_{\text{proc},1}$ 最大的 μ。其中，μ_{PDCCH} 为调度 PDSCH 的 PDCCH 的子载波间隔，μ_{PDSCH} 为 PDSCH 的子载波间隔，μ_{UL} 为相应的 HARQ-ACK 的子载波间隔。对于 $\mu=1$ 且在有限调度场景下才支持 UE 处理能力 2 的 UE，如果调度的 RB 数超高了 136，则 UE 回退到 UE 处理能力 1。

表 6.23　PDSCH 处理能力 1

μ	PDSCH 处理时间 N_1 [符号数]	
	如果在 DMRS-DownlinkForPDSCH-MappingTypeA, DMRS-DownlinkForPDSCH-MappingTypeB 中均配置 DMRS-AdditionalPosition = pos0	如果在 DMRS-DownlinkForPDSCH-MappingTypeA, DMRS-DownlinkForPDSCH-MappingTypeB 中有任意一个 DMRS-AdditionalPosition≠pos0
0	8	13
1	10	13
2	17	20
3	20	24

表 6.24　PDSCH 处理能力 2

μ	PDSCH 处理时间 N_1 [符号数]	
	如果在 DMRS-DownlinkForPDSCH-MappingTypeA, DMRS-DownlinkForPDSCH-MappingTypeB 中均配置 DMRS-AdditionalPosition = pos0	如果在 DMRS-DownlinkForPDSCH-MappingTypeA, DMRS-DownlinkForPDSCH-MappingTypeB 中有任意一个 DMRS-AdditionalPosition≠pos0
0	3	[13]
1	4.5	[13]
2	9（对于频率范围1）	[20]

② 如果 HARQ-ACK 在 PUCCH 上承载，则 $d_{1,1}=0$；如果 HARQ-ACK 在 PUSCH 上承载，则 $d_{1,1}=1$。

③ 如果有多个激活载波，则承载 HARQ-ACK 信息的第一个上行符号要考虑多个不

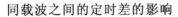

同载波之间的定时差的影响

④ 如果是 PDSCH 映射类型 Type A，且如果 PDSCH 的最后一个符号为符号 i，且 i < 7，则 $d_{1,2}=7-i$。

⑤ 如果是 PDSCH 映射类型 Type B，

● 对于 UE 处理能力 1，如果 PDSCH 符号长度为 4，则 $d_{1,2}=3$；如果 PDSCH 符号长度为 2，则 $d_{1,2}=3+d$，其中，d 为调度 PDCCH 相应的 PDSCH 重叠的符号数。

● 对于 UE 处理能力 2，则 $d_{1,2}$ 为调度 PDCCH 相应的 PDSCH 重叠的符号数。

2. 上行 PUSCH 处理时延

UE 发送上行 PUSCH（包括 DMRS）的最早发送时间晚于承载 PUSCH 的调度信息的 PDCCH 的最后一个符号结束后的 $T_{\text{proc},2} = \max\left\{\left[(N_2 + d_{2,1} + d_{2,2})(2048+144)\cdot\kappa 2^{-\mu}\right]\cdot T_C, d_{2,3}\right\}$ 时间，其中，

● N_2 根据 UE 的处理能力有不同的值。NR 支持两种 UE 处理能力，分别为 UE 处理能力 1 和 UE 处理能力 2，两种处理能力下 N_2 的取值如表 6.25 和表 6.26 所示。对于上下行采用不同的 SCS 而言，N_1 的取值采用（μ_{DL}, μ_{UL}）中会使得 $T_{\text{proc},2}$ 最大的 μ，其中，μ_{DL} 为调度 PUSCH 的 DCI 的 PDCCH 的子载波间隔，μ_{UL} 为相应的 PUSCH 的子载波间隔。

表 6.25　PUSCH 处理能力 1 的处理时间

μ	PUSCH 处理时间 N_2 [符号数]
0	10
1	12
2	23
3	36

表 6.26　PUSCH 处理能力 2 的处理时间

μ	PUSCH 处理时间 N_2 [符号数]
0	5
1	5.5
2	11（对于频率范围 1）

● 如果第一个 PUSCH 包含 DMRS，则 $d_{2,1}=0$，否则 $d_{2,1}=1$。

● 如果 HARQ-ACK 与 PUSCH 复用，则 $d_{2,2}=1$，否则 $d_{2,2}=1$。

● 如果有多个激活载波，则 PUSCH 的第一个上行符号的发送时间要考虑多个不同载波之间的定时差的影响。

● 如果调度的 DCI 触发了 BWP 的切换，则 $d_{2,3}$ 等于 BWP 切换时间，否则 $d_{2,3}=0$。

6.3.4 HARQ-ACK 码本

UE 在一个 HARQ 反馈资源（PUCCH 或 PUSCH）上反馈的 HARQ-ACK 信息的整体称为 HARQ-ACK 码本。本节描述了 HARQ-ACK 码本产生的方式。

图 6.29 描述了需要 UE 进行 HARQ-ACK 反馈的三类下行数据。

(a)有对应 PDCCH 的 (b)用于 DL SPS 释 (c)无对应 PDCCH 的
PDSCH 数据   放的 PDCCH   PDSCH 数据

图 6.29　需要 HARQ-ACK 反馈的三类下行数据

① 表示有对应 PDCCH 调度的 PDSCH 数据传输，包括普通的 PDSCH 传输和用于 DL SPS 激活的数据传输。

② 表示用于下行 SPS PDSCH 释放的 PDCCH 传输。

③ 表示无对应 PDCCH 调度的 DL SPS 的 PDSCH 传输。

为描述简便，将以上三类需要 HARQ-ACK 反馈的下行数据统一用 PDSCH 来表示。

定时参数 $K1$ 是确定 HARQ-ACK 码本重要的参数之一。如图 6.30 所示，HARQ 反馈定时参数 $K1$ 指的是 PDSCH 和其相应的 HARQ-ACK 信息反馈的 PUCCH 或 PUSCH 之间的时隙偏移值。$K1$ 参数对应的时隙个数以 PUCCH 或 PUSCH 对应的 numerology 参数来确定。$K1$ 参数的指示方式是基站先通过预定义的或 RRC 参数 dl-DataToUL-ACK 配置的 $K1$ 可能的取值集合，然后通过 PDSCH 相应调度 DCI 信息中的 PDSCH 到 HARQ 反馈域动态指示上述 $K1$ 可能取值集合中的一个值。

UE 在确定码本过程中，若发生了 BWP 切换，则 UE 不反馈 BWP 切换前的 PDSCH 的 HARQ-ACK 信息，即 BWP 切换后的 PUCCH 上承载的 HARQ-ACK 码本里不包括 BWP

切换前的 PDSCH 的 HARQ-ACK 信息。这主要是出于 BWP 切换不是频繁事件和减少
HARQ-ACK 反馈开销的考虑。

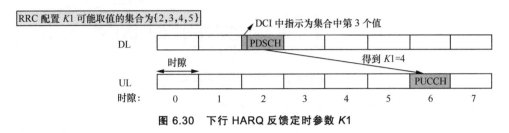

图 6.30　下行 HARQ 反馈定时参数 K1

1．半静态码本

半静态码本指的是 HARQ-ACK 码本大小不随实际的数据调度情况动态改变的一种
HARQ-ACK 码本生成方式。在此方式下，HARQ-ACK 的码本大小根据预定义或 RRC 配
置的参数来确定。

对于半静态码本在 PUCCH 上的反馈，HARQ-ACK 码本的生成分为以下两个步骤。

步骤 1：针对指定 HARQ-ACK 反馈时间单元（时隙 n）对应的每个服务小区中激活
的下行 BWP 和上行 BWP，所有需要 HARQ-ACK 反馈的下行数据传输的集合（包括 6.3.4
节中描述的三类下行数据，统称为候选 PDSCH 接收时机）。该候选 PDSCH 接收时机集
合记为 $M_{A,c}$。其中 $M_{A,c}$ 是根据下列参数来确定的。

① 该上行激活 BWP 关联的时隙时序值集合 K1。

● 如果 UE 被配置了在服务小区 c 上检测 DCI 格式 1_0 且没有配置检测 DCI 格式
1_1，则 K1 为{1、2、3、4、5、6、7、8}。

● 如果 UE 被配置了在服务小区 c 上检测 DCI 格式 1_1，则 K1 由高层参数 dl-Data-
ToUL-ACK 提供。

② 该下行激活 BWP 关联的高层时域分配参数 PDSCH-TimeDomainResource-
Allocation 提供的表里的行索引集合。该表定义了可能的 PDSCH 接收的时隙偏置 K0、
起始长度指示和 PDSCH 映射类型 SLIV。

③ 高层的上下行配置参数 tdd-UL-DL-ConfigurationCommon、tdd-UL-DL-Configuration-
Common2 和 tdd-UL-DL-ConfigDedicated（详见 3.1.2 节帧结构配置）。

下面以图 6.31 为例说明候选 PDSCH 接收时机集合 $M_{A,c}$ 的确定方式。

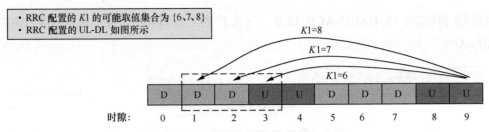

图 6.31　候选 PDSCH 接收时机集合 $M_{A,c}$ 的确定

图中时隙 $n=9$ 对应的候选 PDSCH 接收时机集合的确定方式如下。

① 从 $K1$ 集合 {6、7、8} 中取出第一个 $K1$ 值，$K1=6$，判断 RRC 配置的时域分配参数表 PDSCH-TimeDomainResourceAllocation 各行的 PDSCH 分配与 RRC 配置的上下行参数 tdd-UL-DL-ConfigurationCommon 或 tdd-UL-DL-ConfigurationCommon2 或 tdd-UL-DL-ConfigDedicated 中被配置为 Uplink 的时隙或符号是否有冲突，如有冲突则代表该 PDSCH 的分配的位置有 Uplink 的时隙或符号，不可能有 PDSCH 传输，因此不会计入候选 PDSCH 接收时机集合。本示例中 RRC 配置的时域分配参数表 PDSCH-TimeDomainResource-Allocation 只有一行，且为时隙调度。RRC 配置的上下行参数用图中的 D 和 U 来表示 Downlink 和 Uplink 的时隙配置。由图可得，对应 $n=9$ 且 $K1=6$ 的时隙为 $n-K1=9-6=3$，该时隙与 RRC 配置的上下行参数中的 Uplink 时隙相冲突（图中时隙 3 对应的上下行配置为 Uplink 时隙），则时隙 3 对应的 PDSCH 不计入候选 PDSCH 接收时机集合，此时 $M_{A,c}$ 集合为空。

② 从 $K1$ 集合 {6、7、8} 中取出第二个 $K1$ 值，$K1=7$，判断 RRC 配置的时域分配参数表 PDSCH-TimeDomainResourceAllocation 各行的 PDSCH 分配与 RRC 配置的上下行参数 tdd-UL-DL-ConfigurationCommon 或 tdd-UL-DL-ConfigurationCommon2 或 tdd-UL-DL-ConfigDedicated 中被配置为 Uplink 的时隙或符号是否有冲突，由图可得，对于时隙 $n-K1=9-7=2$，RRC 配置的上下行参数为 Downlink 时隙，没有冲突，因此时隙 2 对应的 PDSCH 可以计入候选 PDSCH 接收时机集合。此时 $M_{A,c}=\{1\}$，其中 1 表示 $K1$ 集合中 $K1$ 值的序号。

③ 类似地，从 $K1$ 集合 {6、7、8} 中取出第三个 $K1$ 值，$K1=8$，判断 RRC 配置的时域分配参数表 PDSCH-TimeDomainResourceAllocation 各行的 PDSCH 分配与 RRC 配置的上下行参数 tdd-UL-DL-ConfigurationCommon 或 tdd-UL-DL-ConfigurationCommon2 或 tdd-UL-DL-ConfigDedicated 中被配置为 Uplink 的时隙或符号是否有冲突，由图可得，对

于时隙 $n\text{-}K1\text{=}9\text{-}8\text{=}1$，RRC 配置的上下行参数为 Downlink 时隙，没有冲突，因此时隙 1 对应的 PDSCH 可以计入候选 PDSCH 接收时机集合，此时 $M_{A,c}\text{=}\{1,2\}$。

若 RRC 配置的时域分配参数表 PDSCH-TimeDomainResourceAllocation 配置了多行，则意味着 1 个时隙内可能存在多个 PDSCH。此时需要考虑 UE 能力是否支持 1 个时隙内存在多个 PDSCH 传输。

● 若 UE 支持 1 个时隙内存在多个 PDSCH 传输，则 UE 从 PDSCH-TimeDomain-ResourceAllocation 选出时间资源上没有重叠的行，用于确定产生半静态码本所用的 PDSCH 接收时机集合 $M_{A,c}$。之所以选出时间资源上互相没有重叠的行是因为 NR 不支持同一个服务小区同一时刻上有多个 PDSCH 传输，即如果任意时间资源上有重叠的多行，这些多行对应的 PDSCH 接收时机里最多只会有一次 PDSCH 接收，因此在确定产生半静态码本所用的 PDSCH 接收时机集合 $M_{A,c}$ 时，如果存在时间资源上有重叠的任意多行，只考虑其中 1 行即可。

● 若 UE 能力不支持 1 个时隙里存在多个 PDSCH 传输，则和上述例子一样，UE 将每个 $K1$ 对应的时隙只算 1 个 PDSCH 接收时机，不需要借助 PDSCH-TimeDomainResource-Allocation。

步骤 2：根据步骤 1 获得的各小区候选 PDSCH 集合和 RRC 配置的小区个数、HARQ 空间绑定参数、CBG 配置参数和各小区支持的最大码字（Codeword）参数，共同确定 HARQ-ACK 码本。

每个小区依次按照候选 PDSCH 接收时机集合 $M_{A,c}$ 中的每个候选 PDSCH 接收时机生成相应的 HARQ-ACK 信息比特。其中，未配置 CBG 传输的情况下，如果 RRC 配置的小区支持的最大码字（Codeword）为 2，且 RRC 配置的 PUCCH 的 HARQ 空间绑定为"否"时，1 个候选 PDSCH 接收时机对应 2 个 HARQ-ACK 信息比特，分别对应 2 个 TB 的 HARQ-ACK 信息。如果 RRC 配置的 PUCCH 的 HARQ 空间绑定为"是"时，1 个候选 PDSCH 接收时机对应 1 个 HARQ-ACK 信息比特，对应 2 个 TB 的 HARQ-ACK 信息"相与"之后的 1 比特信息。

如果 1 个候选 PDSCH 接收时机可以响应 DCI 格式 1_1 且高层参数指示了 2 个 TB 接收，当 UE 接收到包含 1 个 TB 的 PDSCH 时，HARQ-ACK 信息关联到第 1 个 TB，如果没被配置高层参数 harq-ACK-SpatialBundlingPUCCH，则 UE 为第 2 个 TB 产生 NACK；如果被配置了高层参数 harq-ACK-SpatialBundlingPUCCH，则 UE 为第 2 个 TB 产生 ACK。

根据候选 PDSCH 接收时机集合 $M_{A,c}$ 和 RRC 配置参数生成 HARQ-ACK 码本的细节可参考标准 TS 38.213，其中也包含了 CBG 配置下的 HARQ-ACK 码本生成方式。

需要注意，如图 6.32 所示，当不同 PUCCH 对应的 PDSCH 候选接收时机（HARQ 反馈窗口）重叠时，UE 只在 DCI 格式 1_0 或者 DCI 格式 1_1 中 PDSCH 到 HARQ 反馈时序指示域指示的时隙上传输的 HARQ-ACK 码本里上报相应调度的 PDSCH 传输或者 SPS PDSCH 释放的 HARQ-ACK 信息。UE 在非 DCI 格式 1_0 或者 DCI 格式 1_1 中 PDSCH 到 HARQ 反馈时序指示域指示的时隙上传输的 HARQ-ACK 码本里上报 NACK 作为相应调度的 PDSCH 传输或者 SPS PDSCH 释放的 HARQ-ACK 信息。

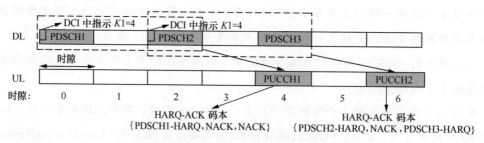

图 6.32　重叠反馈窗口下的 HARQ-ACK 码本生成

如果 UE 只上报 Pcell 上候选 PDSCH 接收时机集合 $M_{A,c}$ 里的 1 个 SPS PDSCH 释放或者 1 个 PDSCH 传输的 HARQ-ACK 信息，该 PDSCH 被 DCI 格式 1_0 调度。该 DCI 格式 1_0 里的下行分配指示（DAI，Downlink Assignment Index）域的值为 1，则 UE 只为该 SPS PDSCH 释放或者只为该 PDSCH 接收确定 HARQ-ACK 码本。否则 UE 按上文方式确定半静态码本 HARQ-ACK 码本。这种方式支持码本回退，即 UE 只需要反馈 1 个 PDSCH 的 HARQ-ACK 信息，而不需要按上述方式生成半静态码本，进而节省反馈开销。

2．动态码本

动态码本指的是 HARQ-ACK 码本大小会随着实际的数据调度情况动态改变的码本生成方式。NR 中的动态码本机制和 LTE 中的动态码本机制类似，都是基于 DCI 中的 DAI 域生成。

DCI 格式 1_0 和 DCI 格式 1_1 存在累计 DAI 信息（C-DAI，Conter DAI），其取值代表到当前服务小区和当前的 PDCCH 检测时机为止由 DCI 格式 1_0 或 DCI 格式 1_1 调度的 PDSCH 或由 DCI 格式 1_0 指示的 SPS 释放的累计个数。累计个数的统计顺序为：

先按服务小区索引升序,再按 PDCCH 检测时机索引升序。如图 6.32 所示,第一个 PDCCH 检测时机,服务小区 1、服务小区 2 和服务小区 3 上的 DCI 里的 C-DAI 分别为 1、2、3。

此外,DCI 格式 1_1 里存在总 DAI 信息(T-DAI,Total DAI),其取值代表到当前 PDCCH 检测时机为止由 DCI 格式 1_0 或 DCI 格式 1_1 调度的 PDSCH 接收或由 DCI 格式 1_0 指示的 SPS 释放的总个数。相同 PDCCH 检测时机上的所有服务小区的 T-DAI 值一样,T-DAI 随着 PDCCH 检测时机索引更新。如图 6.33 所示,第一个 PDCCH 时机里服务小区 1 和服务小区 3 上的 DCI 里的 T-DAI 都为 3,而第二个 PDCCH 时机里服务小区 1 和服务小区 3 上的 DCI 里的 T-DAI 都为 5。

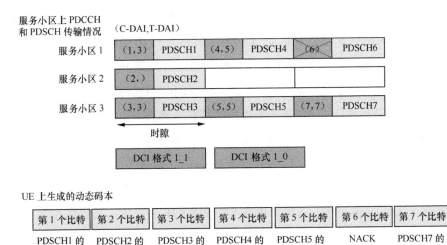

图 6.33 动态码本生成示意图

基于各 DCI 里的 C-DAI 和 T-DAI 值,UE 就可以生成动态码本。动态码本中包括 X 个 PDSCH 的 HARQ-ACK 信息,X 等于最后一个检测到的 DCI 里的 T-DAI 值。某个 DCI 调度的 PDSCH 的 HARQ-ACK 信息编排在动态码本的第 Y 个位置,Y 等于该 DCI 中 C-DAI 的数值。将所有检测到的 DCI 调度的数据的 HARQ-ACK 信息编排后,在动态码本的剩余没有填充 HARQ-ACK 信息的位置填充 NACK。每个 PDSCH 的 HARQ-ACK 信息的比特数或者每个位置上的比特数取决于 harq-ACK-SpatialBundlingPUCCH 和 maxNrofCode-WordsScheduledByDCI 配置。

UE 在确定动态码本的过程中,若发生了 BWP 切换,则 UE 不反馈 BWP 切换前的 PDSCH 的 HARQ-ACK 信息,即 BWP 切换后的 PUCCH 上承载的 HARQ-ACK 码本里不包括 BWP 切换前的 PDSCH 的 HARQ-ACK 信息。

基于以上动态码本的生成方式，可以保证在某些 DCI 丢失的情况下，基站还能和 UE 保持对动态码本大小以及各 PDSCH 的 HARQ-ACK 所在的比特索引同步，基站能够提取出各 PDSCH 的 HARQ-ACK 信息。

如图 6.32 所示，由于最后一个检测到的 DCI 里的 T-DAI 值为 7，因此 UE 产生的动态码本包括 7 个 PDSCH 的 HARQ-ACK 信息，动态码本的第 1 个位置上的比特信息为 PDSCH1 的 HARQ-ACK 信息，因为调度 PDSCH1 的 DCI 里的 C-DAI 数值为 1；类似地，将检测到的调度 PDSCH1、PDSCH2、PDSCH3、PDSCH4、PDSCH5、PDSCH7 的 HARQ-ACK 依次放置于动态码本的第 2、3、4、5、7 个位置上。由于没有检测到调度 PDSCH6 的 DCI，因此第 6 个位置填充 NACK，填充 NACK 的比特数为每个 PDSCH 的 HARQ-ACK 比特数，图 6.32 中假设 UE 没有被配置高层参数 harq-ACK-SpatialBundling-PUCCH 且 UE 被高层参数 maxNrofCodeWordsScheduledByDCI 配置了在所有服务小区上的所有配置的 DL BWP 接收 1 个 TB，因此只需填充 1 比特。

以上并没有考虑 SPS PDSCH 传输的情况。对于 SPS PDSCH 传输，UE 除按上述方法基于各 DCI 里的 C-DAI 和 T-DAI 值产生动态码本，还需要按服务小区索引升序依次判断各服务小区上的 SPS 是否处于激活状态，如果 SPS PDSCH 传输被激活且 UE 被配置在服务小区 c 上的时隙 $n-K_{1,c}$ 上用来接收 SPS PDSCH，其中 $K_{1,c}$ 是服务小区 c 上的 SPS PDSCH 的 PDSCH 到 HARQ 的反馈时序值，n 是承载该动态码本的 PUCCH 所在的时隙编号，则需在上述动态码本的尾部添加 1 比特，该比特为该 SPS PDSCH 接收对应的 HARQ-ACK 信息比特。这点和 LTE 类似，由于 SPS PDSCH 无 DAI 调度，因此无法将其编排到合适的位置，为了避免上述动态码本里各 PDSCH 的 HARQ-ACK 位置信息模糊性，故而将对应的 HARQ-ACK 信息放置于动态码本的尾部。

NR 与 LTE 的一个重要不同点在于 NR 支持 CBG（Code Block Group，编码块组，详见 6.3.5 节）传输与反馈，且 CBG 传输与反馈是服务小区级配置的。上述动态码本生成过程并未考虑 CBG 传输，即都是假设所有服务小区没有开启 CBG 反馈。下面介绍考虑开启 CBG 传输时动态码本的生成过程。

标准 38.213[1]规定，若在 UE 配置的 N_{cells}^{DL} 个服务小区中存在 $N_{cells}^{DL,TB}$ 个服务小区上没有配置高层参数 PDSCH-CodeBlockGroupTransmission；$N_{cells}^{DL,CBG}$ 个服务小区上配置了高层参数 PDSCH-CodeBlockGroupTransmission，其中 $N_{cells}^{DL,TB} + N_{cells}^{DL,CBG} = N_{cells}^{DL}$。动态码本按如

下方式产生。

① 根据上述动态码本产生方式为 $N_{\text{cells}}^{\text{DL,CBG}}$ 个服务小区上的 SPS PDSCH 释放和 DCI 格式 1_0 调度的 PDSCH 接收以及 $N_{\text{cells}}^{\text{DL,TB}}$ 个服务小区上的 DCI 格式 1_0 或 DCI 格式 1_1 调度的 PDSCH 接收确定第一 HARQ-ACK 子码本。

② 根据上述动态码本产生方式为 $N_{\text{cells}}^{\text{DL,CBG}}$ 个服务小区上 DCI 格式 1_1 调度的 PDSCH 接收产生第二 HARQ-ACK 子码本，并且对于 $N_{\text{cells}}^{\text{DL,CBG}}$ 个服务小区里的任意 1 个服务小区，UE 不是为每个 TB 产生 1 比特的 HARQ-ACK 信息，而是产生 $N_{\text{HARQ-ACK,max}}^{\text{CBG/TB,max}}$ 比特的 HARQ-ACK 信息，其中 $N_{\text{HARQ-ACK,max}}^{\text{CBG/TB,max}}$ 为所有服务小区里 $N_{\text{TB,c}}^{\text{DL}} \cdot N_{\text{HARQ-ACK,c}}^{\text{CBG/TB,max}}$ 的最大值，$N_{\text{TB,c}}^{\text{DL}}$ 为服务小区 c 配置的高层参数 maxNrofCodeWordsScheduledByDCI 值。对于服务小区 c，如果 $N_{\text{TB,c}}^{\text{DL}} \cdot N_{\text{HARQ-ACK,c}}^{\text{CBG/TB,max}} < N_{\text{HARQ-ACK,max}}^{\text{CBG/TB,max}}$，UE 将后 $N_{\text{HARQ-ACK,max}}^{\text{CBG/TB,max}} - N_{\text{TB,c}}^{\text{DL}} \cdot N_{\text{HARQ-ACK,c}}^{\text{CBG/TB,max}}$ 比特的 HARQ-ACK 信息设为 NACK。

③ UE 通过将第二 HARQ-ACK 子码本放置于第一子码本之后得到最终的动态 HARQ-ACK 码本。值得注意的是，每个码本中的累计 DAI 值和总 DAI 值是分别计数的。

之所以分别产生两个子码本是为了在保证 UE 和基站对码本大小以及各 PDSCH 的 HARQ-ACK 位置信息理解一致的前提下节省 HARQ-ACK 反馈开销，即对于没有配置 CBG 的服务小区上的各 TB 只需反馈 1 比特的 TB 级 HARQ-ACK 信息，对于配置了 CBG 的服务小区上的 SPS PDSCH 释放和 DCI 格式 1_0 调度的 PDSCH 接收也只需反馈 1 比特 的 TB 级反馈，而不需要和其他 PDSCH 传输一样产生大于 1 比特的 CBG 级 HARQ-ACK 信息。

以图 6.34 为例，假设为 UE 配置了 4 个服务小区，其中服务小区 1 和服务小区 2 被配置开启了 CBG 传输，服务小区 3 和服务小区 4 没有被配置开启 CBG 传输。UE 为服务小区 3 和服务小区 4 上的 PDSCH 接收，以及服务小区 1 上 DCI 格式 1_0 调度的 PDSCH 接收产生 TB 级 HARQ-ACK 信息，假设 UE 没有被配置高层参数 harq-ACK-Spatial-BundlingPUCCH 且 UE 被高层参数 maxNrofCodeWordsScheduledByDCI 配置了在所有服务小区上的所有配置的 DL BWP 接收 1 个 TB，因此 UE 只需要为每个 PDSCH 生成 1 比特 HARQ-ACK 信息。此外，UE 为服务小区 1 和服务小区 2 上 DCI 格式 1_1 调度的 PDSCH 接收产生 L 比特 CBG 级 HARQ-ACK 信息，其中 L 为服务小区 1 和服务小区 2 的 $N_{\text{TB,c}}^{\text{DL}} \cdot N_{\text{HARQ-ACK,c}}^{\text{CBG/TB,max}}$ 的最大值。

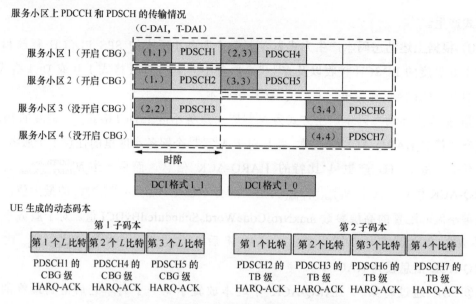

图 6.34　配置有 CBG 的动态码本生成示意图

以上描述的是动态码本承载在 PUCCH 上反馈给基站的过程。如果 UE 在 PUSCH 里复用 HARQ-ACK 信息，PUSCH 不是由 DCI 调度，或者 PUSCH 是由 DCI 格式 0_0 调度，则

● 如果 UE 在服务小区 c 上没有接收到任何调度 PDSCH 接收或者 SPS PDSCH 释放的 DCI 格式 1_0 或者 DCI 格式 1_1，且 UE 不需要为 SPS PDSCH 接收在 PUSCH 上产生复用的 HARQ-ACK 信息，则 UE 不在 PUSCH 上复用 HARQ-ACK 信息。

● 否则，UE 根据上文所述方式产生 HARQ-ACK 码本，只需将 harq-ACK-Spatial-BundlingPUCCH 替换成 harq-ACK-SpatialBundlingPUSCH。

如果 UE 复用的 HARQ-ACK 信息在由 DCI 格式 0_1 调度的 PUSCH 里，则 DCI 格式 0_1 里存在 DAI 域，其取值信息为 T-DAI。对于有第一和第二 HARQ-ACK 子码本的情况，DCI 格式 0_1 包含了第一 HARQ-ACK 子码本对应的第一 DAI 域和第二 HARQ-ACK 子码本对应的第二 DAI 域。UE 基于 T-DAI 根据上述方式产生 HARQ-ACK 码本。

6.3.5　基于编码块组的传输

在 NR 系统中，数据传输速率达到吉比特每秒的数量级，每个传输块都会很大。在 LTE 系统中基于 Turbo 编码，支持的最大码块（CB, Code Block）为 6144bit，大于 6144bit

的 TB 被分为多个 CB。假设峰值速率达到 20Gbit/s，当 1 个时隙=0.5ms 时，这个时隙内需要传送的数据包的大小约为 10Mbit，这个包是很大的，若将这个包分为两个 TB（目前 LTE 支持最大两个 TB），则一个 TB 块的大小约为 5Mbit。

如果仍然基于一个 TB 块进行 1 比特的 ACK/NAK 反馈，一旦这个 TB 译码出错，便会造成整个 TB 重传。由于该 TB 比较大，重传整个 TB 使得资源利用率比较低。由于 TB 在编码前，会被划分成很多的编码块 CB（CB，Code Block），对于 5Mbit 的 TB，按照 LTE 的 Turbo 编码，可以分为大约 818 个传输块。可能有些 CB 译码正确，有些译码错误，重传整个大的 TB 无疑是不明智的。

由于一个 TB 中包含很多 CB，终端译码时可以知道每个 CB 是否正确。因此，一种候选的方法就是针对每个 CB 均进行 ACK/NAK 反馈，这样如果某个 TB 译码失败，终端只需要对传输错误的那个 CB 进行重传即可，没有必要重传整个 TB。基于 CB 的反馈虽然看起来减少了重传的冗余信息，可以提高资源利用率，但是需要反馈很多的上行 ACK/NAK，这样会导致上行信令的开销非常大，同样也会造成资源的浪费，因为反馈很多的 ACK 是没有意义的。

在 NR 中引入了一种基于 TB 反馈和基于 CB 反馈的折中的方案，简而言之就是将 TB 中的多个 CB 分组，分组后的 CB 组就称之为 Code Book Group，简称 CBG。然后针对每一个 CBG 反馈对应的 ACK/NAK，并且基于 CBG 进行重传。下面将详细介绍与 CBG 重传相关的设计，主要包括 CBG 个数的确定、TB 划分 CBG 的方法、CBG 反馈的方法，以及 CBG 中重传控制信令的设计等。

为保证后向兼容，CBG 传输是可配置的，只有配置了基于 CBG 传输的用户才可以基于 CBG 进行重传。

1. 编码块组个数

根据前面所述，设计基于 CBG 的反馈和重传是对于基于 TB 反馈和重传的一种优化方案，目的是为了提高资源的利用率。但是如果 CBG 的个数过多，上行反馈的比特数还是很多，资源开销还是比较大。除此之外，基站的发送控制信息也需要重传，在重传的 DCI 中需要指示哪些 CBG 被重传，如果 CBG 个数过大，DCI 的开销也会比较大。并且，TB 大小不同，CBG 大小也不相同，这样 DCI 的比特数可变，那么用户需要盲检测多种 DCI 比特数，造成电力资源的浪费。

一个 TB 中最大的 CBG 的个数是固定的，也就是基站会给用户发送一个配置信息，指示 CBG 的最大个数，该最大个数可以记为 N。目前标准 38.331[2]规定了 CBG 的最大个数的候选值为 2、4、6、8。

2. 编码块组划分

用户可以根据下面的公式确定 TB 中 CBG 的个数 M。

$$M = \min(N, C)$$

其中 N 为高层信令配置的最大 CBG 的个数，而 C 是 TB 中的 CB 的数目。首选确定 M 和 C 的大小关系，如果 M 等于 C，那么一个 CBG 就包含一个 CB，如果 M 不等于 C，则需要根据下面的过程来确定 CBG 中的 CB 个数。

首先定义，$K_1 = \left\lceil \dfrac{C}{M} \right\rceil$，$K_2 = \left\lfloor \dfrac{C}{M} \right\rfloor$。

● 对于 CBG m，包含的编号 $m \cdot K_1 + k$ 的 CB，其中 $k=0,1,\cdots,K_1-1$；$m=0,1,\cdots,M_1-1$。

● 对于 CBG m，包含的编号 $M_1 \cdot K_1 + (m-M_1) \cdot K_2 + k$ 的 CB，其中 $k=0,1,\cdots,K_2-1$；$m=M_1,M_1+1,\cdots,M-1$。

UE 基于上面的方式，便可以确定 CBG 的个数，以及每个 CBG 包含哪些 CB。

3. 下行控制信令

基站在重传的过程中，需要指示用户是对哪些 CBG 进行了重传，以方便用户进行 CBG 接收以及合并译码。并且，由于是否重传是针对每一个用户的特定行为，所以 CBG 重传的 DCI 是在用户特定的 DCI 中。

如果用户配置了 CBG 传输，则用户接收的 DCI 中，会包含一个 CBG 传输指示域，也就是 CBG Transmission Information，简称 CBGTI。这个 CBGTI 指示域的比特个数等于 $N_{TB} \cdot N_{HARQ-ACK}^{CBG/TB,max}$，其中，$N_{TB}$ 也就是高层信令配置的码字 CW 的个数，$N_{HARQ-ACK}^{CBG/TB,max}$ 为高层信令配置的最大 CBG 的个数。如果 CW 格式大于 1，则最大 CBG 个数只能配到 4。如果配置了两个 CW，也就是 $N_{TB}=2$ 时，CBGTI 中的前 $N_{HARQ-ACK}^{CBG/TB,max}$ 比特对应第一个 TB，后 $N_{HARQ-ACK}^{CBG/TB,max}$ 比特对应第二个 TB。并且在 CBGTI 中，某一个 TB 的 $N_{HARQ-ACK}^{CBG/TB,max}$ 比特中，前 M 比特是和该 TB 的 M 个 CBG 是一一对应的，并且第一个比特对应 CBG 编号 0。

用户的 DCI 中，还会携带新数据指示域（NDI，New Data Indicator），指示当前是新传还是重传，NDI 指示新传和重传的时候用户会有不同的理解。

① 如果 NDI 指示新传，则用户会认为所有的 CBG 都是新传。

② 如果 NDI 指示重传，则用户会用下面的处理过程。

● 根据 CBGTI 的指示，确定哪些 CBG 被传输，其中比特为 0 表示对应的 CBG 没有传输，比特为 1 表示对应的 CBG 传输了。

● 如果 DCI 中还存在缓存清理指示值，即 CBG Flushing out Information，简称 CBGFI，这个指示值如果为 0，就表示之前收到的 CBG 同样被污染了，需要清空缓存；这个指示值如果为 1，就指示重传的 CBG 可以和之前收到的样本合并。

● 重传的 CBG 中包含的 CB 和初传的 CBG 中包含的 CB 是完全一样的。

4．HARQ-ACK 反馈

对于基于 CBG 传输的反馈信息，如果用户配置了 CBG 传输方式，则用户会针对每一个 CBG 都生成一个比特的 ACK/NAK 反馈信息。如果配置了两个 CW，则第二传输块的反馈信息会在第一传输块的反馈信息后面。如果用户正确译码一个 CBG 中的所有的 CB，则该 CBG 对应的反馈信息比特就为 ACK，如果一个 CBG 中至少有一个 CB 译码错误，则该 CBG 对应的反馈信息比特就为 NAK。针对一个 TB，用户会反馈 $N_{\text{HARQ-ACK}}^{\text{CBG/TB,max}}$ 比特的反馈信息，如果 CBG 的个数 M 小于 $N_{\text{HARQ-ACK}}^{\text{CBG/TB,max}}$，剩余的那些比特没有对应的 CBG，则反馈 NAK。针对 TB 重传，用户会针对初传正确的那些 CBG 反馈 ACK。如果用户正确地译码了每个 CBG，但是该 TB 的译码错误，则所有 CBG 对应的反馈信息比特都是 NAK。

6.4 多业务复用

6.4.1 多业务复用背景简介

由于 eMBB 业务的数据量比较大，传输速率比较高，因此通常采用较长的时域调度单元进行数据传输以提高传输效率。例如，采用 15kHz 子载波间隔的一个时隙进行调度，对应 14 个时域符号，对应时间长度为 1ms。而对于 URLLC，通常采用较短的时域调度单元，以满足超短时延的需求。例如，采用 15kHz 子载波间隔的 2 个时域符号进行调度，或者采用 60kHz 子载波间隔的一个时隙进行调度，对应 14 个时域符号。为提高无线频谱的利用效率，同时满足不同业务的不同需求，需要在同一频谱资源上同时支持 URLLC 业务和 eMBB 业务，即多业务复用的场景。

URLLC 业务的数据包的产生具有突发性和随机性，可能在很长一段时间内都不会产生数据包，也可能在很短时间内产生多个数据包。URLLC 业务的数据包在多数情况下为小包，例如 30 或者 50 个字节。URLLC 业务的数据包的特性会影响通信系统的资源分配方式。这里的资源包括时域符号、频域资源、时频资源、码字资源以及波束资源等。

如果基站采用资源预留的方式为 URLLC 业务分配资源，则系统资源在无 URLLC 业务数据时产生浪费，并且 URLLC 业务的短时延特性要求数据包要在极短的时间内传输完成，所以基站需要预留足够大的带宽给 URLLC 业务，从而导致系统资源利用率严重下降。鉴于 URLLC 业务数据的突发性，为提高系统资源利用率，基站通常不会为 URLLC 业务的传输预留资源。有下面两种方式可以提高资源利用率。

一种是采用频分复用（FDM）的方式进行多业务传输，即基站通过调度解决多业务共存的问题。具体来讲，在调度多种业务时，为不同业务分配不同的频域资源。此时不同业务工作在相同的频段内，多种业务之间也不会相互影响。但是由于不同业务调度粒度不同，尤其是时域粒度差别很大，如果采用完全 FDM 的方式可能会使得资源分配复杂度升高，也就是说会有一些资源碎片无法被分配，从而造成资源浪费。

另一种是采用抢占的方式，这种方式基站实现比较简单，不需要复杂的资源分配算法，主要的过程依赖基站指示和用户理解合作完成，后续所述的狭义的 URLLC 业务与 eMBB 业务的复用就是指的这种方式。多业务复用具体包括了上行复用和下行复用两个方面，下面分别介绍上行 URLLC 业务与 eMBB 业务共存和下行 URLLC 业务与 eMBB 业务共存的设计。

1. 上行 URLLC 业务与 eMBB 业务共存

对于上行业务，为满足 URLLC 业务的传输时延的要求，基站预先已经动态调度或半静态配置了用户在一块上行资源上进行 eMBB 业务传输，然后在 eMBB 业务开始传输之前，基站又在与上述 eMBB 业务所占相同的时频资源上调度了 URLLC 上行业务。如图 6.35 所示，基站给 UE1 发送一个调度信息（eMBB Grant）调度了一个 eMBB 业务，占用浅色资源，之后又给 UE2 发送一个调度信息调度了一个 URLLC 业务，占用深色资源，两个资源部分重叠。

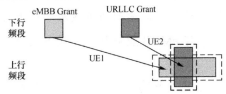

图 6.35　URLLC 业务数据抢占用于传输 eMBB 业务数据的时频资源示意图（上行）

在两种业务占用资源有重叠时，如果两种业务同时传输，URLLC 业务会受到来自 eMBB 业务的干扰，导致可靠性严重下降。为保证 URLLC 业务的可靠性，有两种方案。

方案 1：基站发送指示信息给 UE1，使其停止 eMBB 业务的传输，这样 URLLC 业务的可靠性便不会受到影响，这种方案存在以下问题。

① UE1 如果要及时停止传输，需要随时监听基站发送的指示信息。由于 URLLC 调度周期比较短，所以指示信息的发送周期也会比较短，那么 eMBB 业务的盲检测该指示信息的周期会比较短，造成用户耗电量很大。

② UE1 需要检测指示信息来判断是否停止传输，所以对该指示信息的可靠性要求比较高，因为一旦该指示信息被漏检，则 URLLC 的可靠性会受到严重的影响。所以该指示信息可能需要占用很大的资源，并且可能还需要有复杂的设计，来保证其可靠性。

③ UE1 接收到该指示信息后，需要有一段处理时间，才能停止 eMBB 业务的传输，这段处理时间包括指示信息的解调译码时间，以及用户停止 eMBB 业务的传输的时间。这段处理时间可能会比较长，等处理结束可能 URLLC 业务已经开始发送，URLLC 业务的可靠性还是无法保证。

方案 2：基站发送功率控制信息给 UE1，指示 UE1 降低功率发送；或者发送功率控制信息给 UE2，指示 UE2 提高功率发送，这种方案存在以下问题。

① 如果发送功率控制信息给 UE1，通知 UE1 降低功率，假设通知 UE1 功率降为 0，其实这个功率控制信息和方案 1 中的指示信息类似，也存在相同的问题。

② 如果发送功率控制信息给 UE2，通知 UE2 提高发送功率，这样会对邻小区的传输或者邻载波的传输有较大的干扰。

③ 如果发送功率控制信息给 UE2，通知 UE2 提高发送功率，如果 UE2 在小区边缘，用户功率是受限的，则可提高的发送功率有限，不能解决 URLLC 的可靠性问题。

上述方案是 NR R15 标准化时提出的两种主要候选方案，两者各有利弊，最终对于如何解决上行 URLLC 业务与 eMBB 业务共存时 URLLC 业务的可靠性问题，R15 没有提供支持，在后续的演进版本中会继续进行研究。因此，后续章节主要讨论下行 URLLC 业务与 eMBB 业务共存场景下的设计。

2. 下行 URLLC 业务与 eMBB 业务共存

对于下行业务，当 URLLC 业务数据到达基站时，如果此时没有空闲的时频资源，基站为了满足 URLLC 业务的超短时延需求，无法等待将正常传输的 eMBB 业务数据传输完成之后再对 URLLC 业务数据进行调度。因此基站采用抢占的方式，为 URLLC 业务数据分配资源。如图 6.36 所示，这里的抢占是指基站在已经分配的，用于传输 eMBB 业务数据的时频资源上选择部分或全部的时频资源用于传输 URLLC 业务数据，基站在用于传输 URLLC 业务数据的时频资源上不发送 eMBB 业务的数据。

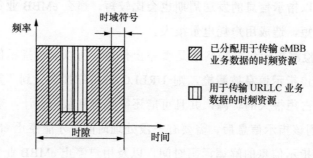

图 6.36　URLLC 业务数据抢占用于传输 eMBB 业务数据的时频资源示意图（下行）

考虑到具体实现，有些用户可能不支持多种业务复用，而另外一些用户可以支持多种业务复用，为保证后向兼容，用户是否要监听抢占指示（PI，Preemption Indication）是可以由系统进行配置的，也就是用户通过接收基站发送的高层信令确定自己是否需要监听 PI。

6.4.2　下行抢占信令设计

如上一章所述，在下行 URLLC 和 eMBB 业务共存的场景中，由于 eMBB 业务的部分时频资源被 URLLC 业务占用，如果不对传输该 eMBB 业务的用户进行指示，用户会将该时频资源上的数据一起接收，然后解调译码。由于该 eMBB 用户接收的数据中会含有 URLLC 用户的数据，会有很大概率造成译码错误，从而导致重传，并且由于其 HARQ 缓存被 URLLC 用户的数据污染，即使进行多次 HARQ 重传，不同的冗余版本进行软合并，仍然有可能会导致译码错误。这样，不仅影响了 eMBB 用户数据传输的可靠性，而且造成了资源浪费。从图 6.37 所示的仿真结果可以看出，在 eMBB 用户的时频资源有 10%被 URLLC 业务抢占后，可靠性已经受很大的影响，尤其是在高 SINR 时，由于码率比较高，如果有 10%的资源被抢占，对可靠性造成的影响相对更加严重。

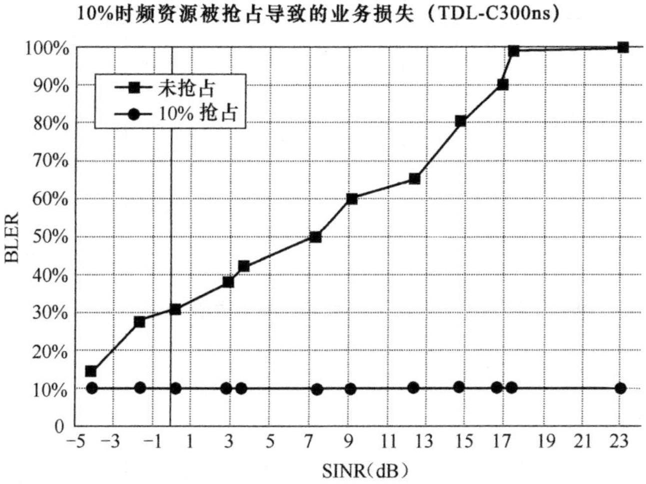

图 6.37　eMBB 数据信道接收性能：抢占 vs.未抢占

　　为保证 eMBB 用户传输的可靠性，被影响的 eMBB 用户需要知道哪些位置被 URLLC 用户占用，以便清除自己缓存中的 URLLC 数据后再进行解调译码。这样，在 URLLC 占据的资源比较少时有可能译码正确，即使译码错误，由于缓存没有被污染，经过 HARQ 重传后，数据传输的可靠性也可以保证。

　　由于基站已知 URLLC 用户已经占用了 eMBB 用户的资源，并且也知道具体被抢占的资源，所以基站可以通过指示信息，指示用户被抢占的资源。该指示信息我们可以称之为抢占指示 PI（Preemption Indication），在 38.213[1]中称为 Interrupted Transmission Indication，即 eMBB 用户会接收到 URLLC 业务的抢占指示信息，该指示信息指示 URLLC 所占据的资源。

1. 下行抢占信令的 DCI 格式

　　如前所述，URLLC 业务对时延的要求比较高，因此 URLLC 业务数据通常采用较短的时域调度单元，而为了保证可靠性，URLLC 业务在频域上占用较大的带宽。因此一个 URLLC 用户的数据可能会占据多个 eMBB 用户的数据的时频资源，如图 6.38 所示。

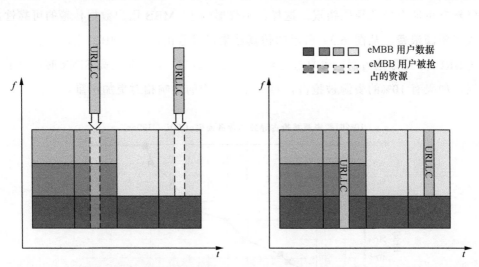

图 6.38　下行 URLLC 业务与 eMBB 业务共存场景下的资源抢占

为了节省信令开销，可以同时通知一组 eMBB UE 被 URLLC 业务抢占的资源，也就是说 PI 指示信息承载在 Group-common 的 DCI 格式中，并采用 INT-RNTI 加扰，这个 RNTI 是基站通过高层信令配置的。配置了该 INT-RNTI 的用户会检测该 INT-RNTI 加扰的 DCI 格式来确定被 URLLC 业务占据的资源。标准 38.212[3] 中将该 DCI 格式记为 DCI 格式 2_0。

DCI 格式 2_0 是面向一组 UE 的，其信息域的比特数是可配置的，并且对于某一个 UE 来说，基站会配置一系列的小区 ID，以及该小区 ID 对应的 PI 在 DCI 格式 2_0 中的位置。这样，UE 采用某个小区 ID 工作时，便可以知道该小区对应的 PI 在 DCI 格式 2_0 的哪些比特域，从而接收到 DCI 格式 2_0 以后，能够确定哪些资源区域被 URLLC 业务所占用。

2. 下行抢占信令的盲检测周期

为正确检测 PI，用户需要知道 DCI 格式 2_0 的盲检测周期。一种比较简单的方式就是 PI 盲检测周期和 URLLC 的调度周期相当，这样 eMBB 用户会很及时发现哪些资源被占用。但是由于 URLLC 的调度周期比较短，如果 eMBB 用户盲检测承载的 DCI 格式 2_0

比较频繁，则会增加 eMBB 用户的耗电量。因此，按照比较短的传输间隔为粒度进行监测，对于 eMBB 用户还是比较难的。对于普通 eMBB 用户来说，至少需要以时隙为单位的调度。并且为了进一步降低盲检测的耗电量，对于有些用户来说，DCI 格式 2_0 的盲检测周期可以配置得比较长，覆盖一个或多个时隙，PI 盲检测周期记为 T_{INT}。

3. 下行抢占信令的参考时频资源

PI 要指示一组 eMBB 用户被 URLLC 业务抢占的资源，为辅助 eMBB 用户理解 PI 的指示，需要定义一个参考时域资源区域，也就是该 PI 的作用区域。

为简化设计，该参考时域资源区域的频域范围为整个下行激活带宽，包含 B_{INT} 个 PRB；时域范围为检测到 DCI 格式 2_0 的时隙中，从检测到 DCI 格式 2_0 的控制资源集的第一个符号开始，持续 N_{INT} 个符号，其中 N_{INT} 个符号为盲检测周期中包含的符号的个数。

假设用户在接收到 DCI 格式 2_0 中某个小区对应的 PI 指示信息，该小区配置的子载波间隔可能是 μ，而承载该 DCI 格式 2_0 的激活带宽的子载波间隔为 μ_{INT}，这两个子载波间隔可能是不同的，因此计算符号个数的时候会有模糊。因此，规定按照公式 $N_{symb}^{slot} \cdot T_{INT} \cdot 2^{\mu-\mu_{INT}}$ 计算参考时域资源的时域符号个数 N_{INT}，其中 N_{symb}^{slot} 是时隙中包含的符号个数。并且，基站在配置 μ，μ_{INT}，T_{INT} 时会保证计算得到的 N_{INT} 为整数。

在 NR 系统中，一个时隙中的符号方向可以被灵活地配置。PI 仅仅是指示下行 URLLC 业务与 eMBB 业务复用场景下的抢占问题，也就是涉及的业务是下行 URLLC 业务和下行 eMBB 业务。如果按照上面的方式确定的参考时域资源区域中包含高层信令配置的上行符号，则这些上行符号会从 N_{INT} 中排除。此外，PI 的指示不会影响 SS/PBCH Block 的接收，即从 UE 角度看，SS/PBCH Block 不会被 URLLC 业务抢占。

4. 下行抢占信令的指示粒度

根据上面的描述可以看出，PI 的参考时频资源区域比较大，频域为整个下行的激活带宽 B_{INT} 个 PRB，时域为 N_{INT} 个符号。如果指示的粒度频域为一个 RB，时域为 N_{INT} 个符号，这虽然能够精确地指示出 URLLC 所占的资源，但是信令开销会比较大。并且时域符号的个数变化会导致 PI 的指示域大小不固定，造成 DCI 的设计比较复杂。为了保证 DCI 的比特固定，在标准 38.212[3]中规定了固定 PI 指示域的大小为 14bit。

考虑到 URLLC 占据的时域符号最少是 2 个符号，频域大带宽；或者也可以时域占多个符号，频域带宽相对减小。为了适应多种调度场景，该 14bit 的 PI 可以有以下两种指示粒度，具体采用两种指示粒度中的哪一种是基站通过高层信令参数 timeFrequencySet 配置的。

① 如果 timeFrequencySet 取值为 0，则频域指示粒度为整个激活带宽，也就是 B_{INT} 个 PRB，时域 N_{INT} 个符号分为 14 组，每一组为一个时域指示粒度。具体指示方式如下。14bit 的 PI 和 14 个符号组一一对应。其中，14 个符号组中，前 $N_{INT} - \lfloor N_{INT}/14 \rfloor \cdot 14$ 个符号组中每个符号组包含 $\lceil N_{INT}/14 \rceil$ 个符号，后 $14 - N_{INT} + \lfloor N_{INT}/14 \rfloor \cdot 14$ 个符号组中每个符号组包含 $\lfloor N_{INT}/14 \rfloor$ 个符号。每个比特对应一个符号组，比特取值为 0 就指示对应的符号组用于传输该用户的数据，比特取值为 1 指示对应的符号组不用于传输该用户的数据。

② 如果 timeFrequencySet 取值为 1，则频域指示粒度为半个激活带宽，时域符号 N_{INT} 分为 7 组，每一组为一个时域指示粒度。14bit 的 PI 分成 7 个比特对，这 7 个比特对和 7 个符号组一一对应。其中，7 个符号组中，前 $N_{INT} - \lfloor N_{INT}/7 \rfloor \cdot 7$ 个符号组中每个符号组包含 $\lceil N_{INT}/7 \rceil$ 个符号，后 $7 - N_{INT} + \lfloor N_{INT}/7 \rfloor \cdot 7$ 个符号组中每个符号组包含 $\lfloor N_{INT}/7 \rfloor$ 个符号。7 个比特对中的每个比特对对应一个符号组，每个比特对的第一个比特对应该符号组的上半个带宽，也就是 $\lceil B_{INT}/2 \rceil$ 个 PRB，每个比特对的第二个比特对应该符号组的下半个带宽，也就是后面的 $\lfloor B_{INT}/2 \rfloor$ 个 PRB。比特取值为 0 就指示对应的符号组和对应的半个带宽用于传输该用户的数据，比特取值为 1 指示对应的符号组和对应的半个带宽不用于传输该用户的数据。具体的粒度设计示意图如图 6.39 所示。

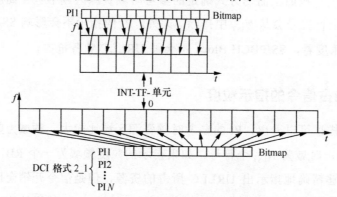

图 6.39 PI DCI 信令设计和资源指示

综上所述，基站给被影响的 eMBB 用户发送 DCI 格式 2_0，指示哪些资源被 URLLC

业务占用。UE 在配置的需要监听 PI 的时间位置进行 PDCCH 检测，通过盲检测 DCI 格式 2_0 确定哪些资源被抢占。然后 UE 从自己的数据中清除这些被污染的数据，再进行解调译码，具体指示过程如图 6.40 所示。

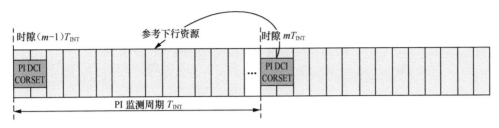

图 6.40　eMBB 用户接收 PI 后的处理流程

6.4.3　基于编码块组的下行抢占

根据 6.6.2 节的介绍，在共存场景下 eMBB 用户会收到 PI 指示，用于确定哪些资源被 URLLC 业务占用。eMBB 用户会接收到 PI 后，将被污染的部分清除后再进行译码。这样，用户有一定的概率正确译码，但也有可能会失败，此时就需要基站重新调度重传。在多数情况下，eMBB 用户的资源会有 1 个或者 2 个符号被 URLLC 业务占用，此时如果重传这个 TB，资源利用率是比较低的。最理想的情况是，仅仅重传被 URLLC 占据的那部分资源对应的数据，这样重传的粒度最小，可以考虑采用 CBG 的方法。也就是说在 URLLC 业务与 eMBB 业务共存的场景下，可以结合 CBG 重传的方法，进一步提高资源的利用率。

‖‖‖ 参考文献

[1] 3GPP TS 38.213. NR; Physical layer procedures for control.

[2] 3GPP TS 38.331. NR; Radio Resource Control (RRC) protocol specification.

[3] 3GPP TS 38.212. NR; Multiplexing and channel coding.

第**7**章

Chapter 7

5G NR 功率控制及上下行解耦

7.1　5G NR 功率控制

功率控制是无线通信系统中提高信道容量、降低干扰、节能的重要手段。一方面，足够高的传输功率有助于应用更高调制编码水平（MCS），增加传输比特率，提升传输成功率和服务质量（QoS），降低误码率和丢包率。另一方面，过高的传输功率会对同一时频资源的其他传输产生过高的干扰，导致较高的邻通道功率泄漏，消耗过多能量，不利于节能，尤其不利于 UE 的电池寿命。因此，发射端需要确定适当的传输功率，而且此功率和链路自适应密切相关。

与 LTE 相比，5G NR 功率控制需要支持更多种场景，更高的灵活度，但是在设计框架和思路上与 LTE 功率控制基本相同。5G NR 功率控制包括上行功率控制和下行功率控制，上行基于 FPC（Fractional Power Control）的方法，下行只提供有限的标准化而主要依赖网络侧的配置和实现。

7.1.1　上行功率控制

如前所述，NR 上行沿用了 LTE 的功率控制基本技术，即部分功率控制（FPC），同时 NR 上行功率控制需要考虑 NR 的总体设计并支持引入的新的特性。下面首先简要阐述 FPC 的原理，然后讨论 NR 上行功率控制设计所需要考虑的新的因素与设计思路，接着给出总体设计的描述及其在上行信道上的具体实施。

1．FPC 原理

FPC 最初是针对 LTE 系统的上行干扰控制问题提出的[1-2]。为了使系统的频谱效率最大化，不同的小区间使用同样的时间频率资源进行上行传输。如果各个终端都用满功率发射，基站侧接收到来自邻区的干扰会非常严重，造成小区边界的终端的速率很低。而传统的完全路径损失补偿可以很好地控制基站侧所看到的干扰水平，但会使得终端不能用很高的速率发射，频谱效率很低。

通过部分（Fractional）补偿路径损失（Path Loss）和阴影效应（Shadowing），距离基站较近、总体路损较小的终端使用较小的发射功率（从而降低干扰）但仍能获得较大的接收功率，进而有较高的传输速率，而小区边缘的终端可以用较大甚至满功率发射以最大化小区边缘性能而不至于过高增加上行的总干扰水平。这样可以有效地抑制上行干扰，同时保证信道质量较好的终端能够高速率传输，FPC 在总体的频谱效率和小区边缘性能之间达到一个很好的折中。

图 7.1 给出不同功率控制方案下的用户速率分布。当路损补偿因子 $\alpha=0$ 时，终端满功率发射导致较高的干扰水平和很差的小区边缘性能。当 $\alpha=1$ 时，所有用户的接收功率一样而系统频谱效率很低。当 $0<\alpha<1$ 时，比如 $\alpha=\frac{1}{2}$，系统能够同时获得好的边缘性能和高的频谱效率。通过调节路损补偿因子 α 及开环接收端功率目标值（Po），系统可以采取不同的功率控制策略（从满功率发射到部分路损补偿，再到全路损补偿）来调节上行干扰水平，并控制小区边缘性能和系统效率。

在慢速的部分路损补偿的基础上，其他两个快速补偿因子也被引入。一个是闭环的功率补偿因子，通过基站在下行控制信号（DCI）里发送发射功率控制（TPC）信令来快速调节上行发射功率。闭环功率补偿因子给系统提供一个机制以便根据上行的负载、干扰，或其他因素来快速地调节终端发射功率，从而降低干扰或提升用户速率等。另一个快速补偿因子是基于上行调度带宽和调制编码水平（MCS）来相应调整发射功率的考虑。这个快速补偿因子使得系统能够通过调度的带宽和调整编码水平的维度来控制终端发射功率，并在用户的服务速率的公平性、干扰水平和系统频谱效率上达到更好的平衡。

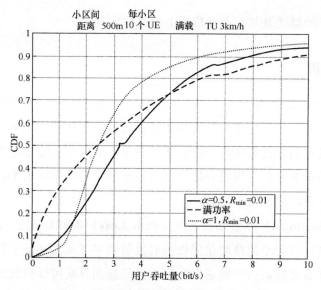

图 7.1　不同功控方案下的用户速率分布[1]

2. NR 上行功率控制设计的考虑

NR 沿用了 LTE 的基本的功率控制机制，但作为新一代移动通信系统，也有很多不同的系统设计和考虑，引入了不少新的技术和特性。因此作为上行链路的基本机制，上行功率控制也需要做相应的调整和增强，以有效地支撑这些特性。

与 LTE 相比，NR 的一个明显的特征是没有小区级的公共导频（CRS）。这给系统带来极大的灵活性，同时也从根本上消除了网络中固有的一个干扰源以提高频谱效率。去掉公共导频以后，上行功率控制机制所需要的路损测量需要借用其他导频来完成，比较自然的选择是 CSI-RS 和 SS/PBCH。

NR 的另一个突出的特性是对于高频频段（FR2）的支持，特别是引入波束（Beam）管理机制以解决 FR2 的覆盖问题。波束的引入使得路损的测量和估计变得比较复杂。基站和终端之间的路损会因为使用的发射和接收波束的不同而变化。终端可以用多个不同的发射和接收波束在不同的时隙或信道上与基站通信，因而针对不同的波束可能需要终端用不同的相应的下行导频来测量和估计路损，这使得上行的传输可以更有效地使用波束赋形以提高覆盖和速率，但也要求终端有能力支持多个路损测量。

进一步，NR 有可配置的 Numerology 和帧结构设计，包括多载波和单载波两种上行波形，并支持不同的服务类型（如 eMBB 和 URLLC）。这些都要求上行功率控制能够灵活配置以适应不同的场景和需求。另一方面，可能出现的各个方面的组合数目很多，每一个组合都独立配置会造成终端和系统的复杂度太高。

综合考虑上行功率控制的各个部分，路损的测量和闭环补偿因子对于终端的复杂度要求较高，而开环参数则相对较为简单。因此，NR 的上行功率控制采用了如下的配置框架。终端支持配置有限（最多为 4）个下行信号（CSI-RS 或 SS/PBCH 块）进行路损测量和维护；终端支持配置有限（最多为 2）个闭环补偿因子并接受 TPC 和维护闭环的补偿状态；终端支持较多数量（最多为 32）的开环参数配置。根据不同的场景和传输信道，网络半静态配置和动态指示终端使用不同路损估计的下行信号（包括波束）、开环参数和闭环因子的组合来完成上行发射功率的计算。这样既保持了终端较低的复杂度，也使得系统可以足够灵活。

其他新的场景如增补上行（SUL，Supplementary Uplink）以及 LTE 与 NR 非独立组网对上行功率控制的影响参见 7.2.4 节。

3．NR 上行功率控制总体描述

UE 的上行功率控制基本框架主要基于 FPC 的灵活组合方式。在某一给定服务小区的某一上行载波上，FPC 主要包括开环功率控制部分、闭环功率控制部分，以及其他调节量。此外，为确保与 UE 的功率分类（Power Class）相符，UE 在该上行载波的配置传输功率 P_{CMAX}（该上行载波允许的最大传输功率）将用于限制 FPC 计算得出的功率值。上行传输功率 P 的一般计算式为（单位为 dBm）：

$$P=\min[P_{\text{CMAX}}, \{\text{开环运行点}\}+\{\text{闭环偏移量}\}+\{\text{其他调节量}\}]$$

$$=\min[P_{\text{CMAX}}, \{P_0(j)+\alpha(k) \cdot PL(q)\}+\{f(l)\}+\{10\lg M+\Delta\}]$$

详细描述如下。

① 上行传输和功率控制的载波和带宽资源。

UE 可支持一个或多个上行传输服务小区，其中多个上行服务小区对应于上行载波聚合的场景。每个上行服务小区可配置一个上行载波（称为 Uplink 或 Uplink Carrier 或 UL）或两个上行载波（UL+SUL）。每个上行载波需配置至少一个，不超过四个的上行 BWP。除了 P_{CMAX}、随机接入 P_0 是基于某上行服务小区的某上行载波来定义和配置的以外（对该上行载波的所有 BWP 相同），上行功率控制都是基于某上行服务小区的某上行载波的某上行 BWP 来定义、配置和描述的。

② 开环部分。

开环运行点由 $\{P_0(j)+\alpha(k)\cdot PL(q)\}$ 确定，慢速、准静态地调节传输功率，通常由 RRC 高层信令配置或改变。此部分仅与配置参数和半静态的路损估计相关，所以称为开环部分。

● $P_0(j)$ 为开环接收端功率目标值，j 为索引，从配置的一组 P_0 值中选择一个。$P_0(j)$ 的选择与网络侧期望的目标 SINR 和干扰强度相关。此目标值越大，通常上行传输功率越高，接收端 SINR 越高。具体选取方式与信道类型、BLER 目标值、小区内路损分布等因素相关，可参见文献[1]。

● $PL(q)$ 为路损估计，q 为索引，从 UE 维护的一组路损估计值中选择一个。路损通过下行的参考信号估计，与 LTE 不同，NR 没有 CRS 供 UE 做路损估计，只能使用 SSB 和 CSI-RS，计算方式为

$$PL(q)=\text{referenceSignalPower}-\text{higher layer filtered RSRP}$$

对于处于连接态的 UE，通常配有 UE-specific CSI-RS，这样的 CSI-RS 可用于路损估计，尤其是和公共信道无关的上行传输的路损估计。对于没有配备 UE-specific CSI-RS 的 UE，或者与公共信道相关的上行传输，则可使用 SSB，利用 SSS 和 PBCH DM-RS（可选的）来测量路损。为达此目的，SSB 的传输功率（对应于上式中"referenceSignalPower"的部分）必须通过公共信道通知 UE，这样 UE 才能完成 SSB 上的路损估计。NR 也规定与某 SSB 相关的 PBCH DM-RS 和 SSS 的传输功率相同。注意在 LTE 中，PSS/SSS/PBCH 的功率是不需要通知 UE 的。

从上面的路损计算公式可以看出，传送端和接收端的天线波束赋形增益也包含在此路损估计中。对于同一 UE，对应于不同服务小区的路损一般不同。对于同一 UE，同一服务小区的不同的参考信号也可经历不同的路损，典型场景如高频下的 SSB 通常有较宽波束，波束赋形增益低，路损估计大，而某些与数据传输对应的 CSI-RS 波束较窄，波束赋形增益高，路损估计小。因此，同一 UE 需维护多个路损估计值，并根据网络侧配置或指示的索引取出某路损估计值来计算传输功率。此方法可有效支持 CoMP、Beam-Specific 功率控制等。

● $\alpha(k)$ 为部分路损补偿因子，取值范围在 0 到 1 之间，k 为索引，从配置的一组 α 值中选择一个。$\alpha=1$ 时，若不考虑闭环偏移量和其他校正量，传输功率将完全补偿上行传输所经历的路损，相应的接收端的接收功率仅由 $P_0(j)$ 决定，即不同的 UE 有完全相同

的网络侧接收功率，实现小区中央和小区边缘 UE 间的更高的公平度，但代价是，小区中央 UE 传输功率过低，不利于提升总体吞吐量，而且小区边缘 UE 传输功率过高，耗电过高并导致过高的小区间干扰。为避免以上问题，可令 $\alpha<1$，仅部分补偿上行传输所经历的路损[1]。实际系统中，$\alpha=0.7$ 或 0.8 可实现公平度和系统总吞吐量之间的较好平衡，因而为 PUSCH 和相关的 SRS 功率控制所采用。PUCCH 和 PRACH 对吞吐量的要求低，对小区中央和边缘 UE 的传输功率要求都高，所以标准中只支持 $\alpha=1$。

● 通过上述索引的灵活配置、组合、指示，网络中可实现同一 UE 同时在多种场景下支持多种开环功率控制，即一套 j，q，k 索引可确定一种开环功率控制。这是针对 5G NR 的复杂多样的场景的有效设计，在 LTE 中不存在。特别应当注意的是，这种设计有利于路损估计的维护、重用，对降低基站和 UE 复杂度，提升功率控制的灵活度非常重要。维护多个路损估计需要配置多个下行参考信号，UE 进行多个 RSRP 的测量和滤波，相应的开销可能相当大。因此，与路损估计相关的下行参考信号的个数必须要有上限，而且这些路损估计应当可以重用于更多的开环功率控制，即路损估计和开环功率控制可为一对多的关系。

③ 闭环部分。

闭环部分 $f(l)$ 为第 l 个功率控制偏移（调节）状态值（Power Control Adjustment State），可快速地、针对某个 UE 的某次传输调节其传输功率，调节依据为上一次传输的效果，调节信息通过物理层信令（DCI）快速调节（相关参数仍由 RRC 高层信令准静态配置）。此类调节被称为闭环调节。举个例子，比如基站发现 UE 的某次传输功率过高，基站可在调度下一次同类型上行传输时，用 DCI 通知 UE 将传输功率降低 1 dB。DCI 中携带的这个闭环功率控制信息称为传输功率控制命令（TPC Command），表示为 $\delta(l)$。根据高层配置的参数 tpc-Accumulation 取值的不同，功率控制偏移状态值 $f(l)$ 和传输功率控制命令 $\delta(l)$ 可有如下两种关系。

● 如果 tpc-Accumulation 为非使能的状态，则 $f(l)=\delta(l)$，即该次传输功率控制命令直接作用于功率控制值上，此类传输功率控制命令也称为绝对功率控制命令。

● 如果 tpc-Accumulation 不是非使能的状态，则 $f(l)=f(l-1)+\delta(l)$，传输功率控制命令通过一个累加器（积分器）作用于功率控制值上，即该次传输功率控制命令首先用于更新功率控制偏移状态值，累积的功率控制偏移状态值再作用到功率控制值上。在这种情况下，传输功率值能更好地追踪系统的变化、漂移，但 UE 必须维护此追踪回路。

为降低 UE 的复杂度，5G NR 中规定对同一 BWP 内的同一类信号（如 PUSCH），此回路的个数不超过 2。

④ 其他调节量。

其他调节量主要为 $\{10\lg M+\Delta\}$，和资源分配、链路自适应密切相关。

● M 与此次上行传输分配的带宽相关。在子载波间隔为 15 kHz 的情况下（$\mu=0$），M 即是 PRB 个数。如果子载波间隔加倍，则传输功率需相应地加倍。所以，一般表达式为 $10\lg(2^{\mu}M)$。

● Δ 是与此次上行传输格式相关的调节量，通常包括 Δ_{TF}，TF 指传输格式（Transmit Format），即 MCS。

⑤ 配置传输功率 P_{CMAX}。

P_{CMAX} 为上行服务小区的上行载波所配置的最大允许传输功率，适用于该上行载波内所有上行 BWP。不考虑上行 CA、上行 MIMO、上行 DC 的场景，P_{CMAX} 有以下三种情况。

● 在 FR1 的情况下，UE 的功率分类规定了 UE 的最大输出功率，此输出功率为总辐射功率（TRP, Total Radiated Power），不显示包含天线的波束赋形增益。P_{CMAX} 为此最大输出功率减去标准里定义的最大功率衰减（MPR, Maximum Power Reduction）和附加最大功率减少量（A-MPR, Additional MPR）。

● 在 FR2 的情况下，UE 天线通常有很高的波束赋形增益，而且相关的常规需求是基于有效全向辐射功率（EIRP, Equivalent Isotropically Radiated Power），因此，UE 的功率分类的定义为 EIRP 类型，包含了天线的波束赋形增益，而不再是 TRP 类型。并且，功率分类定义为最低的 EIRP 值，而不是最高值。为了确保发射功率不会过高，每个功率分类也引入了 EIRP 和 TRP 的上限。UE 的最大输出功率 P_{CMAX} 为此最大输出功率减掉标准里定义的各种 MPR 和 A-MPR 得到，并定义为 TRP 类型。这个 TRP 类型的 P_{CMAX} 可直接用于物理层上行功率控制。

● 同时有 FR1、FR2 的情况下，相关标准仍在制定中。

对于有上行 CA、上行 MIMO、上行 DC 的场景，参见文献[3-5]（部分标准仍在制定中）。

4. 上行功率控制设计细节

本节针对具体的信道、信号传输描述上行功率控制设计细节。这些具体的信道、信号功率控制为前面总体框架的具体应用和细化。以下配置一般为 BWP 级、UE 特定配置，也有个别为载波级配置。

（1）PUSCH 功率控制

PUSCH 功率控制的开环参数 $P_0(j)$ 和 $\alpha(k)$ 都成对配置，即配为 $\{P_0(j), \alpha(j)\}$，共可配置 32 对，称为 P0-PUSCH-AlphaSet。其中，第一对用于随机接入 Message 3 PUSCH，第二对用于没有调度 Grant 的 PUSCH，其他的则完全由网络侧按照实现的需要通过索引灵活配置和使用。每个 $P_0(j)$ 又包含该小区公共的载波级分量（−202，−200，…，22，24）dBm 和每个 UE 独立配置的 BWP 级分量（−16，−15，…，14，15）。

PUSCH 的路损估计 $PL(q)$ 最多可配置 4 个，一般通过高层参数 PUSCH-Pathloss-ReferenceRS 的索引到某个下行 RS 来指定。如果没有该配置（如在初始接入之后，更完整的参数配置之前），则使用 MIB 包含的 SSB 索引来做估计路损。如果是不基于码本的 PUSCH 发射，路损估计可由 DCI 格式 0_1 中的 SRS 资源指示器（SRI）域里的索引指示到某个下行 RS 来获得。如果某 PUSCH 是由 DCI 格式 0_1 触发（不含 SRI 域）的，而相同资源上的 PUCCH 有配置好的下行 RS 索引，则该 PUSCH 使用 PUCCH 的下行 RS 索引作路损估计。如果某 PUSCH 有高层配置的 pathlossReferenceIndex，则使用此索引做路损估计。对随机接入的 Msg 3 PUSCH，路损估计索引为相应的 PRACH 的路损估计索引。

PUSCH 的闭环 $f(l)$ 的索引 l 可最多取两个值，即最多两个闭环回路。使用哪个可由高层参数 powerControlLoopToUse 直接配置，也可以通过 DCI 格式 0_1 中的 SRI 域里的索引得到。

PUSCH 的传输功率控制命令 $\delta(l)$ 可在调度该 PUSCH 的 DCI 中指示。对于其他的 PUSCH 传输，DCI 格式 2_2 可用于一组 UE，组内每个 UE 在某一载波集上发送 PUSCH 的传输功率控制命令，配置、触发方式类似于 LTE 的 DCI 格式 3。UE 检测 DCI 格式 2_2 的 CRC，如果扰码为该 UE 配置的 TPC-PUSCH-RNTI，则在该 DCI 的指定的比特位上读取相应载波集的传输功率控制命令。

（2）PUCCH 功率控制

PUCCH 的 α 固定为 1，它对吞吐率的要求不高而对边缘 UE 的覆盖要求高。P_0 的可能选择构成 p0 集合，每个 BWP 可包含多达 8 个取值。每个 $P_0(j)$ 又包含该小区公共的载波级分量（−202，−200，…，22，24）dBm 和每个 UE 独立配置的 BWP 级分量（−16，

–15，…，14，15）。PUCCH 的路损估计 $PL(q)$ 最多可配置 4 个，组成一个集合 pathlossReferenceRSs。

每个 BWP 上，PUCCH 可配置最多 8 个高层参数 PUCCH-SpatialRelationInfo，每个这样的参数可包括 PUCCH-SpatialRelationInfo 的索引、$P_0(j)$ 索引 j、用于测路损的下行 pathlossReferenceRSs 的索引、闭环回路的索引。网络侧的 MAC CE 信令包含了 PUCCH-SpatialRelationInfo 的 Bitmap，若某 bit 为 1 则激活该配置；同一时刻只能有一个激活的 PUCCH-SpatialRelationInfo。如果没有配置 PUCCH-SpatialRelationInfo，UE 直接使用 p0 集合中的第 0 个值、pathlossReferenceRSs 中的第 0 个值、第 0 个闭环回路。注意到与 PUSCH 不同，PUCCH 无法通过物理层 DCI 来快速选择功率控制的参数。

PUCCH 的传输功率控制命令 $\delta(l)$ 可在触发该 PUCCH 的 DCI 中指示（如下行 DCI 调度 PDSCH，而该 PUCCH 携带该 PDSCH 的 ACK/NACK）。对于其他的 PUCCH 传输，DCI 格式 2_2 可用于一组 UE，组内每个 UE 在某一载波集上发送 PUCCH 的传输功率控制命令，配置、触发方式类似于 PUSCH 的 DCI 格式 2_2，但 DCI 的扰码为 TPC-PUCCH-RNTI。

PUCCH 的其他调节量的配置没有直接用到 MCS，而是和 PUCCH 的格式相关。

（3）SRS 功率控制

每个 BWP 上可配置多达 16 个 SRS 资源集。每个资源集独立配置其 P_0（–202，–200，…，22，24）dBm 和 α。路损估计主要由高层参数 pathlossReferenceRS 直接指定。

如果在某个 BWP 上，UE 配置了 PUSCH，而且 PUSCH 和 SRS 的传输方式相同（例如，使用相同的波束），则该 BWP 上的 SRS 的闭环传输功率控制命令可以配置为与 PUSCH 的闭环传输功率控制命令相同。但是在某些情况下，PUSCH 和 SRS 使用不同的波束，或者该 BWP 上没有配置 PUSCH（如 SRS 载波切换的情况），那么 UE 必须配置独立的 SRS 闭环功控，对应于参数 srs-PowerControlAdjustmentStates 取值为 separate-ClosedLoop。独立的 SRS 闭环功控只能通过 DCI 格式 2_3 实现。

DCI 格式 2_3 可用于一组 UE，组内每个 UE 在某一载波集上发送 SRS 的触发命令和传输功率控制命令。此 DCI 中包括多个比特块，每个比特块包含了一位指示位，如果指示位为 0 则该比特块只支持传输功率控制命令，如果指示位为 1 则该比特块支持触发命令和传输功率控制命令。每个比特块可对应于一个 UE 的一个上行载波集（Type A），该集合可支持该 UE 的最多 8 个载波，每个载波按集合内的定义好的次序依次分配了传输功率控制命令的两个比特位。每个比特块也可只对应于一个 UE 的一个上行载波集（Type B），包含传输功率控制命令的两个比特位；如果该 UE 支持多个上行载波，则可分配多个 Type B 的比特块。Type A 的比特块的每个载波有独立的传输功率控制命令，但共用一个 SRS 触发命令，因此降低了信令开销，但非周期触发时灵活度不够，只能同时触发集合内所有载波。而 Type B 的比特块的对应于一个载波，即每个载波有独立的传输功率控制命令和触发命令，因此信令开销更大，但非周期触发更为灵活。DCI 格式 2_3 对应的 CRC 扰码为 TPC-SRS-RNTI。

（4）PRACH 功率控制

PRACH 的前导信号配置有 $P_{PRACH,target}$，与 P_0 功能相同。α 固定为 1。如果按照这样的配置发射的 PRACH 没有收到随机接入回应（RAR），UE 会执行功率提升（Power Ramping），直到功率达到 P_{CMAX} 或者 PRACH 收到 RAR 为止。

（5）PHR 上报

功率余量上报（PHR，Power Headroom Report）分为两种类型。

● Type 1：PUSCH 的 PHR。又分为实际 PUSCH 传输的 PHR 和参考（虚拟）PUSCH 传输的 PHR。计算方式与 LTE 中的基本类似，即用配置传输功率 P_{CMAX}（或者虚拟 P_{CMAX}）减去开环部分、闭环部分、其他调节量。其中，虚拟 PHR 计算公式中用到的索引均使用第 0 个值。

● Type 3：SRS 的 PHR。也包含实际 SRS 传输的 PHR 和参考（虚拟）SRS 传输的 PHR。计算方式和上述 PUSCH 的两种 PHR 类似。

注：Type 2 PHR 为 PUCCH 和 PUSCH 在同一个载波上并发时 UE 的上报。R15 不支持 PUCCH 和 PUSCH 并发，因此也不支持 Type 2 PHR 上报。

（6）双上行和 CA 功率控制及信道优先级

在单小区、双上行载波，或者上行 CA 的情况下，UE 在各个载波、上行小区上单独计算出来的功率之和可能会超过 UE 的总配置传输功率 P_{CMAX}（注意这不是载波级配置传输功率，总配置传输功率大于等于所有载波级配置传输功率）。此时 UE 要按照传输的优先级，优先分配高优先级的传输，并降低低优先级传输的功率，以保证功率之和不超过总配置传输功率。优先级为：PCell 的随机接入>含 ACK/NACK 的 PUCCH/PUSCH 和 SR>含 CSI 的 PUCCH/PUSCH>其他 PUSCH>SRS 和其他小区的随机接入。在同等优先级下，MCG（主小区组）高于 SCG（辅小区组），非 SUL 高于 SUL。

7.1.2 下行功率控制

与 LTE 类似，NR 对下行功率控制的支持很少，仅有少量与 PDSCH 相关的功率控制，其他则为信号、信道的功率设置。下行功率设置由 gNodeB 决定，基于 EPRE（Energy Per Resource Element）。

PDSCH 的传输依赖于 DMRS，DMRS 的 EPRE 可由 gNodeB 动态改变，改变方式不做标准化，改变后的值也不通知 UE。但 PDSCH 与 DMRS 的 EPRE 比值与 DMRS 的 CDM 参数、配置方式有关，因此 gNodeB 可相应地动态改变 PDSCH 的 EPRE。

其他的功率设置值和相关的比值比较固定，由标准指定或者由高层信令配置。如 UE 可假设 CSI-RS 在全带宽内的 EPRE 恒定，SSS 和 PBCH 的 DMRS 的 EPRE 比值为 0 dB，CSI-RS 和 SSB 的 EPRE 比值为高层配置参数 powerControlOffsetSS 等。

▋▋▋ 7.2 上下行解耦

在传统的通信系统，如 LTE 系统中，同一频段中的上行载波和下行载波需要绑定和配对使用，即一个上行载波对应一个下行载波。对于 LTE FDD，上行载波和下行载波属于同一个频带中的不同频段，它们带宽相等，并且上行载波与下行载波之间的频率间隔在各频带中有严格的定义（参考 TS 36.101 标准）；对于 LTE TDD，上行载波和下行载波使用相同的频段。上行与下行耦合使用的是 4G 通信系统中的基础设计。

NR 打破了传统通信系统中上行和下行耦合的设计，引入了上下行解耦的设计。通过上下行解耦，NR 支持在一个小区中配置多个上行载波，该上行载波也被称为增补上行（SUL，Supplementary Uplink）载波。SUL 载波可以灵活配置，既可以是现有 LTE 中的频段，也可以是单独一个上行频段。图 7.2 给了一个 1.8GHz 的 LTE 频段配置为 3.5GHz 的 NR 频段 SUL 的例子。在该例子中，1.8GHz 的 SUL 载波的频率相对于 3.5GHz 更低，传播损耗（也称路径损耗）也更小，可以有效提升 NR 上行覆盖范围。

应当注意的是，NR 中的上下行解耦设计与传统载波聚合有着本质的区别。NR 上下行解耦中的 NR TDD 载波与 SUL 载波属于同一个小区，即两个上行载波对应同一个下行载波；而载波聚合中的两个载波分属两个不同的小区，每个上行载波对应一个不同的下行载波。正因为这个差别，NR 上下行解耦在随机接入、资源调度、功率控制等方面与载波聚合也是不同的。

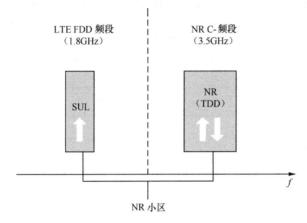

图 7.2　NR 上下行解耦示意图，NR+SUL

7.2.1　上下行解耦基本概念

1. 上下行解耦与覆盖

覆盖是移动基站非常关键的指标。NR 部署频段不仅包括传统的 3GHz 以下低频频段，而且也将向 3～6GHz（中频）及 6GHz 以上（高频）频段扩展。随着部署频率的提升，路损也相应增高，覆盖也成为了 5G 部署中亟须解决的难题。

表 7.1 给出了用户的上行容量为 1Mbit/s，不同工作频段、不同收发天线接收配置下各个信道覆盖相关参数典型值。表中的 $xTyR$ 表示系统中基站的发射天线数为 x，接收天线数为 y，例如，4T4R 表示的是基站的发射天线数与接收天线数均为 4。

表 7.1　覆盖能力计算

参数	1.8GHz 4T4R		3.5GHz 4T4R		3.5GHz 64T64R	
	PDCCH	PUSCH	PDCCH	PUSCH	PDCCH	PUSCH
发射天线增益 G_{Ant}^{TX}（dBi）	17	0	17	0	10	0
接收天线增益 G_{Ant}^{RX}（dBi）	0	18	0	18	0	10

续表

参数	1.8GHz 4T4R		3.5GHz 4T4R		3.5GHz 64T64R	
	PDCCH	PUSCH	PDCCH	PUSCH	PDCCH	PUSCH
每个子载波的热噪声 N_{RE}（dBm）	−132.24	−132.24	−129.23	−129.23	−129.23	−129.23
噪声系数 N_F（dB）	7	2.3	7	3.5	7	3.5
接收机灵敏度 γ（dBm）	−129.44	−134.3	−129.44	−134.3	−141.02	−141.23
发射电缆损耗 L_{CL}^{TX}（dB）	2	0	0	0	2	0
接收电缆损耗 L_{CL}^{RX}（dB）	0	2	0	0	0	2
穿透损耗 L_{pe}（dB）	21	21	26	26	26	26
阴影衰落 L_{SF}（dB）	9	9	9	9	9	9
小区间干扰余量 I_m（dB）	14	3	14	3	7	2
频率的路损差异 L_f（dB）	0	0	5.78	5.78	5.78	5.78

根据表 7.1 的配置，可以计算出各信道基本覆盖能力。如图 7.3 所示，当 3.5GHz 频段与 1.8GHz 频段上的基站同时使用 4T4R 时，3.5GHz 的物理下行控制信道（PDCCH，Physical Downlink Control Channel）的覆盖能力相较 1.8GHz 差 8.8dB。造成该差距的主要原因在于高频段导致的更大的路径损耗和穿透损耗。而物理上行共享信道（PUSCH，Physical Uplink Shared Channel）的覆盖能力相较 1.8GHz 差距更大，达 16dB。这主要是因为，除了路径损耗、穿透损耗以及电缆损耗之外，使用更大带宽会使噪声系数增加，从而带来了一部分的性能损失。图 7.3 也给出了 3.5GHz 基站使用 64T64R 时的覆盖性能。对于 PDCCH，采用 64T64R，相对 4T4R 可以带来超过 11dB 的增益。这使得 3.5GHz 的 PDCCH 与 1.8GHz 采用 4T4R 可以达到基本相同的覆盖。这部分增益主要来源于波束赋形带来的增益，以及波束赋形带来的小区间干扰下降。而对于 PUSCH，基站的 64T64R 可带来约 6dB 的接收增益。即使如此，3.5GHz 的 PUSCH 的覆盖依然与 1.8GHz 存在近 10dB 的差距，即使通过提升 UE 的发送功率也难以很好地弥补这一损失。

上下行解耦是增强 PUSCH 覆盖的重要技术。PUSCH 在低频的 SUL 载波上发送，可以免受 UE 高频传输时更大路径损耗和穿透损耗的影响。通过合理分配在 SUL 频段上用户的比例，可以直接提升 NR 系统覆盖范围，改善边缘用户上行传输性能。

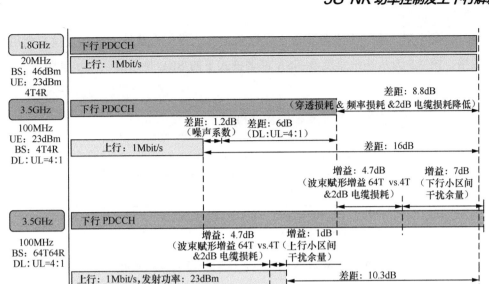

注：基站的传输功率谱密度在 1.8GHz 和 3.5GHz 频段上保持不变

图 7.3　链路损耗分析

2. 上下行解耦与 NR 部署模式

NR 有两种部署模式，非独立（NSA，Non-Standalone）部署模式和独立（SA，Standalone）部署模式（见第 8 章）。相应地，上下行解耦在 NSA 模式和 SA 模式中有不同的特征。

（1）非独立（NSA）部署模式

在 NSA 模式下，NR UE 需要通过 LTE 空口进行初始接入，随后根据 LTE 基站的配置，建立与 NR 空口和核心网的连接。在这种部署模式下，NR UE 需要具备 LTE-NR 双连接（EN-DC，EUTRA-NR Dual Connection）的能力，以 LTE 小区组为主小区组（MCG，Master Cell Group），以 NR 小区组为辅小区组（SCG，Secondary Cell Group），同时听从 LTE 和 NR 的调度。在此场景下，一个典型的部署情况为，NR 的 SUL 和 LTE FDD 的上行载波为同一个载波。在 UE 看来，该载波既可以作为 NR SUL，又可以用作 LTE 的上行载波。图 7.4 为从 UE 角度看 NSA 部署模式下的 SUL 使用的一个示意图。

应当注意的是，目前 NR 标准仅支持一个用户以时分复用的方式在 NR 上行和 NR SUL 上进行 NR 数据的传输。从基站角度看，虽然单个用户不支持 NR 上行和 NR SUL

的并发，当某个用户在一个上行载波上发送数据时，另一个载波上可以发送其他用户的上行数据。图 7.5 为从基站角度看 NSA 部署模式下的 SUL 使用的一个示意图。

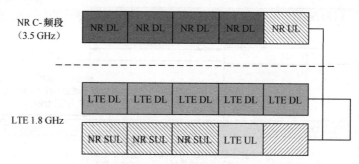

图 7.4 从 UE 角度看 NSA 部署模式下的 SUL 使用

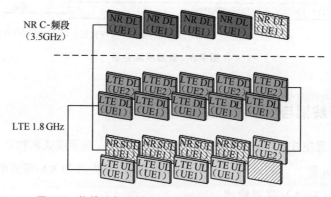

图 7.5 从基站角度看 NSA 部署模式下的 SUL 使用

（2）独立（SA）部署模式

独立（SA，Standalone）部署模式，是 NR 的核心网和空口均独立工作的部署模式。在 SA 部署中，NR 完全独立于 LTE 服务于用户，NR UE 可以直接通过 NR 空口进行初始接入并与核心网相连，不需要接入 LTE，也不需要具备 EN-DC 能力。在 SA 部署中，NR 基站依然可以为 NR UE 配置使用 SUL 载波。但对 NR 终端而言，LTE 小区及来自 LTE 小区的调度是不可见的，如图 7.6 所示。

而从基站角度看，LTE 系统和 NR 系统可以共享 SUL（对应 LTE UL）上的资源，即 LTE 基站可以调度 LTE UE 在该载波上进行上行传输，如图 7.7 所示。

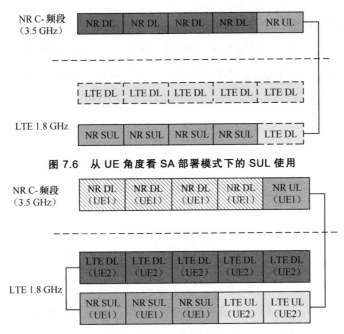

图 7.6　从 UE 角度看 SA 部署模式下的 SUL 使用

图 7.7　从基站角度看 SA 部署模式下的 SUL 使用

3．上下行解耦与时延

在 NR 中，一个重要的应用场景是超高可靠，低时延传输（URLLC，Ultra Reliable Low Latency Communication）。URLLC 对传输时延有着严格的要求，例如其针对下行数据传输的上行反馈的延时需低至毫秒量级。对于 TDD 系统，为了达到低时延的目的，需要引入更多的上下行切换点以降低上下行数据发送时延。而更多的上下行切换点将导致更多的保护间隔开销，导致系统效率的下降。

上下行解耦技术可以有效降低 NR 的时延，尤其是当 NR 载波采用 TDD 载波时。当配置了 SUL 载波时，上行数据发送和下行数据的反馈均可在 SUL 载波上传输。SUL 载波上可配置为连续的上行发送，这样在最短的时间内，既可完成下行数据的反馈又能完成上行数据的发送，从而大大缩短整个系统的时延。

4．上下行解耦与移动性

从节省投资的角度看，NR 部署需要尽可能与 LTE 进行共站址部署。LTE 站址以 LTE 的覆盖能力为基准进行建设，站间距是基于 LTE 的覆盖性能设计的。对于更高频的 NR，在基站天线数相同的前提下，其上下行覆盖将弱于 LTE 系统。即使 NR 基站可以使用 64T64R 天线配置使得在下行传输上达到与 LTE 同覆盖，但其上行传输依然与 LTE 的覆盖范围有一定差距。在这种情况下，若 UE 在 NR 和 LTE 小区间移动，将会导致频繁的小区切换，其中包括了大量因为 NR 与 LTE 覆盖不对等导致的 NR 与 LTE 间的切换，如图 7.8 所示。

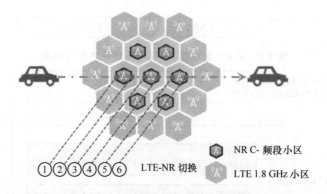

图 7.8　NR-LTE 覆盖不同导致的频繁 LTE-NR 小区切换

　　NR 与 LTE 之间覆盖能力的不对等导致了同站址部署场景下大量的小区间切换。小区间切换将带来传输业务的中断（尤其是 NR 与 4G 之间的切换，切换延迟更长）和额外的信令开销，不仅占用额外的传输资源，还恶化了移动场景中的 NR 用户体验。

　　上下行解耦技术可以通过配置低频的 SUL，从而使 NR UE 的上行覆盖性能提升至与 LTE 上行覆盖相同的水平。在移动场景中，UE 仅在没有部署 NR 基站的小区边界才会发生 NR 与 LTE 之间的切换，如图 7.9 所示。通过上下行解耦技术，与图 7.8 对比，把 LTE-NR 切换次数降低到 2 次。因此，通过上下行解耦技术的部署，可以有效减少 NR 和 LTE 之间的切换，改善移动场景中的用户体验。

图 7.9　上下行解耦减少 LTE-NR 间切换

5. 上下行解耦与频谱利用率

在目前的移动通信基站中，下行业务量大于上行业务量。对于 TDD 系统，实际部署时，可以通过使用较大的下行（DL）与上行（UL）配比，如 DL：UL=4：1，以适配无线业务数据的特征。而对于边缘用户，较少的上行资源会造成上行覆盖成为性能瓶颈。对于 FDD 系统，由于上行带宽等于下行带宽，在满足下行业务需求的同时，上行带宽往往处于相对空闲的状态，上行频谱没有被有效利用。

上下行解耦技术可以提升系统频谱资源使用效率。对于 NR，无论是 SA 部署还是 NSA 部署，NR 的 SUL 都可以与 LTE UL 配置到同一频段，实现上行频谱的共享。从 NR 角度看，NR 可以把上行覆盖受限的边缘用户调度到频率更低的 SUL 上进行上行数据传输，而在更大连续带宽的 NR TDD 载波上可以使用 DL 占比较大的 DL:UL 配比，提升下行传输速率。从 LTE 角度看，由于上行载波相对下行负载较低，通过合理设计和调度，一部分资源用于 NR 上行传输，并不会对 LTE 的上行业务产生严重影响。总体来看，被配置为 SUL 的频段可以通过合理分配 LTE 与 NR 上行负载而得到更充分的利用，从而提升频谱使用效率。图 7.10 给出了一个 1.8 GHz 频段上行载波被配置为 SUL 载波的示例。

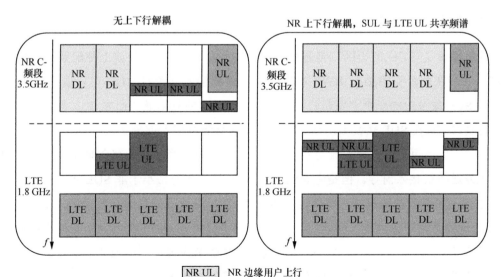

图 7.10　1.8GHz 频段配置 SUL 示例

应当注意的是，NR 的 SUL 并非强制配置为与 LTE FDD 的 UL 具有相同的频段，但这是一种典型的应用场景。NR SUL 也可以配置到其他频段上，接下来将详细介绍 SUL 的适用场景和频段组合。

7.2.2　SUL 小区模型和初始接入机制

NR 系统复用了 LTE 系统中以同步信号对小区进行标识的方法，考虑到 SUL 载波没有对应的下行载波，无法采用小区 ID 进行标识，所以 NR 系统中将 SUL 载波与 TDD 载波或 FDD 载波进行关联组合，并且定义 SUL 载波的小区标识与其关联的 TDD 或 FDD 载波的小区标识相同，也就是 SUL 与 TDD 或 FDD 载波属于同一个小区。

当 UE 通过搜索同步信号并确定所要驻留的小区之后，UE 需要先发起随机接入与基站建立连接。为了使位于小区边缘的 UE 能够使用 SUL 载波进行随机接入，提升随机接入的成功率，需要让 UE 获取 SUL 载波的配置信息。基站会在系统消息中将小区相关联的 SUL 载波信息通知给 UE。这些信息包括频率位置、子载波间隔、载波带宽等。此外，如果基站希望 UE 通过 SUL 载波进行接入，还要把 UE 的初始上行 BWP 设置为 SUL 载波。具体原因在于 UE 的初始接入只能在初始上行 BWP 上进行（BWP 基本概念可见 8.2.1 节第 6 部分）。

1．前导载波选择

针对配置了 SUL 的小区，当基站为非 SUL 载波和 SUL 载波上都配置了初始接入 BWP，并且在两个初始接入 BWP 中都配置了随机接入资源时，UE 可以选择在非 SUL 载波和 SUL 载波中的一个上发起随机接入。SUL 载波的频率通常比非 SUL 载波的频率更低，这使得 UE 在 SUL 载波上向基站发送上行信号随机接入前导会获得更好的检测性能。也就是说，从单用户随机接入成功率的角度看，小区中的所有 UE 都会倾向于选择在 SUL 载波上发送随机接入前导。但是考虑到 SUL 载波的带宽通常小于非 SUL 载波的带宽，在 SUL 载波上可配置的随机接入资源也会少于非 SUL 载波上的资源。若大部分 UE 都集中在 SUL 载波上发送随机接入前导，会大大增加不同 UE 出现冲突的概率，反而会降低随机接入的成功率。因此，SUL 载波上的随机接入信道资源应该尽可能地分配给位于小区边缘覆盖受限的 UE，而位于小区中心的 UE 应尽可能地在非 SUL 载波上进行随机接入。

为了更好地分配 SUL 载波上的随机接入资源，基站会在 SUL 载波的配置信息中额外携带一个参考信号接收功率阈值。UE 可以根据自身在非 SUL 载波对应的下行载波上测量获得的参考信号接收功率（RSRP，Reference Signal Receiving Power）与该阈值的大小关系来确定上行接入载波。具体地，UE 在发起随机接入之前，会对同步广播信号块或其他下行测量

信号进行测量，以获得用于下行路径损耗
参考的参考信号接收功率值。然后，UE
会将确定的 RSRP 值与从系统消息中获
取的 RSRP 阈值进行比较。当测量 RSRP
值小于 RSRP 阈值时，UE 确定在 SUL 载
波上发送随机接入前导；当测量 RSRP 值
大于等于 RSRP 阈值时，UE 选择在非 SUL
载波上发送随机前导，如图 7.11 所示。

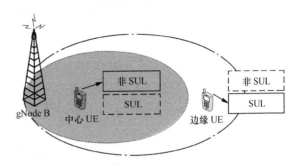

图 7.11　UE 发送随机接入前导的上行载波分配示意图

通常，RSRP 值较小的 UE 很大概率位于小区边缘，而 RSRP 值较大的 UE 往往位于小区中心，所以按照上述载波选择机制能够尽可能地保证小区边缘 UE 的随机接入的成功率。

图 7.12 所示为基于竞争的随机接入前导发送流程，而对于非竞争的随机接入流程，如图 7.13 所示，针对处于连接态的 UE，基站可以直接通过向 UE 发送专用的下行控制信息来触发 UE 发送随机接入前导。在该下行控制信息中会携带用于指示 UE 发送随机接入前导的指示字段，该指示字段为 1 比特的域，用于指示非 SUL 载波和 SUL 载波中的一个。当 UE 接收到该下行控制信息时，UE 根据该 1 比特的域的取值来确定在非 SUL 载波还是 SUL 载波上发送随机接入前导。

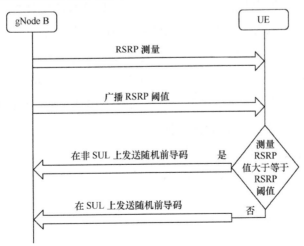

图 7.12　基于竞争的随机接入前导发送流程

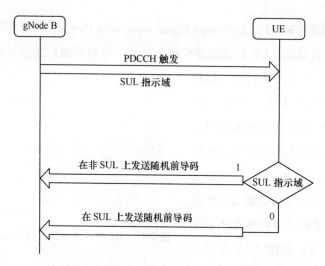

图 7.13　非竞争的随机接入前导发送流程

2. 随机接入响应

　　UE 在向基站发送了随机接入前导之后，需要从基站接收随机接入响应。UE 会先尝试在高层配置的一个时间窗中监听用随机接入专用无线基站临时标识（RA-RNTI）加扰的 DCI 格式 1_0。该时间窗是高层以时隙为单位给 UE 配置的。

　　基站为非 SUL 载波和 SUL 载波配置的随机接入资源是独立的，并且每个上行载波上被配置的随机接入资源也是独立编号的。LTE 中 RA-RNTI 的计算公式只与 UE 发送随机接入前导所采用随机接入资源所在的子帧序号和频域资源序号相关。然而对于配置了 SUL 载波的小区，若 RA-RNTI 的计算只与随机接入资源的时域序号和频域序号相关，会导致选择不同上行载波发送随机接入前导的两个 UE 计算出相等的 RA-RNTI，从而使得两个 UE 可能错误地检测到对方的随机接入响应。因此，NR 中的 RA-RNTI 的计算公式相比于 LTE 的公式增加了上行载波的标识。另外，NR 中引入了短格式的随机接入前导，该短格式的随机接入前导只需占用若干个符号，所以 NR 中的 RA-RNTI 的计算公式中还需要与随机接入资源所在的符号序号相关。

3. Msg3 发送机制

　　如果 UE 在时间窗内成功检测到采用 RA-RNTI 加扰的 DCI 格式 1_0 以及该 DCI 调

度的 PDSCH 承载的相关信息，则 UE 将该信息传到高层。高层会解析该信息，得到与物理随机接入信道传输关联的随机接入前导标识（RAPID）。高层识别出 RAPID 后，会向物理层指示一个上行调度，该上行调度即为用于触发 UE 发送 Msg3 的调度信息。调度信息会指示 UE 发送 Msg3 的传输块的大小，以及 UE 发送 Msg3 所使用的时频资源。此时，UE 已经从系统消息中获得了非 SUL 载波和 SUL 载波的配置信息。虽然理论上 UE 可以在非 SUL 载波和 SUL 载波中的一个发送 Msg3，但是最后在标准化中规定 UE 发送物理随机接入信道和 Msg3 的物理上行共享信道的上行载波必须是同一小区中的同一个上行载波。如果 UE 在时间窗内未能成功检测到采用 RA-RNTI 加扰的 DCI 格式 1_0，或者 UE 成功检测出该 DCI 但是未能正确接收该 DCI 调度的信息，又或者 UE 未能识别出传输物理随机接入信道资源对应的 RAPID，则高层指示物理层继续传输物理随机接入信道。

7.2.3 SUL 小区数据与控制传输机制

1. PUSCH 传输机制

UE 接入小区以后，PUSCH 在哪个载波上发送也是可以进行切换的。UE 的上行 PUSCH 在哪个载波发送由基站进行控制。NR 支持基站采用半静态和动态两种方式实现 UE 的 PUSCH 发送载波切换，这种机制也适用于 SUL 载波。

（1）半静态 PUSCH 载波切换

基站通过无线资源控制（RRC）层信令来为 UE 配置发送 PUSCH 的上行载波。具体地，半静态的 PUSCH 载波切换是通过对非 SUL 载波和 SUL 载波上 BWP 进行配置实现的。针对 UE 的任意一个服务小区，基站通过高层信令可以为该 UE 配置最多 4 个下行 BWP 和最多 4 个上行 BWP。基站只需要 RRC 信令把一个 UE 全部上行 BWP 配置在 SUL 载波或者非 SUL 载波，就可以实现这种半静态的 PUSCH 切换。

通过半静态配置，可以有效实现 UE 在 SUL 和 UL 载波上的合理分配。对位于小区中心的 UE，基站可以将这些 UE 的 PUSCH 配置在非 SUL 载波上发送；而对位于小区边缘的 UE，基站可以将 PUSCH 配置在 SUL 载波上发送。通过基站合理的配置，不仅能够保证小区中心 UE 的上行速率，以及小区边缘 UE 的上行覆盖，还可以进行负载均衡，避免大量 UE 驻留在同一上行载波上，影响基站性能。

（2）动态 PUSCH 载波切换

考虑到 RRC 层信令的配置和重配置会中断 UE 正在进行的数据通信，仅仅通过 RRC 层信令的配置和重配置来实现 UE 的上行载波切换会影响用户体验。NR 同时也支持动态的上行载波切换，即基站侧通过下行控制信息来快速切换 UE 用于发送 PUSCH 的上行载波。

DCI 格式 0_0 和格式 0_1（DCI 格式内容见 6.1.1 节第 4 部分）负责 PUSCH 传输的调度，基站通过这两种控制信息格式进行快速的上行载波切换。在初始设计阶段，标准讨论过程中主要考虑了两种 DCI 对 SUL 的指示方法。一种方法是直接在 DCI 载荷中增加上行载波指示域，因为 UE 最多只会被配置一个 SUL 载波，所以该指示域只需要 1 比特即可实现区分非 SUL 载波和 SUL 载波。另一种方法是通过隐式的方法来区分，如采用不同的搜索空间，或对 DCI 采用不同的加扰序列。虽然隐式的区分方法能够避免增加 DCI 开销，但是若为调度非 SUL 载波和 SUL 载波的 DCI 配置不同的搜索空间，无疑会增加 UE 盲检测 DCI 的次数，从而增加 UE 的检测复杂度和能耗。最终，考虑到用于指示非 SUL 和 SUL 的指示域的开销仅为 1 比特，NR 中决定在上行调度 DCI 中采用 1 比特的指示域来显式地指示非 SUL 和 SUL 载波。

1 比特的 SUL 指示域，也并不需要一直在上行调度 DCI 中出现。只有当服务小区配置了 SUL 载波时，才需要该指示域来区分非 SUL 和 SUL。对于未配置 SUL 载波的服务小区，DCI 中并不会包含该指示域。另外，对于位于小区中心和小区边缘的 UE，往往只需要在一个上行载波上发送 PUSCH。此时，上行调度 DCI 中的 SUL 指示域发挥作用也有限。NR 标准中对于 DCI 携带 SUL 指示域的条件又进行了优化，以同时满足调度灵活性和低开销的需求，如图 7.14 所示。

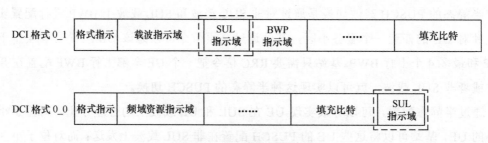

图 7.14　DCI 指示域示意图

针对 DCI 格式 0_1，SUL 指示在如下两种情况下会携带在该 DCI 格式中：①非 SUL 载波和 SUL 载波上的 BWP 中都配置了 PUSCH；②非 SUL 载波和 SUL 载波上的 BWP

分别配置了 PUSCH 和 PUCCH。对于第一种情况，两个上行载波都可以用于该 UE 发送 PUSCH，所以 DCI 中需要包含 SUL 指示域以指示 UE 发送 PUSCH 所采用的上行载波。对于第二种情况，虽然 UE 只能在一个上行载波上发送 PUSCH，但是考虑到 SUL 指示域能够提供一定的校验作用，所以仍然将该指示域保留在 DCI 中。

对 DCI 格式 0_1 中 SUL 指示域的位置也有一定考虑。DCI 0_1 包含指示 BWP 以及频域资源分配的指示域，这些域都与对应的上行载波中配置的 BWP 个数和激活的 BWP 的带宽大小相关。SUL 指示域的位置放在了载波指示域和 BWP 指示域之间。这样做的好处是 UE 可以按照顺序解读 DCI 消息，先确定调度的上行载波是非 SUL 还是 SUL，然后再根据确定的上行载波对应的 BWP 配置确定 BWP 指示域的比特数和对应关系。这样 UE 只需要对该 DCI 进行一次解读，无须分别按照非 SUL 载波和 SUL 载波的配置两次解读 DCI 内容，从而降低 UE 实现的复杂度。另外，因为 DCI 中已经包含了 SUL 指示域，所以 UE 可以在同一个搜索空间中检测 DCI 格式 0_1，无须采用 LTE 载波聚合中把不同上行载波的 DCI 设置在不同搜索空间的方式。

对于 DCI 格式 0_0，由于该 DCI 格式需要用于 RRC 配置或重配置过程中，在该过程中很可能会出现 UE 与基站对配置的理解不一致的情况。若采用与 DCI 格式 0_1 的条件来确定 SUL 指示域是否携带在 DCI 中，则一旦 UE 与基站对配置的理解出现不一致，会导致 UE 无法对 DCI 格式 0_0 正确解读，致使传输失败。所以 DCI 格式 0_0 中 SUL 指示域的存在与否与 RRC 层的配置无关。另一方面，在对控制信道的相关讨论中，将降低 UE 在公共搜索空间中检测控制信息的复杂度作为重要的优化目标，并且将实现 DCI 格式 0_0 和 DCI 格式 1_0 具有相同的载荷作为设计目标。为此，综合考虑复杂度和灵活度之后，NR 最终规定：只有在 UE 配置了 SUL 并且在附加比特之前，DCI 格式 1_0 包含的载荷比特数大于 DCI 格式 0_0 的载荷比特数时，该 SUL 指示域才会携带在 DCI 格式 0_0 中。并且，如果这 1 比特的指示字段携带在 DCI 格式 0_0 中，该比特被放置在 DCI 格式 0_0 附加比特后的最后一个比特位置上，这样可以使 UE 在检测 DCI 格式 0_0 时快速确定该 DCI 调度的是非 SUL 载波还是 SUL 载波。需要说明的是，当非 SUL 载波和 SUL 载波中只有一个载波中配置了 PUSCH 时，此时就算 DCI 格式 0_0 中包含了该 1 比特的指示字段，UE 也不对该指示字段进行解读，而是直接将高层信令中配置了 PUCCH 的载波确定为该 DCI 调度的上行载波。此外，当 DCI 格式 0_0 中未包含该 1 比特的指示字段时，UE 也直接将高层信令中配置了 PUCCH 的载波确定为该 DCI 调度的上行载波。

2. PUCCH 传输机制

NR 中仅支持半静态的 PUCCH 载波切换，即通过 RRC 层信令的配置或重配置为 UE 切换传输 PUCCH 的载波。类似于上述半静态的 PUSCH 载波切换机制，对于配置了 SUL 载波的 UE，基站会在 SUL 载波或者非 SUL 载波中的一个 BWP 上配置 PUCCH。被配置了 PUCCH 的上行载波即为 PUCCH 载波。需要说明的是，NR 标准中规定只能为 UE 配置唯一的 PUCCH 载波，不能同时在 SUL 载波和非 SUL 载波中的 BWP 配置 PUCCH。

PUCCH 和 PUSCH 在满足一定条件时要进行合并传输（见 6.2.2 节第 4 部分）。对于配置了 SUL 的 UE，当 UE 被调度在不同上行载波上发送 PUCCH 和 PUSCH，如果 PUCCH 和 PUSCH 在时间上有重叠，并满足处理时间要求时，那么在 PUCCH 上发送的 UCI 需要承载在 PUSCH 上进行传输，同时放弃原本需要传输的 PUCCH。

目前 RAN4 中定义的 SUL 与 TDD 的频谱组合中，SUL 频段所在的频点远低于 TDD 频段所在的频点，这使得运营商在实际基站的部署中，通常会将 SUL 载波的子载波间隔设置成小于非 SUL 子载波间隔的取值。一种典型的配置为 SUL 载波采用 15kHz 的子载波间隔，而非 SUL 载波采用 30kHz 的子载波间隔。因此，NR 中将非 SUL 载波和 SUL 载波采用不同子载波间隔的情况下的合并传输机制也进行了标准化。对于 UE 准备发送的 PUCCH 与 UE 发送的多个 PUSCH 在时间上有重叠的情况，UE 只将 UCI 承载在多个 PUSCH 中能够满足处理时间要求的第一个 PUSCH 上，这能够最大限度地降低基站接收到 UCI 的时延。

3. SRS 传输机制

NR 中的 SRS 是以 BWP 为单位独立配置的。对于配置了 SUL 的 UE，基站可以为该 UE 在非 SUL 载波和 SUL 载波中的 BWP 中都配置 SRS 资源。SRS 按照时间维度可以分为周期 SRS，半静态 SRS 和非周期 SRS 三类。其中，周期 SRS 配置生效最快，当基站为 UE 配置完周期 SRS 资源后，UE 即默认开始发送周期 SRS。而对于半静态 SRS 和非周期 SRS，基站需要额外发送 MAC 层和物理层的通知信令以触发 UE 发送 SRS。

（1）半静态 SRS 激活/去激活机制

针对半静态 SRS，基站可以通过给 UE 发送相应的 MAC 控制单元以激活或去激活

UE 在相应的 SRS 资源上发送 SRS。该 MAC 控制单元的格式如图 7.15 所示。该 MAC
控制单元包含了 1 比特的指示域用于标识
当前 MAC 控制单元是用于激活所指示的
半静态 SRS 资源或是用于去激活。同时，
该 MAC 控制单元中除了携带用于指示半
静态 SRS 资源所属的服务小区标识和
BWP 标识之外，还携带了用于指示激活/
去激活的 SRS 资源所属的上行载波是非
SUL 还是 SUL。如图中的"SUL"域，该
域仅包含 1 比特，当该域的取值为 1 时则

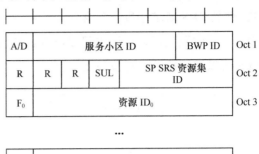

图 7.15　用于激活/去激活半静态 SRS 的
MAC 控制单元

标识为 SUL 载波；当该域的取值为 0 时则表示非 SUL 载波。UE 在接收到该 MAC 控制
单元之后，即可确定激活/去激活的 SRS 所属的上行载波。此外，考虑到采用 MAC 控制
单元对 SRS 进行触发为跨层触发，故需要在物理层对 UE 接收到携带在 MAC 控制单元
中的 SRS 触发命令之后的生效时刻进行定义，以避免造成基站与 UE 出现不同理解的问
题。标准中规定：当 UE 接收到携带用于激活/去激活半静态 SRS 的 MAC 控制单元的
PDSCH 之后，且 UE 在编号为 n 的时隙向基站反馈该 PDSCH 对应的混合重传反馈时，
UE 在编号为（$n+3X+1$）的时隙上执行接收到的 MAC 控制单元的命令。其中 X 代表以
UE 接收 PDSCH 所在载波的子载波间隔为基准，1 个子帧中包括的时隙个数。

（2）非周期 SRS 触发机制

针对非周期 SRS，基站能够在 DCI 中携带 SRS 请求字段以触发 UE 在指定的资源上
发送 SRS。与 LTE 系统类似，NR 中既支持使用 UE 专用的 DCI 来触发 SRS，又支持使
用公共 DCI 触发 SRS。因为 UE 发送 SRS 与发送 PUSCH 为两个独立的传输过程，所以
在上行调度 DCI 格式 0_1 和下行调度的 DCI 格式 1_1 中都携带 SRS 请求字段，并且这
两个格式的 DCI 中包含的 SRS 请求字段的解读方式相同。如图 7.16 所示，当 UE 未配
置 SUL 载波时，SRS 请求字段仅包含 2 比特，其中"00"状态指示不触发 SRS，另外三
个非 0 状态分别对应三个预先由高层配置的 SRS 资源。当 UE 配置了 SUL 载波时，该指
示域包含的比特数由 2 比特增加到 3 比特。其中，该指示域的第一个比特用于指示触发
的 SRS 所在的上行载波为 SUL 载波或非 SUL 载波，剩余的 2 比特与配置 SUL 载波时的
指示域的解读方法相同。需要说明的是，对于配置了能够动态切换 PUSCH 载波的 UE，

其检测的 DCI 格式 0_1 中已经携带了用于指示被调度的 PUSCH 所属的上行载波的指示域,此处 SRS 请求字段中包含的 1 比特 SUL 指示域与 PUSCH 的指示域为两个独立的字段,二者的取值可以相同也可以不同,即同一个 DCI 格式 0_1 调度的 PUSCH 和触发的 SRS 可以在不同的上行载波上。

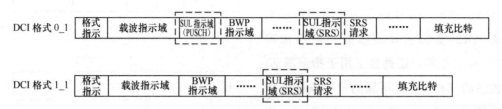

图 7.16　DCI 格式 0_1 和格式 1_1 指示域示意图

与 LTE 类似,NR 中也定义了用于携带一组对 SRS 进行功率控制的命令的 DCI 格式,即 DCI 格式 2_3。在该 DCI 中,SRS 请求能够和功率控制命令一起传输。如图 7.17 所示,DCI 格式 2_3 中包含了多个指示信息块,每个指示信息块都可以携带 SRS 请求字段以触发非周期 SRS。其中,SRS 请求字段同样为包含 2 比特的指示域,具体解读与 DCI 格式 0_1 以及 DCI 格式 1_1 中的指示域的解读方法相同。但是,对于配置了 SUL 的 UE,DCI 格式 2_3 中的 SRS 请求字段仍然只包含 2 比特,并不会额外增加用于指示 SUL 的指示域。该 DCI 中的每个指示信息块对应了一个 UE 的一个上行载波,基站会预先通过高层信令为 UE 配置其对应的 DCI 格式 2_3 中指示信息块所在的位置。对于配置了 SUL 的 UE,基站可以为其配置两个指示信息块的位置,一个位置对应 SUL 载波,另一个位置对应非 SUL 载波,从而能够灵活地触发不同上行载波上的非周期 SRS。

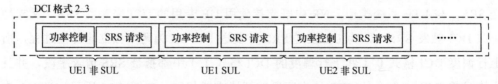

图 7.17　DCI 格式 2_3 指示域示意图

4. 上行定时调整

为保证基站的接收性能,每个 UE 在每个载波上需要进行上行定时调整,即 UE 根据基站配置的参数进行发送时间调整,在基站侧使得不同 UE 在相同载波上发送的信号保持符号级同步的效果。NR R15 版本中，SUL 载波属于其关联的 TDD 载波所在小区，即一个小区中的两个上行载波是属于同一个小区。同时，NR 复用了 LTE 中用于调整 UE 发送定时的 MAC 控制单元格式。考虑到基站对于属于一个定时调整组的小区只会采用一个定时调整命令字进行定时调整，所以目前标准仅支持一个小区中的 SUL 载波和非 SUL 载波属于同一个定时调整组。UE 在这两个上行载波上的发送定时相同，有助于提升时域资源的使用效率。若 UE 在两个上行载波上的发送定时不相同，则当基站通过 DCI 为 UE 动态地切换上行载波时，时隙相邻但位于不同上行载波的 PUSCH 之间将会出现符号间干扰，此时，UE 不得不丢弃若干个符号以避免干扰，从而导致时域资源的浪费。

UE 的上行发送定时（PRACH 除外）是以下行接收定时作为基准，UE 发送时会提前 N_{TA} 与 $N_{TA\ offset}$ 之和的时间。其中，N_{TA} 为 UE 根据基站发送的定时调整命令确定的定时提前量，$N_{TA\ offset}$ 为标准中预先定义的取值，与小区的双工模式相关。因为 UE 在 SUL 载波和非 SUL 载波上的上行发送定时都是基于非 SUL 载波配对的下行载波上的接收定时作为基准，同时，UE 在两个上行载波上的 N_{TA} 通过同一定时调整命令进行发送，所以只要 UE 在两个上行载波上的 $N_{TA\ offset}$ 的取值相等，即可保证 UE 在 SUL 和非 SUL 载波上能够有相同的定时。但是，NR 中规定的 $N_{TA\ offset}$ 的取值是根据 UE 所在的服务小区的双工模式、所采用的频段以及 LTE 与 NR 是否共存来确定。对于 SUL 载波，其既不属于 TDD 模式也不属于 FDD 模式，所以标准中规定 UE 在 SUL 载波上的 $N_{TA\ offset}$ 的取值与其关联的非 SUL 载波对应的 $N_{TA\ offset}$ 值相等，从而能够实现 UE 在同一小区的两个上行载波上的发送定时相同。

5. SUL 使用方式

NR 系统的 SUL 与 LTE 的上行可以通过时分复用方式和频分复用方式来共享同一个上行频段中的通信资源。时分复用方式为 NR 系统和 LTE 系统分别占用不同的上行子帧进行上行通信，频分复用方式为 NR 系统和 LTE 系统在相同的子帧中占用不同的频域资源进行上行通信。

在独立部署模式下，UE 只连接到 NR，基站通过调度来实现 NR 终端与 LTE 终端在 SUL 载波上不同的时域资源或频域资源上发送上行信号。对于非独立部署，UE 可以工作在 LTE 和 NR 的双连接模式。该模式下，基站为 UE 配置的 SUL 载波和 LTE 的上行载波可以在统一频段上。无论是独立部署还是非独立部署，系统中 LTE 载波上行与 NR 的 SUL 载波配置在同一载波时，采用时分复用方式需要一些特殊的配置来保证系统有效运行。

NR 的 SUL 载波与 LTE 上行载波配置在同一频段上实现时分复用，主要通过改变 LTE 侧的上行配置来实现。考虑到 LTE FDD 的下行反馈时序为固定的 $n+4$ 反馈，当 UE 在 LTE 侧被限定只能在特定子帧上发送上行信号时，会导致 UE 无法反馈某些下行子帧上接收的下行数据的 HARQ 信息，从而降低 UE 在 LTE 侧的下行性能。为了避免这个影响，对于通知了子帧配置的 UE，其下行反馈时序也复用 LTE TDD-FDD 载波聚合时的反馈时序，这样使得 UE 能够在较少的上行子帧中反馈每帧中所有下行子帧的 PDSCH 对应的应答信息。此外，对于其他上行信道/信号，包括 PRACH、PUSCH 和 SRS，UE 也只能够在被配置的上行子帧中发送这些上行信号。上行载波上其他未被配置的上行子帧不能用于该 UE 发送上行信号。利用该机制，LTE 系统限制 UE 在较少的上行子帧中发送上行信号，从而在共享上行频段上留出更多的上行资源用于 NR SUL 上发送 NR 的上行信号。如图 7.18 所示，LTE 侧可以给该 UE 配置子帧 2，即每 10ms 仅有两个 LTE 可用的上行子帧，从而每 10ms 中能够有 6 个子帧供 UE 在 NR SUL 上发送 NR 的上行信号。

									10ms										
NR TDD 子帧 0		子帧 1		子帧 2		子帧 3		子帧 4		子帧 5		子帧 6		子帧 7		子帧 8		子帧 9	
时隙 0	时隙 1	时隙 2	时隙 3	时隙 4	时隙 5	时隙 6	时隙 7	时隙 8	时隙 9	时隙 10	时隙 11	时隙 12	时隙 13	时隙 14	时隙 15	时隙 16	时隙 17	时隙 18	时隙 19
DL	DL	DL	DL	DL	DL	DL	DL	UL	UL	DL	DL	DL	DL	DL	DL	DL	DL	UL	UL

LTE UL 子帧 0	子帧 1	子帧 2	子帧 3	子帧 4	子帧 5	子帧 6	子帧 7	子帧 8	子帧 9
NR SUL	NR SUL	UL	NR SUL		NR SUL	NR SUL	UL	NR SUL	

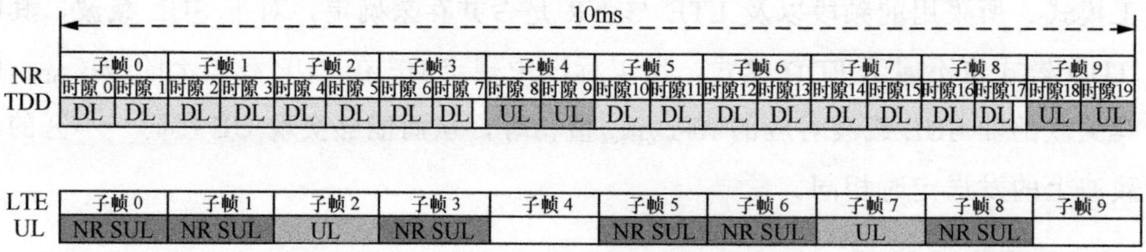

图 7.18　LTE 与 NR 上行分时发送示意图

LTE 基站在给不同 UE 配置不同配比外，还会向 UE 发送一个 UE 专用的偏移值。该偏移值用于配置 UE 可用上行子帧在一个无线帧中的位置。基站可以通过为不同 UE 配置不同的偏移值，进一步保证基站侧的所有上行子帧都能够用于上行信号接收，避免频谱资源的浪费。在图 7.19 的示例中，该 EN-DC UE 在 NR 侧配置了 5 ms 的上下行切换周期的帧结构，同时下行/上行配比为 4:1，这就使得 UE 在 LTE 侧每 5 个子帧中都有一个子帧无法用于上行发送。此时，LTE 侧可以给该 UE 配置子帧 0，并且配置偏移值为 3，最大限度保证 UE 在 LTE 侧可用上行子帧的数量。

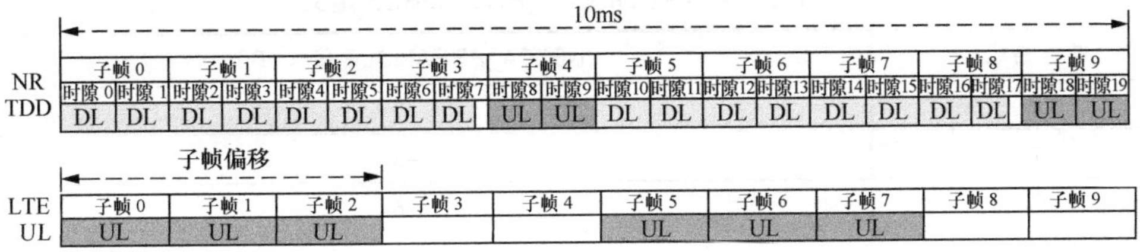

图 7.19 为 LTE 与 NR 上行分时发送示意图，包含以下内容：

	10ms									
NR TDD（子帧）	子帧0	子帧1	子帧2	子帧3	子帧4	子帧5	子帧6	子帧7	子帧8	子帧9
时隙	时隙0 时隙1	时隙2 时隙3	时隙4 时隙5	时隙6 时隙7	时隙8 时隙9	时隙10 时隙11	时隙12 时隙13	时隙14 时隙15	时隙16 时隙17	时隙18 时隙19
	DL DL	DL DL	DL DL	DL DL	UL UL	DL DL	DL DL	DL DL	DL DL	UL UL

子帧偏移

LTE UL	子帧0	子帧1	子帧2	子帧3	子帧4	子帧5	子帧6	子帧7	子帧8	子帧9
	UL	UL	UL			UL	UL			

图 7.19　LTE 与 NR 上行分时发送示意图

7.2.4　上行功率控制

上下行解耦如前所述，每个小区中配置了 2 个上行载波，在功率控制中也引入了与单小区单上行载波不同的特殊设计。在单小区两上行载波配置中，两个载波对应的功率控制参数需要在广播消息中进行广播，以便空闲态终端能够获得功率控制参数进行随机接入阶段的上行功率控制。其中功率参数的配置分为两个部分，上行随机接入前导相关的功率控制参数和上行物理共享信道相关的功率控制参数。在上行接入前导相关的功率控制中配置了如下参数。

● preambleReceivedTargetPower：用于指示上行随机接入前导发送时，初始的基站期望接收信号功率。

● powerRampingStep：上行随机接入前导接入失败后重新接入时，随机接入前导的功率攀升步长。

● messagePowerOffsetGroupB：当采用 GroupB 中的随机接入前导时 Msg3 的功率增量。

上下行解耦中，UL 和 SUL 载波采用不同的随机接入配置参数，它们分别在 SIB1 消息中的 uplinkConfigCommon 和 supplementaryUplink 两个信令字段中进行了广播。如果 UE 发现该小区的 SIB1 广播中包含 supplementaryUplink 消息，那么 UE 就可以获知该小区中存在一个 SUL 上行载波，并根据相应的参数和随机接入过程在 UL 或者 SUL 上发起上行接入。随机接入的功率控制中，由于随机接入前导在不同的配置中有不同的格式和不同的子载波间隔，其对应的功率不能一刀切。5G 中还引入了和随机接入前导格式以及子载波间隔相关的功率控制参数，如表 7.2 和表 7.3 所示。

表 7.2　长序列 DELTA_PREAMBLE 定义

前导格式	DELTA_PREAMBLE 值（dB）
0	0
1	−3
2	−6
3	0

表 7.3　短序列 DELTA_PREAMBLE 定义

前导格式	DELTA_PREAMBLE 值（dB）
A1	$8 + 3 \times \mu$
A2	$5 + 3 \times \mu$
A3	$3 + 3 \times \mu$
B1	$8 + 3 \times \mu$
B2	$5 + 3 \times \mu$
B3	$3 + 3 \times \mu$
B4	$3 \times \mu$
C0	$11 + 3 \times \mu$
C2	$5 + 3 \times \mu$

终端根据随机接入参数确定上行发送随机接入前导的功率为

$$P_{\mathrm{PRACH,b,f,c}}(i) = \min\{P_{\mathrm{CMAX,f,c}}(i), P_{\mathrm{PRACH,target,f,c}} + PL_{\mathrm{b,f,c}}\}\mathrm{dBm},$$

其中 $P_{\mathrm{PRACH,b,f,c}}(i)$ 为终端在激活 BWP 序号 b、上行载波 f 以及服务小区 c 上发送随机接入前导的功率；$P_{\mathrm{CMAX,f,c}}(i)$ 为配置的服务小区 c 中上行载波 f 上的最大发送功率；$P_{\mathrm{PRACH,target,f,c}}$ 为基站接收端的目标接收功率，通过上述功率控制参数获得；$PL_{\mathrm{b,f,c}}$ 为服务小区 c 下行 SSB 同步信号的路损，该路损通过小区广播的 SSB 的发送功率与终端接收到的该 SSB 的 RSRP 差值获得，其中 RSRP 经过了高层的滤波。在这个路损的计算过程中，传统的小区中只有一个上行和一个下行载波，因此该上行载波使用下行载波测量得到下行路损。而在上下行解耦场景下，一个小区中有两个上行和一个下行载波。因此在标准中，不论哪个上行载波发送信号，其路损估计都是通过小区内的这个下行载波测量得到的。当一次接入失败，随机接入前导发送的计数器会增加 1，UE 发送随机接入前导功率需要进行攀升以增加接入成功的概率。

在上行共享信道的功率控制中，广播消息中基站为 UL 和 SUL 载波分别配置了如下参数，用于非连接态下的功率控制。

- p0-NominalWithGrant：除 Msg3 外的其他 PUSCH 的基站期望接收功率。
- msg3-DeltaPreamble：Msg3 与随机接入前导序列之间的功率差。

当 UE 完成随机接入，进入连接态的过程中，基站可以给 UE 的 UL 和 SUL 载波分别配置专用的功率控制参数，用于上行共享信道的功率控制，这些参数如下。

- tpc-Accumulation：指示 UE 是否对 TPC 命令进行累。
- p0：上行 P0 值。
- alpha：上行路损加权值。
- msg3-Alpha：Msg3 的专用功率差。
- p0-NominalWithoutGrant：非调度上行的 p0 值。
- p0-AlphaSets：p0 与 alpha 集合。
- p0-PUSCH-AlphaSetId：PUSCH 上 p0 与 alpha 组合的索引号。
- pathlossReferenceRSToAddModList：路损参考信号列表，包括多个 PUSCH-Pathloss-ReferenceRS。
- PUSCH-PathlossReferenceRS：PUSCH 参考的下行路损参考信号。
  - PUSCH-PathlossReferenceRS-Id：PUSCH 参考的下行路损参考信号索引号。
  - referenceSignal：在如下的参考信号中选择一个。
    - ssb-Index：SSB 的索引号。
    - csi-RS-Index：CSI-RS 的索引号。
- twoPUSCH-PC-AdjustmentStates：指示 UE 的维护的功率控制状态数为 1 或者 2。
- deltaMCS：指示 UE 是否在功率控制的时候考虑 MCS 的影响。
- sri-PUSCH-MappingToAddModList：指示与给定 SRS 资源相关联的多个 PUSCH 功率控制参数的集合。

在上下行解耦场景中，每个小区中包括两个上行载波时的功率控制与上行载波聚合的情况相类似。在标准中为上行信道分配了不同的优先级，当 UE 发现相互重叠的信号所需要的功率超过 UE 允许的最大功率时，优先级高的上行信道优先获得功率，最后满足 UE 实际发送功率不超过最大允许的发送功率。其发送优先级如下。

- PCell 中的 PRACH。
- 包含 HARQ-ACK 或者 SR 内容的 PUCCH，或者包括 HARQ-ACK 内容的 PUSCH。

● 包含 CSI 的 PUCCH 或者 PUSCH。

● 没有 HARQ-ACK 或者 CSI 的 PUSCH。

● 非周期 SRS。

● 周期或者半静态周期 SRS，非 PCell 上的 PRACH。

对于同一个优先级的上行信号，在双连接配置中，MCG 中的上行信号比 SCG 中的上行信号具有更高的优先级，在上下行解耦中，配置了 PUCCH 载波的信号比没有配置 PUCCH 载波的信号具有更高的优先级。

以上讨论了独立组网模式下的功率控制以及在上下行解耦场景中的一些特殊问题。在非独立组网的场景中，还有一些功率控制问题在 5G 标准中也做了相应的规定。

在非独立组网场景中，基站会为 UE 配置一个 LTE 小区作为 MCG，配置一个 NR 小区作为 SCG，并分别为 MCG 和 NR 配置功率控制参数 P_{LTE} 和 P_{NR}。此时 UE 既可以在 LTE 侧发送上行信号，也可以在 NR 侧发送上行信号，那么就存在 LTE 和 NR 共享功率的问题。在 NR 标准中考虑了两种 UE 的实现条件：LTE 和 NR 调制解调器无法交换调度信息；LTE 和 NR 调制解调器可以交换调度信息。

当 UE LTE 和 NR 的调制解调器无法交换其调度信息时，LTE 和 NR 无法在 UE 内实现上行功率动态共享。因此为了使得 UE 的总的发送功率不超过最大允许的发送功率，LTE 和 NR 静态地共享上行发送功率。这时候就要求基站给 UE 配置的功率满足 $\hat{P}_{\text{LTE}} + \hat{P}_{\text{NR}} \leqslant \hat{P}_{\text{Total}}^{\text{EN-DC}}$，其中 $\hat{P}_{\text{LTE}}$、$\hat{P}_{\text{NR}}$ 和 $\hat{P}_{\text{Total}}^{\text{EN-DC}}$ 分别为配置的参数 P_{LTE}、P_{NR} 以及非独立组网总发送功率的线性值。当配置的功率满足 $\hat{P}_{\text{LTE}} + \hat{P}_{\text{NR}} > \hat{P}_{\text{Total}}^{\text{EN-DC}}$ 时，标准中引入了一种时分复用的方式，即 LTE 和 NR 在不同的时间段或者子帧中发送上行信号。而当 LTE 侧为 FDD 制式时，如果 LTE 的下行业务是满调度的，那么在 LTE 的每个上行子帧都会有相应的 PUCCH 发送，因此 LTE-NR 的时分复用会对 LTE 的下行调度产生较大的影响。为了减小这种影响，在 LTE 标准中规定了额外配置方式。

对于 LTE 和 NR 能够动态共享功率的 UE，NR 的信号优先级较低。当 LTE 和 NR 的信号相互重叠的时候优先保证 LTE 的功率，剩余功率用于 NR 的功率分配。

7.2.5 SUL 典型频段组合

SUL 频段不同于 FDD/TDD 频段，是纯上行频谱，定义在 3GPP 规范 38.101-1[7]，如表 7.4 所示。例如 n80 频段是一个 SUL 频谱，其频段表格中的双工模式为 SUL，其频谱范围和 n3 FDD 频谱的上行频段重叠。目前 3GPP 定义了 n80 至 n86 总共 6 个 SUL 频段，分别与 5G 主流 FDD 频段（n3、n8、n20、n28、n1 和 n66）上行频谱重叠。SUL 频段可在后续增加，并适用于 5G R15 版本。SUL 频段也支持与其他频段组合进行独立部署与非独立部署。其具体的参数配置可参考标准 38.101-3[8]。

在现有频段配置中，如 n78+n80 的频段组合，EN-DC UE 在 LTE 上行和 NR 上行同时发送信号时产生的交调信号会对 UE 在 LTE 侧的下行接收造成干扰。例如，当 LTE FDD 部署在下行 1.85GHz 和上行 1.75GHz 上，NR 部署在 TDD 3.6GHz 和 SUL 1.75GHz 上时，EN-DC UE 同时在 LTE 上行载波和 NR TDD 上行载波发送信号，或者同时在 NR TDD 上行载波和 NR SUL 载波发送信号时，都会在 1.85GHz 的频率上产生交调信号。该交调信号将会对该 UE 在 LTE 的 1.85GHz 的下行载波上的接收信号造成干扰。因此，EN-DC UE 仅支持在 NR 和 LTE 之间的分时发送，以尽可能地避免交调干扰。

表 7.4　NR 的 FR1 频段

NR 工作频段	上行（UL）工作频段 BS 接收/UE 发送 $F_{UL\_low}-F_{UL\_high}$	下行（DL）工作频段 BS 发送/UE 接收 $F_{DL\_low}-F_{DL\_high}$	双工模式
n1	1920～1980 MHz	2110～2170 MHz	FDD
n2	1850～1910 MHz	1930～1990 MHz	FDD
n3	1710～1785 MHz	1805～1880 MHz	FDD
n5	824～849 MHz	869～894 MHz	FDD
n7	2500～2570 MHz	2620～2690 MHz	FDD
n8	880～915 MHz	925～960 MHz	FDD
n12	699～716 MHz	729～746 MHz	FDD
n20	832～862 MHz	791～821 MHz	FDD
n25	1850～1915 MHz	1930～1995 MHz	FDD
n28	703～748 MHz	758～803 MHz	FDD
n34	2010～2025 MHz	2010～2025 MHz	TDD
n38	2570～2620 MHz	2570～2620 MHz	TDD
n39	1880～1920 MHz	1880～1920 MHz	TDD
n40	2300～2400 MHz	2300～2400 MHz	TDD
n41	2496～2690 MHz	2496～2690 MHz	TDD

续表

NR 工作频段	上行（UL）工作频段 BS 接收/UE 发送 $F_{UL\_low}-F_{UL\_high}$	下行（DL）工作频段 BS 发送/UE 接收 $F_{DL\_low}-F_{DL\_high}$	双工模式
n51	1427～1432 MHz	1427～1432 MHz	TDD
n66	1710～1780 MHz	2110～2200 MHz	FDD
n70	1695～1710 MHz	1995～2020 MHz	FDD
n71	663～698 MHz	617～652 MHz	FDD
n75	N/A	1432～1517 MHz	SDL
n76	N/A	1427～1432 MHz	SDL
n77	3300～4200 MHz	3300～4200 MHz	TDD
n78	3300～3800 MHz	3300～3800 MHz	TDD
n79	4400～5000 MHz	4400～5000 MHz	TDD
n80	1710～1785 MHz	N/A	SUL
n81	880～915 MHz	N/A	SUL
n82	832～862 MHz	N/A	SUL
n83	703～748 MHz	N/A	SUL
n84	1920～1980 MHz	N/A	SUL
n86	1710～1780MHz	N/A	SUL

▌▌▌ 参考文献

[1] R1-060401, Motorola. Interference Mitigation via Power Control and FDM Resource Allocation and UE Alignment for E-UTRA Uplink and TP. 3GPP TSG RAN1#44, Denver, USA, Feb. 2006.

[2] W. Xiao, R. Ratasuk, Ghosh, R. Love, Y. Sun, and R. Nory. Uplink power control, interference coordination and resource allocation for 3GPP E-UTRA. in Proc., IEEE Veh. Technology Conf., Sept. 2006, pp. 1-5.

[3] 3GPP TS 38.101-1. NR; User Equipment (UE) radio transmission and reception; Part 1:

Range 1 Standalone.

[4] 3GPP TS 38.101-2. NR; User Equipment (UE) radio transmission and reception; Part 2: Range 2 Standalone.

[5] 3GPP TS 38.101-2. NR; User Equipment (UE) radio transmission and reception; Part 3: Range 1 and Range 2 Interworking operation with other radios.

[6] 3GPP TS 38.321. NR; Medium Access Control (MAC) protocol specification.

[7] 3GPP TS 38.101-1. NR; User Equipment (UE) radio transmission and reception; Part 1: Range 1 Standalone.

[8] 3GPP TS 38.101-3. NR; User Equipment (UE) radio transmission and reception; Part 3: Range 1 and Range 2 Interworking operation with other radios.

第8章

Chapter 8

5G 高层设计及接入网架构

本章介绍了 5G 网络系统架构、相关术语和网元之间的接口概况。本章首先从网络的角度切入，然后进一步以网络与终端结合的方式对 5G 整体网络架构进行阐述。在协议层面，本章将集中介绍基站与终端 Uu 接口接入层（AS）的控制面（CP）和用户面（UP）协议，在必要的时候会对透明传输的非接入层（NAS）信令进行介绍。5G 高层设计的关键技术会体现在各章节的细节描述中。

在本章的阐述中，作为无线网络组成的基本网元将作为一个整体进行介绍。在实际网络中，基站本身可以再分解成 3 个部分：中心单元（CU）的控制面（CU-CP）、用户面（CU-UP）和分布单元（DU）子网元。这些子网元之间的接口，包括 F1 和 E1 接口会在 8.3 节进行介绍。

▌▌▌ 8.1　网络架构和术语

从标准角度看，5G 系统既包括了 NR，也包括了演进版本的 LTE（eLTE）。基于 eLTE 的基站和基于 NR 的基站可以通过称为 NG 的网络接口连接到 5G 的核心网（5GC）。而在 4G 网络的基础上，基于 NR 的基站也可以通过 S1-U 接口连接到 4G 的核心网（EPC）。这样基于 LTE、eLTE 的基站以及基于 NR 的基站都可以连接到 EPC 或者 5GC，但事实上他们的功能有比较大的差别。为了避免在标准规范中出现有歧义的描述，在 3GPP 中特意对这些基站的术语进行了明确的定义。

● eNB：面向终端（UE）提供 E-UTRA 用户面和控制面协议，并且通过 S1 接口连接到 EPC 的网络节点；

● ng-eNB：面向终端（UE）提供 E-UTRA 用户面和控制面协议，并且通过 NG 接口连接到 5GC 的网络节点；

● gNB：面向终端（UE）提供 NR 用户面和控制面协议，并且通过 NG 接口连接到 5GC 的网络节点；

● en-gNB：面向终端（UE）提供 NR 用户面和控制面协议，并且通过 S1-U 接口连接到 EPC 的网络节点。

在 3GPP 的规范中，E-UTRA 和 LTE 这两个术语没有什么本质上的差别，都用来表示一种无线接入技术（RAT）。在标准规范中更倾向于使用 E-UTRA，在市场推广中更倾向于使用 LTE。NR 没有一个类似 E-UTRA 的术语，也就是说只用 NR 表示一种无线接入技术（RAT）。

连接到核心网的无线网元通过相互连接就构成了无线网络。从核心网的角度来看，最主要的是与无线网络之间的接口定义了无线网络的属性。与 5GC 连接的网络接口是 NG 接口，下一代无线网络也被称为 NG-RAN，如图 8.1 所示。NG-RAN 是由基于 eLTE 的基站（ng-eNB）和基于 NR 的基站（gNB）通过 Xn 接口构建。这个网络通过 NG 接口和 5G 的核心网 5GC 连接。在标准规范中，"NG-RAN"是 gNB 和 ng-eNB 的统称。在需要区分两者的时候，才需要标明 gNB 和 ng-eNB。

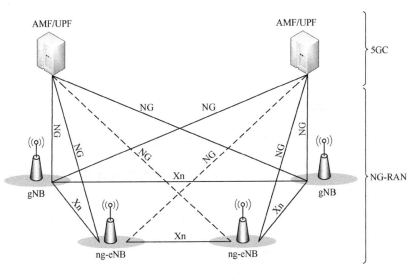

图 8.1　NG-RAN

Xn 接口的应用层协议规范写在一个新增的协议规范 38.423[4]中。另外和 Xn 接口相关的有关 NG-RAN 节点之间用户面流量控制的协议放入 38.425[5]。NG 接口的应用层协议写在 38.413（NGAP）[18]。和 S1 接口应用层规范协议 36.413[6]相比，38.413[18]少了无线承载的管理流程，但是多了 PDU 会话的管理流程。这个改变是因为在 5G 系统中不再沿用原来 LTE 中使用的 EPS 承载的概念，而引入了基于 QoS 流的 QoS 框架。这个新的 QoS 框架在 NG 接口就是通过 PDU 会话的管理过程来实现的。

图 8.2 给出了 3GPP 系统互操作的示意图。可以看出， E-UTRAN 和 NG-RAN 之间没有直接物理上的或者逻辑上的接口，也就是说两个无线网络之间无法进行直接的对话。当一个终端需要从 NG-RAN 切换到 E-UTRAN 或者相反，这样的互操作只能通过 4G 核心网 EPC 和 5G 核心网 5GC 之间的接口进行。在这些接口中最重要的是 N26 接口。当然，如果终端是在 LTE/NR 的空闲（或者非激活）模式下移动的时候，那么可以通过小区选择或者重选的方式来完成，在这种情况下是不需要 N26 接口的。5GC 和第三代通信系统的核心网（MSC）之间在 3GPP R15 阶段没有定义直接的接口，即便如此，在空闲状态下的移动性还是可行的。受这种系统之间的互操作状况影响最大的是传统的语音业务，用户在通话状态下进行 5GC 和 MSC 间的切换时，性能将会受到一定影响。

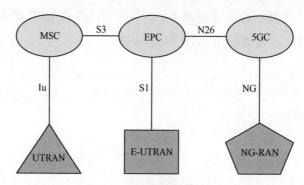

图 8.2　3GPP 系统互操作

对于 3GPP，术语的定义有很强的"黏性"。在开始设计第三代移动通信系统的时候，部分工程师把基于 UTRA 的基站简单取名为"Node B"。这样做是为了区别原来 GSM 系统中基站的名称"BTS"。因为在对节点编号的时候，这个节点编号是 B，所以就称为"节点 B"。在 3GPP 后续的讨论中，所有的工作组开始使用这个统一的名称。当正式撰写标准规范的时候，规范的撰写者发现已经无法"摆脱"这个当时看起来取得比较随意的名字，重新取一个更有意义的术语，将会引起大量的不必要的技术澄清。Node B 这个术语的使用直接导致了在设计 LTE 的时候，基站被称为"evolved NodeB"，简称 eNB；在设计第五代移动通信系统 NR 的时候，把基站称为"ng NodeB"，简称为 gNB（去掉 n 是为了和接口名称有所区别）。

5GC 最开始的名称是 NGC，意思是 Next Generation Core network。但是马上有人意识到这是一个具有相对意义的术语，因为新一代的通信系统都可以称为"下一代"。这个时候有人提出应该把 NGC 称为 5GC，因为这个名字更加具有前向兼容性，比如第六代核心网可以称为 6GC。这个看起来比较合理的建议却还是受到了某些运营商的挑战，因为他们觉得在 E-UTRAN 里面部署 en-gNB 以后，这个 E-UTRAN 也可以称为 5G 网络。妥协的结果是 5GC 的名称得到了保留，但是在部署了 en-gNB 的网络里面允许用一个"High Layer Indication"来表示这是个 5G 网络。可以看出，3GPP 每个名词术语的背后都是不同公司一番角力的结果。

8.2 系统架构和工作原理

本节介绍的系统架构主要从终端的角度进行描述，架构描述中会涉及核心网、无线网络和终端。在详细介绍系统架构之前，先要说明一下双连接的概念。

双连接（Dual Connectivity）是在 3GPP R12 阶段 LTE 系统中引入的。而在引入双连接架构之前，3GPP 在 R10 阶段首先引入了载波聚合（CA，Carrier Aggregation）。CA 是提高终端峰值速率有效且实用的解决方案，在实际的网络部署中也得到了广泛的应用。而载波聚合对网络的传输承载（Backhaul），特别是基站之间的传输承载在时延和带宽上提出了很高的要求。这使得没有部署理想传输承载（Ideal Backhaul）的运营商举步维艰。在 R12 的时候，应这些运营商的要求，3GPP 提出了双连接的解决方案。这种解决方案的特点是将无线接口上聚合的协议层从 CA 要求的 MAC 层上移到了 PDCP 层。这是因为 PDCP 层在链路层协议 RLC 层之上，对于时延的要求比较宽松。

双连接虽然在 3GPP R12 就进行了标准化，但是 LTE 的双连接解决方案并没有进行实际部署，其主要原因在于双连接架构下主辅节点在用户面基本上是平行工作，需要终端具备双收双发的能力。而双收双发对终端的成本和发射功率都提出了较高的要求，这也直接导致了该项技术没有得到市场的认可。

在 3GPP 开始研究 5G 系统的时候，把 NR 作为可以单独（SA，Stand Alone）连续组网的无线通信系统无疑是最吸引人的。其主要原因就是可以不考虑与之前系统，如 4G 系统的兼容性，从而摒弃之前系统所固有的一些技术问题，使得 5G 系统在功能和性能上更加容易获得提升。但 3GPP 是一个非常讲究务实的工业标准化组织，并不是一个开放的学术性组织。3GPP 的标准规范所涉及的无线通信产业链在全球范围内是以万亿美元计。把 LTE 系统推翻重来的一个后果是芯片设计也需要推翻重来，这不但意味着更高的成本，也意味着更长的投入产出周期，这使得 NR 本身的设计还是不可避免地带上了 LTE 系统的烙印。例如物理层的关键参数（Numerology）设计（见 3.1 节）：技术上比较先进的想法是在一个时隙（Slot）中的符号（Symbol）数按照 2 的幂次方来设定。这种做法使 NR 有更好的前向兼容性和频谱效率。但是在技术上，很多公司即使承认了这种设计的好处，也仍然坚持时隙中符号数要和 LTE 系统保持一致，也就是在一个时隙中保留 14 个符号的做法，最终每时隙 14 符号的设计成了 NR 的标准化方案。

为迎合市场需求，5G 的标准制定相对于 4G 阶段进行了大幅的加速。为加速 5G 商用，某些运营商提出来，除了 NR 的 SA 方案之外，他们对于非独立工作(NSA)的 5G 系统有更加迫切的需求，这导致了 LTE 和 NR 之间双连接架构的出现。LTE 和 NR 之间的双连接称为 MRDC（Multiple RAT DC），指的是 LTE 和 NR 通过 DC 的方式在 PDCP 协议层汇聚在一起和一个终端同时工作的双连接架构。这种架构得到某些运营商，特别是北美运营商的强烈支持。其中很重要的原因是北美运营商更有机会得到大带宽，比如 28GHz 的高频频谱。而这么高的频谱因为覆盖和无线电传播的特征，无法构成独立连续的广覆盖，因此，这样的 gNB 必须依赖于现有的 eNB 或者演进以后的 ng-eNB 才能工作。而另外一些运营商，比如欧洲的运营商，在 2020 年 5G 系统可以商用的时候没有足够的频谱和经济实力来部署一个独立部署的 NR 网络，相反，在 LTE/eLTE 网络中零星地部署一些 NR 基站就可以开始声称支持 5G 网络，从而在市场上先声夺人。在频谱和资金上相对充裕的运营商，更加倾向于一步到位，也就是直接部署独立部署的 NR 网络。

由于业界对于 5G 系统的不同需求，在 3GPP 最开始的关于网络架构研究的讨论中，出现了 7 种架构，经过研究，最终对以下 5 种架构进行了标准化。

● Option2：独立工作的 NR 系统，包括 NR 内的载波聚合和 DC 架构。

● Option3：以 LTE 系统的 eNB 作为主基站，en-gNB 作为辅基站构成的 MRDC。这种 MRDC 有一个单独的名称，即 ENDC（LTE-NR DC）。Option3 还包含了 Option3a，option3x 等子项。

● Option4：在 Option2 的基础上，以 gNB 为主基站，ng-eNB 为辅基站构成 MRDC。这种 MRDC 有一个单独的名称，即 NEDC（NR-LTE DC）。

● Option5：基于 eLTE 的基站通过 NG 接口连接到 5GC。

● Option7：在 Option5 的基础上，以 ng-eNB 为主基站，gNB 为辅基站构成 MRDC。这种 MRDC 有一个单独的名称，即 NGENDC（ngLTE-NR DC）。Option7 还包含了 option7a，option7x 等子项。

在后续的描述中，Option2 和 Option3 会作为重点进行介绍。Option4 和 Option7 的介绍主要是突出这两种架构和与 Option3 相比较额外增加的特征。对 Option5 也会进行单独的介绍，其对 3GPP 标准协议的影响主要体现在 LTE 系列规范上。

8.2.1　Option2：独立工作 NR 架构

Option2 的架构如图 8.3 所示。最简单的 Option2 架构就是终端通过一个 gNB 连接到 5GC，如图 8.3 左图所示。类似于 LTE 系统，在 NR 系统内也支持 NR 载波之间的载波聚合，也支持不同 gNB 之间的双连接架构，MgNB 代表主节点，SgNB 代表辅节点。

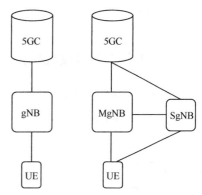

Option2 最大的特点就是不需要任何 LTE 系统的协助，终端就能够在 Option2 架构中实现所有的 5G 业务。当然如果 NR 网络在比较拥塞或者出现覆盖漏洞的时候，终端在 NR-RAN 和 E-UTRAN 之间通过核心网，即 5GC 和 EPC，进行来回切换还是可以的，而

图 8.3　Option2 架构图

且也是必需的。本节着重介绍 Option2 在 Uu 接口、NG 接口和 Xn 接口上的标准化内容，并且对 Uu 接口上的关键技术进行单独的描述。

从功能上来说，5GC 是 NAS 信令的终结点，具备包括 NAS 信令的建立和维护、PDU 会话的建立和维护、移动性管理、注册和注销过程、授权和鉴权等功能。5GC 的第 2 阶段的概念描述可以参考 3GPP 23.501[7]，第 2 阶段的流程描述可以参考 23.502[8]。第 3 阶段的内容可以参考 24.501[9]。

gNB 是 AS 信令的终结点，实现了包括控制面协议 RRC，用户面协议 SDAP、PDCP、RLC、MAC 和 PHY 功能。控制面和用户面的协议栈如图 8.4 和图 8.5 所示。

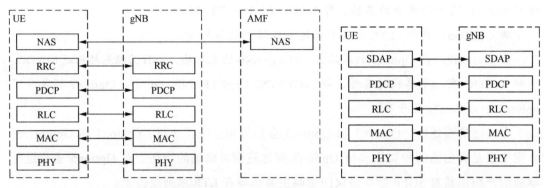

图 8.4 控制面协议栈   图 8.5 用户面协议栈

单从协议层的名称来看，NR 控制面和 LTE 系统没有区别，而用户面多出了 SDAP 协议。实际上，各个协议层的变化还是很大的：其中用户面除了新引入的 SDAP 协议之外，其他协议从上到下新增的内容逐渐增多，物理层的变化最大；而控制面 RRC 协议的一项很重要的功能是完成各个协议层的参数配置，所以变化也不少。

1．RRC 状态及其转换

在 NR 中除了 RRC 空闲状态和 RRC 连接状态之外，还引入了 RRC 非激活状态。RRC 空闲状态和 RRC 连接状态中 UE 的行为和 LTE 系统下对应的状态下 UE 的行为非常类似。而 RRC 非激活状态是新引入的 RRC 状态。LTE 系统没有 RRC 非激活状态，而在 eLTE 中也引入了 RRC 非激活状态。LTE 系统在引入 NB-IoT 的时候，为了达到省电的目的，终端在一般情况下都处于 RRC 空闲状态。而在 UE 进入 RRC 空闲状态的时候，UE 的上下文会同时保留在终端和 eNB。这样做的目的并不是为了减少下次 RRC 连接恢复的时延，而是通过减少发送和接收信令来达到省电的目的（NB-IoT 终端的电池寿命长度要求达到 10 年）。

在研究 NR 系统的时候，类似的思想被应用到了 RRC 非激活状态。引入这个状态的目的是在控制面时延以及省电之间找一个平衡。终端在 RRC 空闲状态的时候，处于比较

"冷"的省电状态，但是会导致比较长的控制面时延。在有新的数据需要发送或者接收的时候，终端需要重新建立 RRC 连接，NG 接口信令和 NAS 信令连接以后才能开始建立数据承载（DRB）并且开始传递和接送数据。这使得控制面的时延增加，基本上无法满足 ITU-R 要求的 5G 控制面时延 20ms 的要求。如果数据包的发送或者接收是间歇性的，那么意味着多数数据包都需要有这样一个冷启动的过程。考虑到智能手机的待机特点，不少时间和功率都消耗在了这些控制面的过程上。

RRC 连接状态正好相反，是一个比较"热"的状态，数据的发送和接收之前没有额外的启动时延，或者只有有限的时延。但是在这种状态下即使没有数据传输，UE 也需要经常监听物理层控制信道，所以相当耗电。在 RRC 连接状态即使配置了非连续接收（DRX），也无法从根本上解决功耗的问题。

RRC 非激活状态是一个比较"温"的状态。当终端处于这个状态的时候，终端保留了最后一个服务小区里工作的上下文，并且允许终端在一定的范围内移动而不需要通知网络它在哪个小区。网络侧保持了 NG 接口连接，并且和 UE 一起保留了 NAS 信令连接。这个措施使得终端在需要发送或者接收数据的时候，只要采用 RRC 连接恢复（RRC CONNECTION RESUME）过程来恢复信令承载（SRB）和 DRB，然后就可以开始直接发送或者接收数据，所以 NR 系统的控制面时延就变成了 RRC 连接恢复过程的时延。而 RRC 连接恢复过程在 MAC 层的随机接入过程结束的时候，确切地说，是 gNB 收到承载在 MESSAGE 5 上的 RRC 连接恢复完成（RRC CONNECTION RESUME COMPLETE）消息后就可以开始接收/发送第一个数据包。图 8.6 给出了终端在不同状态下时延与耗电间的关系示意图。

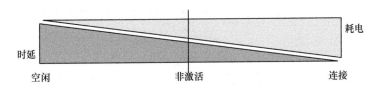

图 8.6　终端不同状态下时延与耗电关系示意图

终端在 RRC 非激活状态下的移动性管理与接入控制和 RRC 空闲状态几乎没有什么本质区别，需要完成以下的功能。

● PLMN 的选择。

● 小区选择和重选。

- 接收系统消息广播。
- 接收寻呼消息。
- 周期性 RNA 更新过程。

值得注意的是，从 5GC 的角度来说，终端要么处于 RRC 空闲状态要么处于 RRC 连接状态，换句话说，RRC 非激活状态对于 5GC 来说是透明的。这是因为 gNB 到 5GC 的连接在 UE 进入到 RRC 连接状态以后一直存在，即使 gNB 要求 UE 进入到 RRC 非激活状态，连接也在。在这种情况下，当有发送给这个 UE 的 NAS 消息或者下行的数据包到达的时候，5GC 还是会把 NAS 消息或者数据包直接发送到 gNB。而 gNB 其实并不知道终端移动到了哪个小区，所以需要发起一次寻呼的过程，而且寻呼消息会在一定的范围内通过 Xn 接口进行传递。除了寻呼的需求之外，在后面的 RRC 状态转换中会讲到，UE 在新的 gNB 上接入网络的时候，当前的 gNB 需要从最后一个服务 UE 的 gNB 那里获取这个 UE 的上下文，这使得这两个 gNB 之间要有连接。gNB 和 gNB 之间的连接，或者是物理连接，或者是逻辑连接，在实际网络中是有一定的地理范围的。一般情况下，两个 gNB 之间对话的最主要的目的是使得 UE 可以在两个基站之间进行切换。而基站之间进行切换的前提是两者之间的覆盖有重叠的区域。如果让两个相距较远的 gNB 之间建立连接会让网络维护过于复杂而没有什么太多的收益，这是一件得不偿失的事情。基于上述原因引入了一个新的 RAN 级别的跟踪区域的概念，称为 RNA（RAN Notification Area，RAN 通知区域）。RNA 一般情况下大于一个小区，但是会小于或者等于一个 TA（Tracking Area，RRC 空闲状态下的跟踪区域）。当终端在 RNA 内移动的时候，UE 不需要将它的行踪通知网络。当 UE 跨越了 RNA 的时候，终端就需要做一次位置更新，以便让网络知道 UE 当前所在的 RNA。RRC 状态在空间的移动性差异如图 8.7 所示。

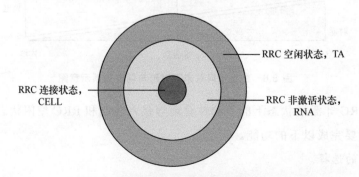

图 8.7　RRC 状态在空间的移动性差异

类似于 RRC 空闲状态，UE 需要周期性地进行 RNA 更新过程，目的是为了和网络之间保持一定的位置同步。假如网络没有及时得到 UE 的周期性 RNA 更新信息，网络会认为这种 UE 已经回到了 RRC 空闲状态。在这种情况下，gNB 会通知 5GC，并且释放 UE 的上下文。在 gNB 寻呼失败的时候，网络也会有类似的行为。在此之后，所有的寻呼又会回落到由 5GC 触发寻呼的模式上去。

另外一个和时延相关的是寻呼的周期。在 RRC 非激活状态下，除了系统消息中广播的 DRX 周期之外，UE 还可以获得一个比这个公共的 DRX 周期更短的 DRX 周期。这样做的目的是为了让不同的 UE 在响应寻呼上有不同的行为。这往往和最近一段时间内该 UE 业务本身或者获取业务的频度有关。自然地，对时延要求比较短的 UE 会被配置一个更短的 DRX 周期，从而使得该 UE 在 RRC 非激活状态下的时候，更快地响应网络的寻呼。如果该 UE 响应寻呼的频度足够高，更加合理的做法是不再让这个 UE 进入到 RRC 非激活状态，而留在 RRC 连接状态。不同 RRC 状态下的 DRX 周期如图 8.8 所示。

图 8.8　不同 RRC 状态下的 DRX 周期

在 RRC 非激活状态下，UE 发送数据一般需要有个 RRC 连接恢复的过程。不过这个过程在一定程度上可以优化。3GPP 研究的非正交多址技术（NOMA）对这一过程可以进行一定的优化。

在介绍完 RRC 的几种状态后，再来看 RRC 状态转换。NR 系统 RRC 的 3 个状态的相互转换参见图 8.9。RRC 空闲状态和 RRC 连接状态之间的转换和 LTE 系统的转换没有什么本质差别。而 RRC 非激活状态和 RRC 连接状态之间的状态转换是在 NR 系统中新增的内容。另外 RRC 非激活状态到 RRC 空闲状态的转换，一般发生在 RRC 连接恢复的异常过程中，也就是说 gNB 无法恢复无线配置，而是直接让 UE 回到 RRC 空闲状态。另外的途径是 RRC 非激活状态=>RRC 连接状态=>RRC 空闲状态。下面重点介绍一下

RRC 非激活状态和 RRC 连接状态之间的状态转换。

当 UE 在 RRC 连接状态的时候，当前的服务 gNB 通过 RRC 连接释放消息让 UE 从 RRC 连接状态进入到 RRC 非激活状态。这个过程除了让 UE 改变了 RRC 状态之外还做了以下几件事情。

● 给 UE 分配一个在 RRC 非激活状态下的 UE 标识，称为 I–RNTI；

● 挂起所有的 SRB 和 DRB；

● 保留无线配置参数，但是释放预留给该 UE 的无线资源，比如 SPS 资源或者 PUCCH/ SRS 资源等。

当终端需要重新恢复 RRC 连接的时候，会

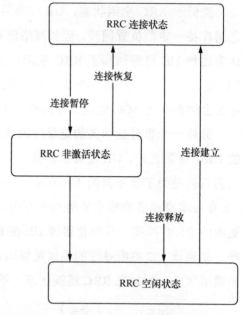

图 8.9　RRC 状态转换图

通过 RRC 连接恢复的过程来恢复 SRB 和 DRB。多数情况下当前的服务 gNB（简称 gNB C，图 8.10 中的 gNB）和在该 UE 进入到 RRC 非激活状态时的最后一个 gNB（简称 gNB L，图 8.10 中的最后服务的 gNB）往往不是同一个 gNB。所以 gNB C 需要一定的信息来找到这个 UE 的 gNB L，从而能够获取这个 UE 留在网络里的上下文。为了实现这个目的，UE 在进入到 RRC 非激活状态的时候会被赋予一个身份标识，就是 I-RNTI。I-RNTI 和 RRC 连接状态 UE 的身份标识，即 C-RNTI，之间最大的区别是 I-RNTI 实际上是有两部分组成的：gNB L 的标识和该 UE 的身份标识。gNB C 就是根据 I-RNTI 中的 gNB L 的标识信息进行寻址，并且把包含了 I-RNTI 的上下文请求消息发送给 gNB L。由于这个 I-RNTI 就是 gNB L 所分配的，所以 gNB L 可以唯一地找到这个 UE 的上下文。在经过安全性验证之后，gNB L 将把该 UE 的上下文反馈给 gNB C。gNB C 根据获取的 UE 上下文决定下一步的动作。gNB C 要做的另外一件事情是把到 5GC 的 NG 接口连接从 gNB L 转换到 gNB C。这个过程可以参见图 8.10。

如果网络无法根据 I-RNTI 获取到这个 UE 的上下文，那么网络可以根据需要决定重新建立 RRC 连接，或者让这个 UE 进入到 RRC 空闲状态。事实上根据 I-RNTI，即使能够寻址到这个 UE 的上下文，也允许网络不继续进行这个 UE 的恢复过程，如当前的网

络已经拥塞。至于网络让终端重新进入 RRC 非激活状态，还是直接回到 RRC 空闲状态在标准规范中没有明确规定，换句话说，需要 NR 网络算法实现。

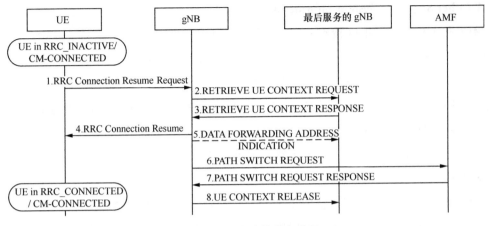

图 8.10 RRC 连接恢复流程

NR 的 RRC 空闲状态下 UE 的行为和 LTE 的 RRC 空闲状态下 UE 的行为非常类似。简单地说 UE 需要完成以下功能。

● 接收和更新系统消息；

● PLMN 的选择；

● 小区的选择和重选；

● 根据系统消息中配置的 DRX 周期，周期性监听寻呼消息；

● 根据系统消息中配置的邻近小区进行测量从而完成小区选择和重选。

和 LTE RRC 空闲状态相比，主要的差异体现在以下几个方面。

● 系统消息的获取和更新方式；

● 寻呼的监听方式；

● RRC 空闲状态下测量的行为。

这些差异的来源在于 NR 系统本身和 LTE 系统之间的差别。下面针对系统消息、寻呼和 RRC 空闲状态下的测量进行详细的介绍。

2. 系统消息

NR 的系统消息从内容上来说，一共有如下三种：

- MIB (Master Information Block);
- SIB1 (System Information Block 1);
- Other SI (Other System Information)。

MIB 是 UE 在做了小区搜索并完成了频率和时间同步之后，需要马上获得的系统信息。MIB 通过 BCH 进行广播，而 BCH 和同步信道（PSS/SSS）组合在一起，统称 SS BLOCK（SSB）。SSB 的广播机制在 3.2.3 节进行了详细的介绍，可以看到 SSB 是 NR 系统固有的信令开销，而且除了物理小区编号（PCI）和子帧序号（SFN）的部分信息，UE 没有其他的先验信息，也就是说 UE 只能通过盲检的方式进行解码。这两个因素决定了 MIB 的内容必须非常精简，因为每个比特都非常"昂贵"。MIB 的具体内容可以参考 3.2.2 节中表 3.5。

MIB 是一个小区中必须广播的系统信息，非独立工作的 gNB 也不例外。这是因为 MIB 中的前 4 个参数是随机接入过程所必需的，而非独立工作的 gNB，比如 en-gNB 上的 PSCell 必须支持随机接入过程。而非独立工作的 gNB 是无法让 UE 驻留的。这样一来，在 Option3 的网络中出现无法驻留的 NR 小区将会是非常普遍的现象。如果不在 MIB 中设置小区是否可驻留的信息比特，那么支持独立工作 gNB 的 UE 漫游到 Option3 的网络中的时候就会尝试去获取事实上并不存在 SIB1，这会导致 UE 无谓地耗电。

在获取了 MIB 之后，UE 必须要获取的下一个系统消息就是 SIB1。在 MIB 中可以获得的信息就没有必要出现在 SIB1 中。MIB 中除了最后 2 个信元之外，其他的信元都是解码 SIB1 所不可或缺的。SIB1 是承载在 PDSCH 上进行广播的，主要包含了以下几类信息。

- 小区选择参数；
- 接入控制参数；
- 初始接入相关的信道配置信息；
- 系统消息请求配置信息；
- 其他系统消息的调度信息；
- 其他的一些信息，比如是否支持 VoIP 业务等。

小区选择信息是 UE 判断本小区的信号是否满足小区驻留条件的必要信息；接入控制信息是 UE 判断某种类型的接入业务是否被允许发起的必要信息；初始接入相关的信道配置信息是随机接入过程所必需的信道配置信息。这三类信息结合起来作为 UE 在该小区驻留并且发起初始接入所必需的信息。UE 在进入了 RRC 连接状态以后，其他的所有配置信息都可以从专用信道获取。所以 SIB1 也可以被认为是 UE 进入 RRC 连接状态所必需的信息。

表 8.1 提供了其他系统信息 SIB2 到 SIB9 的详细内容。不考虑波束赋形相关参数，NR 的系统消息的广播方式和 LTE 系统比较类似。MIB 的发送周期是 80ms。SIB1 的发送周期是可变的，最长不会超过 160ms，并且一共有三种发送方式。第一种方式的发送周期是 20ms，第二和第三种方式中发送周期和 SSB 的发送周期是一样的。其他的 SIB 一般情况下是组合在一起形成一个其他系统消息（Other SI）来进行广播。这些 Other SI 在时域上按照一定的周期在一个长度固定的窗口内进行广播，并且相互之间不会重叠，也就是说这些系统消息本身的界定是通过 TDM 的方式来进行的。调度 SIB1 和调度 Other SI 的 PDCCH 上都会卷积一个特定的 UE 标识，即 SI-RNTI。

表 8.1 其他系统消息（Other SI）

SIB 序号	内容
SIB2	频率内、频率间、RAT 间小区重选共同的参数，以及频率内小区重选除了邻近小区之外的配置参数
SIB3	频率内小区重选的邻近小区参数
SIB4	频率间小区重选的邻近小区参数
SIB5	RAT 间小区重选的邻近小区参数
SIB6	ETWS（地震和海啸预警系统）的主通知消息
SIB7	ETWS 的第二个通知消息
SIB8	CMAS（公共移动警报系统）通知消息
SIB9	GPS 和 UTC 时间信息

MIB,SIB1 和 Other SI 是按照时间顺序来获取的，如图 8.11 所示。MIB 随着 SSB 一起广播，对于 UE 来说，通过盲检获取了 SSB 以后，也就获取了 MIB。获取 SIB1 的 PDCCH 的搜索空间参数配置在 MIB 中。一旦获取了 MIB 以后，UE 就可以通过检测这个 PDCCH 来获取 SIB1。SIB1 中包含 SIB$x(x \geq 2)$ 和 Other SI 的调度信息，包括 SIBx 到 Other SI 的映射关系以及 Other SI 的调度周期和发送窗口大小等。

除了广播的方式之外，MIB、SIB1 和 SIBx 有一些属性如表 8.2 所示。有效时间、有效区域和值标签配合使用来判定某个 SIB 的有效性。时效性的判定对于 MIB 和 SIB1 来说不是很有意义，这是因为 UE 在进入到一个小区以后，总是需要获取 MIB 和 SIB1，这也是为什么 MIB 和 SIB1 没有值标签的原因。但是对于其他的 *SIBx* 来说，时效性的判定就比较重要。基本的逻辑是，如果 UE 发现本地已经有一个有效的 *SIBx* 版本的话，就没有必要获取这个 SIB。对于 UE 来说，如果某个 *SIBx* 还在当前的有效区域内，并且所保留的值标签和当前小区 SIB1 中该 *SIBx* 的值标签相同，而且所保留的 *SIBx* 的时间还没有超出 3 小时，那么就认为这个 *SIBx* 是有效系统消息。网络需要保证值标签在 3 小时之内的翻转不会超过 32 次，这个机制本身才有效。而 SI 区域（systemInformation AreaID）是广播在 SIB1 中，用来规定该 SIB1 所在的小区的每个 *SIBx* 的系统消息区域码。不同的 SI 区域是不会重叠的，因为每个小区就只有一个 SI 区域码。这个 SI 区域码还需要和 PLMN 列表中第一个 PLMN 联合使用。

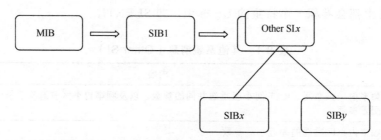

图 8.11　系统消息获取过程

表 8.2　系统消息属性

属性	MIB	SIB1	SIBx
有效时间	3 小时	3 小时	3 小时
值标签	N/A	N/A	0~31
有效范围	本小区	本小区	本小区或者 SI 区域
广播或点播	广播	广播	广播或点播
必要性	是	是	不是

　　对于处于 RRC 空闲和 RRC 非激活状态的终端来说，需要判断当前小区是否被禁止。除了 MIB 中的控制参数之外，还有一个判断的依据就是 MIB 和 SIB1 的接收情况。假如没有收到 MIB 和/或 SIB1，那么 UE 会认为当前的小区是被禁止的。在这种情况下，UE 就不会在这个小区驻留。

　　当 UE 处于 RRC 空闲或者 RRC 非激活状态的时候，UE 直接从广播的系统消息中根据上述的顺序来获取。如果某个 SIB 的属性是"点播"，而且 UE 想要获取这个系统消息，那么就需要通过系统消息请求的流程来获取，因为在没有收到任何 UE 请求的时候，这些 Other SI 是不会广播的。引入这种点播 Other SI 的目的主要是为了节省网络的能量，并且在一定程度上可以减少小区之间的干扰。

系统消息请求的方式有以下两种。

● 于 RACH 过程的消息 1 请求；

● 基于 RACH 过程的消息 3 请求。

第一种方式中，前导预留的内容参见 8.2.1 节第 6 部分。UE 发送的前导要么对应到一个具体的系统消息，要么对应到所有的 Other SI。第二种方式中，前导本身没有任何特殊性。发送请求的消息是一个 RRC 消息。这个 RRC 消息中包含了 UE 请求的 Other SI 的信息，并且以 CCCH 的方式在 SRB0 上进行发送。发送这个 RRC 消息的 RACH 过程本身没有特殊性，只不过接收到的消息 4 中用作冲突解决的是 UE 发送的这个 RRC 消息。如果 UE 确认了 gNB 会开始发送系统消息，那么一般情况下 UE 就会开始接收这些系统消息。而 gNB 一旦把某些 Other SI 通过广播的方式进行发送的话，就把 SIB1 中对应的 SIBx 的标记改成"广播"。至于 gNB 什么时候停止这个系统消息的广播取决于网络的算法。一般情况下被触发的系统消息不会持续很长时间，否则按需请求的机制就失去了意义。

系统消息的内容，包括 MIB、SIB1 和 SIBx 发生更新的时候，需要通知 UE 进行系统消息的更新。NR 系统的更新机制和 LTE 系统类似，都是通过寻呼的方式进行。不同的是，更新的消息本身可以通过发送寻呼的 PDCCH 触发。RRC 空闲状态和 RRC 非激活状态的 UE 总是监听属于自己的寻呼机会。处于 RRC 连接状态的 UE 则会监听所有的寻呼机会。如果网络需要更新的是和公共安全相关的系统消息，比如 ETWS 和 CMAS 消息，那么在寻呼通知中还会包括 PWS（公共预警系统）标记。这个标记会让 UE 在收到系统消息更新通知的时候，马上进行系统消息的获取过程。其他的系统消息一般都是在下一个系统消息修改周期获取，以便和 gNB 之间保持时间上的同步。系统消息修改周期一般是 DRX 周期的整数倍。如果 UE 当前的主小区（PCell）上的 BWP 上没有系统消息广播，或者是其他的服务小区，那么更新的系统消息需要通过专用信令的方式发给 UE。

3. 寻呼

NR 系统的寻呼有两种主要的应用场景：一种是由核心网发起的寻呼，一种是由 gNB

发起的寻呼。核心网 5GC 发起的寻呼和 NAS 层的移动性管理是配套的过程。终端在跟踪区（Tracking Area）之间移动的时候，通过跟踪区更新的流程（TAU）让核心网知道 UE 当前所在的 TA。在需要寻呼的时候，5GC 就会给这个 TA 中的所有 gNB 或者部分 gNB 发送寻呼消息。在 RRC 非激活状态下，引入了类似 TA 概念的通知区（NA，Notification Area）。UE 在 NA 之间移动的时候，通过通知区更新的流程（NAU）让网络知道 UE 所在的 NA。这样当网络想要发送下行消息或者数据的时候，也需要通过寻呼的方式让 UE 回到 RRC 连接状态。通常发起寻呼的是这个 UE 最后的锚点 gNB（Anchor gNB），并且寻呼消息还需要通过 Xn 接口发送给 NA 中其他的 gNB。

这两种寻呼机制之间有一定的关联关系。核心网会提供一些辅助的信息，比如 UE 当前的 TA 给 gNB，从而帮助 gNB 能够合理设定 NA 的大小。理论上来说 NA 最大不会超过这个 UE 当前的 TA。而且 5GC 发起的寻呼过程是 gNB 发起的寻呼过程的一种回落机制，也就是说，当 gNB 发起寻呼之后，如果系统没有收到这个 UE 的响应，那么就会认为网络和这个 UE 之间失联。显然在 RAN 层面上继续保留这个 UE 的上下文已经没有意义，所以 gNB 会把这个情况通知核心网。gNB 发起寻呼通常也是由核心网下发的信令或者数据触发的，为了让这些信令或者数据达到 UE，核心网会触发寻呼过程。当前寻呼的范围就从 NA 扩大到 TA 的范围。

由 gNB 发起的另外一个寻呼的用途是通知 UE 进行系统消息更新。所不同的是，NR 系统的这种寻呼可以把系统消息更新的指示存放在发送寻呼的控制信道，即 PDCCH 上，而不是数据信道 PDSCH 上。这样做的主要目的是为了提高下行的频谱效率。

另外，为了提高系统的安全性，在 NR 系统中不再采用 UE 的 IMSI 在无线接口上进行寻呼，而是采用 5G-GUI 来进行。不过在计算寻呼的无线帧号和寻呼机会的时候，采用的还是 UE 的 IMSI 的最后 3 位数字。在 DRX 周期上采用了类似 LTE 的机制，在小区广播的 DRX 周期和 RRC 空闲状态或者 RRC 非激活状态下的 UE 被分配的 DRX 周期之间取一个最小值。

网络在发送寻呼消息的时候，寻呼消息发送的方式和 SSB 发送的方式很类似，也采用了波束赋形的方式。UE 通常在能够检测到的最佳的 SSB 波束的方向接收寻呼消息。在寻呼的接收机制中，寻呼帧（PF）和寻呼机会（PO）的确定在协议中有明确规定。但是在确定了 PF 和 PO 之后，UE 如何根据接收到的 SSB 来接收寻呼消息则由 UE 自己决定。

在 NR 系统中 UE 接收寻呼 PDCCH 的搜索空间（Search Space）有两个：在 SIB1 中

有一个显式的寻呼搜索空间；在 MIB 中有一个搜索空间。物理层规定 SIB1 中配置的搜索空间优先，如果 SIB1 中配置的搜索空间不存在的话，那么 UE 就采用 MIB 中配置的搜索空间。而 MIB 中配置的搜索空间也是规定用来接收 SIB1 消息本身的。这个时序就是 UE 在解码了 MIB 以后，先通过 MIB 中的搜索空间检测和接收 SIB1 消息。在 SIB1 中如果没有发现寻呼搜索空间的话，那么就会在接收 SIB1 的搜索空间上接收寻呼消息的 PDCCH。

在 SIB1 的搜索空间上，UE 对于 PDCCH 的检测在时域上主要通过 3 个关键参数来定义，即周期、偏移和持续时间。如图 8.12 所示，在一个寻呼的窗口（浅色）内，网络一共有 4 次发送寻呼的机会，对于某个 UE 来说很可能只能检测到其中的一个。在 NR 系统中这样的一个发送寻呼波束的窗口被定义为一个 PO，并且体现在 CSS（Common Search Space）的定义中。类似地，UE 在接收随机接入的第二个消息，即 RAR 和 Other SI 的时候也有类似的波速赋形机制。一个 PO 内检测寻呼的机会和实际的 SSB 发送机会之间有一一对应的关系。我们做如下假设。

● T 是 UE 的 DRX 周期；
● N 是一个 DRX 周期内 PF 的个数；
● N_S 是一个 PF 上 PO 的个数；
● UE_ID=IMSI%1024。

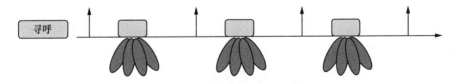

图 8.12　寻呼信息发送示意图

那么 PF 就是满足下述公式的无线帧的帧号。

$$(SFN \bmod T + PF\_offset) = (T \operatorname{div} N)*(UE\_ID \bmod N)$$

该公式和 LTE 系统的算法基本上是一样的。不过因为 NR 系统中搜索空间实际上还有一个偏移，这会导致 PF 也需要一个偏移才能够正确定位 PDCCH 的位置。比如以 SCS=15kHz 为例，当搜索空间的周期是 20 时隙，并且偏移是 11 时隙的时候，寻呼搜索空间都出现在奇数帧上，而公式中表达的 PF 的搜索空间则出现在偶数帧上，这时需要 1 个帧作为 PF 的偏移。另外，PF 实际上是第一个寻呼的波束所在的无线帧，如果公共搜索空间的长度覆盖了两个无线帧，那么 UE 是以第一个无线帧作为 PF。

PO 的计算需要找出在一个无线帧内的多个寻呼机会中的某一个，这个寻呼机会符合以下条件。

$$i\_s = floor\ (UE\_ID/N)\ mod\ N_s$$

其中 i_s 指的是 1 个无线帧内寻呼机会的索引。每个寻呼机会实际上对应 s 个连续的 PDCCH 检测机会，其中 s 指的是一个 SSB 突发中实际广播的 SSB 的个数。

MIB 中配置的搜索空间和 SIB1 中的寻呼搜索空间是完全不一样的，简单地说，寻呼的搜索空间重用了 UE 接收 RMSI 的空间（RMSI 即 SIB1）。而接收 RMSI 的搜索空间和 SSB 因为在时频域内相互之间的位置不同定义了 3 种模式（Pattern，具体定义见 3.2.3 节第 6 部分），不同频段支持的模式如表 8.3 所示。

表 8.3　不同模式工作频率范围

模式	FR1	FR2
1	是	是
2	否	是
3	否	是

对于模式 2 和模式 3 来说，搜索空间和 SSB 出现的位置在时域上是重叠的。假如 SSB 突发是从 SFN=0 开始广播的，那么 PF 的计算方式和上述公式 1 是一样的。只是 N_s 只能等于 1 或者 2，因为 SSB 突发的周期最短是 5ms。不过 NR 系统中允许 SSB 上所调制的 SFN 可以是任何一个数值（0~1023），也就是说 SSB 不一定从 SFN=0 的无线帧开始，也可能包含了一个偏移值，这和 5G 之前所有的 3GPP 系统都不一样。

在图 8.13 的例子中，第一个 SSB 出现在 SFN=3 的无线帧上，并且 SSB 突发是以 40ms 为周期重复进行。对于这样的发送方式，这个 SSB 的偏移就是 3，也就是说 SSB 突发会出现在 SFN%4=3 的那些无线帧上。当 SSB Burst 的周期大于 10ms 时，就需要把 SSB 突发所在的 SFN 偏移考虑在内了。

模式 1 的方式要更加复杂一点。模式 1 中 SSB 突发中和某个 SSB 对应的搜索空间在时域上的位置是固定的，并且以 20ms 为周期重复出现，并且 SSB 突发中第一个 SSB 所对应的无线帧总是满足 SFN%2=0 的特征。也就是说无论 SSB 突发是以哪种偏移的方式周期性进行重复，公共搜索空间总是出现在偶数帧内。因为这个缘故，上述公式中的 PF

偏移值为 0。

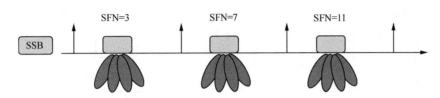

图 8.13　SSB 突发发送示例

　　模式 1 中公共搜索空间在时域的密度是平均 1 个无线帧有 1/2 个 PO，模式 2/3 中的最高密度是平均一个无线帧有 2 个 PO，这与 LTE 系统的 4 个 PO 比较要少得多。尽管通过在频域上增加无线资源来增加寻呼的容量是可能的，但是也不是无限的，因为寻呼信道的 TB 大小是有限度的。所以在 NR 系统初始运营的时候，也许可以采用 MIB 中的公共搜索空间。但是在 NR 系统比较繁忙的时候，就必须在 SIB1 中引入一个新的寻呼搜索空间以弥补寻呼容量的欠缺。

4. 接入控制

　　接入控制指的是 UE 在发起一个 NAS 层或者 AS 层的业务或者信令请求之前，先要根据一定的机制和控制参数来确认网络是否允许。如果通过了接入控制检查，那么 NAS 层或者 AS 层才能够建立 NAS 和/或 AS 的信令和业务连接，否则需要等待一定的时间后才能够再次进行接入控制检查。这样做的主要目的是为了让网络有一种机制，在网络比较繁忙的时候，在 UE 的类型和业务的类型这两个维度上来进行过滤操作，让优先级比较高的 UE 或者比较重要的业务能够顺利获得服务。另外也可以有效减少无线接口的信令，减轻网络的负担。

　　UE 在获准发起呼叫过程以后，会在信令上附加上发起呼叫的原因。gNB 在获得这个呼叫原因以后，还可以根据本身的实际需要来决定是否接纳这次呼叫，这让 gNB 拥有了负载控制的功能。

　　NR 系统的接入控制对于所有的 RRC 状态是统一定义的。在标准规范中，这个接入控制机制称为 UAC（Universal Access Control）。这个过程需要 UE 的 NAS 层和 AS 层一起参与，所以 NAS 层和 AS 层之间有一个互操作的过程，如图 8.14 所示。

　　在应用层发起呼叫尝试以后，NAS 层根据呼叫尝试的内容按照 3GPP 24.501[9]中表

4.5.2.2 得到呼叫尝试的"接入类别"，并且设定这次呼叫在 AS 层信令的建立原因（Establishment Cause）。另外 NAS 层还把呼叫尝试的"接入标识"和所述的接入类别以及建立原因一起发给 AS 层（RRC 层）来进行接入控制。RRC 层 RRC 非激活状态下也会发起和 NAS 层没有关系的呼叫，比如 RRC 恢复过程和 RNA 更新过程。RRC 层自己会确定这些 RRC 层触发的呼叫尝试的"接入类别""接入标识"和"建立原因"，然后根据这些参数进行相同的接入控制。在 RRC 连接状态的时候，RRC 层不需要

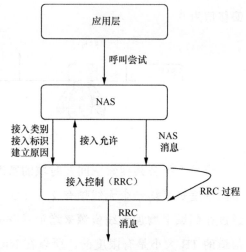

图 8.14　NAS 层和 AS 层互操作流程

"建立原因"，因为 RRC 信令连接已经存在，但是还会根据接入类别和接入标识进行接入控制。接入标识包含的是高优先级呼叫类型和高优先级的 UE 类型（可参考标准 24.501[9]表 4.5.2.1）。NAS 层一共定义了 64 个接入类别，在 R15 的版本中，标准化的接入类别的范围是 0～7，表征了呼叫尝试的类型，比如被叫、主叫信令等，非常类似于 LTE 系统中的"呼叫类型"参数。32～63 的接入类别留给运营商自己定义。

　　UE 在进行接入控制之前，需要在系统消息中得到和接入控制相关的内容。为了减少系统消息的信令开销，在 SIB 中采用了交叉对应的数据结构，如图 8.15 所示。这样的控制参数在系统消息中是按照 PLMN 来进行设置的。同样为了减少信令开销，系统消息中还设置了一套公共的参数。对于 UE 来说，如果能够在按 PLMN 设置参数列表中找到自己注册的 PLMN，那么就优先使用按 PLMN 设置的参数，否则就使用公共的参数。在每个 UAC 限制消息集中，关键的参数是"uac-BarringFactor""uac-Barring Time"和"uac-BarringForAccessIdentity"。

　　UE 接入控制的算法流程如图 8.16 所示。在这个流程中接入标识是按照 Bitmap 的方式进行检查的，也就是说要么是允许，

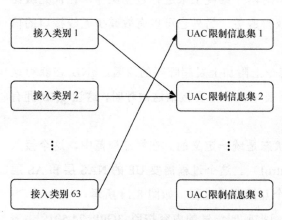

图 8.15　SIB 中交叉对应的数据结构

要么是不允许。如果没有接入标识通过检查，那么需要根据 uac-BarringFactor 来确定这个呼叫是否允许。在不被允许的时候，UE 会启动一个定时器。在定时器没有超时之前所有的呼叫尝试都是不被允许的。当这个定时器超时了以后，RRC 层会通知 NAS 层重新开始进行接入控制的过程。

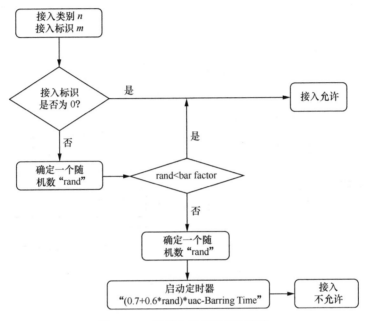

图 8.16　UE 接入控制的算法流程

5．用户面协议规范

NR 的用户面包括了 SDAP、PDCP、RLC 和 MAC 协议。其中 SDAP 是新引入的协议层，用来把 QoS 流映射到 DRB 上。这部分内容会在 8.2.1 节第 6 部分进行详细的介绍。PDCP 和 RLC 协议层相对于 LTE 系统来说大多数内容是基本一致的，只增加了比较少的技术特征。而 MAC 层协议因为和 NR 的物理层有非常紧密的关系，所以相对于 LTE 增加了不少的内容。

（1）PDCP 协议规范

NR PDCP 的实体和无线承载（SRB 或者 DRB）之间有一一对应关系。协议架构如图 8.17 所示。从图中可以看出，PDCP 层协议的主要功能如下。

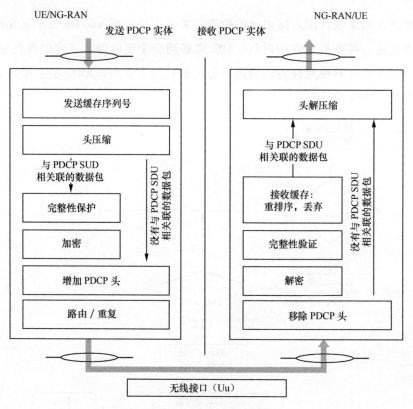

图 8.17 PDCP 协议栈

- DCP 层序号的管理，包括发送方和接收方；
- 头压缩/解压缩 ROHC；
- 加密/解密，完整性保护；
- 重排序（Re-ordering）和按序传送；
- 数据包路由（针对分叉承载）；
- 数据包重复。

ROHC 指的是 IP 包的头压缩和解压缩的功能。ROHC 协议本身是由另外一个标准组织 IETF 制定的。在 3GPP 的协议中，主要规定了让 ROHC 正常工作的相关的参数和一个用于 ROHC 的控制 PDU。另外在 PDCP 重建的时候，规定了不同 RLC 模式的无线承载如何初始化 ROHC 的过程。PDCP 的 ROHC 功能一般用于 VoIP 语音业务，这是因为 VoIP 语音业务的 IP 包中的 IP 头占了很大的比例，进行头压缩是提高无线资源效率的重要措施。

除了 PDCP 控制 PDU 之外，其他的 PDCP PDU 都需要进行加密和解密。SRB 必须配置完整性保护过程。DRB 的完整性保护是可选的。如果某个 DRB 配置了完整性保护，那么当接收方发现某个 PDCP PDU 的完整性保护失败的时候，就会丢弃这个 PDCP PDU，但不会通知网络。

因为配置双连接而增加的 PDCP 的功能，包括数据包路由和数据包的重复功能在 8.2.2 节第 4 部分介绍。NR PDCP 和 LTE PDCP 的功能比较如表 8.4 所示。

表 8.4 NR PDCP 和 LTE PDCP 的功能比较

PDCP 协议功能	NR PDCP	LTE PDCP
最大 PDCP SDU 大小	9000 Byte	8188 Byte
PDCP SN	12bit、18bit	5bit、7bit、12bit、15bit、18bit
COUNT 大小	32bit	32bit
ROHC 规范	唯一不一样的 ID=6，表示 TCP/IP，参考 RFC6846，其他和 LTE 系统一样	唯一不一样的 ID=6，表示 TCP/IP，参考 RFC4996
加密算法	在 R15 范围内和 LTE 系统一样	
完整性保护	SRB，DRB（可选）	SRB
分叉承载	支持 LTE-NR DC，支持 PDCP PDU 重复	支持 LTE-LTE DC
重排序	基于 COUNT 的重排序算法	基于 SN 的重排序算法
状态上报	重建或者恢复的时候触发	重建或者恢复的时候触发

PDCP 层发送数据的流程比较简单，按照以下步骤来进行。

● 根据 TX_NEXT 得到 PDCP PDU 的 COUNT，并且启动一个 discardTimer；

● 进行头压缩操作；

● 先进行完整性保护操作，然后对整个 PDCP PDU 进行加密操作（SDAP 和 PDCP 的头结构除外）；

● 增加 PDCP SN=TX_NEXT；

● 把 PDCP PDU 传送给底层协议（RLC）。

如果 PDCP PDU 生成以后，一直没有机会得到调度，那么在 discardTimer 超时之后，这个 PDCP PDU 和对应的 PDCP SDU 都会被丢弃。在流量比较大的时候，一般情况下网络一次性发送的 PDCP PDU 的序号空间不会超过 SN 规定的一半，否则可能会有超帧号

（HFN）不同步的危险。

PDCP 层的接收方有一个 PDCP PDU 的缓存，用于 PDCP PDU 的重排序，以保证按序传递给上层。如果网络配置了某个 DRB 是不需要按序传递的，那么这个缓存是不存在的，也就是说在把收到的 PDCP PDU 做了上述处理之后，直接投递给了上层。

PDCP 层接收方在收到一个 PDCP PDU 以后，要做以下几个步骤。

● 步骤 1：根据接收到的 PDCP SN 和本地的变量信息来确定这个 PDCP PDU 的 COUNT；

● 步骤 2：先解密，然后进行完整性保护检查；

● 步骤 3：完整性保护失败，或者 PDCP SN 已经在接收窗口之外，那么这个 PDCP PDU 就会被丢弃，否则就存放到重排序的缓存中去；

● 步骤 4：根据这个 PDCP SN 在重排序窗口中的位置来决定是否需要投递某些 PDCP SDU 给上层，并且刷新本地变量信息以及定时器状态；

● 步骤 5：PDCP PDU 在投递给上层之外，先要进行头解压缩。

在 5 个步骤中，步骤 1 和步骤 4 相对来说比较复杂。以下是一些重要参数和本地变量的含义。

● RCVD_HFN：接收到的 PDCP PDU 的 COUNT 的超帧号，长度是 32 比特减去 SN 的长度。

● RCVD_SN：接收到的 PDCP PDU 的序号。

● RCVD_COUNT：接收到的 PDCP PDU 的 COUNT，高位是 RCVD_HFN，低位是 RCVD_SN。

● RX_NEXT：下一个期望接收的 PDCP PDU 的 SN。

● RX_DELIV：还没有投递给上层的最早的 PDCP PDU。

● RX_REORD：触发了 t_reordering 定时器的 PDCP PDU 的 SN。

需要说明的是，NR PDCP 协议中重排序的算法是基于计数器机制（COUNT），而且在 PDCP PDU COUNT 达到最大值之前，网络会触发一个切换过程，从而复位 COUNT 值。这样一来，算法中所有的 COUNT 是逐渐变大的，所以两个 PDCP PDU 的 COUNT 可以直接比较，而不需要像 LTE PDCP 的重排序算法那样需要考虑 SN 的循环问题。

步骤 1 中采用的算法如图 8.18 所示，该算法假设 RCVD_SN 和 SN(RX_DELIV) 之间的距离是一个 Window_Size 的范围之间。Window_Size 是 PDCP PDU 序号空间的一半。

得到了 RCVD_COUNT 以后，重排序的序号空间就可以看成是线性增长的空间，如图 8.19 所示。图中区域 R 的 PDCP PDU 开始了有限时间（t_reordering）的等待。这个区域的 PDCP PDU 需要在定时器超时之前按序收到，否则在定时器超时以后，这部分 PDCP PDU 就会被强制投递到上层，从 PDCP 的角度来说就发生了丢包事件。区域 W 的 PDCP PDU 还没有开始有限时间等待，区域 N 实际上是空的。

- if RCVD_SN<SN(RX_DELIV)-Window_Size:
  - RCVD_HFN=HFN(RX_DELIV)+1.
- else if RCVD_SN>=SN(RX_DELIV)+Window_Size:
  - RCVD_HFN=NFN(RX_DELIV)−1.
- else:
  - RCVD_HFN=NFN(RX_DELIV);
- RCVD_COUNT=[RCVD_HFN,RCVD_SN].

图 8.18　PDCP PDU 的 COUNT 算法

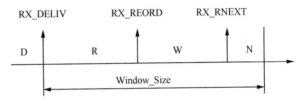

图 8.19　重排序缓存逻辑图

如果 RCVD_COUNT 小于 RX_DELIV（区域 D），那么这个 PDCP PDU 就会被丢弃，因为已经超出了接收窗口；如果 PDCP PDU 在区域 R、区域 W 或者区域 N，并且通过了完整性保护，就会被保留在这个缓存中。如果 RCVD_COUNT 等于 RX_DELIV，那么就开始了按序投递的过程，并且更新 RX_DELIV 到第一个还没有收到的 PDCP PDU 的 COUNT 值。如果区域 R 因此消失，那么当前的等待过程就结束了，并且把剩下的 PDCP PDU 的 COUNT 范围重新设置为区域 R，启动定时器。如果 RCVD_COUNT≥RX_NEXT，那么更新 RX_NEXT=RCVD_COUNT+1。

（2）RLC 协议规范

NR 的 RLC 协议（标准 38.322[19]）和 LTE 的 RLC 协议基本相同，但是也加入了一些优化的措施。首先在 RLC 的发送方，RLC 实体去掉了原来在 LTE RLC 协议中很重要的"串接"功能（concatenation）。这就意味着一个 RLC PDU 中最多包含一个 PDCP PDU。当一个逻辑信道在一个调度周期内有多于 1 个 RLC PDU 的时候，所有的这些 RLC PDU 都会在 MAC 层被处理成为 MAC sub-PDU，从而出现在相同的 MAC PDU 中。也就是说串接这个功能逻辑从 RLC 层转移到了 MAC 层。这样做的好处是在 UE 侧大大减少了在收到 UL Grant 以后的实时处理的工作。详细内容可以参见 8.2.1 节第 4 部分。

在 LTE 系统中，在需要 RLC 层重发的时候，被重分块的对象是 RLC PDU，所以重分块的 RLC 帧格式与 RLC 分块的帧格式是不一样的。在 NR 系统中一个 RLC PDU 中最多包含一个 PDCP PDU，那么 RLC 层的分块功能和重分块功能就可以做统一处理，因为所操作的对象是一样的，就是一个 RLC SDU。这种做法不但简化了发送端的处理流程和 RLC 帧格式，而且也简化了 RLC 接收端的处理流程。

在 RLC 的接收端，对于 RLC UM 和 AM 模式来说，有一个经典的重排序和拼装的功能。这使得从 RLC 接收端获取的 RLC SDU 都是按序得到的 PDCP PDU。在 NR 系统中，去掉了 RLC 层的重排序功能，但是保留了拼装的功能。

PDCP 层本身具备重排序的功能。在 RLC 层保留重排序功能的好处是可以使得 PDCP 层得到的 PDCP PDU 更加有序，从而缩短 PDCP 层的重排序时间。而理论上 RLC 层的重排序所需要的时间会比 PDCP 层短得多，因为 RLC 层的重排序主要是由于 MAC 层的 HARQ 的并发造成的，而 MAC 层的 HARQ 的 RTT 是在毫秒级别的（和子载波间隔以及帧结构有很大关系）。这样看来，保留 RLC 重排序的一个好处是减少 PDCP 层重排序的时间。但是 RLC 重排序的一个后果是从 RLC 层投递到 PDCP 层的 PDCP PDU 可能会出现一个"突击"流量，从而导致 PDCP 层处理出现瓶颈，比如 RLC 层一直等待的一个序号比较少的 RLC PDU 的到来会把几乎整个的 RLC 重排序窗口内的 PDCP PDU 一下子投递到 PDCP 层。3GPP 最终采纳了去掉 RLC 重排序功能的方案，一定程度上是因为很多公司认为双重排序对减少排序时延的帮助不大。

这样 RLC 的接收端一旦接收到了完整的 RLC PDU，RLC 层就会把其中的 PDCP PDU 投递到 PDCP 层。当 RLC PDU 不完整的时候，RLC 层才会等待所有的 RLC Segment 的到来，然后再进行拼装。和 LTE RLC 比较起来，RLC 的接收机中除了 RLC Segment（事实上也是 PDCP PDU 的 Segment）以外，没有其他的缓存内容。所以在 RLC 层重建的时候，不需要像 LTE 的 RLC 那样，先要把保存的 PDCP PDU 投递到 PDCP 层，也就是说 NR RLC 层的重建更加简单。

对于 RLC UM 模式和 AM 模式来说，接收端等待 RLC Segment 并且进行拼装的算法本质上是一样的，即使协议采用了不同的变量名称。UM 模式和 AM 模式不一样的地方是，只有进行了分块的 RLC PDU 才会被分配 RLC SN 号，这是因为 UM 模式没有重发机制。

图 8.20 是 RLC AM 模式下接收机的算法说明。RX_Next：最早一个没有完整收到的 RLC SDU 的序号，是接收窗口的下限值。RX_Next_Status_Trigger：触发定时器

t-Reassembly 的 RLC SDU 序号。RX_Highest_Status 是在 RLC 状态上报中可以被设置成 "ACK_SN" 的 RLC SDU 的序号。RX_Next_Highest 是在 RLC 接收窗口内接收到的最新序号的 RLC SDU 之后的序号。

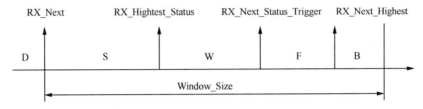

图 8.20　RLC AM 模式下接收机的算法示意图

图中所有变量在相互之间没有重叠的时候，按照接收窗口内序号的大小划分区域。

● D（Discard）区域：早于 RX_Next 之前的序号空间。对于 RLC 来说这是落在窗口之外的序号。如果收到的 RLC PDU 落在这个区域就应该被丢弃（Discard）；

● S（Status）区域：RLC 接收机认为已经等待了足够时间，并且可以通过状态上报反馈给 RLC 发送机的序号空间。NR RLC 的状态上报的触发机制和 LTE 大同小异；

● W（Wait）区域：开始了等待 RLC Segment 的过程，但是对应的定时器 t-Reassembly 还在运行；

● F（Fresh）区域：在 RLC 开始了上一轮等待以后（启动定时器 t-Reassembly 以后）刚收到的 RLC PDU 的序号空间；

● B（Blank）区域：在接收窗口内，但是没有收到任何 RLC PDU 的序号空间。

在明白了设置这些区域的目的以后，就很容易理解 RLC 规范中关于这些变量操作的原理。

● RX_Next 只会在收到了这个序号对应的完整 RLC SDU 的时候，才会更新到下一个没有收到完整 RLC SDU 的 RLC SN；

● RX_Next_Highest：只要收到一个 RLC PDU 的序号高于当前变量中的序号，就会更新；

● RX_Highest_Status：在收到了这个序号对应的 RLC SDU 或者因为 RX_Next 的变化导致了 S 区域消失，或者当前这轮的等待结束（t-Reassembly 超时），才会更新；

● RX_Next_Status_Trigger：在收到了这个序号对应的 RLC SDU 或者由于 RX_RX_Highest_Status 变化导致 W 区域变小，或者当前这轮的等待结束，才会更新。在更新了以后，只要在接收窗口内还存在需要拼装的 RLC SDU，那么这个定时器就会重新启动。

对于 UM 模式来说，不需要 RX_Highest_Status 这样的变量，因为并不需要反馈状态上报，也就是图 8.20 中 S 区域和 W 区域是合并在一起的。而且在 t-Reassembly 超时了以后直接更新接收窗口的下限，否则就会阻碍新的数据包的接收。

（3）MAC 协议规范

先来看一下 MAC 的协议架构，如图 8.21 所示。

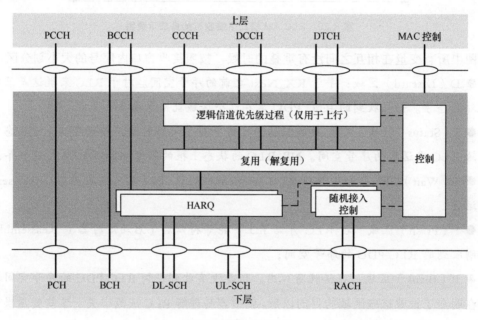

图 8.21　MAC 协议栈

MAC 层和调度相关的功能如下。

● 调度请求（Schedule Request）。

● 缓存状态上报（Buffer Status Report）。

● 功率余量上报（Power Header Room Report）。

● 下行半静态调度（SPS）。

● 上行半静态调度（UL configured Grant, type1 and type2）。

● 逻辑信道优先级操作（LCP）。

另外一些功能如下。

● 复用和解复用。

● HARQ 操作。

● 上行同步过程。

● SCell 的激活和去激活。

● BWP 操作，包括激活和去激活。

● PDCP 重复的激活和去激活。

● 物理层资源的激活和去激活。

● 波束失败和恢复。

● DRX 功能。

上述功能模块中，有些和 LTE 从原理上来说没有什么区别，比如上行同步过程，SCell 的激活和去激活过程，DRX 功能等，这些内容就不作详细介绍了。物理层资源的激活和去激活相关过程，本质上是物理层过程，只不过这些过程中用到的控制信令采用了 MAC 层中定义的 MAC CE 而已，所以本章也不做详细介绍。随机接入过程以及波束失败和恢复以及 BWP 操作在 8.2.1 节第 6 部分介绍。接下来，重点介绍 NR 系统在 MAC 层所特有的内容。

在上行方向上为了加快 MAC 层和物理层的处理效率，达到"随到随走"的效果，将 MAC 层 MAC SDU 对应的 sub-header 放置在了 MAC SDU 前面，也就是说 MAC sub-PDU 和 MAC sub-header 是交织在一起的。另外 MAC CE 都放在整个 MAC PDU 的后面部分。这是因为上行的很多 MAC CE，比如 BSR，只有在生成了 MAC sub-PDU 以后，才会根据层 2 中的数据卷和其他条件来决定是否需要携带以及 BSR 的具体内容。图 8.22 是 NR MAC 上行 PDU 的帧格式。

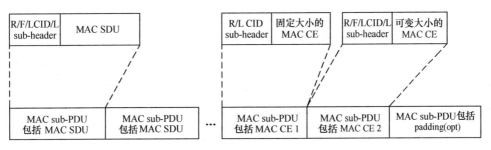

图 8.22　上行 MAC PDU 格式

MAC PDU 的这种格式减少了 UE 在收到 UL Grant 以后需要实时处理的环节。图 8.23

给出一个 UE 在接收到 gNB 的调度资源 UL Grant 以后的时序示例。在这个例子中，上层协议的 PDU 作为下层协议的 SDU 一起共享缓存空间，上层协议负责写，下层协议允许读，但不能写。一旦上层协议生成了该层协议的 PDU，那么下层协议也就"立等可取"。

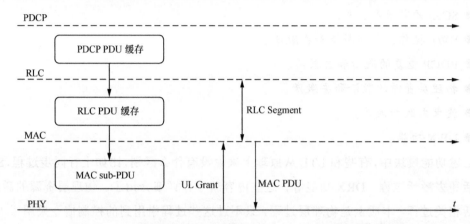

图 8.23　UE 在接收到 gNB 的调度资源 UL Grant 以后的时序示意图

在介绍 RLC 协议的时候，NR RLC 协议一个最重要的改进就是去掉了 RLC 的串接功能。这样一来，PDCP PDU 在一般情况下就是一个 RLC PDU，也就是一个 MAC SDU。所以从 PDCP PDU 到 MAC sub-PDU 的处理过程可以在 UE 收到 UL Grant 之前就完成，也就是说这部分处理可以是非实时的。当 UE 收到物理层的 UL Grant 的时候，假如 MAC 层的调度算法认为不需要从 RLC 层得到一个 RLC Segment 来填充 UL Grant，那么需要实时的处理的部分就是在 MAC PDU 的尾部附加 MAC CE 和 Padding；或者 MAC 层的调度算法决定需要一个 RLC Segment，那么 MAC 层和 RLC 层之间就会有一个互操作的过程。但是因为只涉及一个 RLC PDU 的计算，所以这个过程也会非常快。在 RLC 层，RLC 的分块操作是在 RLC SDU 的基础上进行的，所以对某个 RLC SDU 的操作不会影响这个 RLC SDU 前后的 RLC SDU 的操作过程，这是因为 RLC PDU 的序号是按照 SDU 为单位进行分配，而不是按照 RLC PDU 为单位进行分配的。在图 8.24 中，如果序号为 N 的 RLC PDU 需要分割成两个 RLC Segment PDU，那么受影响的只有序号为 N 的 RLC PDU，前后的所有 RLC PDU 都不会受到影响。而序号为 N 的 RLC PDU 的分割次数是不受限制的。

需要指出的是，NR 系统的物理层还支持在信道编码的时候进行分块编码，也就是说物理层在收到 UL Grant 的时候，甚至在没收到 MAC 层的进一步指示之前，有些 MAC sub-PDU 的物理层编码过程都可以开始了。和 LTE 系统比较，这么做会带来处理时延上的额外增益。图 8.25 进一步对该过程进行了阐述。

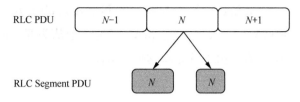

图 8.24 RLC PDU 分割示例

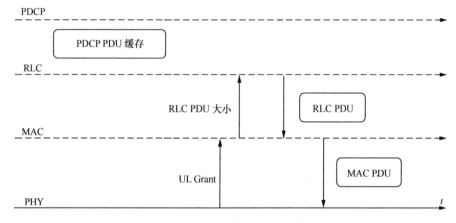

图 8.25 LTE 系统上行调度示意图

其中 PDCP 和 RLC 之间还可以做到缓存共享,因为一个 PDCP SDU/PDU 和一个 RLC SDU 之间有一一对应关系。RLC PDU 和 MAC PDU 都是在物理层收到 UL Grant 之后临时生成的,因为 RLC 层只有在知道了本次调度需要生成的 RLC PDU 的大小以后才能决定如何进行串接、分块或者重分块。MAC 层只有得到了 RLC PDU 之后才能决定在 MAC PDU 的前面放上哪些 MAC CE 以及 MAC CE 的内容是什么。而物理层也只有在 MAC 生成了 MAC PDU 之后才能进行进一步的处理。从两者的比较可以看出,NR 系统的用户面协议栈基本上是一个多进程的并行过程,而 LTE 系统的用户面协议栈是一个单进程的串行过程。所以 NR 系统的用户面处理效率相对来说更高。

图 8.26 给出下行方向 MAC PDU 的帧结构。下行的 MAC PDU 的特点是 MAC CE 是在 MAC sub-PDU 的前面。而 MAC sub-PDU 和上行类似,也是把 MAC sub-header 和 MAC sub-PDU 进行了交织安排。

把 MAC CE 放在 MAC PDU 的前面是比较自然的处理。一个数据包从物理层传递给

MAC 层的时候，MAC 层可以马上知道这个数据包的总长度。但是其中的 MAC CE 或者 MAC sub-PDU 的长度信息是包含在每个 MAC CE 和 MAC sub-PDU 的前面部分，这就决定了分离这些 MAC CE 和 MAC sub-PDU 在 MAC 层是一个从头开始的串行过程。把 MAC CE 放在 MAC PDU 的前面的原因是首先将这些 MAC CE 分离以后，马上就可以在 MAC 层进行协议处理。

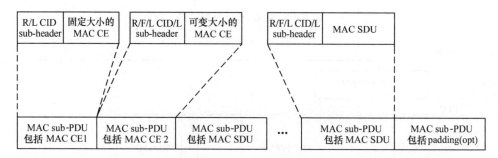

图 8.26　下行 MAC PDU 格式

在 MAC CE 分离了以后，大多数的 MAC sub-PDU 的解密操作在投递到 PDCP 层之前就可以完成。这一点对 UE 的下行处理很重要。首先 PDCP 层的解密操作的计算量比较大，必须在性能比较好的硬件（比如专用 DSP）中完成，而 PDCP 层协议的其他处理不需要这么高的计算能力，比如 IP 头解压缩，所以通常可以用软件处理或者在比较通用的硬件中进行。如果把一个 MAC sub-PDU 按照一层层协议处理完了以后，再把这些内容读取到硬件中进行解密处理，然后再从硬件中读取到 PDCP 层中，这个过程会很耗时，降低了接收机的处理效率。

按照现在的 NR 用户面设计，一个 MAC sub-PDU 就对应到一个逻辑信道的一个 RLC PDU 和一个 PDCP PDU，如果 RLC 和 PDCP 层的协议头结构的长度是固定的，那么在 MAC 层中就可以直接跳过这些固定的协议头结构而直接得到 PDCP PDU，然后直接进行解密处理。而事实上一个 MAC PDU 中绝大多数的 MAC sub-PDU 在没有进行 RLC 层分块或者再分块操作时，协议头结构是固定的，而是否进行了分块操作也很容易知道，因为分块标记就在 RLC SDU 的第一个字节的开始 2 个比特。图 8.27 给出了 UE 接收机行为的示例。

图中 MAC 层解复用操作以后，每个 MAC CE 和每个 MAC sub-PDU 就可以马上进行分离。通过读取 RLC 的帧头字节（蓝色）可以判断出，这个 MAC sub-PDU 是否可以先进行解密处理。假如某个数据包在 RLC 层进行了分块操作（灰色），那么这个数据包就无法先进行 PDCP 层的解密操作，而需要在 RLC 层把所有的 RLC 分块收集完整了以后，才能够进行解密操作。一般情况下，只要无线链路还比较好，没有引发太多的 RLC 层的重传过程，这样数据包占的比例就会比较低。换句话说，绝大多数的 PDCP PDU 的解密操作都可以事先完成。这和 LTE 系统比较起来整体的效率还是提高很多，在 LTE 系统中所有的数据包只有在回到 RLC 层以后才能够分离出 PDCP PDU。

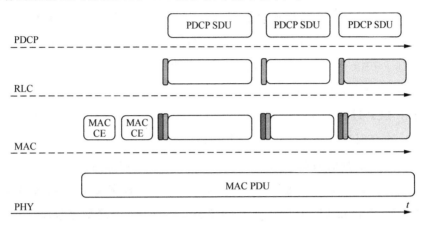

图 8.27　UE 接收机行为的示例

　　前面 MAC 层帧结构的图示基本上是以一个逻辑信道为例子进行说明的。实际上每个 MAC PDU 中可以包含多个逻辑信道。在下行方向上解复用的过程比较简单，因为 MAC 层的 sub-header 中已经有了逻辑信道标识（LCID）。在上行方向上，关键是在收到一个或者多个 UL Grant 的时候，如何在不同的逻辑信道之间进行资源的分配。这个过程就是逻辑信道优先级过程（LCP，Logical Channel Priority）。

　　NR 系统的 LCP 和 LTE 系统的 LCP 有一个区别，就是 NR 系统多了一个逻辑信道的选择过程。存在逻辑信道选择过程的原因是因为逻辑信道和 UL Grant 的属性之间有一个限制关系，与这个限制关系相关的关键参数包括子载波间隔、PUSCH 的发送持续时间、预配置调度类型 1 和服务小区限制。

　　子载波间隔和 PUSCH 的发送持续时间与用户面的时延有关。一般来说，如果业务要求的时延比较短，那么会采用比较大的子载波间隔和比较小的 PUSCH 发送时间。基本的逻辑是对时延要求高的逻辑信道只在满足要求的 UL Grant 上进行发送，而对时延要求比较低的逻辑信道基本上没有限制。预配置调度类型 1 的无线资源一般认为是给特殊业务配置的，比如 URLLC，这些业务对可靠性和时延的要求是非常高的。让所有的逻辑信道参与资源分配的一个风险是应该获得这个资源的逻辑信道有可能因为逻辑信道优先级属性的原因无法得到足够的信道资源。而服务小区的限制来自于 PDCP 重复的需要，隶属于相同 DRB 的两个逻辑信道只有映射到不同的服务小区的时候，才有频域分集增益。

MAC 层在收到 UL Grant 的时候，物理层也会告诉 MAC 层这个 UL Grant 的属性。MAC 层根据各个逻辑信道配置的上述限制关系，就可以确定和这个 UL Grant 相关的逻辑信道是哪些。在确定了逻辑信道以后，之后的 LCP 过程和 LTE 系统大同小异。先根据各个逻辑信道的 PBR（Prioritized Bit Rate）按照优先级进行逐次分配，如果所有的逻辑信道都得到了 PBR 规定的份额，那么再按照逻辑信道的优先级进行二次分配，直到所有的 UL Grant 都分配完毕，或者所有的逻辑信道的数据缓存都被清空为止。

在完成了 LCP 过程，并且根据 UL Grant 组建了 MAC PDU 以后，接下去就是如何按照 HARQ 的规则进行数据的发送。在 NR 系统中上行和下行一样都采用了异步的 HARQ 过程，并且上行的 HARQ 没有 HARQ ACK。如果 gNB 没有正确接收到数据包的话，就会通过动态调度的方式进行重发。下行方向上，UE 需要应答 ACK 或者 NACK。在引入了 CBG（Coding Block Group，见 6.3.5 节）的方式发送数据包以后，UE 还可以针对某个编码块（CB，Coding Block）来反馈 ACK/NACK，从而提高了 HARQ 的效率。

终端的下行调度主要依赖于在上行 PUCCH 和 PUSCH 上发送的 CQI 的内容。对于有信道互易性的 TDD 系统，上行的 SRS 对于下行信道的估计也有直接的帮助。而上行信道的调度，除了直接通过对 SRS 的测量之外，主要是依靠 MAC 层的辅助信息，包括缓存状态上报（BSR）和功率余量上报（PHR）。

NR 的 BSR 流程部分和 LTE 基本相同，有几个不一样的地方：SR 的触发方式；BSR 的 LCG（Logical Channel Group）个数；BSR 的 MAC CE 的格式和含义。在一个 MAC 实体中，每个小区的每个 BWP 上可以配置多个发送 SR 的 PUCCH 资源，而每个逻辑信道要么映射到其中一个 SR 资源，要么没有 SR 资源。对于没有 SR 资源的逻辑信道，由这个信道触发的 BSR 不会因此触发调度请求。

BSR 的触发机制中最重要的还是由于 UE 内部某个逻辑信道缓存的变化导致的触发。这样被触发的 BSR 和某个逻辑信道之间就有了关联，这个关系可以用图 8.28 来表示。在这个例子中，逻辑信道 1（LCH1）和逻辑信道 2（LCH2）只会调度在具备子载波间隔 1（SCS1）的 UL Grant 上，而逻辑信道 3（LCH3）调度在 SCS2 上。当这 3 个逻辑信道中的某个信道，比如 LCH1，触发了 BSR 以后，这个 BSR 触发的调度请求只能采用调度请求资源 1（SR1）。同样的道理，LCH3 触发的 BSR 如果触发了 SR，那么只能采用调度请求资源 2（SR2）进行发送。这种约束关系使得 gNB 在收到某个调度请求的时候可以推算出 UE 想要哪种类型的无线资源。这个例子中，gNB 收到了 SR2 上的调度请求就可以知道需要调度子载波为 SCS2 的无线资源。这种做法使得 gNB 的调度更加有的放矢，提高了系统的效率。

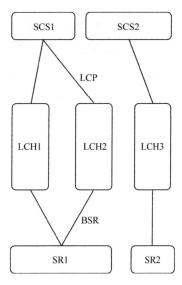

图 8.28　BSR 与逻辑信道联系示意图

在 LTE 系统中，触发 BSR，继而触发 SR，然后得到 UL Grant 以后在 PUSCH 上发送 BSR。再之后，所触发的 BSR 和 SR 都会被取消，因为发送 BSR 的目的已经达到了。而在 NR 中，BSR 的触发和取消，以及 SR 的触发和取消有的时候不存在关联关系，出现这种情况的原因还是因为前述约束的关系。

在图 8.29 中，UE 收到的 UL Grant 是调度 LCH2。在发送 PUSCH 之前，LCH1 触发了 BSR。因为调度 LCH2 的 UL Grant 也适用于 LCH1，所以按照协议的规定，被 LCH1 触发的 BSR 不会触发 SR。然后紧接着 LCH3 也触发了一个 BSR，因为前面收到的 UL Grant 不适用于 LCH3，所以协议允许 UE 因为 BSR(LCH3) 来触发一个调度请求。而 PUSCH 的发送会取消 BSR(LCH1)，但是不会取消和 LCH3 相关的 BSR 和 SR。这样做的目的是让 gNB 能够更快地响应 LCH3 的调度请求，从而缩短时延。在 NR 中为了让不同 SR 资源发送的调度请求相互之间有一定的独立性，每个 SR 资源都会独立设置一个计数器，用来累计 SR 的发送次数。当计数器溢出的时候，就会触发随机接入过程，并且因此会取消所有的已经触发的 SR。NR 中 BSR 的 LCG 一共有 8 个，短 BSR 只有 5 个比特。无论是短 BSR，还是长 BSR，所有的 BS 值都重新进行了设计，这和 LTE 系统设计是不一样的。

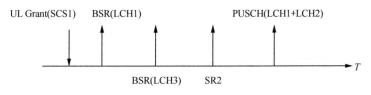

图 8.29　BSR 触发机制示例

NR 的 PHR 的流程和 LTE 基本一致。在 PHR 的格式设计上，只定义了服务小区为 8 个的短格式和服务小区为 32 个的长格式。对于双连接架构来说，PHR 中会同时包含 LTE 和 NR 的 PHR，但是相同的 PH 值所对应的实际的功率余量是不一样的。LTE 和 NR 的 PH 值分别定义在标准 36.133[16] 和 38.133[17] 中。在 R15 中只支持 Type1 PHR 和 Type3 PHR，不支持 Type2 PHR。一个服务小区在配置了 PUSCH 的时候，只会上报 Type1 PHR，否则的话，假如该小区配置了 SRS 可能会上报 Type3 PHR。

最后介绍的是半静态调度。在下行方向上的 SPS 以及上行方向上的 "Configured Grant Type2" 和 LTE 系统的上下行 SPS 没有什么区别，都是在 RRC 信令中配置无线资源在时域的模式，然后通过 PDCCH 信令的方式来激活真正的物理层资源。在 NR 中还另外引入了 "Configured Grant Type1"。这种半静态的预配置资源，包括物理层资源，都是通过 RRC 的信令来进行的。这种资源随着所在的服务小区或 BWP 的激活而激活。当所在的服务小区或 BWP 去激活的时候，那么 UE 挂起这些资源，暂时不用，一直等到所在服务小区或 BWP 重新激活。半静态调度在 HAQR 的处理上有一个特殊的定时器 "configuredGrantTimer"。这个定时器是用来帮助 UE 做出判断，当某个预配置的无线资源出现的时候，进行初始发送，还是跳过这个资源。这样做的原因是因为上行的 HARQ 没有 ACK/NACK 的反馈，所以在 UE 发送了 PUSCH 以后，UE 无法判断当前的这个 HARQ 进程的状态。而 gNB 在收到一个上行的数据包以后，如果无法正确解码，那么应该在有限的时间内再进行调度以便触发 HARQ 重发。所以 UE 在半静态调度的无线资源所对应的 HARQ 进程上发送 PUSCH 以后，就会启动这个定时器。在定时器没有超时的时候，UE 会认为这个 HARQ 进程处于还没有结束的状态，也就是 gNB 可能会调度重传的 UL Grant。如果在此期间出现了一个 "Configured Grant Type1" 的资源，UE 就不应该在这个 HARQ 进程上发送新的数据包，也就是应该选择跳过这个无线资源，除非有另外一个 HAQR 进程需要发送新包。如果这个定时器超时了，那么 UE 会认为 gNB 实际上已经正确接收到了上次发送的数据包。在这种情况下这个 HARQ 可以在遇到的新的 Configured Grant Type1 资源上发送新的数据包。

6．NG 接口规范

在介绍了这些最基本的 Uu 接口协议规范以后，我们来介绍一下 NG 接口的内容。在 8.2.2 节 Option 3 中会重点介绍 X2 接口的变化。而在 8.2.3 节介绍 Option 7 的时候，会重点介绍 Xn 相对于 X2 接口所增加的内容。

NG 接口和 LTE 系统中的 S1 接口在形式和内容上非常类似。最大的改变是把承载管理的流程替换成了 PDU 会话的管理流程。这种变化的主要原因是 NR 系统中 QoS 架构的变化，即以 QoS 流作为最小的 QoS 控制单元，替代了 LTE 系统中 E-RAB 的概念。在 PDU 会话管理的消息流程中，gNB 从 AMF 得到的最重要的信息是 QoS 配置文件。QoS 配置文件所包含的内容使得 gNB 能够根据自己调度器的需要决定如何映射到某个无线承载，并且配置适当的无线参数来保证这个 QoS 流的 QoS 要求。为了实现 5G 系统和 EPS 系统之间的跨系统切换，每个 QoS 流都会对应到一个 E-RAB。gNB 能够根据业务的属性来要求某个 E-RAB 是否需要前传数据，从而实现无损切换。

7. Option 2 关键技术

（1）带宽自适应

NR 频点，无论是小于 6GHz 的频点（FR1）还是大于 26GHz 的高频（FR2）都有一个共同的特点，就是带宽很宽。在 3GPP 的规范中，6GHz 以下最大载波带宽是 100MHz，而高频的最大带宽是 400MHz。对 UE 来说，如果能够工作在如此高的带宽之内，其工作性能，如峰值速率和传输时延，肯定是最佳的。不过并不是市场上所有的 UE 都能够支持到如此大的带宽。即使某个 UE 能够支持上述最大带宽，在很多时候 UE 也只是工作在其中一部分带宽：例如 VoIP，只要求 UE 工作在相对比较小的带宽之内；UE 处于小区的边缘从而因为功率受限而无法在整个带宽内调度；业务的速率波动比较大，在某些时段业务速率相对较小；不同业务要求的关键物理层参数，如子载波间隔（SCS）不一样；为了省电，有意让 UE 工作在其中的一部分带宽内等。

在 NR 系统中为了更好地利用大带宽带来的好处，引入了 BWP 的概念来满足上述需求。简单来看就是把一个宽带的载波分割成了几个 BWP，每个 BWP 包含一段连续的物理资源块（PRB）。有的 BWP 上有 SSB 以及关联的 RMSI，有的 BWP 上有 SSB 但是没有关联的 RMSI，有的 BWP 上甚至没有 SSB。当 UE 处于 RRC 空闲状态的时候，只有在广播 SSB，并且有关联 RMSI 的 BWP 才是可以配置的。而对于处于 RRC 连接状态的 UE 来说，上述三种 BWP 都是可以配置的，但是不管配置了几个 BWP，在 R15 的版本中只有一个上行和下行的 BWP 处于工作状态。在标准规范中，这样的 BWP 被称为激活的 BWP。对于 BWP 的操作可以通过高层信令配置、下行 PDCCH 调度、定时器控制三种方式实现。

当 UE 从 RRC 空闲状态进入到 RRC 连接状态的时候，所驻留小区的 BWP 称为"初始 BWP"，因为 UE 是在该 BWP 发起初始接入过程。在发生切换的时候，在专用信令中通知 UE 初始接入的那个 BWP 称为"首先激活 BWP"。在双连接的架构下，SgNB 上的主小区（PSCell）上执行初始接入的 BWP 也称为"首先激活 BWP"。而在双连接或者载波聚合中除了 MgNB 上的主小区（PCell）和 PSCell 之外的辅小区（SCell）上，在该 SCell 被激活的时候也被同时激活的 BWP，也称为"首先激活 BWP"。在专用信令中也会配置一个初始 BWP，用作异常情况下，如发生无线链路失败时缺省的 BWP。当 UE 有段时间没有被调度而被认为缺少活动性的时候，UE 会回落到某个特殊的 BWP，这个 BWP 称为"缺省 BWP"。在没有配置缺省 BWP 的情况下，初始 BWP 就成为了缺省 BWP。除了初始 BWP，所有的 BWP 都是专用的 BWP。这些 BWP 都是通过 NR RRC 信令配置给 UE 的。

在 MAC 层协议中和 BWP 相关的最主要的功能是激活 BWP 的管理过程。当一个 BWP 处于激活状态的时候，UE 可以在这个 BWP 上进行任何允许的上下行物理过程，并且也可以配置一些无线资源，比如上下行预配置无线资源等。相反，当一个 BWP 处于非激活状态，那么 UE 除了保留类型 1 的上行预配置无线资源之外，需要释放所有的无线资源，并且停止所有的物理层过程。需要注意的是，不同 UE 的激活 BWP 是完全独立的。

BWP 和服务小区的激活状态之间也有关联关系。很显然，BWP 激活的前提是所在服务小区必须是激活的。当某个服务小区是激活的时候，自动激活的 BWP 就是上述 MAC 层的初始 BWP，包括上行和下行。也就是说初始 BWP 总是上下行配对出现。对于 TDD 来说，所有的上行 BWP 和下行 BWP 总是成对出现的，因为两者在频域上占据的是相同的一段频谱资源。

激活的下行 BWP 的切换相对来说比较复杂。下行 BWP 主要是由负责调度的 PDCCH 来进行切换的：UE 在当前的 BWP 上，如果收到了一个 PDCCH，其中所调度的下行无线资源在另外一个 BWP，那么激活的下行 BWP 就切换到了这个新的 BWP。在切换过程完成以后，还需要重新启动 BWP 去激活定时器（bwp-InactivityTimer）。在当前激活的 BWP 上，如果再次收到下行调度的 PDCCH，那么这个定时器就会被再次启动。当这个定时器超时的时候，表示 UE 在这个 BWP 上已经不再活跃，在这种情况下，UE 会回落到缺省 BWP。如果这个 UE 没有配置缺省 BWP，那么就回落到初始 BWP 上去。

另外一个会影响激活下行 BWP 的是基于冲突的随机接入过程。如果某个上行 BWP 上配置了随机接入资源，那么通过 PDCCH 的搜索空间的配置，这个上行 BWP 有一个对应的下行 BWP。假设 UE 在当前的上行 BWP 上发起了随机接入过程，那么下行 BWP 就必须切换到和这个上行 BWP 相对应的下行 BWP 上。如果当前的上行 BWP 上没有随机接入资源，那么 UE 会直接回落到初始 BWP 上去进行随机接入过程。需要注意的是，非冲突的随机接入过程并不需要对下行 BWP 做相应的调整，这是因为 gNB 接收到专用的前导的时候，就已经知道发送前导的是哪个 UE，也就知道了这个 UE 当前激活的下行 BWP 是哪个。这也包括在 SCell 上发起的随机接入过程。

无论是哪种随机接入过程，当 UE 发送了前导以后，UE 就会停止和当前激活的下行 BWP 相关的去激活定时器。这样做的目的是为了让随机接入过程能够不受打扰地进行下去，而不会在执行到一半的时候，因为定时器超时而回落到缺省 BWP 或者初始 BWP 上。

另外在随机接入过程正在进行的时候，如果收到了一个需要切换 BWP 的 PDCCH，那么 UE 可以根据需要来选择，要么继续随机接入过程，要么停止随机接入过程而接收 PDCCH 的切换 BWP 的指令。当然如果这个 PDCCH 是随机接入过程中的最后一个消息，并且冲突已经解决的话，那么两者之间就不存在矛盾。

上行 BWP 的切换过程相对来说比较简单，就是服从 PDCCH 中上行 Grant 中的切换信息。当然因为 PDCCH 本身是在下行 BWP 上接收到的，所以接收上行 Grant 本身也会启动或者重新启动去激活定时器。

NR 在一个载波内可以支持多个 BWP，不同的 BWP 可以支持不同的业务，每个 BWP 允许有不同的子载波间隔配置。对于对称或者非对称频谱，上下行均可以配置不同子载波间隔。在同一 BWP 内，PDSCH 和 PDCCH 一般采用相同的子载波间隔配置。而当 PDCCH 进行多个载波或者多个 BWP 调度时，PDCCH 所在 BWP 可以和被调度载波或者 BWP 使用不同的子载波间隔。

（2）移动性管理

移动性管理主要指的是无线资源管理（RRM）相关的测量过程，以及基于测量结果触发的移动性信令流程。NR 系统的测量架构和 LTE 系统还是比较类似的。下达的测量任务基于如下两个基本的测量配置。

● 测量对象，规定了在什么频点上测量什么参考信号。

● 测量上报的配置，按照什么样的条件触发测量事件，以及如何上报测量结果。

除了上述两个基本的测量配置之外，还有测量量（Measure Quantity）、测量触发条件（S-meausre）、测量间隔（Measurement Gap）几个重要的配置参数。下面着重介绍测量对象和测量上报配置。

在 NR 系统中作为 RRM 测量对象的参考信号有两种：SSB 和信道状态信息参考信号（CSI-RS，具体设计见 5.3.2 节）。这两种参考信号因为可以采用波束赋形的方式进行发送，所以其测量的模型和 LTE 系统有很大的区别。我们先对 NR 的频内测量及频间测量进行区分。

在 NR 系统中，如果被测量的参考信号是 SSB，服务小区的 SSB 的中心频率和邻近小区的 SSB 的中心频率一样，并且两者的子载波间隔也一样，那么对这个邻近小区的测量称为频内测量，除此之外都称为基于 SSB 的频间测量。SSB 的频间和频内测量具备逻辑上的对称性。也就是说小区 A 和 B 要么互为频内测量，要么是频间测量的关系。

在 NR 系统中如果被测量的参考信号是 CSI-RS，邻近小区和服务小区的子载波间隔相同，而且邻近小区的 CSI-RS 的带宽小于或者等于服务小区的 CSI-RS 的带宽，那么对这个邻近小区的测量称为频内测量，除此之外都称为频间测量。需要注意的是，基于 CSI-RS 的频内测量的关系可能是不对称的。假设小区 A 的 CSI-RS 的带宽小于小区 B 的 CSI-RS 的带宽，那么小区 A 是小区 B 的频内测量对象，但是小区 B 不是小区 A 的频内测量对象，而是频间测量对象。只有当两者的 CSI-RS 的带宽相同的时候，测量关系才是对称的。

测量框架中的"服务小区"（Serving Cell）有如下功能。

● 作为比较对象用来界定频内测量以及频间测量；

● 作为比较对象用来触发某些测量事件，比如 A3 事件。

以 SSB 作为测量对象的时候，SSB 中心的频点就是测量对象的频点位置。SSB 本身的时间信息就是参考时间信息。SSB 发送窗口在时域内以一定周期重复，这个周期在 5～160ms 之间。SSB 发送窗口本身持续 5ms，并且在这个 5ms 内可能出现的位置（符号级别）在协议中是固定的。所以在绝大多数的情形下，SSB 在时域上不是连续的。UE 在做测量的时候，并不需要在时域上连续搜索和测量，而只要能够锁定这些 SSB 所在的时间窗就可以了。为了这个目的，在测量配置中引入了 SMTC（SSB Measurement Timing Configuration）的概念。SMTC 是在时域上以一定的间隔出现，而且持续时间固定的一个测量窗口。其中间隔的时间范围是 5～160ms，窗口的大小是 1～5ms。从测量的角度来说 UE 会认为 SMTC 之外的 SSB 是不存在的。从粒度上来说，每个 SSB 测量频点会配置一个 SMTC。针对这个 SSB 频点内的个别小区还可以设置另外一个周期更短的 SMTC。此外，在一个 SSB 发送窗口内，还可以进一步限制 UE 测量位置。比如对于 15kHz 的子载波间隔的 SSB 来说，在 5ms 的时间内可以配置 SSB 的 4 个位置在协议中是固定的。定义一个 4bit 的 Bitmap 就可以确定哪些包含了 SSB 的符号需要测量。上述时域上的限制也是为了减少 UE 因为测量而消耗的能量，从而延长待机时间。

如果某个 SSB 测量对象的频点和某个小区的 SSB 的频点重合，那么这个测量对象就是服务测量对象，这个小区 SSB 上的 PCI 就是服务小区。CSI-RS 测量对象的频点指的是一个公共的频率参考点，即"Point A"。对于一个宽带的载波来说，所有的 CSI-RS 的 Point A 是相同的。每个 CSI-RS 最低的子载波的位置是由一个"启动 PRB"来表示的。CSI-RS 本身并不携带时间信息，但是需要参考时间信息来定义 CSI-RS 在时域上的分布规律，所以每个包含了 CSI-RS 的小区需要一个"关联 SSB"来获取这个参考时间。一般来说这个 CSI-RS 所在小区的 SSB 就是这个 CSI-RS 的"关联 SSB"。当小区内没有 SSB 的时候或者小区内的 SSB 和其他小区的 SSB 同步的时候，那么就需要由网络来指定关联 SSB。需要注意的是，CSI-RS 所在的小区无论是否配置了 SSB，在测量对象中对应的 CSI-RS 总是隶属于某个小区，并且用 PCI 来表示。这样在测量报告中根据 PCI 就可以知道上报的是哪些 CSI-RS 参考信号。以 SSB 作为测量对象的时候，一般来说是以"频点"作为测量的粒度，也就是测量对象本身并不限制 SSB 上所携带的 PCI。这是因为 SSB 的检测本身可以让 UE 知道所对应的 PCI。而以 CSI-RS 作为测量对象的时候，是以小区内的所有 CSI-RS 作为测量对象。

测量上报配置主要告诉 UE 以下重要信息。

● 测量事件的触发条件，A1~A6。

● 上报测量报告的方式、周期、事件，或者事件加上周期和最大小区的限制。

● 波束测量结果的上报方式，除了波束索引之外，是否需要上报测量结果等。

这些内容的测量量可以是 RSRP（Reference Signal Receiving Power，参考信号接收功率）、RSRQ（Reference Signal Receiving Quality，参考信号接收质量）或者是 SINR（Signal to Interference plus Noise Ratio，信号与干扰和噪声比）。基于 SS 和 CSI-RS 的 RSRP、RSRQ、SINR 定义可以参考标准 38.215[21]。

在了解了测量对象和测量上报配置的细节以后，UE 就可以开始测量。高层测量的模型如图 8.30 所示。各节点具体含义如下。

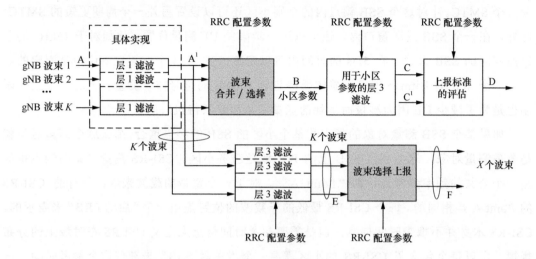

图 8.30　测量模型

● **A**：物理层内部的单个波束的测量样本。

● **层 1 滤波**：物理层内部基于单个波速测量样本所做的层 1（物理层）的过滤过程。所谓过滤过程指的是对在一定的时间范围内得到的测量样本进行加权平均的过程。3GPP 的协议规范 38.133[17] 只规定了测量的精度需求，但是如何在物理层内实现层 1 的过滤取决于芯片实现，不进行标准化。

● **A^1**：在经过层 1 的过滤之后得到的单个波束的测量结果，这个结果从物理层上报给层 3（RRC 层）。

● **波束合并/选择**：从物理层上报的波束测量结果中，选择某几个波束测量结果来导出小区的测量结果。在 RRC 信令中 gNB 会提供一个 RSRP 阈值和一个 N 值，小区测量结果指的是超过阈值的 N 个最好的波束测量结果的平均值。如果超出阈值的波束测量结果小于 N 个但是大于等于 1 个，那么就在这几个波束中进行平均。如果没有波束测量结果超过阈值，那么就取最好的那个波束测量结果作为小区的测量结果。

● **B**：小区测量结果上报给 RRC 层。

● **用于小区参数的层 3 滤波**：RRC 层的过滤过程。这个过滤过程定义在标准 38.331[13] 中，即将两个小区测量结果根据过滤参数做一个加权平均。

● **C**：测量结果，用于测量事件的评估。

● **上报标准的评估**：根据测量上报的配置参数，评估是否需要触发测量事件。C1 指的是另外的测量结果的来源。这是因为有些测量事件，比如事件 A3，比较的是邻近小区和服务小区中间的测量结果。测量事件详细定义在标准 38.331[13]规范中。

● **D**：在 Uu 接口上报的测量结果。

● **层 3 滤波**：对单个波束的测量结果进行过滤。这个过程和对小区测量结果进行过滤的过程类似，但是配置的过滤参数不一样。

● **E**：在过滤操作以后得到的单个波束的测量结果。

● **波束选择上报**：根据 RRC 配置消息选择上报的测量波束。

● **F**：上报最好的波束的索引。根据 RRC 配置消息，也可能会上报最好波束的测量结果。

这个测量模型同样适用于 SSB 和 CSI-RS，也适用于空闲状态。测量上报的过程和 LTE 系统也比较类似。这里就不再赘述。

（3）随机接入过程（包括波束失败检测和恢复）

NR 的随机接入过程和 LTE 系统相比较，在以下几个方面增加了一些新的内容。

● 随机接入的用途；

● 随机接入前导（Preamble）的发送机制；

● 随机接入的覆盖范围。

随机接入过程从 MAC 层冲突解决的角度，可以分成两大类：

● 基于冲突的随机接入过程，一共有 4 个步骤，如图 8.31 左图所示；

● 非冲突的随机接入过程，一共有 2 个步骤，如图 8.31 右图所示。

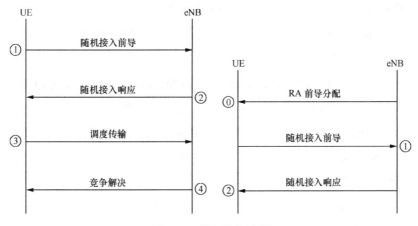

图 8.31 随机接入过程

在 NR 中，随机接入除了让 UE 接入到某个载波上，还可以用于系统消息的请求和波束失败后恢复的过程。系统消息请求的详细内容参见 8.2.1 节第 2 部分。波束失败后恢复的过程在本节介绍。

LTE 系统在部署的时候，一般都采用 3.5GHz 以下的频点。在这些频点上公共信道以及参考信号都没有专门的波束赋形技术，包括上行的随机接入信道。在 NR 系统中因为采用的频点会比较高，所以上下行的公共信道需要采用波束赋形的方式进行发送和接收。

从 MAC 层的角度来说，为使用波束赋形，首先需要了解发送的前导和参考信号之间的对应关系在参数配置上的体现。在 NR 系统中一个随机接入机会（RACH Occasion）中包含了 64 个随机接入前导。这样的 RACH 机会在频域上最多可以同时排列 8 个，而且在频域上是连续分布的，在时域上的分布相对来说比较复杂。

对于基于冲突的随机接入过程来说，一个 SSB 发送窗口内的 SSB 索引和 RACH 机会以及其中的前导之间有一个对应关系。这个对应关系不是一一对应关系，一个 SSB 索引可以对应一个或者多个 RACH 机会，多个 SSB 索引也可以对应一个 RACH 机会中部分前导。不管是哪种情况，基站从接收到的前导所在的 RACH 机会的时频域资源，以及前导的索引就可以判断得出，UE 是在哪个 SSB 索引方向。对于非冲突的随机接入过程来说，前导索引和 SSB 索引或者 CSI RS 索引之间是一一对应的关系，而专用的前导在 RACH 机会上的对应关系由另外的参数进行定义。如果对应的是 SSB 索引，这个限定的参数称为 PRACH Mask Index。如果对应的是 CSI-RS，那么这个限制参数是 ra-OccasionList。这两个参数的含义有所不同，但都规定了在一定时间范围内专用的前导所在的 RACH 机会。

在一个 RACH 机会中除了预留了前导给系统消息请求和专用的前导以外，剩下的前导分成了 A 组和 B 组。不同组的选择给了基站一个额外的信息。当需要发送的 Message3 的大小大于等于某个预先设定的阈值，并且 UE 所在位置的路损小于等于某个阈值的时候，UE 就应该选择 B 组，否则就选择 A 组。当 Message3 包含的是 CCCH 的时候，只考虑 Message3 的大小就可以了。A 组和 B 组之间的分隔和上述 SSB 索引与 RACH 机会以及前导之间的对应有一定的关系。当一个 SSB 索引只对应到了 RACH 机会中一部分前导的时候，每个 SSB 索引对应的前导中都会有 A 组和 B 组。这样使得选择任何一个 SSB，UE 都有可能选择到 A 组或者 B 组。如果一个 SSB 索引对应到一个或者多个 RACH 机会的时候，那么一个 RACH 机会中就只有一对 A 组和 B 组。需要注意的是波束恢复的 PRACH 资源在时频域上是可以单独定义的。

随机接入的第一步就是选择发送前导的资源，包括前导本身和前导所在的 PRACH 机会。如果前导是由网络通过专用 RRC 信令或者 PDCCH Order（物理层信令）发送给 UE，并且前导 ID 不是 0，那么这种情况下触发的随机接入就是非冲突的随机接入。在 LTE 系统中 UE 还需要根据上述 PRACH Mask Index 来进一步选择 RACH 机会，NR 系统在此基础上还要增加 SSB 或者 CSI-RS 的测量和比较的过程。需要明确的是在专用信令中，网络提供的是一组前导 ID，RSS ID，其中 RSS 指的是 SSB 或者 CSI-RS。资源选择的流程如图 8.32 所示。需要指出的是按照上述算法，符合条件的前导可能不止一个，那么如何在这些前导中间进行选择取决于 UE 的算法实现。

基于冲突的随机接入过程的流程如图 8.33 所示。一次随机接入过程可以有多次选择和发送前导的机会。在这些过程中，基于冲突的随机接入过程和基于非冲突的随机接入过程可以先后交织在一起。

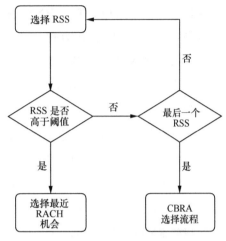

图 8.32　资源选择的流程

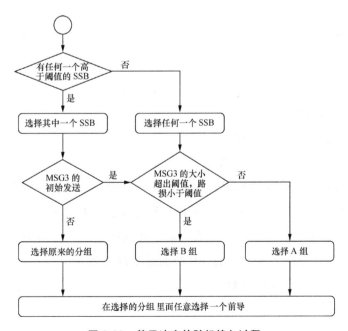

图 8.33　基于冲突的随机接入过程

随机接入第二步是 UE 在发送了前导以后的第一个 PDCCH 机会开始监听卷积了 RA-RNTI 的 PDCCH。监听的最大持续时间是由一个被称为"监听窗口"的参数决定的。其中 RA-RNTI 的定义和 LTE 系统有所不同，取决于所发送的前导所在的 RACH 机会的时频域位置以及上行载波的序列（假设配置了 SUL 载波）。随机接入的 Message2 中，至少包含了前导索引、T_C_RNTI 和上行 Grant。如果 RA-RNTI 和前导索引与 UE 本地的值是吻合的，UE 就认为收到了自己的响应消息，否则就继续等待。假如这是一个非冲突的随机接入过程，那么 RACH 进程就完成了，否则 UE 需要在上行 Grant 上进一步发送包含 UE ID 在内的 Message3，用于进一步的冲突解决。如果 UE 在监听窗口内没有接收到自己的 Message2，就会在延时一定的时间后，再次从第一步开始。

随机接入过程第三步是 UE 发送包含 UE ID 的 Message3，然后监听 Message4 的 PDCCH。Message3 的 PDCCH 卷积的是 T_C_RNTI，而 Message4 的 PDCCH 卷积的可能是 C-RNTI 或者是 T_C_RNTI。如果 Message3 上承载的是一个 CCCH 消息，那么冲突的解决在于 Message3 和 Message4 消息的对比。其他情况下，冲突的解决是通过 PDCCH 上卷积的 RNTI 来确定的，这个过程大致上和 LTE 系统是一样的。

在上述的随机接入过程中，有一个功率调整（Power Ramping）的过程。和 LTE 系统类似，NR 系统也允许 UE 做多次的尝试来完成随机接入过程，并且设定了一个最大值。如果发送了前导之后，最终接入冲突没有解决，那么需要增加一个功率步调。在 NR 系统中和 LTE 不同的是，只有在前后两次选择的 SSB 不一样的时候才会增加功率，否则保持功率不变。

在 8.2.1 节第 2 部分讲到，UE 可以通过 RACH 过程来要求系统广播 Other SI。这样的 RACH 过程一共有两种。

● 基于 Message1 的 RACH 过程；
● 基于 Message3 的 RACH 过程。

基于 Message1 的 RACH 过程中，前导和 RACH 机会的选择过程和上述过程是一样的。系统会在 SIB1 中通知 UE，Other SI 和前导之间的映射关系，而且前导是按照 SSB 的粒度预留的。当 UE 选择了 SSB，并且确定了要求网络发送的 Other SI 以后，就也确定了需要发送前导。发送了前导以后，UE 如果发现接收到了自己的 Message2，并且 Message2 中只有一个前导索引参数，那么表示网络已经接收到了它的请求，UE 会去监听 Other SI，否则就继续发送。

基于 Message3 的 RACH 过程中，前导的选择、发送以及 Message2 的接收和上述

RACH 过程是一样的。发送的 Message3 中包含一个特殊的系统消息请求的 RRC 消息，这个 RRC 消息中包含了 UE 想要网络广播的系统消息。如果 UE 在接收到的 Message4 中按照上述过程确认了网络已经接收到了自己的 Message3，那么就认为网络会在下一个修改周期发送系统消息，整个过程就结束了。所以从 MAC 的角度来说，这个 RACH 过程没有什么特殊性。但是对于 RRC 层来说，这是一个比较新的流程。

另外一种比较特殊的 RACH 过程是在波束失败了以后，恢复波束的过程。网络会配置给终端 SSB 或者 CSI-RS 可以用来作为判断波束是否失败的资源。终端在物理层如果无法正常检测到这些参考信号就会认为发生了波束失败，然后上报给 MAC 层。MAC 层 RACH 触发波束恢复的流程如图 8.34 所示。MAC 层每次接收到物理层的波束失败的指示的时候都会启动一个检测定时器，并且当累计收到的波束失败的个数超出了事先设定的阈值，MAC 层就会触发波束失败恢复(BFR)的 RACH 过程。定时器则会把累计波束失败的个数设置为 0。

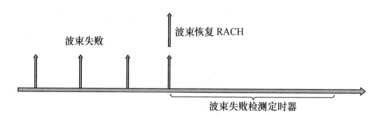

图 8.34　RACH 触发波束恢复流程示意图

触发的 BFR RACH 过程在一个 BFR 定时器控制下有两种：过程一，BFR 定时器在 BFR RACH 过程刚被触发的时候就启动，并且在这个定时器没有超时之前，BFR RACH 过程是基于一种特殊的非竞争的 RACH 过程（如果 BFR 定时器没有配置也只是基于特殊的 RACH 过程）；过程二，在 BFR 定时器超时之后，BFR RACH 过程就是基于冲突的 RACH 过程。

这种特殊的 RACH 过程可以配置单独的随机接入资源，而且随机接入过程中有几个关键参数也是分开设置的，如下所示。

- 选择前导的时候，SSB 或者 CSI-RS 的阈值；
- 功率攀升时候的功率步调和开环功率控制的目标接收功率；
- 随机接入尝试的最大次数；
- 接收 Message2 的监听窗口的长度；
- 专用前导所使用的限制参数。

RACH 过程如下：UE 首先会按照前述方法在 BFR 预留的资源中选择前导，并且发送选定的前导；UE 在接收 Message2 的时候，不是尝试解码卷积了 RA-RNTI 的 PDCCH，而是尝试解码卷积了 C-RNTI 的 PDCCH，也就是说波束恢复的 Message2 是给每个 UE 单独发送的，而不是把几个 UE 的 RAR 合并在一起；如果 UE 成功地接收到卷积了这个 UE 的 C_RNTI 的 PDCCH，那么就认为波束恢复成功。

（4）网络切片

对于无线网络运营商来说，同一个网络需要满足客户的不同的业务需求。在 5G 网络中客户的类型以及客户的需求可能在较短的时间内会发生比较大的变化。也就是说，5G 网络需要具备足够的柔性，能够比较方便地在网络增加新的客户或者新的需求，而且不会影响现有用户的业务，网络切片的概念应运而生。网络切片主要是把客户或者客户所定的业务需求放在不同的切片内，以达到相互不会影响的效果。

实际使用中，有些切片有标准化的定义，有些切片没有标准化的定义。标准上主要通过 S-NSSAI（Single Network Slice Selection Assistant Information）参数来进行识别。对于无线网络来说，网络切片主要体现在以下几个方面：接纳控制、网络选择、资源分离。

某个终端是否获得某种网络切片所对应的业务取决于这个 UE 接入的无线网络和核心网是否具备相应的能力。另外，即使是网络具备了这个切片的能力，是否允许在网络中得到某个切片的服务还和 UE 本身的情况有关，比如是否已经欠费等。UE 是否允许得到某个切片的服务的认证是通过 5GC 来进行的。而 gNB 也需要和 5GC 之间相互交换所支持的切片的信息，从而让彼此知道对方所支持的切片的能力。只有在网络支持 UE 所请求的切片，并且网络能够支持 UE 所请求的切片的情况下，UE 才会被允许接入到这样的网络。这种接纳控制也体现在切换的流程中。如果目标基站无法支持某个或者某几个网络切片，那么和这个或者这几个网络切片相关的 PDU 会话就无法从源基站切换到目标基站。在注册区的范围内网络所支持的网络切片是一样的，网络切换对于接入控制、小区重选和初始接入过程来说都没有直接的影响。比如对于小区重选来说，不同的网络切片会体现在某个 UE 专用的重选优先级中，而重选优先级是通过专用信令指派给 UE 的，所以网络切片和重选优先级之间的映射关系就不需要进行标准化，而被看成是网络自己实现的算法。需要注意的是，一个网络可以支持几百个网络切片，不过一个 UE 同时可以接入的网络切片不会超过 8 个。

网络选择指的是 NG-RAN 节点根据 UE 提供的信息来决定这个 UE 应该接入的 5GC。

在进行附着（ATTACH）的时候，UE 会提供 S-NSSAI 信息。gNB 根据 S-NSSAI 信息来选择 5GC。如果 UE 没有提供相关的 S-NSSAI 信息，那么 gNB 会把 UE 的 NAS 消息路由到一个缺省的 5GC。在 UE 注册了以后，UE 会得到一个临时的 ID 号（5G-S-TMSI），里面包含了核心网的路由信息。当 UE 再次接入到网络的时候，如果 UE 提供了 5G-S-TMSI，那么 gNB 就根据 5G-S-TMSI 来进行核心网的选择。如果没有 5G-S-TMSI，gNB 就根据 UE 提供的 S-NSSAI 进行路由，否则 gNB 就选择一个缺省的 5GC。

对于无线网络来说，不同切片之间无线资源的统筹和相互的隔离都被看成是网络实现的算法问题，没有进一步标准化。网络切片在具体实现的时候体现在切片中所包含的 PDU 会话中的具体内容。值得注意的是，一个网络切片中可能包含 1 个或者多个 PDU 会话，但是一个 PDU 会话是不能跨越网络切片进行配置的。也就是说网络切片是比 PDU 会话更粗一级的控制粒度。

（5）QoS 架构

本节主要介绍新的 QoS 的概念，以及和 QoS 相关的控制面和用户面的流程。在 NR 系统中 QoS 的粒度和协议层次有关，在 IP 层是 IP 流，在 NAS 层是 QoS 流，在 AS 层是 DRB。在 NAS 层通过 QoS 规则把 IP 流映射到 QoS 流。在 AS 层把 QoS 流映射成 DRB。在 AS 层完成 QoS 流到 DRB 的映射的协议是 SDAP 协议。图 8.35 解释了两层映射的模型。在下行方向上 NAS 层和 AS 层的这种映射关系基本上是在用户面完成，也就是说不需要显式通知 UE，但是在上行方向上，这个过程要复杂得多，也是本节介绍的重点。不过在介绍控制面的流程之前，先明确一些基本的概念。

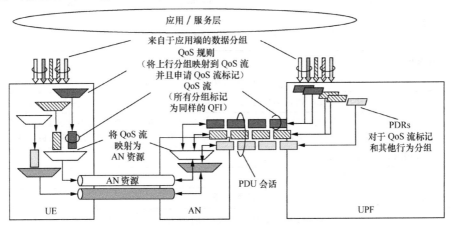

图 8.35　AS 层和 NAS 层 QoS 映射模型

一个 QoS 流的特征由 3 部分组成：QoS 配置文件、QoS 规则和 SMF 给 UPF 的一个或者多个 PDR。从核心网发送给 gNB 的有关某个 QoS 流的特征信息称为"QoS 配置文件"。其主要内容如表 8.5 所示。

表 8.5　QoS 流的特征信息

QoS 流属性	注释
5G QoS 标识符（5QI）	表示 QoS 流的具体无线特征，每个 QoS 流都有
分配和保留优先级(ARP)	QoS 流在 NG 接口上的优先级，可适用于不同的 UE 之间或者一个 UE 内的 QoS 流之间，每个 QoS 流都有
保证的流比特率（GFBR）	保证的数据速率，只有 GBR QoS 流才有，包括上下行
最大的流比特率（MFBR）	最大的数据速率，只有 GBR QoS 流才有，包括上下行
通知控制	QoS 无法满足的时候，gNB 是否上报给 5GC，只有 GBR QoS 流才有，可选项目
最大的丢包率（MPLR）	最大的丢包率，只有 GBR QoS 流才有，可选项目
反射 QoS 属性（RQA）	上行是否服从镜像映射，只有 non-GBR QoS 流才有

表 8.5 中 5QI 是在 NAS 层协议 23.501[7]中定义的，是一个 NAS 层和 AS 层都有的一个参数，其主要的特征参数如表 8.6 所示。5QI 有些是标准化的，有些是预配置的，有些是动态定义的。对于标准化的 5QI，在 NG 接口上只要在信令中包括 5QI 就可以了，因为内容固化在标准协议中。对于动态定义的 5QI，所有表格中提到的参数需要在信令中明确配置。为了达到节约信令和灵活配置的双重目的，运营商可以定制一些 5QI。这些 5QI 事先配置在 gNB 和 UE 中，在标准中称为"Preconfigured 5QI"（预配置 5QI）。因为这些 5QI 是定制的，所以无法用于漫游的目的。

表 8.6　5QI 的内容

5QI 属性	注释
资源类型	GBR, 延迟临界 GBR 或 Non-GBR*
优先级	无线接口调度的优先级，适用于 UE 之间，或者 UE 的各个 QoS 流之间
数据时延（PDB）	GBR QoS 流：在满足 GFBR 的前提下，98%的数据包不应该超过的最大时延 延迟临界 GBR：在满足 GRBR 的前提下，超出 PDB 的数据包被认为已经丢失
包错误率（PER）	GBR QoS 流的丢包率
平均窗口	计算 GBR QoS 流的 GFBR 和 MFBR 的时间段
最大的数据突发量	在 PDB 范围内最大的数据量

*GBR 和延迟临界 GBR 都属于 GBR，两者主要的区别在于 PDB 和 PER 的定义上有所不同。

在控制信令中每个 QoS 流都有自己的一个标识，称为 QFI。QFI 在一个 UE 的一个 PDU 会话中唯一。因为通常情况下在一个 PDU 会话中每个 QoS 流的 5QI 不一样，所以很多时候 QFI 和 5QI 可以是相同的。

QoS 规则是规定在上行方向上 UE 怎么把 IP 流映射成 QoS 流。其中具体的内容参见标准 23.501[7] 的 5.7 节。类似于 5QI，QoS 规则也有三种。

● 在 PDU 会话建立或者修改的流程中显式通知给 UE 的；

● 在 UE 中预配置的（也就是运营商定制的）；

● 根据镜像映射规则得到的。

第一种和第二种属于 NAS 层协议的范畴，第三种和 AS 层有一定的关系。

NG 接口上的 PDU 会话相关的流程，包括增加、删除和修改等，按照 PDU 会话的粒度进行管理。PDU 会话管理流程的主要功能如下。

● 在 5GC 和 gNB 之间建立 NG GTP-U 隧道，包括数据传递和数据前转隧道。隧道的粒度是由每个 PDU 会话来建立的，当然每个 PDU 会话可能有大于 1 个的 GTP-U 隧道；

● 把需要建立的 QoS 流的配置文件通知给 gNB。

gNB 如何建立 DRB 以及如何在 QoS 流和 DRB 之间建立映射关系不属于标准化的内容。而且在下行方向上这个映射关系取决于调度器的算法，并不需要出现在 RRC 的控制信令中。在协议中标准化的是在上行方向上 UE 怎么把一个 QoS 流映射到一个 DRB 上。UE 在上行方向上遵循以下的两个步骤。

● 步骤一：如果某个 QoS 流和 DRB 之间的映射关系已经存在，那么就把这个 QoS 流的数据包在这个映射的 DRB 上进行发送；

● 步骤二：如果映射关系不存在，那么 UE 就把该数据包在缺省 DRB 上进行发送。

每个 PDU 会话都会建立的一个缺省 DRB，并且会把这个信息作为 DRB 的一个属性配置在 SDAP 协议参数中。这个缺省的 DRB 必须是 non-GBR DRB。QoS 流和 DRB 之间的映射关系可以通过 RRC 信令显式进行配置，也可以通过镜像映射的关系确定。

在介绍镜像映射的概念和流程之前，先来介绍一下用户面的帧结构。在 NG_U 接口上，IP 数据包外面会包含一层数据帧头结构，主要包含以下两个参数。

● QFI：表示这个 QoS 流在这个 PDU 会话中的身份标识。

● RQI，表示这个 QoS 流的数据包在 NAS 层是否要求进行镜像映射。只有两个选项，TRUE 或者 FALSE。

在 Uu 接口上，gNB 会以 PDU 会话为单位建立一个 SDAP 的实体。这个 SDAP 实体有以下几个功能。

● 传递数据。

● 在 QoS 流和 DRB 之间根据映射规则进行映射操作。

● 在数据包上根据规则增加 QFI 信息。

● 根据收到的下行数据包来获得镜像映射的映射规则。

这些功能反映在图 8.36 中。

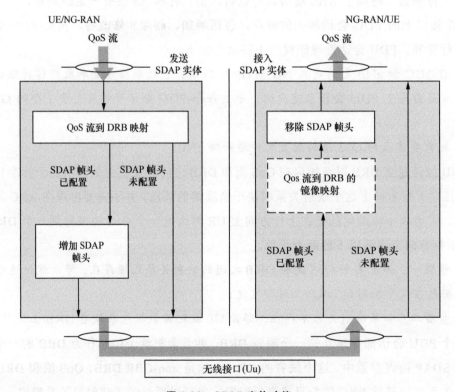

图 8.36　SDAP 实体功能

SDAP 的上下行帧结构如图 8.37 所示。其中，QFI 代表 QoS 流的标识，RQI 和 NG_U 上的 RQI 的含义是一样，RDI（Reflective QoS Indication）表示的是这个数据包是否会要求 UE 针对这个 QoS 流重新获取镜像映射的规则。

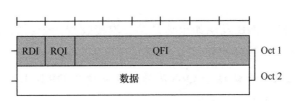

图 8.37　SDAP 帧结构

如果某个 DRB 上只映射了一个 QoS 流，并且这个 QoS 流和 DRB 之间的映射关系是由 RRC 信令规定的，那么 SDAP 帧中就只有数据部分，也就是说这个 DRB 在 SDAP 协议层是透传的，其他的情况下 SDAP 帧中至少需要包含 QFI 的信息。需要注意的是 SDAP 上的 QFI 只有 6 个比特，而其他接口协议中的 QFI 是 8 个比特，两者之间的映射在 5GC 完成。RQI 和 RDI 只会出现在下行的数据包上。在上行方向上 UE 只要根据 RRC 的配置要求来决定是否需要在数据包前面增加 QFI。另外，在 RRC 信令中同样会按照 DRB 的粒度配置 PDU 会话 ID，使得 UE 和 gNB 都能够明白 DRB 和 PDU 会话之间的对应关系，从而使得获取的 QFI 有意义（因为 QFI 只有在 PDU 会话内才唯一）。

综上所述，在 RRC 信令中按照 DRB 粒度配置的参数如表 8.7 所示。从这个参数表中可以看到，QoS 流到 DRB 的映射在上下行方向上是对称的。

表 8.7　RRC 信令中按照 DRB 粒度配置的参数

参数	注释
PDU Session ID	UE 和 5GC 之间的 PDU 会话的标识
sdap-HeaderDL	下行方向上是否有 SDAP 帧头
sdap-HeaderUL	上行方向上是否有 SDAP 帧头
defaultDRB	是否是缺省 DRB
mappedQoS-FlowsToAdd	映射到这个 DRB 的 QoS 流
mappedQoS-FlowsToRelease	删除映射到这个 DRB 的 QoS 流

除了预配置的 QoS 配置文件之外，其他的 QoS 配置文件是从 PDU 会话的管理流程中的 5GC 发送给 gNB 的，而 gNB 什么时候建立相关的 DRB 是一个基站算法实现的事情。

对于需要镜像映射的 QoS 流来说，这个 QoS 流的 QFI 不会出现在 RRC 的信令中，也就是说镜像映射的 QoS 流在下行和上行方向上到 DRB 的映射都是临时的，并且上行的映射是随着下行隐式的映射关系的改变而改变。当 UE 根据 QoS 规则得到的 QoS 流不在目前的 QFI<->DRB 的映射表格中的时候，UE 会把这个数据包在缺省的 DRB 上进行发送，并且会携带 QFI。gNB 发现如果这是第一次接收到一个新的 QoS 流的数据包，可以根据实际情况作出以下几种选择。

● 保持现状，也就是默认这个 QoS 流的数据从缺省 DRB 上发送。这也意味着下行方向的数据包也会从缺省 DRB 上发送。

● gNB 决定利用现有的 DRB，但是采用镜像映射的方式。gNB 会在下行方向上等待一个数据包，然后在确定的 DRB 上发送，不过这需要有下行的数据包触发。

● gNB 决定建立新的 DRB，并且让这个 QoS 流从这个 DRB 上发送。那么就需要 RRC 重配流程来完成这个任务。

值得注意的是，NAS 层的镜像映射和 AS 层的镜像映射是完全独立的。另外在 NG_U 隧道的上行方向上，gNB 需要把 QFI 增加到 GTP-U 的数据包头上，这样 5GC 可以完成 QoS 规则的检测过程。

现在举例说明 SDAP 协议层的工作方式。在下行方向上，gNB 接收到一个 QoS 流的数据包，如果这个 QoS 流的 QFI 和 DRB 之间的映射关系存在，那么就按照映射的 DRB 发送。如果 QFI 和 DRB 之间的映射关系不存在，gNB 可以建立一个新的 DRB，并且把这个 QoS 流映射上去发送；或者 gNB 可以决定在已经存在的 DRB 上发送，并且把 RDI 设置为 TRUE，这样上行的数据也会从这个 DRB 上进行发送。

QoS 流和 DRB 之间的映射关系在这个 DRB 的 PDCP 实体发生转移的时候可能会发生丢包的现象。

● 假设某个 QoS 流原来映射到 DRB1，在 RRC 重配置了以后，这个 QoS 流映射到了 DRB2，但是 DRB1 还继续存在。

● 假设某个 QoS 流原来映射到 DRB1，在 RRC 重配置了以后，这个 QoS 流映射到了 DRB2，但是 DRB1 不再存在。

对于第二种情况，因为 DRB1 不再存在，所以在 IP 层上不可避免就会出现丢包现象。这种情况已经超出了 NR 系统可以处理的范围。但是对于第一种情况，主要问题是在上行方向上，因为在下行方向上 gNB 可以决定，比如让 DRB1 上的这个 QoS 流的数据包都发送完成了以后才开始在 DRB2 上的发送就可以保证 IP 包发送的顺序。在上行方向上却无法做到这一点，因为 DRB 的上行调度是无法区分 QoS 流的，而且一定程度上无法以 DRB 为粒度进行调度，因为 MAC 层是所有逻辑信道的汇聚点。所以当 DRB2 和 DRB1 被同时调度（在同一个 MAC 实体）或者差不多同时调度（在不同的 MAC 实体）的时候，这个 QoS 流的 IP 数据包就无法保证顺序，从而导致 IP 层出现问题。解决这个问题的方法是在 QoS 流粒度上引入一个所谓的"结束标记"（End Marker）。当 DRB1 上的这个 QoS 流的数据包都发送完成的时候，UE 发送一个结束标记，这样 gNB 就能够根据这个标记来决定在 NG 接口上传递这个 QoS 流数据包的顺序。

8.2.2 Option3：连接到 EPC 的非独立工作架构

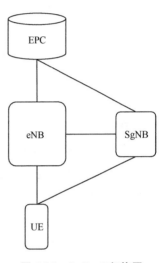

图 8.38 Option3 架构图

在 3GPP 的标准规范中，Option3 的架构又称为 ENDC（LTE-NR Dual Connectivity）。Option3 的架构如图 8.38 所示。在标准规范中，此处的 eNB 一般情况下称为主基站（MeNB，Master eNB），因为 eNB 总是作为主基站配置给终端，而 en-gNB 因为只能作为辅基站配置给终端，所以在标准 36.423[3]的流程中没有其他的名称，只是称为 SgNB。在描述 MRDC 的第 2 阶段的协议 37.340[1]中，主基站统称为 MN（Master Node），辅基站统称为 SN（Slave Node）。

1. S1 接口协议

SgNB 连接到 EPC 的接口重用了 S1-U 接口。在 eNB 到 EPC 的 S1 接口上，对控制面流程有些影响，对标准 36.413[6]的主要修改如下。

● 把 S1 接口上的最大速率增加到了 4Tbit/s，包括某个 E-RAB 承载的 GBR,MBR 或者 UE AMBR；

● 增加了对 2nd RAT（此处指 SgNB）所发送/接收数据的请求和上报过程；

● 在 Initial UE Context Request 消息中增加了和 NR 相关的加密算法；

● 通知 eNB 终端是否受限从而不能接入到 SgNB。

其中第一条修改一方面是因为在集成了 NR 技术以后，上下行的峰值速率会增加。但是 4Tbit/s 看起来有点夸张，明显是一个为了保证前向兼容性的举措。第二条修改的真正目的是为了让核心网能够对通过 SgNB 的数据包进行有区别的收费。在 R15 中 NR 支持的加密算法和 LTE 是一致的，而第三条在 S1 接口上增加这些新的信元是为了更加方便地引入新的加密算法，因为 NR 系统在将来可能会引入新的加密算法，所以也是一个保证前向兼容性的方案。第四条修改是一个比较常规的修改，因为技术上支持 NR 的终端也可能不被允许接入 NR 基站，如欠费等原因。总的来说，EN-DC 架构对于标准 36.413[6] 的修改比较少。

2. X2 接口协议

对于 MeNB 和 SgNB 之间的 X2 接口，协议 36.423[3]的影响主要体现在两个方面：X2-C 增加了和双连接相关的流程；X2-U 在 LTE 的 DC 基础上增强了 MeNB 和 SgNB 之间的流量控制机制，这部分内容在 8.3.3 节详细介绍。

X2-C 中主要增加了以下的流程和消息：

● SGNB ADDITION；

● SGNB MODIFICATION；

● SGNB RELEASE；

● SGNB CHANGE。

这些流程的功能顾名思义就是增加/修改/删除/更换 SgNB 中 UE 的上下文信息。这些流程的组合，比如 SGNB ADDITION 和 SGNB RELEASE 流程的组合可以完成更换 SgNB 的目的。当某些 SgNB 的覆盖范围相互重叠的时候，更换 SgNB 是仅次于切换的移动性管理过程，所以非常重要。SGNB CHANGE 流程的目的是让 SgNB 能够触发 MeNB 发起更换 SgNB 的过程，其本身并不能够更换 SgNB。

在这些和 SgNB 相关的消息中，主要的信元包含以下几种。

● X2 接口上的 UE ID 对。

● 安全相关的能力和秘钥。

● E-RAB 相关的信息，包括 QoS 信息、GTP 隧道信息、承载类型。

● RRC 容器。

这些信息构成了 UE 上下文的主要内容，而这些和 SgNB 相关的流程其实就是对这些 UE 上下文进行增加、修改、删除、更换和保留等操作。这些操作不包括 RRC 容器中的内容。RRC 容器和另外一个消息 RRC 传输都是用来在 MeNB 和 SgNB 之间传递和 Uu 接口配置（也就是 RRC 配置参数或者 UE 能力）相关的消息，在本文统称为 RRC 容器。RRC 容器中的内容由 X2 接口消息携带，但是其中的内容对 X2 接口的流程本身没有任何影响。在 3GPP 中这种嵌套的做法采用另外一种说法，即 RRC 容器对于 X2 接口来说是"透明"（Transparent）的，所以这个 RRC 容器又称为"透明容器"。

采用这种方式嵌套的最主要的原因是 3GPP 工作组之间的分工不同。3GPP 有多个工作组，其中 RAN3 负责 E-UTRAN/NG-RAN 内的网络接口（X2，Xn，F1/E1）以及 E-UTRAN/NG-RAN 和核心网之间的接口（S1/NG）的标准化工作，而 RAN2 负责无线接口协议（RRC、SDAP、PDCP、RLC、MAC）的标准化工作。RAN2 和 RAN3 之间的分工导致两个工作组所负责的标准、协议、规范基本上独立发展，但重叠的部分难免会有一些嵌套发生。

在 S1 接口和 X2 接口的消息和流程中，无线承载以 E-RAB 的方式进行交互。在 Uu 接口上的 RRC 消息中，无线承载以 DRB 的方式在基站和终端之间进行交互，两者之间的桥梁是通过 E-RAB ID 和 DRB ID 的方式对应在一起的。图 8.39 给出各个接口的基本关系。E-RAB ID 和 DRB ID 之间有一一对应的关系，这种一一对应的关系把 X2 接口上的无线承载和 Uu 接口上的无线承载关联在一起，即在消息层面上相互之间是"透明"的。

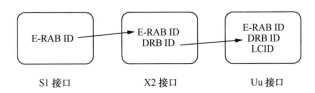

图 8.39　各网络接口关系示意图

在 X2 接口上增加 ENDC 并不会对切换流程本身产生影响，但是上述对 SgNB 的操作可以和切换流程结合在一起，从而产生表 8.8 的各种组合。

表 8.8　SgNB 操作与切换流程结合

源基站	目标基站	对 SgNB 的操作
配置了 SgNB	配置了 SgNB	删除，增加或者保留
配置了 SgNB	没有配置 SgNB	删除
没有配置 SgNB	配置了 SgNB	增加
没有配置 SgNB	没有配置 SgNB	和 SgNB 无关

3. EN-DC 控制面

EN-DC 控制面协议架构如图 8.40 所示。网络侧 MeNB 和终端之间会建立基于 LTE

的 RRC 信令连接。这个连接中包含了 SRB0、SRB1 和 SRB2。在 SgNB 和终端之间可以建立另外一个基于 NR 的 SRB3。之所以称为 SRB3，而不是直接称为另外一条 RRC 连接是因为，从 UE 角度来说 RRC 连接只有一个，并且 RRC 的状态转换也只有一个。也就是说从 UE 的角度来看，SRB3 只是源于 SgNB 的另外一个信令承载而已。名称本身是为了和 LTE 系统中的 SRB1 和 SRB2 进行区分。

从逻辑上来说，SgNB 和终端之间的 NR RRC 消息其实是 SgNB 和终端之间的一个"对话"。比如下行方向上的 NR Uu 接口协议参数的配置，UE 需要确认配置是否成功。当然在上行方向上的消息，比如测量报告，不需要 SgNB 的确认。而 NR RRC 消息的路由可以有如下所示的不同的路径。

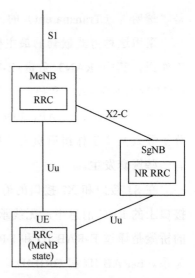

图 8.40　EN-DC 控制面协议架构图

● 路径 1：从 MeNB 间接发送和接收。

● 路径 2：在 SRB3 上直接发送和接收。

采用路径 2 的前提是发送或者接收的 NR RRC 消息本身不需要 MeNB 的协助，比如修改了某些不受限于终端能力的配置参数或者上报有 SgNB 单独配置给终端的测量任务的测量报告。除此之外，其他的消息都必须按照路径 1 进行路由。采用这种方式的原因在于需要协调的 NR 的配置消息一般情况下也会导致 LTE 配置参数的更新，而这些更新需要同时发送给终端，否则终端有可能无法同时接收 LTE 和 NR 的配置参数，从而导致参数配置过程的失败。举一个简单的例子，UE 在 LTE 或者 NR 系统中配置辅载波或者 MIMO 的层数受限于 UE 的天线个数。当 NR 系统想要在原来的基础上增加一个载波或者增加 MIMO 层数配置的时候，如果和现有 LTE 的配置组合已经超出了 UE 的能力，那么这样的配置就无法运行，所以这样的配置必须在 SgNB 和 MeNB 之间进行协商。如果 MeNB 能够接受 SgNB 的请求，那么 MeNB 需要减少载波或者 MIMO 层数以便让出共享的天线资源。在这种情况下，NR RRC 消息就必须和对应的 LTE RRC 消息组合在一起从 SRB1 上发送给终端。这个过程在 MeNB 和 SgNB 之间是对称的，这意味着 MeNB 在做参数修改的时候，也可能需要 SgNB 的配合。

NR RRC 消息会以 RRC 容器的方式直接嵌在 LTE RRC 消息之内发送给终端。这个

NR RRC 容器是按照 NR RRC 规范填写，然后按照 NR 的 ASN.1 进行编解码。这样做的目的是为了尽可能隔绝 LTE RRC 和 NR RRC 之间的关联度，从而使得 NR RRC 和 LTE RRC 都可以独立地进行技术演进。这样做的另外一个好处是，LTE 系统和 NR 系统在 X2 接口上的耦合性会降低，从而促进 X2 接口在全球市场上的开放性。不过因为 MeNB 和 SgNB 在面对同一个终端的时候，相互之间的协调是无法避免的，所以 LTE 和 NR 之间实现完全的隔离和解耦合还是比较困难的。

SRB1 和 SRB2 在初始建立的时候，是基于 LTE 的用户面协议配置的，包括 PDCP、RLC、MAC 和 PHY 协议规范。之后，其中的 PDCP 协议可以和 NR 的 PDCP 之间通过切换的方式进行互相转换。采用 LTE PDCP 或者 NR PDCP 各有利弊。采用 LTE PDCP 的好处是在部署 EN-DC 架构网络的时候，网络设备和 UE 的软件升级不需要对 SRB 部分做什么修改，也就是可以减少软件升级的代价。采用 NR PDCP 的好处是由于 NR PDCP 支持一些新的功能，特别是 PDCP 重复的功能可以实现包含相同 RRC 消息的 PDCP PDU 通过不同的逻辑信道进行传输，从而实现 RRC 分集的功能，提高信令发送的可靠性。这对于类似切换命令的发送来说比较有用。在 3GPP 对复层网络移动性性能进行评估的时候就发现切换命令消息发送不成功是导致切换失败的主要原因。SRB 所采用的 PDCP 重复和 DRB 类似，支持基于双连接和载波聚合的 PDCP 重复。

EN-DC 中 SgNB 和 Option2 中的 gNB 相比是一个简化版本的 gNB。从 RRC 连接的角度来说，SgNB 和 UE 之间是不存在单独的 RRC 连接的，所以对 SgNB 来说不存在 RRC 连接控制的功能。SRB3 是否建立不会影响 RRC 连接的功能，因为所有从 SRB3 上发送和接收的 NR RRC 消息都可以从 MeNB 进行路由。当然 SgNB 和 UE 之间需要交换 NR RRC 消息，所以在 NR RRC 协议中还是需要定义 RRC 消息，其中最重要的是 RRC 连接重配置，包括测量配置，以及上行的测量报告消息。

UE 在 RRC 空闲状态下不需要对 SgNB 进行搜索和测量。因为 SgNB 作为 EN-DC 的第二个节点只有在 UE 进入到 RRC 连接状态的时候才需要进行配置。因为这个原因，SgNB 上除了 MIB 之外，不需要广播系统消息。MIB 的存在主要是为了广播系统帧信息（SFN）和防止 UE 驻留在该小区（通过广播 cellBarred 和 intraFreqReselection 信元）。MIB 中其他的信息都可以在给 UE 配置这个 SgNB 的初始消息中配置给 UE。很显然 SgNB 上也需要 PSS 和 SSS 用于频率同步和时间同步，否则无法完成物理层数据发送和接收的过程。因为没有 UE 会在 SgNB 的小区上进行驻留，所以 SgNB 也不需要支持寻呼功能。

为了支持"ANR"（Automatic Neighboring Relation）功能，也就是邻近小区自动关联的功能，有时候也需要在 SgNB 上广播全球小区标识，即 CGI。在已经存在的网络上逐渐增加新的网元的时候，比如在 LTE 网络上增加 NR 基站，如果需要将每个新增的 NR 基站都和周边的 eNB 建立邻近小区关系将是一件耗时，而且可能出错的事情。一种节省工程量的做法是在 EN-DC 网络运营初期，让处于 RRC 连接状态的 UE 对 NR 基站进行测量。测量的主要目的是为了让 UE 上报所测量到的 NR 基站上的小区信息，从而和所服务的 eNB 之间建立这种邻近小区的关系。为了避免 PCI 混淆，上报 CGI 是公认的比较合理的方式。

SgNB 发送的 RRC 连接重配置从宏观上来说主要有以下几种功能：用户面协议层，包括 PDCP、RLC、MAC 和 PHY 的参数配置；NR 频点的测量任务下达；根据测量结果和调度需要触发和进行 SgNB 更换。

LTE RRC 为了支持 EN-DC 架构，主要在以下几个方面进行更新：无线承载的配置和类型修改；NR 频点的测量任务配置和对测量结果的处理；对 UE 能力进行解读，并且根据自己的配置给出 SgNB 配置的限制条件。

形式上在 X2 接口上的 RRC 容器会包含以下的内容。

① MeNB→SgNB 方向的内容都包含在标准 38.331[13]定义的 CG-CONFIGINFO，基本上有以下几种类型。

● UE 从 MeNB 路由到 SgNB 的上行消息，包括 UE 能力，RRC 重配置完成，SCG 失败信息等。MeNB 对这些内容不作任何修改，只是透传。

● MeNB 上的参数配置，作为重要的参考信息给 SgNB，比如 DRX 和测量配置参数。

● MeNB 根据收到的终端的信息进行处理以后的信息，比如根据终端能力和 MeNB 的参数配置而给出的配置限制条件，或者根据测量报告选择的 SgNB 上的目标小区等。

● MeNB 上某些 DRB 的配置参数，目的是为了实现 Delta 信令配置。这些 DRB 仅限于配置了 NR PDCP 协议的 DRB。

● 在发生 SgNB 更换流程的时候，源 SgNB 通过 MeNB 发给可能的目标 SgNB 的无线配置参数，目的也是为了实现 Delta 信令配置。

② SgNB→MeNB 方向上的内容都包含在标准 38.331[13]定义的 CG-CONFIG 这个 IE 中，基本上包含了以下几种类型的信息。

● SgNB 需要通过 MeNB 发送给终端的无线配置参数。MeNB 对这些内容不作任何修改，只是透传。

● 在发生 SgNB 更换流程的时候，SgNB 通过 MeNB 转发给目标 SgNB 的参数，比如目标 SgNB 上的候选小区。

● SgNB 和 MeNB 之间的协调参数，比如 SgNB 上的 DRX 配置参数、测量配置参数或者选择的 LTE-NR 波段组合、参数配置协调的请求内容等。

这些内容都在 NR RRC 协议 38.331[13]中进行定义，在 8.2.2 节第 5 部分介绍关键技术的时候，会详细介绍。

4. EN-DC 用户面

LTE 的用户面协议规范不受 EN-DC 架构的影响。EN-DC 采用的是 LTE 的 QoS 架构。因为这个缘故，NR PDCP PDU 承载的是 S1 接口的 IP 数据包，而不是 SDAP PDU。在 EN-DC 架构下，NR PDCP 需要支持跨 RAT Split Bearer（负载分割）。NR PDCP 还可以支持一个 MAC 实体内（以载波聚合的方式）或者两个 MAC 实体之间（以双连接的方式）包重复功能（PDCP Duplication）。

跨 RAT 的负载分割在上行方向上的两个逻辑信道有主次之分，并且可以通过 RRC 信令指定。这是由于上行的两个逻辑信道是否同时工作取决于 PDCP PDU 缓存的多少，如果缓存高于某个门限，那么 PDCP PDU 可以在两个逻辑信道上并行发送；否则的话就只能在主逻辑信道上发送。上行方向上还允许只配置一个逻辑信道。在计算数据卷的时候，对于负载分割，如果 PDCP 中的缓存和两个逻辑信道的 RLC 层中的缓存的总和小于前述的门限的时候，PDCP 中的缓存只会算到主逻辑信道上，并且通过对应的 MAC 实体的 BSR 上报过程上报给网络，而另外一个逻辑信道上的 PDCP 的缓存只能算作没有。否则的话，PDCP 中的缓存都会体现在两个逻辑信道所在的两个 MAC 实体的 BSR 中。

需要说明的是，除了 DRB 以外，NR PDCP 实体位于 MeNB 上的 SRB1 和 SRB2 也可以采用负载分割的方式。不过 SRB 的这种负载分割的目的是为了提高 RRC 信令的可靠性。这也是 SRB1 和 SRB2 的负载分割只有 PDCP PDU 重复功能的主要原因。也就是说一个 RRC 消息在投递到 PDCP 层以后，NR PDCP 把这样的 PDCP PDU 拷贝了一份，然后通过不同 RAT 的逻辑信道进行传递。在上行方向上，UE 也被允许这么做。PDCP 层根据 PDCP PDU 的需要很容易就识别出重复的 PDCP PDU，然后丢弃第二个收到的

PDCP PDU。在 SgNB 上的 SRB3 不支持这种 PDCP PDU 的重复功能。

在 PDCP 层引入重复的功能是为了提高 PDCP PDU 发送的可靠性。一般认为这样做的目的主要是为了 URLLC 这样的业务服务的。PDCP PDU 的重复有两种形式：基于载波聚合的重复和基于双连接的重复。PDCP PDU 重复配置是通过给一个 DRB 关联两个逻辑信道的方式来实现的。基于载波聚合的重复指的是这两个逻辑信道分别映射到一个 gNB 上的不同的载波上，而且一个逻辑信道允许映射到大于等于 1 个的载波上。基于双连接的重复指的是这两个逻辑信道分别映射到主节点和辅节点，所以前提是配置了跨 RAT 的负载分割。需要指出的是，一个 DRB 只能在这两种方式中选择一种，即要么是基于载波聚合的重复，要么是基于双连接的重复。基于载波聚合重复的增益在于不同载波之间的频域分集。而基于双连接的重复的增益更多来自多链路发送的事实。假设每个链路发送的成功率是 P，那么在两个链路上发送的成功率就是 $1-(1-P)*(1-P)$。假设 $P=90\%$，那么重复的成功率理论上可以达到 99%。

PDCP 层的重复功能对 RLC 层协议基本上没有什么影响，除了 PDCP 的包丢弃的操作。如果某个 PDCP PDU 已经在某个逻辑信道上发送成功，那么发送方需要丢弃已经传递到底层的这个 PDCP PDU。因为 RLC 层没有包串接的功能，所以这个 PDCP PDU 的包丢弃相对 LTE 来说会比较方便。这个包丢弃操作也体现在 Xn 和 F1 的用户面流程上，详细情况在 8.3.3 节介绍。

PDCP 层的重复功能对 MAC 的影响相对比较大一点。首先逻辑信道和载波之间的映射关系会体现在 LCP 过程里面。另外上行重复功能的激活和去激活也是由 MAC CE 来完成的，所以需要 MAC 层和 PDCP 层之间的互操作过程。在 Xn 和 F1 接口上，下行的 PDCP 重复是由 NR PDCP 实体来决定的，而上行则是由辅节点或者 DU 来决定的，并且通过 MAC CE 来完成。

总体而言，EN-DC 架构下的 RLC 协议和 Option2 下的 RLC 协议相比没有本质区别。MAC 协议和 Option2 下的 MAC 层协议相比，除了前述 BSR 过程以外，另外一个和 EN-DC 相关的是 PHR 过程。实际上 PHR 是 MAC 层协议中唯一和两个 RAT 都相关的 MAC CE。当一个 MAC 实体触发了 PHR 并且上报的时候，如果网络配置了这个 MAC 实体可以上报另外一个 MAC 实体上的 PHR，那么也会把另外一个 MAC 实体上的 PHR 包含在同一个 MAC PDU 中上报给网络。这样做的目的是为了解读另外一个 MAC 实体上的功率余量，以便本地的调度器在调度的时候，可以把另外一个 MAC 实体上正在调度的功率余量也考虑在内。这么做的深层次的原因是终端硬件限制，在 FR1 内的频段，LTE 和 NR 之间终端一般需要共享发送功率。

5. EN-DC 关键技术

（1）承载类型和转换

EN-DC 中无线承载协议栈从 UE 的角度和从网络的角度来看有所区别，这主要是因为 EN-DC 中 MeNB 和 SgNB 处于不同的网元，而 UE 只有一个。从 UE 的角度来看，无线承载协议栈如图 8.41 所示。而从网络的角度来看，无线承载协议栈如图 8.42 所示。

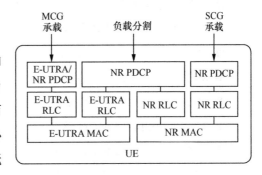

图 8.41 从 UE 角度看的无线承载协议栈

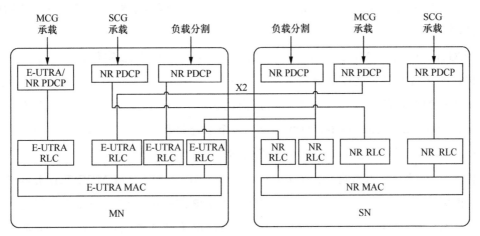

图 8.42 从网络角度看的无线承载协议栈

承载的类型取决于以下几个要素。

● PDCP 实体的位置。

● RLC 实体的位置。

● PDCP 和 RLC 实体的对应关系。

如果 PDCP 采用的是 LTE PDCP 协议，那么这种承载的 RLC 实体肯定位于 MeNB 上，这是 LTE 系统的无线承载，在此不再赘述。当承载的 PDCP 实体位于 MeNB 上的时候，称为"MCG Terminated 承载"；当承载的 PDCP 实体位于 SgNB 上的时候，称为"SCG

Terminated 承载"；当承载的 RLC 实体位于 MeNB 上的时候，称为"MCG RLC 承载"；当承载的 RLC 实体位于 SgNB 上的时候，称为"SCG RLC 承载"；当承载同时配置了 MCG RLC 承载和 SCG RLC 承载的时候，称为负载分割。

从网络的角度来看，NR PDCP 在网络节点上的位置显然是可见的。这样上述元素的组合一共有以下几种无线承载类型。

- MCG Terminated MCG 承载。
- MCG Terminated SCG 承载。
- MCG Terminated 负载分割。
- SCG Terminated MCG 承载。
- SCG Terminated SCG 承载。
- SCG Terminated 负载分割。

每一种承载的引入都有其历史的原因。下面我们来深入了解一下这些名词背后的详细考量。

MCG Terminated MCG 承载把 NR PDCP 实体和 LTE RLC 实体结合在了一起。从数据传输的角度来说，这种承载和基于 LTE PDCP 的 MCG 承载没有什么本质区别，但是在承载类型变化的时候可以减少对用户面的影响。当 UE 增加了 SgNB 的时候，这种承载可以变成 MCG Terminated 负载分割。这个变化过程只要在 SgNB 上增加一个逻辑信道就可以了，所以通过 RRC 重配置的过程就可以完成，而且不会对 PDCP 和 RLC 层实体产生任何不良的影响。如果从 LTE 的 MCG 承载直接变成 MCG Terminated 负载分割，因为 PDCP 的版本也同时发生了变化，3GPP 的规范规定这种变化只能通过切换流程来完成，而切换流程会导致所有用户面协议层重建或者复位，对用户面的影响比较大。

MCG Terminated SCG 承载可以看成是 MCG Terminated 负载分割缺少一个 MCG RLC 承载的结果。这种承载引入仅仅是为了协议规范的完整性，而没有什么实际的用处。

MCG Terminated 负载分割的益处是显而易见的，就是增加单个无线承载的流量，因为 UE 可以在 MeNB 和 SgNB 上同时被调度。不过这种益处的前提是 UE 的上行功率不受限，如果上行功率受限，比如 UE 在小区的边缘，则会因为 UE 的发射功率需要在 MeNB 和 SgNB 之间进行分割而显得捉襟见肘。

上述三种承载类型的共同特点是 PDCP 实体都在 MeNB 上。因为 5G 业务的流量会大大超过目前 4G 网络的流量——这是 4G 网络升级的最原始的愿景——这就意味着 PDCP 实体上的数据处理的负荷也会大大增加，单纯升级 4G 的 eNB 无法满足 EN-DC 架构下 MeNB 的数据处理需求。为了避免对现有网络的大幅度升级，一种解决方案是把 PDCP 实体迁移到 SgNB 上，因为 SgNB 和周边设备肯定需要新购，而新购的设备的配置从一开始就可以把这些数据处理要求考虑在内，从而在比较长的时间内避免对网络的升级改造。

与 MCG Terminated 负载分割对称的承载类型是 SCG Terminated 负载分割。这种承载只是把负载分割的 PDCP 实体挪到了 SgNB 上。这种承载的另外一个要求是在 SgNB 和 EPC 之间直接建立一条 S1-U 的 GTP-U 通道。其实所有的 SCG Terminated 的承载都需要这个直连的 S1-U GTP-U 通道。这种承载类型的另外一个业界的名称是 Option3X。这种承载类型减少了对现网 eNB 的升级要求，并且具备提高承载流量的功能，在市场上是一种很常见的解决方案。

如果 SgNB 是基于高频的一个基站，那么 MCG RLC 承载和 SCG RLC 承载相比，流量也许少得可怜。这是因为高频基站的带宽动辄大于 100MHz 的缘故。这样一来 MCG RLC 承载存在的意义就不大了，而 MCG RLC 承载的存在又是有一定代价的，如需要在 SgNB 和 MeNB 之间进行流量控制，UE 需要支持负载分割，这又对 PHR, BSR 等过程都有影响。所以有一种做法是去掉这个 MCG RLC 承载，从而变成了 SCG Terminated SCG 承载。这种承载在业界的另外一个名称是 Option3a。

SCG Terminated MCG 承载把 SgNB 上的 PDCP 实体和 MeNB 上的 MCG RLC 承载交叉连接在了一起。这种承载类型初看有些怪异，但的确有技术上的理由。一般情况下给 UE 配置 SgNB 的顺序如下。

● 通过 MeNB 下达一个测量任务，测量潜在的 SgNB；

● MeNB 收到 UE 的测量报告之后，才会增加 SgNB；

● 增加 SgNB 的时候，会把某个承载从 MCG Terminated 的类型改成 SCG Terminated 的类型。

这种做法的缺点是串行的步骤需要耗费更多的时间，而且在承载类型改变的时候必然会导致用户面的重建。改进的做法是，在不改变第一步的前提下，一开始就直接执行第二步和第三步，也就是"盲加"SgNB。这种 SCG Terminated 承载不能直接配置 SCG RLC 承载，因为 SgNB 实际上并不存在。为了让这种承载可以继续工作，就需要配置 MCG RLC

承载。这就成了 SCG Terminated MCG 承载。值得注意的是，因为相同的原因，"盲加" SgNB 的时候 UE 会被要求不要通过 RACH 过程尝试接入到 SgNB。

当 UE 最终在测量报告中上报了 SgNB 信息的时候，网络会把 SCG Terminated MCG 承载改成 SCG Terminated 负载分割。这种类型的改变只是在 SgNB 上增加了一个逻辑信道，所以通过 RRC 重配置流程就可以完成，对用户面没有任何的不良影响。另外一个好处是，如果这个 UE 慢慢移出了这个 SgNB 的覆盖范围，网络可以再把承载类型改回到 SCG Terminated MCG 承载，从而避免 SgNB 上的无线链路产生失败。这种承载的改变会释放一个 SCG RLC 承载，从而导致 PDCP 的恢复过程。

上述承载类型的介绍是从网络的角度来描述的。对 UE 来说，如果所有的承载类型也都需要区别的话，那么承载本身的配置方式以及这些承载相互之间的转换会导致非常庞杂的 UE 行为描述。为了减少 UE 的复杂度，3GPP 在制定规范的时候做了一些优化，就是把 PDCP 实体在网络上的实际位置对 UE 隐藏起来。换句话说，UE 不用关心 PDCP 实体是在 MeNB，还是在 SgNB。这样做直接减少了承载的类型，对 UE 来说一共有 3 种无线承载类型。

● MCG 承载，即配置了 MCG RLC 承载的承载；

● SCG 承载，即配置了 SCG RLC 承载的承载；

● 负载分割，即同时配置了 MCG RLC 承载和 SCG RLC 承载的承载。

MCG Terminated 承载的 PDCP 协议栈一开始的时候也有人提议采用 LTE PDCP。这种做法需要对 LTE PDCP 协议规范进行修改以适配到 5G 的这些承载类型上。终端厂商反对这种做法，因为对于他们来说 LTE 的芯片的升级需要额外的时间和成本。在采纳 NR PDCP 作为所有这些新的承载类型的 PDCP 协议以后，至少从 UE 的角度来看，两种负载分割除了安全秘钥之外已经没有什么区别。把两种负载分割合并成一种承载类型，除了前面提到的减少标准协议的复杂度以外，另外一个好处是 UE 可以选择的承载类型变少了。一般来说，终端可选的技术特征越少，那么市场上不同区域的 UE 的类型也会跟着减少。这可以帮助减少 UE 厂家的商业成本，提高 UE 在全球漫游的性能。

为了达到这个目的，在信令结构设计的时候采用了以下的方法。

● 无线承载的配置分成两个部分，和 PDCP 相关的部分（RadioBearerConfig）以及和 PDCP 无关的部分（CellGroupConfig）。

● MCG Terminated 承载的 RadioBearerConfig 由 MeNB 自己产生，但是和 SCG

Terminated 承载的 RadioBearerConfig 一起以相同的方式发送给 UE。

● 在 RadioBearerConfig 中指明到底采用的是 KeNB 还是 S-KgNB。

从采用的安全秘钥来看，UE 实际上还是可以看出哪个是 MCG Terminated 承载，哪个是 SCG Terminated 承载，因为在网络侧 MeNB 上的无线承载会使用 KeNB，而 SgNB 上的无线承载会使用 S-KgNB。不过这种安全秘钥上的区别并不妨碍 UE 把两个负载分割看成一种，因为从 KeNB 转换到 SgNB 只需要额外的一个参数 sk-counter，从 UE 实现的复杂度来说差别已经不大，从而达到了减少 UE 种类的目的。

在 EN-DC 中，MeNB 在无线承载的配置上起主导作用。这主要体现在承载的类型和承载的关键参数 DRB ID 在承载建立的时候是由 MeNB 来决定的。MeNB 和 SgNB 都可以触发承载类型转换的流程。在 X2 接口上有一个参数称为"EN-DC 资源配置"，这个参数规定了某个承载是否在 SgNB 上有 PDCP 实体，是否配置 MCG RLC 承载和 SCG RLC 承载或者两个都配置，通过这种方式，承载的类型就确定了。另外某个承载的 DRB ID 由 MeNB 指定了以后，在该承载的存活期间就不再改变。上文提到 DRB ID 是 X2 接口和 Uu 接口针对某个承载的配置参数的锚点。其实 DRB ID 也是 Uu 接口上 PDCP 配置和逻辑信道之间的锚点。

无线承载的建立或者转换，在控制面上包括三个部分。

● MeNB 和 SgNB 之间在 X2 接口上的协调；

● 根据协调的结果，MeNB 和 SgNB 对无线参数配置进行修改。结果是，或者改变了 PDCP 所在的网元，或者改变了逻辑信道的网元和个数等；

● 这些更新以后的信元通过 LTE 的 RRC 重配置消息发送给 UE。

举例说明，假如 MeNB 决定要配置一个 MCG Terminated 负载分割，MeNB 首先确定一个 DRB ID，并且在 X2 接口上的"EN-DC 资源配置"信元中通知 SgNB 这个承载在 SgNB 上没有 PDCP 实体，但是有 SCG RLC 承载的。SgNB 会产生 SCG RLC 承载的逻辑信道配置。MeNB 收到这个 SgNB 的反馈之后，把自己产生的 NR PDCP 的配置参数以及 LTE 的逻辑信道配置参数组合在一个 LTE 的 RRC 重配置消息中发送给 UE。这三个信元通过 DRB ID 关联在一起，所以 UE 可以知道配置给它的是一个 MCG Terminated 负载分割。

无线承载转换的时候会涉及用户面的操作。表 8.9 给出无线承载转换涉及的一些技术术语的具体含义。

表 8.9　无线承载转换涉及的一些技术术语的具体含义

操作类型	PDCP 操作	RLC 操作	MAC 操作
重建* （RE-ESTABLISHMENT）	发送者：更新安全密钥，保持 PDCP 序号，发送或者重发 PDCP SDU 接收者：先处理从 LTE RLC 层递送的 PDCP PDU，然后更新安全秘钥，保持 PDCP 序号	NR RLC：清空缓存，停止定时器 LTE RLC：组装已经收到的 RLC PDU，递送给 PDCP，然后清空缓存，停止定时器	N/A
恢复*（RECOVERY）	发送者：根据 PDCP 状态上报重发丢失的 PDCP PDU 接收者：触发 PDCP 状态上报	N/A	N/A
释放（RELEASE）	PDCP 实体重新初始化后释放	RLC 实体重新初始化后释放	N/A
复位（RESET）	N/A	N/A	MAC 实体重新初始化

*重建和恢复都是以 RLC AM 模式的无线承载来说明的。RLC UM 模式下，PDCP 和 RLC 实体会直接初始化。

　　承载变化的类型和可采用的 RRC 流程进行组合是非常复杂的。要在协议中描述清楚每种组合下 UE 的行为，会导致非常庞杂的协议标准描写。在协议 37.340[1] 的表格中对各种可行出现的变化（从 UE 的角度）有一个指导性的总结。为了降低 UE 行为的复杂度，对任何承载类型的变化，NR RRC 信令中都显式注明了 PDCP 层的变化（重建或者恢复）、RLC 层的变化（重建）和 MAC 层的变化（复位），也就是说，把承载类型变化的复杂度留给了网络。在本节中，对一些原则性的内容进行探讨。

　　对于 PDCP 层来说，如果因为某种原因，安全秘钥需要更新，那么 PDCP 层必须重建。PDCP 层的秘钥需要更新的原因很多，切换和 SCG 更换流程都会导致 PDCP 秘钥的更新。另外 PDCP 实体在 MeNB 和 SgNB 之间发生转移的时候，也会发生秘钥更新。在安全秘钥没有发生更新，但是和该 PDCP 实体对应的 RLC 实体发生了重建或者释放的时候，PDCP 层应该触发 PDCP 恢复流程。这是因为 RLC 实体内总是会有部分 RLC PDU 或者 RLC PDU 分割，RLC 重建或者释放意味着这些数据包会丢失。在 RLC 实体是 LTE RLC 实体的时候，这个问题可能会比较严重，因为 LTE RLC 实体具备重排序的功能，在缓存中可能有不少等待排序的 RLC PDU。

　　对于 RLC 层来说，如果 PDCP 层发生了重建，并且 RLC 实体并没有更换网元节点，那么 RLC 实体是需要重建的。如果 RLC 实体更换了网元节点，比如从 MCG RLC 承载变成 SCG RLC 承载，那么在 MeNB 上的 RLC 实体需要首先进行重建再删除，然后在 SgNB

上建立新的 RLC 实体。

MAC 层的变化和上面的 RLC 层和 PDCP 层之间不一定有非常强的关联关系。在切换或者 SCG 更换的时候，因为整个 MAC 实体都会受到影响，毫无疑问 MAC 实体是需要复位的。如果只是某个逻辑信道发生了变化，那么 MAC 实体不一定需要复位。

● 如果在 MAC 实体中增加了一个逻辑信道，那么需要重新配置 MAC 实体；

● 如果在 MAC 实体中删除了一个逻辑信道，那么需要重新配置 MAC 实体；

● 如果在 MAC 实体中的与某个逻辑信道相关联的 PDCP 实体的安全秘钥发生了变化，那么可能需要复位 MAC 实体或者更换这个逻辑信道的 LCID。

对于第三种情况，假设某个 UE 有两个 MCG 承载，其中一个 MCG 承载需要转换成 SCG Terminated 负载分割（称为 DRB A），注意这种承载变化会保留 MCG 上的逻辑信道，而 PDCP 的秘钥会发生变化。在承载类型没有发生变化之前，在 MCG MAC 的 MAC PDU 中会包含这两个 MCG 承载的 MAC SDU。当承载发生变化的时候，如果 MCG MAC 实体不进行复位，那么在 MCG MAC 中会保留部分 DRB A "旧" 的 MAC SDU。这些旧的 MAC SDU 中包含的 PDCP PDU 是采用旧的安全秘钥进行了加密。当 UE 收到这些旧的 PDCP PDU 以后，如果采用新的安全秘钥进行解密，那么 UE 就得到了一些 "脏" 的数据，并且更新 PDCP 重排序中有关序号的状态，以至于 "干净" 的 PDCP PDU 到来的时候会被丢弃。当然如果这个无线承载采用了完整性保护的话，那么这些 "脏" 数据就会因为无法通过完整性保护而被丢弃，但这也浪费了无线接口的资源。

为了避免接收到 "脏" 的数据，一个办法是复位 MAC 实体。但是复位 MAC 实体会伤及无辜。比如上面这个例子中没有发生承载类型变化的那个 MAC 承载的 MAC SDU 也会被丢弃掉。另外一个办法是在发生承载变化的时候，把留下来的那个逻辑信道的 LCID 改成另外一个配置。这样当 UE 收到 "脏" 的数据的时候，这些数据因为没有对应的 RLC 实体，而被 UE 丢弃掉。

（2）UE 能力协调

对于 UE 来说，支持标准规范中所定义的所有技术特征，是没有必要的，这是因为并不是所有的技术特征都是 "必需"（Mandatory）的。3GPP 的标准协议中存在大量的不是必需的技术特征，而且从技术上来说也不一定就是最佳的解决方案。这是因为 3GPP 中技术力量旗鼓相当的公司比较多，针对某个技术问题最后标准化的方案往往是相互妥协的结果，或者会产生不止一个标准化的解决方案。

在 5G 系统需要商用化的时候，UE 厂商为了尽快把产品推出市场，就会倾向于把商用化的技术特征在保证功能和性能的前提下最小化。而运营商则相对比较"求全"，会倾向于最大化。这种经典的"拉锯战"一般发生在系统标准化的收尾阶段，并且体现在 UE 能力（UE Capability）的信令设计中。

UE 能力的信令技术特征的属性有两层含义。如果某个技术特征是必需的，那么 UE 能力中的信令表示的是这个技术特征是否通过了网络和 UE 的互操作（IOT）测试。如果某个技术特征是"可选"的（Optional），那么信令表达的含义是 UE 对其是否支持（包含通过测试）。对于网络来说两者表达的结果是一样的，但是对于 UE 厂商来说完全不一样。这是因为在商业上，运营商更有理由去推动"必需"技术特征的商用化。

UE 能力中技术特征的另外一个维度是这个特征的适用范围。一个 UE 在配置了 EN-DC 之后会同时工作在 LTE 和 NR 系统中，为此 UE 一共会上报 3 部分的 UE 能力。

● LTE UE 能力，包含了 LTE 系统的 UE 能力。（标准 36.331[14]）

● NR UE 能力，包含了 NR 系统的 UE 能力。（标准 38.331[13]）

● MRDC UE 能力，包含了 LTE-NR 双连接的频段组合。（标准 38.331[13]）

UE 能力中配置参数的一个属性是"粒度"，也就是这个参数的适用范围。在 MRDC 和 NR UE 能力中一共有以下几种粒度。

● Per UE。

● Per Band（per BandCombination 的特殊情况，即 BandCombination 中的 band 个数是 1）。

● Per BandCombination。

● Per Band per BandCombination。

● Per CC per Band per BandCombination。

所有的能力参数中除了射频相关的 RF-Parameter 以及和基带能力相关的 FeatureSet 之外，其他的参数都是以 UE 为粒度进行设置。射频能力参数和基带参数相互之间有一定的约束关系。这主要是因为 UE 内基于 LTE 的通信模块和基于 NR 的通信模块之间一般情况下不会完全独立，有一些硬件和射频器件会在两个通信模块之间共享，从而节约 UE 的成本。而共享的后果是在 EN-DC 架构下，需要进行一定协调来避免 LTE 和 NR 所使用的硬件/射频资源超出 UE 总体能力，否则 UE 无法正常工作。这些约束关系如图 8.43 所示。

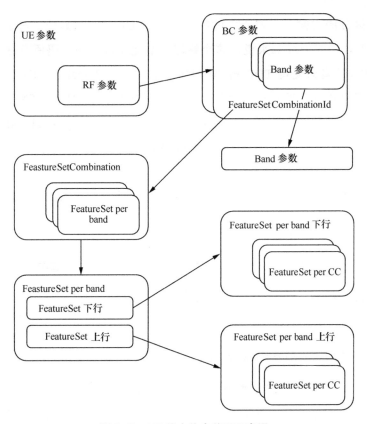

图 8.43　UE 能力约束关系示意图

　　RF-Parameter 中包含了一系列的 BandCombination。每个 BandCombination 中除了包含和这个组合相关的参数之外，还包含了每个 Band 的相关参数和一个指向 FeatureSetCombination 的索引。这个索引把这个 BandCombination 和某个 FeatureSetCombination 联系在一起。一个 FeatureSetCombination 中包含了每个 Band 的上下行基带能力以及这个 Band 中 CC 特定的的基带能力。

　　那些 per UE 的 UE 能力参数的另外一个比较重要的属性是在 TDD 和 FDD，以及 FR1 和 FR2 之间进行区分（FR1 是指低于 6GHz 频谱，FR2 是指高于 26GHz 频谱）。在这个维度上所有的参数都可以通过图 8.44 来表示。如果参数只用于 FDD 模式或者只用于 TDD 模式，那么这个参数就归属于图中"FDD 参数"或者"TDD 参数"集合。如果某个参数在两种模式下都会使用到，但是在 FDD 和 TDD 模式下需要配置不同的值，那么这个参数也归属于不同的参数集合。只有某个参数在两种模式下都会使用到，并且不需要在两种模式下进行区分的时候，归属于中间的"TDD&FDD"参数集合。对于能够同时支持 FDD 和 TDD 两种模式的终端来说，这个终端需要能够接收和解码所有 3 个参数集合。对于只支持 FDD 或者只支持 TDD 模式的 UE 来说，除了"TDD&FDD"参数集合之外，只需要接收与解码和自己模式对应的参数集合就可以了。在 RRC ASN.1 中，实际上 3 个参数集合采用了相同的数据结构，但是对参数做了可选（Optional）处理，使得最后逻辑上可以得到 3 个集合。参数的 FDD 和 TDD 模式的属性在 NR 协议 38.306[20]中有详细的标注。

对于 FR1 和 FR2，道理上是一样的，如图 8.45 所示，这里就不再赘述。

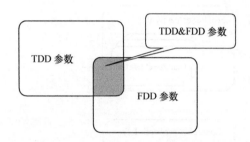

图 8.44　UE 能力中 TDD 与 FDD 参数关系示意图　　　图 8.45　UE 能力中 FR1 与 FR2 参数关系示意图

MeNB 和 SgNB 需要在 RF 参数和基带参数之间进行协调，防止两个网元配置的无线参数超出 UE 总的能力。在上述 UE 能力参数架构下，这个过程其实挺简单，一般按照以下几个步骤来完成。

● LTE 根据 LTE UE 能力和本身业务的需要，选择某个频段上的载波进行载波聚合。

● LTE 载波聚合的方式，使得 MeNB 能够根据 MRDC 的 UE 能力来确认可以应用的 LTE-NR BandCombination 是哪些。

● 这些 LTE-NR BandCombination 列表包含在 X2 接口上的 RRC 容器中发送给 SgNB，使得 SgNB 能够从这些有限的集合中选择 NR 的某些频段进行载波聚合的配置，并且受到所选择的 LTE-NR BandCombination 中所关联的基带能力的限制。

除了 UE 处理能力之外，还有如下内容需要协调。

● UE AMBR。

● DRX。

● 测量间隔，SgNB 上最大测量频率数和最大测量任务数。

● FR1 的最大发射功率。

UE AMBR 表示的是某个 UE 所有 non-GBR（非保证速率）无线承载所不能超越的最大速率。在 EN-DC 架构中在 MeNB 上和 SgNB 上都可能配置 non-GBR 无线承载。为了避免 MeNB 和 SgNB 之间频繁地进行信息交互，把 UE AMBR 在 MeNB 和 SgNB 之间进行了静态的分割。因为这是调度器所需要的 QoS 参数，所以出现在了 X2 接口信令，而不是 X2 接口的 RRC 容器中。

DRX 是 MAC 实体为了省电而引入的机制。在 EN-DC 中每个 MAC 实体的 DRX 配置是相互独立的。尽管如此，在 MeNB 和 SgNB 之间交换 DRX 配置信息，尽可能在两个 MAC 实体保持一致的步调有利于 UE 总体的省电效果。

UE 在 FR1 上需要共享功率，规定了 LTE 和 NR 在 FR1 上的最大发射功率就是为了避免 UE 在 FR1 上总的发射功率超出 UE 的能力。当 UE 支持 LTE 和 NR 之间的动态功率共享方式的时候，LTE 和 NR 载波之间可以通过某种方式互相"借用"功率以达到最佳功率分配。在这种情况下给 LTE 和 NR 所配置的最大发射功率的总和可能会超过 UE 总的发射功率，但是动态功率共享机制本身可以确保在每个时刻 UE 实际的发射功率不会超出 UE 总的发射功率。

（3）移动性管理

SgNB 配置测量任务的目的是为了实现 SgNB 之间或者 SgNB 内部的移动性管理。所以 SgNB 的测量对象肯定是 NR 频点，也就是说只有系统内 RAT 测量。MeNB 配置测量任务的目的主要是为了实现系统内 RAT 测量，SgNB 增加和更换以及系统间 RAT 切换。这样 MeNB 的测量对象中也会包括 NR 频点。在增加了 SgNB 以后，SgNB 上可以测量的 NR 频点的最大个数受 MeNB 限制，而且 MeNB 和 SgNB 配置的测量任务中测量对象可以是相同的 NR 频点。为了不增加 UE 的负担，在这种情况下要求 MeNB 和 SgNB 的测量任务不需要 UE 做出重复的测量行为，换句话说对于 UE 来说两者的测量行为是一致，这主要是体现在测量量上。在标准上，根据测量上报配置内容做出不同测量结果的上报过程是被允许的。

在控制 UE 测量行为上，有一个关键参数称为 s-measure。对于 MeNB 和 SgNB 来说这个参数可以被用来控制系统内 RAT 的测量行为，但是对于 MeNB 侧的系统间 RAT 测量任务无效，也就是说即使 PCell 足够好，UE 还是需要继续测量 NR 频点。这也很容易理解，因为增加或者更换 SgNB 和 UE 是否继续在 MeNB 上工作没有什么关系，而是取决于业务需要。

MeNB 上测量任务的上报是通过 SRB1 按照 LTE 的 RRC 信令格式上报给 MeNB。假如测量结果与 SgNB 有关，比如在初始增加 SgNB 的时候，那么 MeNB 需要把有关测量结果重新编码成 NR 的 RRC 信令格式，然后前转到 SgNB 上，这样 SgNB 在确定服务小区的时候有更多的信息。假如有 SRB3 的话，SgNB 上的测量结果优先通过 SRB3 上报。在没有 SRB3 的时候，这些测量结果会通过 SRB1 上报给 MeNB，然后 MeNB 再前转给 SgNB。在发生 SgNB 更换的时候，源 SgNB 可以通过 MeNB 把相关的测量结果前转给目标 SgNB。

MeNB 和 SgNB 在测量间隔上也需要一定的协调。UE 在 MRDC UE 能力中会告诉 MeNB 自己是否支持 per FR1 的测量间隔的配置。如果支持的话，UE 在测量 FR1 和 FR2 频点的时候可以采用独立的测量间隔，否则的话 UE 服从统一的 FR1 的测量间隔。LTE 系统目前所用的频点都在 FR1 范围的，而 NR 系统可能会配置 FR1 和 FR2 频点。在 X2 接口的 RRC 容器中 MeNB 不但会告诉 SgNB 自己所测量的 NR 频点，而且也会把配置的 FR1 的测量间隔通知 SgNB，并且根据 UE 的能力设定这个测量间隔是 per UE，还是 per FR1。如果是 per FR1 的话，那么 SgNB 可以独立配置 FR2 的测量间隔，否则就采用相同的由 MeNB 配置的 FR1 测量间隔。

除了测量间隔外，MeNB 还会把当前所配置的频率表也通过 RRC 容器告诉 SgNB。加上 MeNB 给 SgNB 所限制的最大测量频率的个数和最大测量任务个数，SgNB 就能够决定自己应该怎么配置测量任务。

（4）安全

SgNB 只能在 MeNB 安全激活之后才能配置给 UE。在 MeNB 上使用原来 LTE 的安全秘钥，即 KeNB，在 SgNB 上采用的秘钥称为 S-KgNB。S-KgNB 是在 KeNB 的基础上推导出来的。在 KeNB 的基础上，UE 需要知道一个额外的参数称为 sk-counter。这个参数是由 MeNB 通过 LTE RRC 信令通知给 UE 的。在 X2 接口信令中 MeNB 直接把生成以后的 S-KgNB 告诉 SgNB。另外在 X2 接口的信令中 MeNB 还会把和 NR 相同的安全能力参数前转给 SgNB。这些 NR 安全能力参数是通过 S1 接口从 EPC 得到的，因为 UE 的安全能力一般都是在 NAS 信令中先报给 EPC 的。在 R15 版本中 NR 系统支持的 AS 层的加密算法和 LTE 系统是一样的，不过过了将来的可扩展性，在 NR RRC 信令中采用了独立的信令编码。

NR 的加密算法适用于所有配置了 NR PDCP 的 SRB 和 DRB。算法和秘钥的使用范围如图 8.46 所示。在某些承载的变化过程中，如果 PDCP 实体在承载转换前后并没有发生位置上的变化，那么安全秘钥也就不要发生变化。比如，SCG Terminated 负载分割转换成 SCG Terminated SCG 承载，在这种情况下只要把 MCG RLC 承载进行重建和释放就可以了。PDCP 实体需要做一个 PDCP 恢复的处理，但是并不需要进行秘钥的更新，也就不需要对 PDCP 实体进行重建的操作。

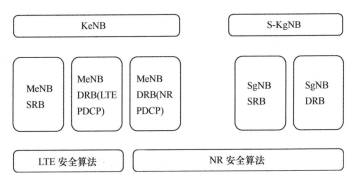

图 8.46 算法和秘钥的使用范围示意图

（5）单上行发送

对于支持 EN-DC 的 UE 来说，即使配置了 EN-DC，在有些情况下也无法同时在 MeNB 和 SgNB 上发送或者接收数据，这是 LTE 频谱和 NR 频谱之间的互调分量或者谐波造成的。举例说明，假设有两个频率 $F1$ 和 $F2$，$F1$ 和 $F2$ 的互调分量是指两者的线性组合以后的结果，即 $a*F1+b*F2$。a 和 b 绝对值的和称为互调的阶数。比如 a 等于 1，b 等于 2，那么结果变为 $F1+2F2$，称为三阶互调。LTE 频率 1.8GHz 和 3.5GHz 的二阶互调就在 1.8GHz 附近。如果 UE 同时在 1.8GHz 的 MeNB 和 3.5GHz 的 SgNB 上发送数据的时候，两者的二阶互调分量就可能落在 1.8GHz 的下行频段上。因为互调在 UE 内部产生所以很容易泄漏到 1.8GHz 下行的接收天线内，从而对 1.8GHz 的接收造成强烈的干扰，这会使得 1.8GHz 的上行和下行都无法正常工作。

频率 $F1$ 的 n 次谐波可以写成 $n*F1$。1.8GHz 的二次谐波就在 3.5GHz 的附近。当终端在 1.8GHz 上发送信号的时候，产生的两次谐波同样很容易进入到 3.5GHz 接收天线上，从而阻塞了 3.5GHz 下行信号的接收。除了 1.8GHz 和 3.5GHz 之外，其他 LTE 和 NR 之间的某些频谱组合可能也会有类似的问题，在这里就不一一介绍。

要消除这种 UE 内部的干扰，基本上可以采用以下几种思路。

● FDM 调度。

● TDM 调度。

● UE 制造工艺改进。

UE 制造工艺的改进无法完全避免这种情况的发生，而且那样会导致 UE 的成本大大增加，这也是 UE 制造商倾向于一个标准化的解决方案的原因。某个 UE 在被调度的时候是很少能够在一个载波的全带宽上进行调度，也就是说具体到某个 UE 的时候，每次被调度的 PRB 所在的频率带宽是有限的。对某个 UE 来说，即使配置的 MeNB 和 SgNB 整体上存在着上述互调或者谐波的问题，实际调度的 LTE PRB 和 NR PRB 之间也很可能并不存在协调或者谐波的问题。但是要做到这一点，必须要求 MeNB 和 SgNB 在物理上共站址，而且要求两个调度器之间的协同。对于一个网络设备商来说，FDM 的调度算法在技术上是可以实现的。

但是当 MeNB 与 SgNB 物理上不在一个站址的时候，调度器之间通过 X2 接口进行毫秒级别或者更短时间内的协同在目前的传输技术条件下是一种不现实的愿望，所以必须采用一种半静态的协同方式来帮助 UE。

在 X2 接口上的这种协同 MeNB 和 SgNB 之间的信令实际上同时包括了时域和频域的资源协调。信令定义的初衷是为了给网络提供足够的协同自由度，在实际应用中，时域的协调看起来更加实际。如果采用纯粹 TDM 的方式，那么 X2 接口上的信令表达的是在 LTE 的载波上，哪些上行时隙是预留给 NR 系统的。

在 Uu 接口上，对 LTE FDD 载波的 HARQ 时序做了适当的限制，但是没有对 NR 的 HARQ 时序做任何调整，因为 NR 的 HARQ 时序的自由度足够大，足够应付时域上的限制。LTE FDD 的 HARQ 时序是固定的，而且上行和下行之间有关联关系。

图 8.47 给出一个 FDD 反馈调整示例，如果上行的时隙 $n+4$ 是预留给 NR 系统调度的话，那么这个时隙上 UE 也无法应答 LTE 载波下行时隙 n 上的 PDSCH 的传输，从而间接地影响了下行时隙 n 的使用。标准协议把在 TDD 和 FDD 载波聚合条件下，TDD 作为主载波时候的 TDD HARQ 时序引入到 FDD 的载波上，使得终端在一个上行时隙中反馈多个 ACK/NACK，从而避免图 8.47 中所说的时序问题。并且为了让不同的 UE 在时域上能够相互错开从而达到更好的复用效果，在 TDD HARQ 时序上每个 UE 还可以叠加一个固定的偏移。

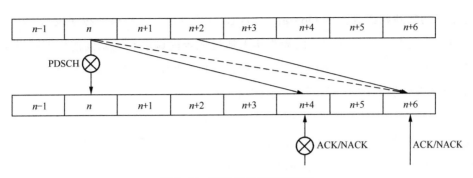

图 8.47　FDD 反馈调整示意图

8.2.3　Option7：连接到 5GC 的非独立工作架构

Option7 可以看成是连接到 5GC 的 eNB（称为 ng-eNB）和 gNB 构成的双连接架构，如图 8.48 所示。因为 eNB 连接到 5GC，所以所有 Option5 中所涉及的对 LTE 协议的修改，都适用于 Option7。此外，Option7 对于 LTE 和 NR 无线接口的影响与 Option3 相比也没有什么本质差别，所以可以认为 Option7 其实是一个 Option3 和 Option5 在逻辑上的叠加。只不过因为 eLTE 和 NR 一样采用了基于 QoS 流的 QoS 架构，所以在 ng-eNB 和 gNB 之间的接口需要更新为 Xn 接口。Xn 接口和 X2 接口相比较，最本质的差别在于与 QoS 相关的流程的更新。Xn 接口上的用户面控制过程在 8.3.3 节有详细介绍。

ng-eNB 和 gNB 都连接到 5GC，所以都服从 5G 里面的 QoS 架构。网络需要面临怎么在 MN 和 SN 之间分配 PDU 会话，QoS 流，包括移动性管理过程（包括切换和更换 SCG）中 QoS 流到 DRB 的重新映射、数据前传 GTP-U 通道的设置和路径切换等问题。假如在切换或者更换 SCG 的过程中，QoS 流到 DRB 的映射关系不发生改变的话，那么数据操作可以以 DRB 为粒度进行，包括用户面的重建，Xn 接口上数据前转的 GTP-U 通道的设置。如果 QoS 流到 DRB 的映射发生了变化，就可能会导致乱序和丢包的现象，其中的原因在

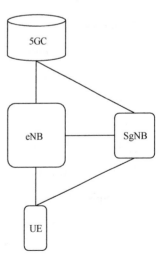

图 8.48　Option7 架构图

8.2.1 节第 6 部分有详细的介绍。对于切换或者 SCG 更换过程，在原来的 DRB 上发送结

束符可以帮助基站判断收到的 QoS 流上 SDAP 包的顺序，从而保证按序投递。在下行方向上，规范并没有明确的规定，因为事实上通过适当的调度和基站间的协调可以避免乱序或者丢包现象的发生。在 Xn 接口上，对于发生了重新映射的 QoS 流会建立一个公共的 PDU 会话级别的 GTP-U 通道而不是 DRB 级别的 GTP-U 通道。

一般来说一个 PDU 会话中的 QoS 流可以映射到一个节点上，但也允许映射到两个节点上。如果映射到了两个节点，那么就需要在 NG 接口建立两个 PDU 会话的 GTP-U 通道。在发生切换或者更换 SCG 的时候，如果 PDU 会话中的 QoS 流都映射到了同一个节点上，那么又会只建立一个 GTP-U 通道。这些过程需要体现在路径切换（Path Switch）的过程中。

8.2.4　Option4：基于 Option2 的双连接架构

Option4 可以看成是 Option7 的镜像架构，即主节点是 gNB，而辅节点是 ng-eNB。在没有配置 ng-eNB 的时候，实际上这就是一个 Option2 的独立架构。所以 Option4 是基于 Option2 的双连接架构，如图 8.49 所示。描述 Option2 的 8.2.1 节的内容也同样适用于 Option4。

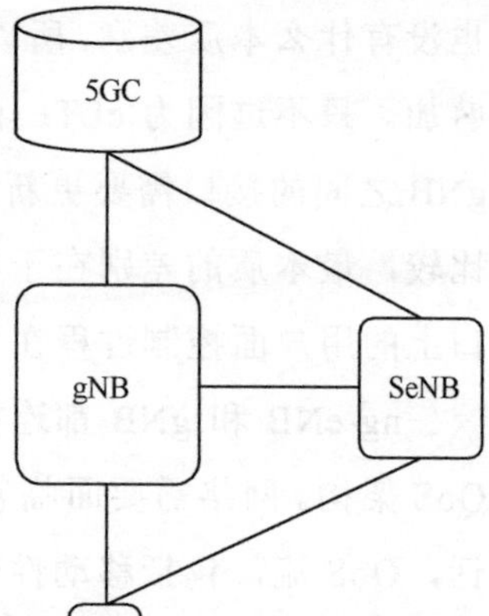

在 8.2.3 节中列出来的 Option7 新增的和双连接相关的问题在 Option4 中同样也存在，而且解决方案和 Option7 也比较类似。当然在 Option4 中的 eLTE 的基站和 Option5 中的 eLTE 基站还是有很大的差别，在控制面上几乎不需要做什么升级，因为需要更新的主要是用户面的协议栈。

在这个架构中辅节点是 ng-eNB，需要重新考虑是否在 ng-eNB 上建立 SRB3 以及是否需要支持 SRB1 和 SRB2 的负载切割。在 Option3 中，在 SgNB 上建立 SRB3 的目的是为了加快 SgNB 和 UE 之间信令的交换速度，而且很大程度上也因为 SgNB 的移动性管理相对比较独立，特别是当 SgNB 采用了高频以后。在 Option4 中，不再配置 SRB3。一方面是因为 SRB3 可以被认为是一种优化措施，所以没有 SRB3 可以减少对 LTE 系统协议规范的修改；另一方面，对于 LTE 载波的测量可以同时用于系统间 RAT 切换和 SCG 更换的目的，由 MgNB 来统一管理反而更加方便。

图 8.49　Option4 的架构图

可以预见，gNB 上需要配置为了实现 SeNB 更换目的的 LTE 系统内 RAT 测量任务。这些测量任务和为了系统间 RAT 切换目的的测量任务之间主要的差别在于比较对象的不同，所以触发的事件和相关的测量配置是不尽相同的。

8.2.5 Option5: 连接到 5GC 的 eLTE

在 5G 中把演进以后的 eNB 连接到 5GC 的主要动机来自于运营商的网络演进策略。在开始投资 5G 网络的时候，比较保守的运营商会采取步步为营的方式。通常第一步会在原有的 LTE 网络中配置 gNB，采用的是 EN-DC 架构，即 Option3。为了更快适应市场的需求，引入 5GC 就会是下一步的考虑。有了 5GC 之后，升级 eNB 使之能够连接到 5GC，这就产生了对 Option5 的需求。

从协议栈的角度来看，Option5 的解决方案就是把 NR 的 NAS 层覆盖在了 LTE 的 AS 层。不同的节点看到的效果如图 8.50 所示。从 5GC 的角度来看，其实无法区分出所连接的基站和 UE 的具体类型。从 eNB 的角度来看，因为需要适配 NG 接口，所以引入一些 NR 系统中的新的技术特征，比如支持网络切片，基于 QoS 流的 QoS 架构等。这些技术特征会影响到 LTE Uu 接口，也就是说 UE 也需要支持所有这些技术特征。在 AS 层的用户面上最大的改

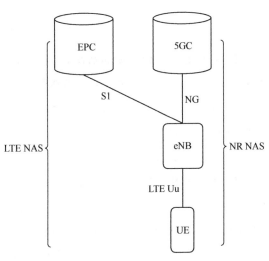

图 8.50 Option5 的架构图

进是引入了 NR PDCP 作为控制面和用户面的协议栈，这使得 SRB1 和 SRB2 的 RRC 分集的功能，以及 PDCP 的重复机制也顺带引入，增强了 AS 层的功能和性能。

此时控制面和用户面的协议栈如图 8.51 和图 8.52 所示。用户面协议栈中 SDAP 和 NR PDCP 完全复用了 NR 系统的协议栈，不过 PDCP 层不支持 DRB 的完整性保护。RLC、MAC 和 PHY 层协议重用了 LTE 的协议栈，以下重点讲的是对于 LTE 控制面的一些修改。

当一个 eNB 连接到 5GC 的时候，可能会出现如下两种情况。

● 情况 1：eNB 同时连接到 EPC 和 5GC。

● 情况 2：eNB 只连接到 5GC。

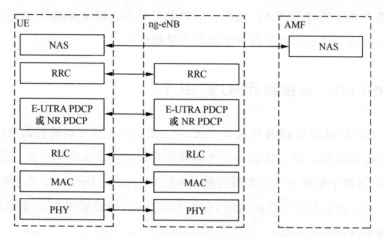

图 8.51　Option5 控制面协议栈示意图

情况 1 是一种最常见的情况，因为网络中总是存在着只能接到 EPC 的 UE。让一个基站同时服务两种类型的 UE，当然是成本最低，频谱效率最高的一种做法。情况 2 是新建的 eNB 采用了新的频谱。这种情况出现的概率比较低。从 UE 的角度来说，这两种情况下看到的网络如表 8.10 所示。

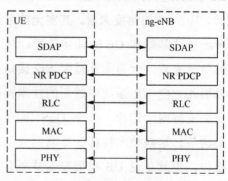

标准在 SIB1 中新增了 5G 网络中才定义的 NAS 信息，包括 5G PLMN 列表和 5G TAI。新的 UE（也就是同时支持 EPC 和 5GC 的 UE）能够识别这些新的信息，而且一般情况下这些新的 UE 总是接入到 5GC 中。

图 8.52　Option5 用户面时延示意图

表 8.10　从 UE 角度看 eNB 连接到 5GC 时可能出现的两种情况

	情况 1	情况 2
旧的 UE	普通的 LTE 小区	无法驻留的 LTE 小区
新的 UE	连接到 5GC 的 LTE 小区	连接到 5GC 的 LTE 小区

当 UE 在空闲状态下执行 PLMN 选择的时候，AS 层在读取了 PLMN 以后会把这个 PLMN 对应的核心网类型和 PLMN 一起通知 NAS 层。NAS 层在做 PLMN 选择的时候会

同时考虑核心网类型的参数。

在选择了 5GC 核心网以后，如果 UE 需要发起 RRC 连接的话，首先要执行接入控制过程。接入控制过程重用了 NR 系统中的"统一接入控制"（UAC）机制，这在很大程度上是因为 UE 连接到 5GC 以后，NAS 层重用了 NR 系统的 NAS 层，所以采用 UAC 也就不奇怪了。为此 LTE 中增加了一个新的系统消息，专门用来广播 UAC 相关的参数。

在通过了 UAC 之后，UE 就可以开始发起 RRC 连接控制过程，包括 RRC 建立、重建、恢复和释放过程。之所以还有恢复过程，是因为通过 eLTE 连接到 5GC 的 UE 也支持 RRC 非激活状态。UE 在 RRC 非激活状态的行为，以及 RRC 非激活状态和其他 RRC 状态之间的转换过程与 NR 系统基本类似，这里就不作详细介绍了。

RRC 连接控制过程中，对于情况 1 下需要完成一个核心网路由的问题，新的 UE 重用了 LTE 中的 RRC 连接请求和 RRC 连接建立的消息，所以在这对消息的握手过程中，基站是无法知道 UE 选择的核心网的类型。在 RRC 连接建立完成的消息中，UE 会告诉 eNB 它想连接到 5GC，并且把注册的 AMF 和网络切片信息也包含在这个消息中。通过这种方式，eNB 就可以知道 UE 想要连接的核心网的类型，并且根据这些信息进行正确的路由。在这个 RRC 连接建立的过程中，有两个方面的内容和 LTE 的 RRC 建立过程有很大的不同：一个是 UE ID 的处理；一个是 PDCP 协议栈的选择。

连接到 5GC 的 UE 被分配的 NAS 层的 UE ID 称为 5G-S-TMSI。这个 UE ID 的长度是 48 比特。而 RRC 连接请求消息中为了解决冲突而设置的 UE ID 的长度是 40 比特。为了不修改原来的 RRC 消息，UE 填充的是 40 比特的最低有效位（LSB，Least Significant Bit）。而 8 个最高有效位（MSB，Most Significant Bit）就只能包含在了连接建立完成的消息中了。在寻呼的时候使用到的 UE ID 也是这个 5G-S-TMSI 的低 40 比特的部分，这个 40 比特在协议中称为 ng-5G-S-TMSI。

在 SRB1 的建立过程中，eNB 是不知道当前的 UE 的能力和想要连接的核心网，所以只能把 SRB1 建立在 LTE PDCP 的协议栈上。在收到 RRC 连接建立完成的消息以后，eNB 就知道了这是个新的 UE。在这个时候 UE 和 eNB 可以同时把 PDCP 的协议栈从 LTE PDCP 协议栈转换到 NR PDCP 协议栈。这是因为建立在 NR PDCP 上的 SRB1 以及后续的 SRB2 在功能和性能上都要优于 LTE PDCP，比如可以通过把 SRB1 配置成负载分割来实现 RRC 分集的功能。在 RRC 重建和 RRC 恢复的过程中，控制面的 PDCP 直接应用了 NR PDCP，这是因为在第一个 CCCH 消息中的 UE ID 和短 MAC-I 可以让网络找到这个 UE 对应的上下文，然后重建或者恢复这个 UE 的上下文。只有当 UE 发起的恢复过程失败，而 eNB 发送 RRC 连接建立消息的时候，PDCP 才会出现从 LTE PDCP 转换到 NR PDCP 的过程，其中转换点和 RRC 连接建立的过程是一样的。

移动性方面，在 RRC 连接状态系统支持跨核心网（EPC<->5GC）的 LTE 之间的切换，系统内（5GC）的 LTE 之间和 LTE 与 NR 之间的系统间 RAT 切换。因为 5GC 和 3G/2G 的核心网在 R15 的版本中没有接口，所以所有需要通过核心网交互的 5G 和 3G/2G 之间的切换类型系统都不支持，但是系统支持空闲状态下的小区重选以及重定向，对于 GERAN 网络，还支持没有 NACC 的小区切换过程。

▌ 8.3 gNB 的内部架构和工作原理

8.3.1 CU–DU 分割和 F1 接口

工程上基站往往会被分成两个部分：基带基础单元（BBU）和射频处理单元（RRU）。两者通过一个数字化的 CPLI 接口连接在一起。其中 BBU 会被放置在机房中，而 RRU 则可以和天线一起放置在室外。数字化的 CPLI 接口传输的是超采样的基带信号，其传输带宽往往是实际通信带宽的几十倍。在 5G 网络中，因为通信带宽的大幅度的提升，BBU 和 RRU 之间的传输就成了工程上的瓶颈。减少这种带宽的基本做法就是改变这个接口上传输信号的特性，从超采样的基带信号改成基带处理的某个中间环节的数字信号。

一般来说信息比特在处理环节上对时延的要求和带宽的要求会呈现如图 8.53 所示的特征。高层的处理单元为 CU（Central Unit），而其他的部分称为 DU（Distributed Unit）。

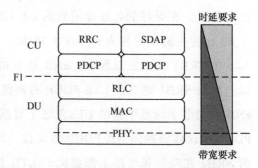

图 8.53 CU-DU 分离示意图

CU 和 DU 之间分割的地方越靠近物理层，要求的时延越短，要求的带宽越高。3GPP

在讨论这个议题的时候，主流的分法有两种。

● 高层 CU-DU 分离，即在 PDCP 和 RLC 之间做一个分割；

● 底层 CU-DU 分离，即在 PHY 中间的某个处理环节上进行分割。

第二种分割方法的优势在于 DU 之间协调所获得的信号处理的增益，比如可以利用 COMP 这样的技术来增加发射或者接收信号的增益。但是缺陷也是显而易见的，CU-DU 之间传输成本相对比较高。另外底层 CU-DU 接口很不容易在不同厂商之间开放，因为物理层内部的性能更多取决于算法的优劣，让不同厂商在如此复杂的物理层算法上做一个对接，无论商业上还是技术上都有很大的挑战。因此，3GPP 没有标准化底层的 CU-DU 分离方案。

高层的 CU-DU 分离方案如图 8.54 所示。其中 CU 包含了 PDCP 层以上，用户面和控制面的处理单元，DU 包括了 RLC/MAC/PHY 的协议栈处理功能。CU 和 DU 之间的接口称为 F1 接口。一般来说一个 CU 下可以连接多个 DU，而一个 DU 连接到一个 CU。F1 接口对于其他网络节点来说是不可见的，换句话说，gNB 内部是否存在 F1 接口对于 Xn 和 NG 接口没有任何影响。

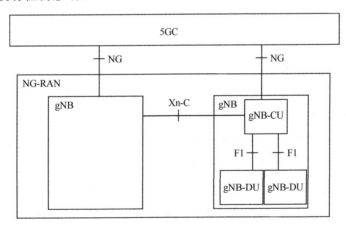

图 8.54　高层的 CU-DU 分离方案

F1 接口和 X2/Xn 接口从协议栈的角度来说非常类似，控制面基于 SCTP，用户面基于 GTP-U 隧道协议，不同的是 SCTP 上的 APP 协议。GTP-U 隧道上传递的是 PDCP PDU，这和 DC 架构下 Xn 接口上的数据格式是一样的。不仅如此，F1 接口上的流量控制的协议和 Xn 接口也是一致的，被统一在协议 38.425[5]上。

CU 和 DU 各自执行所包含的协议栈的功能以及参数配置功能，整个过程如图 8.55

所示。DU 上所有的小区（最多 512 个小区）参数是由网络管理（O&M）配置的。这个网络管理也管理了 DU 所连接的 CU 上的各个小区的配置参数。CU 和 DU 之间需要交换和某个 UE 相关的控制面的配置参数②，这是由 UE 上下文的管理流程来完成的。下行方向上，CU 告诉 DU 以 DRB 为粒度的无线参数，其中最重要的是从核心网来的 QoS 参数。在 EN-DC 中，这个 QoS 参数是从 S1 接口上获得的。在其他系统架构下，这些 QoS 参数是从 NG 接口上获得的 QoS 配置文件里面的内容，按照 QoS 流的粒度设置，除此之外，还包含了 QoS 流到 DRB 的映射关系。

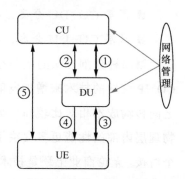

图 8.55　CU DU 及 UE 间数据传递示意图

CU 还需要告诉 DU 这些 DRB 配置在哪些小区上，并且确定哪个是 SPCell。DU 根据内部调度器的算法和上述参数来完成 DU 上逻辑信道实体的参数配置以及 MAC 层和物理层参数的配置，并且把这些参数以 NR RRC 协议中 CellGroupConfig IE 的格式反馈给 CU。然后由 CU 统一产生 RRC 消息发送给 UE。CU 和 DU 之间的交互过程也同时会完成对应的用户面承载的 GTP-U 隧道的地址信息的交换。GTP-U 隧道一般以 DRB 为粒度建立。当 CU 使能了 PDCP 重复功能以后，GTP-U 隧道是以逻辑信道为粒度建立的。上述过程也同样适用于 SRB2 的建立过程。

除了上述配置过程，DU 还会以 DRB 为粒度反馈这个 DRB 的活跃程度以及当前的配置是否能够满足原来要求的 QoS 要求。CU 和 UE 之间的 RRC 信息⑤，包括 CCCH 和 DCCH 上的信令对 DU 来说是透明的。这些 RRC 消息都内嵌在 F1 接口的控制面流程内。不过 DU 需要完成 UE 上行发送的第一个 CCCH 消息的路由的处理，包括给 UE 分配 C-RNTI，并且完成 SRB1 的协议参数配置，然后把这个 CCCH 消息以及 DU 配置的 SRB1 的 CellGroupConfig 发送给 CU。对于其他的接入方式，如切入的方式，SRB1 也是由 CU 触发在 DU 建立上下文的。

DU 和 UE 之间除了 DRB 上的用户面数据③以外，控制信息④（MIB 和 SIB1）是由 DU 产生并且调度发送给 UE 的，也就是说这部分功能是由 DU 单独完成的。其他系统消息由 CU 产生通过 F1 APP 消息发送给 DU，由 DU 负责进行调度和广播。寻呼消息的处理和其他系统消息的方式是一致的。

CU 和 DU 之间用户面①上，除了传递 PDCP PDU 之外，还定义了一些带内的控制帧，用来做用户面的流量控制和状态信息的反馈，这在 8.3.3 节有详细的介绍。

8.3.2　CP-UP 分割和 E1 接口

CU 还可以进一步进行分离，即进行 CP-UP 分离。在 CP-UP 分离的上下文中，UP 指的是 PDCP 或者 SDAP 和 PDCP 协议，而 CP 的 PDCP 协议栈则划分在 CP 的节点中。 CU-CP 和 CU-UP 之间的接口称为 E1 接口，如 图 8.56 所示。EN-DC 架构下的 CU-UP 不包括 SDAP 协议栈。

协议栈 SDAP 和 PDCP 的处理特点是复杂度 比较低，但是计算量比较大。这个特点有利于把 很多小区的 CU-UP 集中起来，并且采用市场上通 用的服务器，而不再需要电信设备商提供专门的 基站设备。从技术上来说让用户面的 PDCP 集中

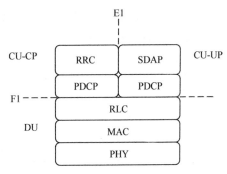

图 8.56　CP-UP 分离

在一起的益处是在移动性管理的过程中，比如切换或者 SCG 更换，减少 PDCP 重建的可 能。这是因为 CU-UP 集中起来以后可以连接到更多的 CU-CP 和 DU。

从系统的角度来看，CU-CP，CU-UP 和 DU 之间可以进行多对多的连接。但是从 UE 的角度来看只有一个 CU-CP，一个 CU-UP 和最多两个 DU（在 DU 之间建立双连接关系）。

在 E1 接口上实现的功能如下。

● CU-CP 把和 UE 相关的 DRB 的 QoS 参数以及 SDAP、PDCP 协议栈的配置信息 告诉 CU-UP。其他信息还包括安全算法和秘钥、S1 或者 NG 接口的传输地址、数据前 转的传输地址等等。如果这是 EN-DC 架构里的 SgNB，那么 QoS 指的是 S1 接口上获取 的 E-RAB 的 QoS 参数。如果这是 NG-RAN 里面的 gNB，那么 QoS 指的是 NG 接口上 的 QoS 配置文件参数（PDCP 会话，QoS 流，网络切片等），此外还包括了 QoS 流到 DRB 的映射关系。

● CU-UP 需要反馈 CU-CP 的这些配置结果。除此之外，CU-UP 还需要反馈 DRB 的数据传输的活跃程度和数据传输量。反馈活跃程度的目的是为了让控制面决定是否需 要保持这些 DRB 或者让 UE 进入到非激活状态这样的省电模式。反馈数据传输量是为了 收费的目的。

● 如果 UE 在非激活状态的话，那么当有数据从核心网到达 CU-UP 的时候，CU-UP 需要通知 CU-CP 以便触发寻呼过程。

8.3.3 用户面控制机制

X2，Xn 和 F1 接口采用了相同的流量控制机制。在主节点、CU、辅节点和 DU 之间通过传递控制帧的方式来传递控制或者状态信息。为了描述简单，主节点或者 CU 在本节中统一称为上端节点，辅节点或者 DU 称为下端节点。

在下行方向上，控制帧和数据总是绑定在一起。控制帧作为一个 RAN 定义的容器放在 GTP-U 头里面。在上行方向上，控制帧也放在 GTP-U 头里面。不同的是这些控制帧是单独传递的。

3GPP 一共定义了 3 个控制帧，1 个下行，2 个上行，分别称为 TYPE0（下行）、TYPE1（上行）和 TYPE2（上行）PDU。这些控制帧所对应的控制对象就是传递他们的 GTP-U 隧道所对应的 DRB 或者逻辑信道。在配置了 PDCP 重复之后，每个 GTP-U 隧道对应到一个逻辑信道。这些控制帧可以完成以下的功能。

● 流量控制。

● 数据包丢失检测和重传。

● PDCP 重复的激活/去激活，以及相关 PDCP PDU 的清除。

● PDCP 丢弃或者清理。

● 无线链路辅助信息上报。

首先看流量控制的过程。下端节点上报给上端节点的信息中包括 DRB 级别的期望缓存大小或者 UE 级别的最小期望缓存大小，这个参数越大表示期望发送的数据越多。另外还包括最大按序发送和最大的已经发送的 PDCP PDU 的序号。上端节点通过轮询的方式得到这些数据以后，就可以决定增加或者减少到下端节点的 PDCP PDU 数据量。

在 Xn 和 F1 接口上为了防止接口上数据包的丢失，为每个 GTP-U 数据包再分配一个称为 NR-U 的序号。Xn/F1 接口上的 PDCP PDU 序号不一定连续，所以无法作为数据丢失的判据。上端节点通过轮询的方式可以知道哪些 GTP-U 的数据包丢失，然后根据需要启动重发的功能。另外一种重传和 Xn/F1 接口的数据丢失无关，但是和无线接口的链路有关。如果上端节点认为某些 PDCP PDU 在另外的路径上无法发送成功，那么会触发把这些 PDCP PDU 在当前下端节点的重发。这些重发的 PDCP PDU 会被标识重发标记，从而在 DU 获得高优先级的调度。

当 UE 配置了 PDCP 重复的功能以后，下行方向上的激活/去激活由上端节点决定，由下端节点执行的。而上行方向上的激活/去激活则由下端节点决定和执行。如果某个 PDCP PDU 在配置的两个逻辑信道上的其中一个发送成功的话，那么需要及时删除另外一个逻辑信道上的发送操作。这个动作是由上端节点触发，由下端节点来执行的。下端节点也可以根据当前链路的状况建议上端节点是否需要激活 PDCP 重复功能。

有的时候，如发生了切换，PDCP 层本身需要进行重建，那么原来已经传递给下端节点的数据包就需要及时清理，这是因为 PDCP 重建的时候总是会触发安全秘钥的修改，原来根据旧的秘钥生成的 PDCP PDU 不再有效。

辅助信息也是通过上端节点的轮询获得。下端节点反馈的信息包括 CQI、HARQ 重传、无线链路质量等级或者 PHR 等。

参考文献

[1] 37.340: Evolved Universal Terrestrial Radio Access (E-UTRA) and NR; Multi-connectivity; Stage 2.

[2] 38.300: NR; NR and NG-RAN Overall Description;Stage 2.

[3] 36.423: Evolved Universal Terrestrial Radio Access Network, (E-UTRAN); X2 application protocol (X2AP).

[4] 38.423: NG-RAN; Xn Application Protocol (XnAP).

[5] 38.425: NG-RAN; NR user plane protocol.

[6] 36.413: Evolved Universal Terrestrial Radio Access Network (E-UTRAN); S1 Application Protocol (S1AP).

[7] 23.501: System Architecture for the 5G System.

[8] 23.502: Procedures for the 5G System.

[9] 24.501: Non-Access-Stratum (NAS) protocol for 5G System (5GS); Stage 3.

[10] 38.323: NR; Packet Data Convergence Protocol (PDCP) specification.

[11] 38.321: NR; Medium Access Control (MAC) protocol specification.

[12] 37.324: Evolved Universal Terrestrial Radio Access (E-UTRA) and NR; Service Data Adaptation Protocol (SDAP) specification.

[13] 38.331: NR; Radio Resource Control (RRC); Protocol specification.

[14] 36.331: Evolved Universal Terrestrial Radio Access (E-UTRA); Radio Resource Control (RRC); Protocol specification.

[15] 38.401: NG-RAN; Architecture description.

[16] 36.133: Evolved Universal Terrestrial Radio Access (E-UTRA); Requirements for support of radio resource management.

[17] 38.133: NR; Requirements for support of radio resource management.

[18] 38.413: NG-RAN; NG Application Protocol (NGAP).

[19] 38.322: Evolved Universal Terrestrial Radio Access (E-UTRA); Radio Link Control (RLC) protocol specification.

[20] 38.306: Evolved Universal Terrestrial Radio Access (E-UTRA); User Equipment (UE) radio access capabilities.

[21] 38.215: Physical layer measurements.